Springer-Lehrbuch

Wilhelm Merz · Peter Knabner

Endlich gelöst! Aufgaben zur Mathematik für Ingenieure und Naturwissenschaftler

Lineare Algebra und Analysis in $\mathbb{R}$

 Springer

Wilhelm Merz · Peter Knabner
Department Mathematik
Lehrstuhl Angewandte Mathematik 1
Universität Erlangen-Nürnberg
Erlangen, Deutschland

ISSN 0937-7433
ISBN 978-3-642-54528-3   ISBN 978-3-642-54529-0 (eBook)
DOI 10.1007/978-3-642-54529-0
Mathematics Subject Classification (2010): 15A03, 15A06, 15A18, 26A06, 26A24, 26A42

Die Deutsche Nationalbibliothek verzeichnet diese Publikation in der Deutschen Nationalbibliografie; detaillierte bibliografische Daten sind im Internet über http://dnb.d-nb.de abrufbar.

Springer

Gedruckt auf säurefreiem und chlorfrei gebleichtem Papier.

Springer ist Teil der Fachverlagsgruppe Springer Science+Business Media
www.springer.com

Vorwort

Vielmehr als in jedem anderen Wissensgebiet kommt es in der Mathematik darauf an, Sachverhalte und Zusammenhänge nicht nur zu verstehen oder gar nur wiedergeben zu können, sondern man muss diese auch dauerhaft einüben. Insofern hat Ausüben von Mathematik sehr viel Ähnlichkeit mit dem Ausüben einer Sportart oder dem Ausüben eines Musikinstrumentes. Schauen Sie sich dazu gleich den „Lösungsvorschlag" zur letzten „Aufgabe" in diesem Buch an. Dieses Aufgaben- und Übungsbuch soll Sie befähigen, zusammen mit den anhand von Vorlesungen und Lehrbüchern erworbenen Kenntnissen, den Dreischritt

verstehen – üben – (anwenden) können

so zu vollziehen, dass Mathematik einmal zu einem sicheren Werkzeug in Ihrer Berufspraxis als Ingenieur(in) oder Naturwissenschaftler(in) oder Lehrer(in) werden wird. Mathematik ist einfach zu umfangreich, um sie sich als reines Wissen einüben zu können, selbst wenn die Nachhaltigkeit dieses Wissens nur bis nach der letzten Klausur andauern soll. Eine erfolgreiche Beschäftigung mit Mathematik, die in dem genannten (Anwenden)Können endet, bedarf hinreichend vieler „Verständnistrittsteine" und darauf aufbauend sicherer Rechentechniken, um auf diese Weise Zahlen und damit Erkenntnis zu erhalten.

Wir haben daher bei der Beschreibung der Lösungen auf Ausführlichkeit großen Wert gelegt, es werden klar übertragbare Lösungswege entwickelt. Da, wo es sich anbietet, werden verschiedene Herangehensweisen miteinander verglichen. Das Niveau der Aufgaben entspricht dem gängigen Niveau der Mathematikausbildung in einem Ingenieurstudium an einer (technischen) Universität in Deutschland und liegt damit zum Teil merkbar über dem von Fachhochschulen. Aufgaben und Lösungswege sind getrennt dargestellt, aber jeweils zu jedem Abschnitt versammelt, dadurch erübrigt sich umfangreiches Blättern. Andererseits soll aber der Versuchung entgegengewirkt werden, sich gleich mit dem vorgeschlagenen Lösungsweg vertraut zu machen. Der Lerneffekt von Aufgaben besteht ja gerade darin, auch aus den eigenen Fehlversuchen soviel zu lernen, bis man analoge Probleme selbstständig lösen kann. Diesen Lern- und Erkenntniseffekt würde man sich verbauen, versuchte man Aufgabenlösungen so als Wissen wahrzunehmen wie man dies z. B. mit Definitionen tut. Die Aufgaben dieses Buches entstammen größtenteils der umfangreichen Aufgabensammlung, die am Lehrstuhl für Angewandte Mathematik 1 der Friedrich-

Alexander-Universität Erlangen-Nürnberg in mittlerweile fast 50 Jahren im Rahmen einer umfangreichen Mathematik-Lehrtätigkeit für Ingenieurstudierende erarbeitet worden ist. Ein wesentlicher Grundstein wurde hier von der ersten Generation von Dozenten, den Professoren Hans Grabmüller und Hans Strauß, den Akademischen Oberräten bzw. Direktoren Horst Letz und Peter Mirsch gelegt. Wir weisen ausdrücklich darauf hin, dass wir auf ihren Schultern stehen. Viele der dargestellten Lösungswege gehen auf die genannten und viele ungenannte Mitglieder der Arbeitsgruppe zurück, doch sei darauf hingewiesen, dass für diesen Band sämtliche Lösungswege geprüft, überarbeitet und gegebenenfalls neu entwickelt worden sind. Die Aufgaben beinhalten unterschiedliche Schwierigkeitsniveaus, von elementaren Rechnungen bis hin zu etwas „kniffligen" Überlegungen, doch wurde auf eine Kennzeichnung des Schwierigkeitsniveaus verzichtet, da dies immer eine subjektive Bewertung ist und nicht von vornherein von der Bearbeitung „schwieriger" Aufgaben abgeschreckt werden sollte, die sich dann für den Einzelnutzer vielleicht als gar nicht so schwierig herausstellen.

Die in den Lösungen genannten Referenzen beziehen sich auf das Lehrbuch *Mathematik für Ingenieure und Naturwissenschafter – Lineare Algebra und Analysis in* $\mathbb{R}$ der gleichen Autoren. Dies bedeutet aber nicht, dass eine gewinnbringende Benutzung dieses Aufgabenbuchs nur zusammen mit dem genannten Lehrbuch möglich ist. Weiteres unterstützendes Material sind Videos zu ausgewählten Aufgaben, welche auf der nachfolgenden Seite aufgelistet sind.

Neben den Genannten danken wir besonders Herrn Clemens Heine vom Springer-Verlag, der die Entstehung dieses und unserer anderen Bücher immer mit großer Tatkraft unterstützt hat. Ebenso gebührt der Lektorin Frau Tatjana Strasser vom Springer-Verlag unser Dank für das Korrekturlesen des Manuskriptes zu diesem Buch. Danken wollen wir auch Herrn Dr. Florian Frank für seine wertvollen Ratschläge und Hilfeleistungen zum Textverarbeitungssystem LaTeX. Frau Dr. Estelle Marchand, Herrn Dipl.-Phys. Dustin Bachstein und Herrn Dipl.-Math. Fabian Brunner danken wir für tatkräftige Unterstützung beim Lösen von Aufgaben bzw. für die Überprüfung von Lösungen. Wir danken der Firma Beratung & Coaching Anja Keitel für pfiffige Ideen, insbesondere für die Idee, Lösungen von Aufgaben in der Online-Version per Video zu präsentieren. Danke sagen wir Herrn Ralf Gerstenlauer von der Firma audiomotion für die Produktion und Realisierung dieser Videos.

Erlangen, März 2014   W. Merz, P. Knabner

Wichtiger Hinweis

Zu folgenden Aufgaben finden Sie Videos im Internet:

1.) Aufgabe 1.27, Abschn. 1.5,
2.) Aufgabe 3.6, Abschn. 3.1,
3.) Aufgabe 4.64, Abschn. 4.8,
4.) Aufgabe 4.123, Abschn. 4.19,
5.) Aufgabe 6.35, Abschn. 6.7,
6.) Aufgabe 6.40, Abschn. 6.8,
7.) Aufgabe 7.11, Abschn. 7.2,
8.) Aufgabe 7.23, Abschn. 7.3,
9.) Aufgabe 8.1, Abschn. 8.1.

Wie finden Sie diese Videos? Gehen Sie auf die Web-Seite www.doi.org und tragen Sie dort die im Anschluss an den Lösungsvorschlag angegebene Nummer ein. Beispielsweise bei Aufgabe 1.27 ist dies die Nummer 10.1007/978-3-642-29980-3_1. Dadurch gelangen Sie auf eine Seite des Springer-Verlages (online-Version des Lehrbuches *Mathematik für Ingenieure und Naturwissenschaftler – Lineare Algebra und Analysis in* $\mathbb{R}$), und im Untermenü „Supplementary Material" finden Sie schließlich das entsprechende Video.

Etwas einfacher gelangen Sie auf der Web-Seite www.youtube.de zu den Videos. Geben Sie dort in der Suchmaske einfach die gewünschte Aufgabe (z. B. Aufgabe 1.27) ein.

Inhaltsverzeichnis

Reelle Zahlen

1

1.1 Grundlagen aus der Logik

Aufgabe 1.1

Seien A, B und C Aussagen.

a) Zeigen Sie, dass für diese die Assoziativ-, Distributiv- und Kommutativgesetze sowie die De Morgan'schen Regeln gelten.

b) Zeigen Sie auch das Kontrapositionsgesetz

$$(A \Rightarrow B) \; \Leftrightarrow \; (\neg B \Rightarrow \neg A).$$

Aufgabe 1.2

Seien A und B Aussagen. Zeigen Sie mithilfe von Wahrheitstafeln:

a) $(A \Rightarrow B) \; \Leftrightarrow \; (\neg A \vee B)$,

b) $[(A \wedge B) \vee (\neg A \wedge \neg B)] \; \Leftrightarrow \; (A \Leftrightarrow B)$.

Aufgabe 1.3

Vier Personen sind verdächtigt, einen Diebstahl begangen zu haben. Es gelten folgende Aussagen:

1. Ist Antonia unschuldig, dann ist auch Bastian außer Verdacht, und die Schuld von Christian wäre unzweifelhaft.
2. Christian hat ein absolut sicheres Alibi für die Tat.
3. Ist Bastian schuldig, dann sind auch sowohl Antonia als auch Christian bei den Tätern.
4. Ist Christian unschuldig, dann ist auch David unschuldig.

Wer war am Diebstahl beteiligt? Wandeln Sie dazu die Sätze in logische Ausdrücke um, und gelangen Sie damit zu einer Lösung.

W. Merz, P. Knabner, *Endlich gelöst! Aufgaben zur Mathematik für Ingenieure und Naturwissenschaftler*, Springer-Lehrbuch, DOI 10.1007/978-3-642-54529-0_1,

Aufgabe 1.4

Es gelten folgende Aussagen:

A: „Das Buch ist klasse,"
B: „alle wollen es lesen."

Formulieren Sie alle Fälle verbal, bei denen die Implikation $A \Rightarrow B$ wahr bzw. falsch ist.

Aufgabe 1.5

Bilden Sie die Negation des Satzes: „Zu jedem Mann gibt es mindestens eine Frau, die ihn nicht liebt."

Aufgabe 1.6

Vereinfachen Sie folgenden logischen Ausdruck:

$$(\neg A \wedge B \wedge \neg C) \vee (A \wedge \neg B \wedge \neg C) \vee (A \wedge \neg B \wedge C) \vee (A \wedge B \wedge C).$$

Lösungsvorschläge

Lösung 1.1

Wir fassen zuerst die grundlegenden Verknüpfungen von Aussagen (Negat, Konjunktion, Adjunktion, Implikation, Äquivalenz) nochmals zusammen:

A	$\neg A$
W	F
F	W

A	B	$A \wedge B$
W	W	W
W	F	F
F	W	F
F	F	F

A	B	$A \vee B$
W	W	W
W	F	W
F	W	W
F	F	F

A	B	$A \Rightarrow B$	$A \Leftrightarrow B$
W	W	W	W
W	F	F	F
F	W	W	F
F	F	W	W

Damit ergibt sich dann

a) Wir betrachten stellvertretend das Assoziativgesetz

$$\big(A \vee (B \vee C)\big) \Leftrightarrow \big((A \vee B) \vee C\big):$$

A	B	C	$(B \vee C)$	$(A \vee B)$	$A \vee (B \vee C)$	$(A \vee B) \vee C$	$\Leftrightarrow$
W	W	W	W	W	W	W	W
W	W	F	W	W	W	W	W
W	F	W	W	W	W	W	W
W	F	F	F	W	W	W	W
F	W	W	W	W	W	W	W
F	W	F	W	W	W	W	W
F	F	W	W	F	W	W	W
F	F	F	F	F	F	F	W

und die DE MORGAN'sche Regel

$$\left(\neg(A \vee B)\right) \Leftrightarrow \left((\neg A) \wedge (\neg B)\right):$$

A	B	$\neg(A \vee B)$	$(\neg A) \wedge (\neg B)$	$\Leftrightarrow$
W	W	F	F	W
W	F	F	F	W
F	W	F	F	W
F	F	W	W	W

Der Rest verläuft völlig analog.

b) Das Kontrapositionsgesetz $(A \Rightarrow B) \Leftrightarrow (\neg B \Rightarrow \neg A)$:

A	B	$\neg B \Rightarrow \neg A$	$A \Rightarrow B$	$\Leftrightarrow$
W	W	W	W	W
W	F	F	F	W
F	W	W	W	W
F	F	W	W	W

Lösung 1.2

Beide Äquivalenzaussagen sind richtig, was an den nachfolgenden beiden Tafeln abzulesen ist.

a) Es gilt

A	B	$A \Rightarrow B$	$\neg A \vee B$	$\Leftrightarrow$
W	W	W	W	W
W	F	F	F	W
F	W	W	W	W
F	F	W	W	W

b) Es gilt

A	B	$A \wedge B$	$\neg A \wedge \neg B$	$\alpha \vee \beta$	$A \Leftrightarrow B$	$\Leftrightarrow$
		$=: \alpha$	$=: \beta$			
W	W	W	F	W	W	W
W	F	F	F	F	F	W
F	W	F	F	F	F	W
F	F	F	W	W	W	W

Lösung 1.3

Die in logische Ausdrücke umgewandelten Aussagen lauten:

a) (Antonia unschuldig) $\Longrightarrow$ $\big[$(Bastian unschuldig) $\wedge$ (Christian schuldig)$\big]$,
b) (Christian unschuldig),
c) (Bastian schuldig) $\Longrightarrow$ $\big[$(Antonia schuldig) $\wedge$ (Christian schuldig)$\big]$,
d) (Christian unschuldig) $\Longrightarrow$ (David unschuldig).

Da nach Aussage b) Christian unschuldig ist, kann mit Aussage d) gefolgert werden, dass auch David unschuldig ist. Bastian kann auch nicht schuldig sein, da sonst nach Aussage c) auch Christian schuldig sein müsste, der aber bereits sicher unschuldig ist. **Antonia** muss schuldig sein, da sonst nach Aussage a) Christian schuldig sein müsste. Dies ist, wie bereits festgestellt, nicht der Fall.

Lösung 1.4

Diese Implikationen sind wahr:

- Das Buch ist klasse, folglich wollen es alle lesen,
- Das Buch ist nicht klasse, folglich wollen es alle lesen,
- Das Buch ist nicht klasse, folglich will es niemand lesen.

Diese Implikation ist falsch:

- Das Buch ist klasse, folglich will es niemand lesen.

Lösung 1.5

Das Negat lautet:

„Es gibt einen Mann, der von allen Frauen geliebt wird."

Spaßes- und auch übungshalber formalisieren wir die gegebene Aussage mit der Quantorenschreibweise:

$$\forall M \, \exists F : F \text{ liebt nicht } M,$$

wobei die abkürzenden Buchstaben selbsterklärend sind. Das Negat ist

$$\exists M \,\forall F : F \text{ liebt } M.$$

Mathematisch wörtlich übersetzt heißt dies: „Es existiert ein Mann, sodass für jede Frau gilt: Die Frau liebt den Mann." Daraus machen wir o. g. deutschen Satz.

Fazit Formalisierte Ausdrücke lassen sich i. Allg. leichter negieren als der Originalwortlaut.

Lösung 1.6

Sind bei den nachfolgenden Umformungen einige nicht gleich ersichtlich, so lassen sich diese sofort mit Wahrheitswertetafeln verifizieren.

Es gilt

$$(\neg A \wedge B \wedge \neg C) \vee \underbrace{(A \wedge \neg B \wedge \neg C) \vee (A \wedge \neg B \wedge C)}_{(A \wedge \neg B) \wedge (C \vee \neg C) = (A \wedge \neg B)} \vee (A \wedge B \wedge C)$$

$$= (A \wedge \neg B) \vee \underbrace{(\neg A \wedge B \wedge \neg C) \vee (A \wedge B \wedge C)}_{B \wedge \underbrace{((\neg A \wedge \neg C) \vee (A \wedge C))}_{(A \Leftrightarrow C)}}$$

$$= (A \wedge \neg B) \vee (B \wedge (A \Leftrightarrow C)).$$

Beachten Sie die Umformung

$$(A \wedge \neg B) \wedge \underbrace{(C \vee \neg C)}_{= W} = (A \wedge \neg B) \wedge W = (A \wedge \neg B).$$

1.2 Aus der Mengenlehre

Aufgabe 1.7

Sei $G = \{1, 2, 3, 4, 5, 6, 7, 8, 9, 10, 11\}$ eine Grundmenge und $A \subset G$ die Menge aller Quadratzahlen, die in G enthalten sind, sowie $B \subset G$ die Menge aller geraden Zahlen aus G.

a) Geben Sie die Mengen A und B durch explizite Aufzählung an.
b) Bestimmen Sie bezüglich G die Mengen A^c, B^c, $A \cup B$, $A \cap B$, $A^c \cap B^c$, $A \smallsetminus B$, $(A \cup B)^c$, $B \smallsetminus A$, $(A \smallsetminus B) \cup (B \smallsetminus A)$.
c) Überprüfen Sie die Regeln von DE MORGAN anhand von A und B.

Aufgabe 1.8

a) Geben Sie die Vereinigung der Mengen $M := \{M, a, t, h, e\}$ und $L := \{M, a, c, h, t\}$ an.

b) Es seien die folgenden Mengen gegeben: $C := \{4, 13, 17, 21\}$, $D := \{4, 13, 42, 111\}$ und $E := \{4, 111\}$. Geben Sie $(C \cup D) \smallsetminus E$ und $(C \cap D) \smallsetminus E$ an.

Aufgabe 1.9

a) Wir betrachten die Mengen $A := \{$Teller, Schüssel, Tasse$\}$ und $B := \{$gelb, grün$\}$. Bestimmen Sie die Menge $B \times A$. Wie viele Elemente besitzt die Menge $B \times A \times \varnothing$?

b) Sei $M := A \times \{$grün$\}$. Bestimmen Sie die Mengen

    a) $(A \times B) \backslash M$,

    b) $M \cap (\{$Teller, Schüssel$\} \times \{$gelb, grün$\})$.

Aufgabe 1.10

Gegeben seien die Mengen $A = \{1, 2, 3, 4\}$, $B = \{1, 3, 5\}$, $C = \{2, 3, 4\}$ und $D = (A \cap C) \smallsetminus B$. Welche der folgenden Aussagen sind richtig:

$$a) \quad 2 \in D, \qquad b) \quad \{2, 4\} \subset D,$$

$$c) \quad D \cap B = \varnothing, \quad d) \quad D \cup C = A.$$

Aufgabe 1.11

A, B und C seien Teilmengen von M. Vereinfachen Sie folgende Ausdrücke:

$$a) \quad A \smallsetminus (A \smallsetminus B), \qquad\qquad b) \quad A^c \cap (B \smallsetminus A)^c,$$

$$c) \quad A \smallsetminus [A \smallsetminus [B \smallsetminus (B \smallsetminus C)]], \quad d) \quad M \smallsetminus [(M \smallsetminus A) \cap B^c].$$

Aufgabe 1.12

Ist folgende Aussage zutreffend:

$$\forall x \in A : x \notin B \Leftrightarrow A \cap B = \varnothing.$$

Aufgabe 1.13

Ein Erlanger Einwohner sagt, dass alle Erlanger lügen. Handelt es sich hierbei um eine Antinomie?

Lösungsvorschläge

Lösung 1.7

Im Einzelnen ergibt sich:

a) $A = \{1, 4, 9\}$, $B = \{2, 4, 6, 8, 10\}$.

b) Wir listen alle Mengen auf:

$$
\begin{aligned}
A &= \{1, 4, 9\}, & B &= \{2, 4, 6, 8, 10\}, \\
A^c &= \{2, 3, 5, 6, 7, 8, 10, 11\}, & B^c &= \{1, 3, 5, 7, 9, 11\}, \\
A \cup B &= \{1, 2, 4, 6, 8, 9, 10\}, & A \cap B &= \{4\}, \\
A^c \cap B^c &= \{3, 5, 7, 11\}, & A \smallsetminus B &= \{1, 9\}, \\
(A \cup B)^c &= \{3, 5, 7, 11\}, & B \smallsetminus A &= \{2, 6, 8, 10\}
\end{aligned}
$$

und $(A \smallsetminus B) \cup (B \smallsetminus A) = \{1, 2, 6, 8, 9, 10\}$.

c) Die Regeln von DE MORGAN sind hier:

$$G \smallsetminus (A \cap B) = (G \smallsetminus A) \cup (G \smallsetminus B) \text{ bzw. } G \smallsetminus (A \cup B) = (G \smallsetminus A) \cap (G \smallsetminus B).$$

Zahlenmäßig ergibt sich beispielsweise für die erste Gleichung:

$$
\begin{aligned}
\{1, 2, 3, 5, 6, 7, 8, 9, 10, 11\} &= \{2, 3, 5, 6, 7, 8, 10, 11\} \cup \{1, 3, 5, 7, 9, 11\} \\
&= \{1, 2, 3, 5, 6, 7, 8, 9, 10, 11\}.
\end{aligned}
$$

Lösung 1.8

Es sind die Mengen:

a) $M \cup L = \{M, a, c, h, t, e\}$,

b) $(C \cup D) \smallsetminus E = \{13, 17, 21, 42\}$ und $(C \cap D) \smallsetminus E = \{13\}$.

Lösung 1.9

a) Zunächst gilt, dass $B \times A \times \varnothing = \varnothing$. Weiter ist

$$
\begin{aligned}
B \times A = \{ & (\text{gelb, Teller}), (\text{gelb, Schüssel}), (\text{gelb, Tasse}), \\
& (\text{grün, Teller}), (\text{grün, Schüssel}), (\text{grün, Tasse}) \}.
\end{aligned}
$$

b) a. $(A \times B) \backslash M = \{(\text{Teller, gelb}), (\text{Tasse, gelb}), (\text{Schüssel, gelb})\}$,

b. $M \cap (\{\text{Teller, Schüssel}\} \times \{\text{gelb, grün}\}) = \{(\text{Teller, grün}), (\text{Schüssel, grün})\}$.

Lösung 1.10

Mit $D = \{2, 4\}$ erkennen Sie, dass nur die Teilaufgabe d) falsch ist.

Lösung 1.11

Wir verwenden an einigen Stellen die Beziehung $A \setminus B = A \cap B^c$. Damit ergibt sich:

a) $A \setminus (A \setminus B) = A \cap (A \cap B^c)^c = A \cap (A^c \cup B) = \emptyset \cup (A \cap B) = A \cap B$,
b) $A^c \cap (B \setminus A)^c = (A \cup (B \cap A^c))^c = (A \cup B)^c = A^c \cap B^c$,
c) $A \setminus [A \setminus [B \setminus (B \setminus C)]] = A \setminus [A \setminus (B \cap C)] = A \cap B \cap C$,
d) $M \setminus [(M \setminus A) \cap B^c] = (A^c \cap B^c)^c = A \cup B$.

Lösung 1.12

In Worten: Für alle $x \in A$ gilt, dass x nicht in B enthalten ist, genau dann, wenn die Schnittmenge von A und B leer ist. Das ist richtig, denn wäre ein x aus A auch in B enthalten, dann wäre die Schnittmenge ja nicht leer.

Lösung 1.13

Nein, diese Aussage beinhaltet keinen Widerspruch in sich.

1.3 Abbildungen

Aufgabe 1.14

Seien $A = \{1, 2, 3\}$ und $B = \{4, 5, 6\}$. Für jedes feste $x \in A$ und jedes feste $y \in B$ ist $R = \{(2, 5), (x, 4), (3, y)\}$ eine Relation. Geben Sie $x \in A$ und $y \in B$ an, sodass R

a) keine Abbildung von A nach B ist,
b) eine Abbildung und keine injektive Abbildung ist,
c) eine injektive Abbildung ist.

Aufgabe 1.15

Seien $X = \{1, 2, 3, 4\}$ und $Y = \{a, b, c, d, e, f\}$.

a) Welche der folgenden Teilmengen von $X \times Y$ ist der Graph einer Abbildung $f : X \to Y$?

(i) $\{(1, b), (2, d), (3, a), (4, f)\}$,   (iv) $\{(3, b), (1, c), (2, d), (4, e), (1, f)\}$,
(ii) $\{(1, a), (2, b), (3, c)\}$,   (v) $\{(4, c), (1, f), (3, e), (2, c)\}$,
(iii) $\{(3, e), (2, a), (1, b), (3, f)\}$,   (vi) $\{(2, d), (1, f), (3, a), (1, b), (4, c)\}$.

b) Seien $A \subseteq X$ und $B \subseteq Y$ gegeben durch $A = \{1, 2, 3\}$ und $B = \{a, b, c, d\}$. Berechnen Sie die Bildmenge $f(A) = \{y \in Y : \exists x \in A \text{ mit } y = f(x)\}$ und die Urbilder von B bezüglich f für alle Funktionen f, die oben gefunden wurden.

Aufgabe 1.16

Bezeichne S die Menge aller Studenten an der Universität Erlangen und M die Menge aller dort vergebenen Matrikelnummern. Sei $g : S \to M$ die Abbildung, welche jedem Studenten die persönliche Matrikelnummer zuordnet. Ist diese Abbildungsvorschrift surjektiv, injektiv oder bijektiv? Was ändert sich, wenn M durch die Menge $\{1, 2, 3, 4, \cdots\}$ ersetzt wird?

Aufgabe 1.17

a) Finden Sie zwei Abbildungen $f \neq g$ mit $f \circ g = g \circ f$. Gilt diese Aussage für alle Abbildungen (Begründung)?

b) Betrachten Sie die Funktionen $f : A \to B$ und $g : C \to D$ mit $D \subseteq A$.

    a. Angenommen, f und g sind injektiv, ist dann die Komposition $f \circ g : C \to B$ auch injektiv?

    b. Angenommen, f und g sind surjektiv, ist dann die Komposition $f \circ g : C \to B$ auch surjektiv?

    Begründen Sie die Antworten.

Aufgabe 1.18

Es seien X und Y zwei endliche Mengen mit der gleichen Anzahl von Elementen. Zeigen Sie: Ist eine Abbildung von X nach Y injektiv oder surjektiv, dann ist sie bijektiv.

Aufgabe 1.19

Sind die beiden Mengen

$$\{0, 1, 2, 3, \cdots\} \quad \text{und} \quad \{\cdots, -3, -2, -1, 0, 1, 2, 3, \cdots\}$$

gleichmächtig?

Lösungsvorschläge

Lösung 1.14

a) $x \in \{2, 3\}$, $y \in \{5, 6\}$,

b) $x = 1$, $y \in \{4, 5\}$,

c) $x = 1$, $y = 6$.

Lösung 1.15

a) Die Mengen (i) und (v) sind Graphen von Abbildungen. Die anderen Mengen dagegen nicht. Denn in (ii) und (iii) wird nicht allen Elementen aus der Definitionsmenge ein Wert zugewiesen, in (iii), (iv) und (vi) wird einigen Werten aus der Definitionsmenge mehr als ein Wert zugewiesen.

b) Bezeichnen wir mit g die zugehörige Abbildung von Graph (i) und mit h die zugehörige Abbildung von Graph (v). Dann ist $\{a, b, c\}$ das Bild von A unter g, und das Bild von A unter h ist $\{c, e, f\}$. Das Urbild von B bezüglich g ist $\{1, 2, 3\}$, und das Urbild von B bezüglich h ist $\{2, 4\}$.

Lösung 1.16

Da jede Matrikelnummer nur einmal vergeben wird, haben alle Studenten verschiedene Matrikelnummern. Daraus ergibt sich, dass g injektiv ist. Da es zu jeder vergebenen Matrikelnummer auch nur einen zugehörigen Studenten gibt, ist g auch surjektiv, insgesamt also bijektiv.

Sein nun $\tilde{g} : \tilde{S} \to \mathbb{N}$ die Funktion, die jedem Studenten seine Matrikelnummer zuordnet. Dann ist $\tilde{g}$ nicht surjektiv, da es z. B. keinen Studenten mit der Matrikelnummer 1 000 000 000 gibt. Folglich ist $\tilde{g}$ nicht bijektiv. Wie g ist $\tilde{g}$ injektiv.

Lösung 1.17

a) Wir wählen als Beispiel $f : \mathbb{R} \to \mathbb{R}$, $f(x) = x + 1$ und $g : \mathbb{R} \to \mathbb{R}$, $g(x) = x + 2$. Dann gilt

$$(f \circ g)(x) = (x + 2) + 1 = (x + 1) + 2 = (g \circ f)(x)$$

für alle $x \in \mathbb{R}$, also $f \circ g = g \circ f$.

Allgemein gilt diese Aussage natürlich nicht. Betrachten Sie dazu die beiden Funktionen $f : \mathbb{R} \to \mathbb{R}$, $f(x) = 2$ und $g : \mathbb{R} \to \mathbb{R}$, $g(x) = x^2$. Dann ergibt sich

$$(f \circ g)(x) = 2 \neq 4 = (g \circ f)(x).$$

a. Die Komposition $f \circ g$ ist **injektiv**: Seien dazu $x, y \in A$ und $x \neq y$. Da g injektiv ist, gilt $g(x) \neq g(y)$. Da auch f injektiv ist, folgt auch $f(g(x)) \neq f(g(y))$. Damit ist $f \circ g$ injektiv.

b. Im Allgemeinen ist die Komposition **nicht** surjektiv: Betrachten Sie dazu das Gegenbeispiel

$$f : \mathbb{R} \to \mathbb{R}, \ f(x) = x \text{ und } g : [0, \infty) \to [0, \infty), \ g(x) = x.$$

Beide Funktionen sind surjektiv, aber die Komposition

$$f \circ g : [0, \infty) \to \mathbb{R}, \ (f \circ g)(x) = x$$

nicht, da diese nur positive Werte annimmt.

Im Falle $D = A$ ist die Komposition surjektiver Funktionen immer surjektiv!

Lösung 1.18

Sei die Abbildung $f : X \to Y$ **injektiv**. Dann gilt für alle $x_1, x_2 \in X$ mit $x_1 \neq x_2$, dass $f(x_1) \neq f(x_2)$. Da die Mengen X und Y jeweils eine endliche Anzahl von Elementen haben und gleichmächtig sind, existiert für jedes $y \in Y$ ein $x \in X$ mit $y = f(x)$. Die Funktion ist somit **surjektiv**, insgesamt also bijektiv.

Ist nun umkehrt f **surjektiv**, dann heißt das wiederum, dass für jedes $y \in Y$ ein $x \in X$ mit $y = f(x)$ existiert. Da die Mengen X und Y endlich sind, und somit jede dieser Mengen jeweils verschiedene Elemente enthält, folgt sofort die **Injektivität**. Insgesamt ist f wieder bijektiv.

Anmerkung Sei X wieder eine endliche Menge und $f : X \to X$. Dann gilt:

$$f \text{ ist surjektiv} \iff f \text{ ist injektiv} \iff f \text{ ist bijektiv.}$$

Lösung 1.19

Die beiden Mengen sind **gleichmächtig**: Dazu schreiben wir die zweite Menge in der Form

$$\{0, 1, -1, 2, -2, 3, -3, \cdots\}.$$

Betrachten Sie die Abbildung

$$f : \{0, 1, 2, 3, \cdots\} \to \{0, 1, -1, 2, -2, 3, -3, \cdots\},$$

gegeben durch

$$f(0) = 0, \quad f(2k-1) = k, \quad f(2k) = -k, \quad k = 1, 2, 3, \cdots.$$

Diese Abbildung ist **bijektiv**, womit die Behauptung folgt.

1.4 Der Weg von $\mathbb{N}$ nach $\mathbb{R}$

Aufgabe 1.20

Wandeln Sie die Zahlen $7{,}5\overline{647}$ und $23{,}89$ in Dezimalbrüche um. Schreiben Sie die Brüche $25/3$, $50/6$ und $63/9$ als periodische Dezimalzahlen.

Aufgabe 1.21

Zeigen Sie nun, dass auch keine rationale Zahl $x \in \mathbb{Q}$ mit $x \cdot x = 7$ existiert.

Lösungsvorschläge

Lösung 1.20

Wir erhalten

$$7,56\overline{47} = \frac{1}{100}\left(756 + 0,\overline{47}\right) = \frac{1}{100}\left(756 + \frac{47}{99}\right) = \frac{74\,891}{9900},$$

$$23,89 = 23 + 0,89 = 23 + \frac{89}{100} = \frac{2389}{100}.$$

Weiter ist $\dfrac{25}{3} = 8,\overline{3} = \dfrac{50}{6}$ und $\dfrac{63}{9} = 7,0$.

Lösung 1.21

Wir nehmen an, es existiert ein $x = \frac{p}{q} \in \mathbb{Q}$, wobei $p, q \in \mathbb{N}$ und teilerfremd sind. Damit ergeben sich folgende Implikationen:

$$x \cdot x = \frac{p^2}{q^2} \quad \Rightarrow p^2 = 2q^2 \quad \Rightarrow \quad 7 \text{ teilt } p^2 \quad \Rightarrow \quad \underline{7 \text{ teilt } p}$$

$$\Rightarrow \quad 49 \text{ teilt } p^2 = 2q^2 \quad \Rightarrow \quad 7 \text{ teilt } q^2 \quad \Rightarrow \quad \underline{7 \text{ teilt } q}.$$

Es wurden also im Beweis zu Satz 1.21 aus dem Lehrbuch die Ausdrücke „2 teilt" durch „7 teilt" und „4 teilt" durch „49 teilt" ersetzt.

1.5   Arithmetische Eigenschaften in $\mathbb{R}$

Aufgabe 1.22

Wie lautet die größte Zahl, die mit drei Ziffern geschrieben werden kann?

Aufgabe 1.23

Gegeben seien eine beliebige reelle Zahl x und die Aussagen

a) $x^2 = 1 \quad \Longleftarrow \quad x = 1$,

b) $x^2 = 1 \quad \Longrightarrow \quad x = 1$,

c) $x^2 = 0 \quad \Longleftrightarrow \quad x = 0$,

d) $x^2 = 1 \quad \Longleftrightarrow \quad (x = 1 \lor x = -1)$,

e) $x^2 = 1 \quad \Longleftrightarrow \quad (x = 1 \land x = -1)$.

Entscheiden Sie, ob die Aussagen wahr oder falsch sind, und begründen Sie die Entscheidung.

Aufgabe 1.24

Gegeben seien beliebige reelle Zahlen x, y und die Aussagen

a) $xy = 0 \;\Longleftarrow\; x = 0,$

b) $xy = 0 \;\Longrightarrow\; x = 0,$

c) $xy = 0 \;\Longleftrightarrow\; x = 0,$

d) $xy = 0 \;\Longleftrightarrow\; (x = 0 \;\vee\; y = 0),$

e) $xy = 0 \;\Longleftrightarrow\; (x = 0 \;\wedge\; y = 0).$

Entscheiden Sie, ob die Aussagen wahr oder falsch sind, und begründen Sie die Entscheidung.

Aufgabe 1.25

Bestimmen Sie die Werte der folgenden Summen und Produkte:

$$\text{a) } \sum_{i=0}^{5}(i+1) \qquad\qquad \text{b) } \sum_{m=1}^{3}\sum_{k=0}^{2}(km-2k)$$

$$\text{c) } \sum_{m=1}^{2}\prod_{k=m}^{3}(k^2-1).$$

Aufgabe 1.26

Berechnen Sie mithilfe des Summenzeichens die folgende Teleskopsumme:

$$S = \sum_{k=1}^{N}\frac{1}{k(k+2)} \quad \text{für} \quad N \in \mathbb{N}.$$

Hinweis Zerlegen Sie den Summanden in die Summe zweier einfacher Brüche.

Aufgabe 1.27

Berechnen Sie

$$S = \sum_{k=1}^{n} k^2$$

mithilfe des Summenzeichens.

Hinweis Beginnen Sie mit $\hat{S} = \sum_{k=1}^{n}(k+1)^3$ und führen Sie diese Summe auf die gegebene zurück.

Lösungsvorschläge

Lösung 1.22
Die größte Zahl bestehend aus drei Ziffern lautet

$$9^{9^9} = 9^{\left(9^9\right)} = 9^{387\,420\,489}.$$

Beachten Sie Dagegen ist $\left(9^9\right)^9 = 9^{81}$. Verwenden Sie jetzt vier Ziffern.

Lösung 1.23
Aus $x = 1$ folgt $x^2 = 1$. Folglich ist die Aussage a) wahr.

Aus $x = -1$ folgt $x^2 = 1$. Folglich ist die Aussage b) falsch.

Die Aussage c) ist wahr, denn aus $xy = 0$ ergibt sich, dass einer der Faktoren null sein muss. Da $x = y$, ergibt sich $x = 0$. Die umgekehrte Richtung ist klar.

Bekanntlich hat die Gleichung $x^2 = 1$ genau die beiden Lösungen 1 und -1. Folglich ist die Aussage d) wahr.

Für $x = 1$ ist die Aussage $x^2 = 1$ wahr. Die Aussage $x = 1 \wedge x = -1$ ist aber immer falsch. Folglich ist die Aussage e) falsch.

Lösung 1.24
Aus $x = 0$ folgt $xy = 0 \cdot y = 0$. Folglich ist die Aussage a) wahr.

Aus $x = 1$ und $y = 0$ folgt $xy = 1 \cdot 0 = 0$. Folglich ist die Aussage b) falsch.

Da Aussage b) falsch ist, ist auch Aussage c) falsch.

Aus $x = 0 \vee y = 0$ folgt $xy = 0$, da mindestens einer der Faktoren null ist. Um die andere Richtung ($\Rightarrow$) zu zeigen, nehmen wir an, dass $x \neq 0 \wedge y \neq 0$ gilt, woraus $xy \neq 0$ folgt. Dies ist aber äquivalent zu $xy = 0 \Rightarrow (x = 0 \vee y = 0)$. Folglich ist die Aussage d) wahr.

Aus $x = 1$ und $y = 0$ folgt $xy = 1 \cdot 0 = 0$. Folglich ist die Aussage e) falsch.

Anmerkung Im Beweis zu Teilaufgabe d) wurde in der Hinrichtung ($\Rightarrow$) vom Prinzip der Kontraposition Gebrauch gemacht, d. h., wir haben bei der indirekten Beweisführung die Implikation

$$\neg(x = 0 \vee y = 0) = (x \neq 0 \wedge y \neq 0) \quad \Longrightarrow \quad \neg(xy = 0) = xy \neq 0$$

bewiesen. Wie Sie bereits richtig erkannt haben, verbergen sich in der Negation auf der linken Seite die Regeln von DE MORGAN.

Lösung 1.25

a) Es gilt

$$\sum_{i=0}^{5}(i+1) = (0+1)+(1+1)+(2+1)+(3+1)+(4+1)+(5+1)$$

$$= 1+2+3+4+5+6 = 21.$$

Alternativvorschlag Die Summe wird auseinandergezogen, dann

$$\sum_{i=0}^{5}(i+1) = \sum_{i=0}^{5}i + \sum_{i=0}^{5}1 = 15+6 = 21.$$

b) Es gilt

$$\sum_{m=1}^{3}\sum_{k=0}^{2}(km-2k) = \sum_{k=0}^{2}(k-2k) + \sum_{k=0}^{2}(2k-2k) + \sum_{k=0}^{2}(3k-2k)$$

$$= -\sum_{k=0}^{2}k + 0 + \sum_{k=0}^{2}k = 0.$$

c) Es gilt

$$\sum_{m=1}^{2}\prod_{k=m}^{3}(k^2-1) = \prod_{k=1}^{3}(k^2-1) + \prod_{k=2}^{3}(k^2-1)$$

$$= (1^2-1)\cdot(2^2-1)\cdot(3^2-1) + (2^2-1)\cdot(3^2-1)$$

$$= 0\cdot3\cdot8 + 3\cdot8 = 24.$$

Lösung 1.26

Es gilt mit einer Zerlegung des Summanden sowie einer Indexverschiebung folgende Gleichungskette:

$$S = \sum_{k=1}^{N}\frac{1}{k(k+2)} = \sum_{k=1}^{N}\left(\frac{1/2}{k} - \frac{1/2}{k+2}\right) = \frac{1}{2}\left(\sum_{k=1}^{N}\frac{1}{k} - \sum_{k=1}^{N}\frac{1}{k+2}\right)$$

$$= \frac{1}{2}\left(\sum_{k=1}^{N}\frac{1}{k} - \sum_{k=3}^{N+2}\frac{1}{k}\right) = \frac{1}{2}\left(1 + \frac{1}{2} + \sum_{k=3}^{N}\left(\frac{1}{k} - \frac{1}{k}\right) - \frac{1}{N+1} - \frac{1}{N+2}\right)$$

$$= \frac{1}{2}\left(\frac{3}{2} - \frac{1}{N+1} - \frac{1}{N+2}\right).$$

Lösung 1.27

Als bekannt ist die Summe

$$\tilde{S} = \sum_{k=1}^{n} k = \frac{n(n+1)}{2}$$

vorausgesetzt (s. Beispiel 1.27 im Lehrbuch). Nun betrachten wir

$$\hat{S} := \sum_{k=1}^{n} (k+1)^3 = \sum_{k=1}^{n} (k^3 + 3k^2 + 3k + 1)$$

$$= \sum_{k=1}^{n} k^3 + 3S + 3\tilde{S} + n,$$

da $\sum_{k=1}^{n} 1 = n$ und $S = \sum_{k=1}^{n} k^2$ gegeben ist. Wir haben also

$$\underline{3S + 3\tilde{S} + n} = \sum_{k=1}^{n} (k+1)^3 - \sum_{k=1}^{n} k^3 = \sum_{k=2}^{n+1} k^3 - \sum_{k=1}^{n} k^3$$

$$= (n+1)^3 - 1^3,$$

Lösen Sie die unterstrichene Gleichung nach S auf, dann erhalten Sie

$$S = \frac{1}{3}\left((n+1)^3 - 1 - n - 3\frac{n(n+1)}{2} \right) = \frac{n(n+1)(2n+1)}{6}.$$

Zusätzliche Information Zu Aufgabe 1.27 ist bei der Online-Version dieses Kapitels (doi:10.1007/978-3-642-29980-3_1) ein Video enthalten.

1.6   Ordnungsaxiome und Ungleichungen

Aufgabe 1.28

Gegeben seien folgende Aussagen:

a) $\forall x \in \mathbb{R} : \exists n \in \mathbb{N} : n > x$,
b) $\exists x \in \mathbb{R} : \forall n \in \mathbb{N} : n > x$,
c) $\exists x \in \mathbb{R} : \forall n \in \mathbb{N} : x \geq n$,
d) $\forall n \in \mathbb{N} : \exists x \in \mathbb{R} : x^2 = n$,
e) $\exists n \in \mathbb{N} : \exists! x \in \mathbb{R} : x^2 = n$.

Entscheiden Sie, ob die Aussagen wahr oder falsch sind und begründen Sie die Entscheidung.

Aufgabe 1.29

Für welche $x \in \mathbb{R}$ ist $\operatorname{sign}(-x + 2\sqrt{|x+1|}) = 1$?

Aufgabe 1.30

Für welche $x \in \mathbb{R}$ gilt

$$\text{a)} \quad 7 - x < 8 - 3x, \quad \text{b)} \quad x^3 - x^2 < 2x - 2,$$

$$\text{c)} \quad \frac{1}{x} < \frac{1}{x+1}, \quad \text{d)} \quad \frac{x-2}{x+3} < 2x.$$

Aufgabe 1.31

Welche $x \in \mathbb{R}$ erfüllen die Ungleichungen

$$\text{a)} \quad x < \sqrt{a+x}, \ a > 0, \quad\quad \text{b)} \quad \sqrt{4x - x^2 - 4} > 3,$$

$$\text{c)} \quad 2|x - 7| < 7(x+2) + |5x+2|, \quad \text{d)} \quad \big||x+1| - |x+3|\big| < 1.$$

Aufgabe 1.32

Seien $a, b \geq 0$. Zeigen Sie die Ungleichungen

$$\text{a)} \quad \frac{a}{b} + b \geq 2\sqrt{a}, \ b > 0, \quad\quad \text{b)} \quad (a+b)^3 \leq 4a^3 + 4b^3.$$

Aufgabe 1.33

Zeigen Sie, dass für $x > 1$ die Ungleichungskette

$$2(\sqrt{x+1} - \sqrt{x}) < \frac{1}{\sqrt{x}} < 2(\sqrt{x} - \sqrt{x-1})$$

gilt.

Lösungsvorschläge

Lösung 1.28

Sei $x \in \mathbb{R}$ beliebig. Dann ist $n := \lceil |x| \rceil + 1 \in \mathbb{N}$ und $n > x$. Die Funktion $\lceil \cdot \rceil$ rundet hierbei auf die nächstgrößere ganze Zahl auf. Folglich ist die Aussage a) wahr.

Für $x = -1 \in \mathbb{R}$ gilt $n > x$ für alle $n \in \mathbb{N}$. Folglich ist die Aussage b) wahr.

Die Aussage c) ist die Negation der Aussage a). Folglich ist die Aussage c) falsch.

In den reellen Zahlen existiert zu jeder positiven Zahl die Quadratwurzel. Da die natürlichen Zahlen eine Teilmenge der positiven reellen Zahlen sind, kann für gegebenes $n \in \mathbb{N}$ $x := \sqrt{n}$ gewählt werden, sodass offensichtlich $x^2 = n$ gilt. Folglich ist die Aussage d) wahr.

Nur für $n = 0$ hat die Gleichung $x^2 = n$ die *einzige* Lösung $x = 0$. Da $0 \notin \mathbb{N}$, ist die Aussage e) falsch.

Lösung 1.29

Es gilt nach Definition der sign-Funktion

$$\text{sign}\left(-x + 2\sqrt{|x+1|}\right) = 1 \iff -x + 2\sqrt{|x+1|} > 0,$$

also betrachten wir die Ungleichung

$$2\sqrt{|x+1|} > x.$$

Dazu unterscheiden wir zwei Fälle:

1. Fall: Für $x \leq 0$ ist die obige Ungleichung immer erfüllt, da die Wurzel immer größer oder gleich Null ist.
2. Fall: Sei $x > 0$. Wir wenden die Beziehung $0 < a < b \iff a^2 < b^2$, $a, b > 0$, auf unsere Ungleichung an. Wir erhalten

$$x^2 < 4|x+1| = 4(x+1) \iff x^2 - 4x - 4 < 0 \iff (x-2)^2 < 8.$$

Wir verwenden jetzt $0 < a < b \iff \sqrt{a} < \sqrt{b}$ und $\sqrt{a^2} = |a|$. Also gilt

$$(x-2)^2 < 8 \iff \sqrt{(x-2)^2} = |x-2| < 2\sqrt{2} \iff -2\sqrt{2} < x - 2 < 2\sqrt{2}.$$

Also gilt für x die Ungleichung

$$2 - 2\sqrt{2} < x < 2 + 2\sqrt{2}.$$

Da $x > 0$ im momentanen Fall vorausgesetzt ist, gilt

$$0 < x < 2 + 2\sqrt{2}.$$

Beide Fälle zusammen liefern insgesamt, dass

$$x < 2 + 2\sqrt{2}$$

die Aufgabe löst.

Lösung 1.30

a) Eine Umformung ergibt $x < \dfrac{1}{2}$.

b) Eine Umformung ergibt $x^3 - x^2 - 2x + 2 < 0$. Die linke Seite nimmt bei $x = \pm\sqrt{2}$ und $x = 1$ den Wert 0 an. Somit ist die Ungleichung für $x \in (-\infty, -\sqrt{2}) \cup (1, \sqrt{2})$ erfüllt.

c) Kein $x \in \mathbb{R}$ erfüllt diese Ungleichung.

d) Eine Umformung ergibt $0 < 2x^2 + 5x + 2$ für $x > -3$. Die rechte Seite nimmt bei $x = -2$ und $x = -\dfrac{1}{2}$ den Wert 0 an. Somit ist die Ungleichung für $x \in (-3, -2) \cup (-\dfrac{1}{2}, \infty)$ erfüllt. Für $x < -3$ gilt die Ungleichung nicht, da in diesem Bereich die linke Seite stets positiv und rechte Seite stets negativ ist.

Lösung 1.31

a) Sei $a > 0$ gegeben, dann unterscheiden wir zwei Fälle:

1. Fall: Für $-a \leq x \leq 0$ ist die obige Ungleichung immer erfüllt, da die Wurzel immer größer oder gleich 0 ist.

2. Fall: Sei $x > 0$. Wir wenden die Beziehung $0 < a < b \iff a^2 < b^2$, $a, b > 0$, und erhalten

$$x^2 < x + a \iff 0 < -x^2 + x + a.$$

Die positive Nullstelle auf der rechten Seite dieser Ungleichung lautet $x = \frac{1}{2}(1 + \sqrt{1 + 4a})$. Damit gilt

$$0 < x < \frac{1}{2}(1 + \sqrt{1 + 4a}).$$

Die rechte Seite der Ausgangsgleichung ist für $x < -a$ nicht definiert. Insgesamt gilt dann

$$-a \leq x < \frac{1}{2}(1 + \sqrt{1 + 4a}).$$

b) Kein $x \in \mathbb{R}$ erfüllt diese Ungleichung. Denn

$$\sqrt{4x - x^2 - 4} > 3 \iff 4x - x^2 - 4 > 9 \iff (x - 2)^2 < -9.$$

An der letzten Ungleichung erkennen Sie, dass die linke Seite für kein $x \in \mathbb{R}$ negativ werden kann.

c) Wir stellen fest, dass $x - 7 = 0$ für $x = 7$ und $5x + 2 = 0$ für $x = -\frac{2}{5}$ gelten. Wir analysieren daher drei verschiedene Bereiche wie folgt:

$$x \in \left(-\frac{2}{5}, 7\right): \quad -2x + 14 < 7x + 14 + 5x + 2 \implies x > -\frac{1}{7},$$
$$x > 7: \quad 2x - 14 < 7x + 14 + 5x + 2 \implies x > -3,$$
$$x < -\frac{2}{5}: \quad -2x + 14 < 7x + 14 - 5x - 2 \implies x > \frac{1}{2}.$$

Der letzte Fall beinhaltet einen Widerspruch. Insgesamt gilt damit, dass die gegebene Ungleichung für $x > -\frac{1}{7}$ gilt.

d) Auch hier werden drei Fälle unterschieden:

$$x \in (-3, -1) \quad : \quad |-(x + 1) - (x - 3)| = |-2x - 4| = 2|x + 2| < 1$$
$$\iff x \in \left(-\frac{5}{2}, -\frac{3}{2}\right).$$

Die Fälle $x < -3$ und $x > -1$ führen auf Widersprüche. Insgesamt gilt damit, dass die gegebene Ungleichung für $x \in \left(-\dfrac{5}{2}, -\dfrac{3}{2}\right)$ gilt.

Lösung 1.32

a) Wir führen äquivalente Umformungen durch:

$$\frac{a}{b} + b \geq 2\sqrt{a} \iff a + b^2 \geq 2\sqrt{a}\,b \iff \left(\sqrt{a} - b\right)^2 \geq 0.$$

Die letzte Ungleichung ist für die vorgegebenen $a, b \in \mathbb{R}_+$ richtig. Alternativ lässt sich von der letzten Ungleichung auf die vorgegebene Ungleichung zurückrechnen.

b) Wir starten für $a, b \geq 0$ wie folgt:

$$
\begin{aligned}
0 \leq (a - b)^2 &\iff ab \leq a^2 - ab + b^2 \\
&\iff ab(a + b) \leq (a^2 - ab + b^2)(a + b) \\
&\iff a^2 b + ab^2 \leq a^3 + b^3 \\
&\iff 3a^2 b + 3ab^2 \leq 3a^3 + 3b^3 \\
&\iff \underbrace{a^3 + 3a^2 b + 3ab^2 + b^3}_{= (a + b)^3} \leq 4a^3 + 4b^3
\end{aligned}
$$

Lösung 1.33

Verwenden Sie $\sqrt{A} - \sqrt{B} = \dfrac{A - B}{\sqrt{A} + \sqrt{B}}$ (erweitern mit $\sqrt{A} + \sqrt{B}$). Damit gelten die beiden Ungleichungen

$$2\left(\sqrt{x+1} - \sqrt{x}\right) = 2\,\frac{x + 1 - x}{\sqrt{x+1} + \sqrt{x}} < \frac{2}{\sqrt{x+0} + \sqrt{x}} = \frac{1}{\sqrt{x}}$$

und

$$2\left(\sqrt{x} - \sqrt{x-1}\right) = 2\,\frac{x - (x-1)}{\sqrt{x} + \sqrt{x-1}} > \frac{2}{\sqrt{x} + \sqrt{x-0}} = \frac{1}{\sqrt{x}}.$$

Zusammen liefert dies die Behauptung.

1.7 Vollständige Induktion

Aufgabe 1.34
Zeigen Sie mittels vollständiger Induktion

$$\sum_{k=1}^{n} (3k - 1)k = n^2(n + 1) \quad \forall\, n \in \mathbb{N}.$$

Aufgabe 1.35

Zeigen Sie mithilfe vollständiger Induktion

$$\sum_{k=0}^{n} a^k b^{n-k} = \frac{a^{n+1} - b^{n+1}}{a - b} \quad \forall\, n \in \mathbb{N}_0,\ a \neq b.$$

Aufgabe 1.36

Sie zeigen nun mit vollständiger Induktion, dass $4^n + 15n - 1$ für $n \in \mathbb{N}$ durch 9 teilbar ist.

Aufgabe 1.37

Bestätigen Sie per vollständiger Induktion

$$(1 - x)\prod_{k=0}^{n}\left(1 + x^{\left(2^k\right)}\right) = 1 - x^{\left(2^{n+1}\right)} \quad \text{für}\ n \in \mathbb{N}_0.$$

Aufgabe 1.38

In einer Spielzeugkiste befinden sich 4 weiße und 12 bunte Teddybären. Wie viele Möglichkeiten hat ein Kind, dass beim zufälligen Herausgreifen von 6 Bären höchstens 2 bunte dabei sind?

Aufgabe 1.39

Eine Übungsgruppe zur Ingenieursmathematik bestehe aus 27 Studierenden. Wie viele Möglichkeiten gibt es, dass mindestens 2 Studenten am selben Tag Geburtstag haben?

Aufgabe 1.40

Zu Beginn einer Veranstaltung begrüßt jeder Teilnehmer jeden anderen. Der Gruß wird 272-mal ausgesprochen. Wie viele Personen nehmen an der Veranstaltung teil?

Aufgabe 1.41

Bei einer Party stoßen alle Gäste miteinander an. Die Gläser klingen 66-mal. Wie viele Partygäste sind anwesend?

Lösungsvorschläge

Lösung 1.34

Induktionsanfang: Sei $n = 1$. Dann gilt

$$\sum_{k=1}^{1}(3k - 1)k = (3 \cdot 1 - 1) \cdot 1 = 2 = 1^2(1 + 1).$$

Damit ist die Behauptung für $n = 1$ richtig.

Induktionsschritt: Wir nehmen an, dass $A(n)$ richtig ist, d. h. die Gleichung $\sum_{k=1}^{n}(3k-1)k = n^2(n+1)$ Gültigkeit hat (Induktionsannahme I.A.). Damit schließen wir auf $A(n+1)$ wie folgt:

$$\sum_{k=1}^{n+1}(3k-1)k = \sum_{k=1}^{n}(3k-1)k + (3(n+1)-1)(n+1)$$

$$\stackrel{\text{I.A.}}{=} n^2(n+1) + (3(n+1)-1)(n+1) = (n+1)\left(n^2+3n+2\right)$$

$$= (n+1)^2(n+2).$$

Damit ist die Aussage für alle $n \in \mathbb{N}$ wahr.

Lösung 1.35

Induktionsanfang: Sei $n = 0$. Dann gilt

$$\sum_{k=0}^{0} a^k b^{0-k} = a^0 b^0 = 1 = \frac{a^{0+1} - b^{0+1}}{a-b}.$$

Damit ist die Behauptung für $n = 0$ richtig.

Induktionsschritt: Wir nehmen an, dass $A(n)$ richtig ist, d. h. die Gleichung $\sum_{k=0}^{n} a^k b^{n-k} = \frac{a^{n+1}-b^{n+1}}{a-b}$ Gültigkeit hat (Induktionsannahme I.A.). Damit schließen wir auf $A(n+1)$ wie folgt:

$$\sum_{k=0}^{n+1} a^k b^{n+1-k} = b\sum_{k=0}^{n+1} a^k b^{n-k} = b\sum_{k=0}^{n} a^k b^{n-k} + ba^{n+1}\underbrace{b^{n-(n+1)}}_{=b^{-1}}$$

$$\stackrel{\text{I.A.}}{=} b\,\frac{a^{n+1}-b^{n+1}}{a-b} + a^{n+1}$$

$$= \frac{a^{(n+1)+1}-b^{(n+1)+1}}{a-b}.$$

Damit ist die Aussage für alle $n \in \mathbb{N}_0$ wahr.

Lösung 1.36

Es gilt

$$4^{n+1} + 15(n+1) - 1 = 4\left(4^n + 15n - 1\right) + 9(2-5n).$$

Nach Induktionsvoraussetzung ist $4^n + 15n - 1$ durch 9 teilbar und $9(2-5n)$ natürlich auch. Ebenso stimmt der Anfang, denn für $n = 1$ ergibt sich

$$4^1 + 15 - 1 = 18.$$

Damit ist der vorgegebene Term für alle $n \in \mathbb{N}$ durch 9 teilbar.

Lösung 1.37

Kommen wir gleich zum Induktionsanfang für $n = 0$. Es gilt

$$(1 - x) \prod_{k=0}^{0} \left(1 + x^{\left(2^k\right)}\right) = (1 - x)(1 + x) = (1 - x^2) = 1 - x^{\left(2^{0+1}\right)}.$$

Damit ist die Behauptung für $n = 0$ richtig. Der Induktionsschritt liefert

$$(1 - x) \prod_{k=0}^{n+1} \left(1 + x^{\left(2^k\right)}\right) = (1 - x) \prod_{k=0}^{n} \left(1 + x^{\left(2^k\right)}\right) \cdot \left(1 + x^{\left(2^{n+1}\right)}\right)$$

$$\stackrel{\text{I.A.}}{=} \left(1 - x^{\left(2^{n+1}\right)}\right) \left(1 + x^{\left(2^{n+1}\right)}\right) = \left(1 - x^{\left(2 \cdot 2^{n+1}\right)}\right)$$

$$= 1 - x^{\left(2^{n+2}\right)}.$$

Damit ist die Aussage für alle $n \in \mathbb{N}_0$ wahr.

Lösung 1.38

Beim Ziehen ohne Zurücklegen (ein Kind legt ja nichts mehr zurück) ergeben sich

$$\binom{12}{2} \cdot \binom{4}{4} = 66$$

Möglichkeiten für das Kind.

Lösung 1.39

Sei G das Ereignis: „Mindestens 2 Studenten haben am selben Tag Geburtstag." Das Gegenereignis $\overline{G}$ lautet: „Alle 27 Studenten haben an unterschiedlichen Tagen Geburtstag."
Für das Eintreffen des Gegenereignisses ergibt sich die Anzahl

$$|\overline{G}| = 365 \cdot 364 \cdot \ldots \cdot (365 - 26).$$

Die Anzahl aller möglichen Geburtstagsverteilungen sind 365^{27}. Damit gilt

$$|G| = 365^{27} - 365 \cdot 364 \cdot \ldots \cdot (365 - 26) = 365^{27} - \frac{365!}{(365 - 26)!}.$$

Lösung 1.40

Die gesuchte Anzahl der Teilnehmer sei n. Jeder der n Teilnehmer spricht $(n-1)$-mal einen Gruß aus, also fallen $n(n - 1)$ Grüße. Damit gilt

$$n(n - 1) = 272 \iff n^2 - n - 272 = 0.$$

Daraus ermitteln wir, dass 17 Teilnehmer anwesend sind (die zweite, negative Lösung entfällt).

Lösung 1.41

Es gibt $\binom{n}{2}$ Möglichkeiten, da immer 2 Gäste miteinander anstoßen, also

$$\frac{n!}{(n-2)!\,2!} = 66 \iff \frac{n(n-1)}{2} = 66 \iff n^2 - n = 132.$$

Die positive Lösung lautet $n = 12$.

1.8   Vollständigkeitsaxiom

Aufgabe 1.42

Skizzieren Sie folgende Teilmengen von $\mathbb{R}$:

$$M_1 = \{x \in \mathbb{R} : x^2 < 9\}, \quad M_2 = \{x \in \mathbb{R} : |x| \le 2\}, \quad M_3 = \{n \in \mathbb{N} : 2 \text{ ist Teiler von } n\}.$$

a) Bestimmen Sie
   (i) $M_1 \setminus M_2$,   (ii) $M_3 \cup M_2$,   (iii) $M_1 \cap M_3$
   und skizzieren Sie diese Mengen.
b) Sie geben jetzt für die Mengen M_1, M_2 und M_3 jeweils zwei obere und zwei untere Schranken an, falls diese existieren.
c) Bestimmen Sie für die Mengen M_1, M_2 und M_3 jeweils Supremum und Infimum, falls sie existieren, und geben Sie an, ob sie in der jeweiligen Menge liegen.
d) Beweisen Sie $M_2 \subset M_1$.

Aufgabe 1.43

Zeigen Sie, dass es zu jedem $\varepsilon > 0$ eine Zahl $n \in \mathbb{N}$ gibt mit $1/n < \varepsilon$.

Lösungsvorschläge

Lösung 1.42

a) Es ergeben sich die Mengen
   a. $M_1 \setminus M_2 = \{x \in \mathbb{R} : 2 < |x| < 3\}$,
   b. $M_3 \cup M_2 = \{x \in \mathbb{R} : |x| \le 2 \lor x = 2 \cdot n \text{ für ein } n \in \mathbb{N}\}$,
   c. $M_1 \cap M_3 = \{2\}$.
b) a. Behauptung: 4 ist obere Schranke von M_1.

   Beweis Es gilt $M_1 = \{x \in \mathbb{R} : -3 < x < 3\}$. Sei $x \in M_1$, dann gilt $x < 3 < 4$. Wir erhalten insbesondere $x \le 4$ für alle $x \in M_1$, d. h., 4 ist obere Schranke von M_1. qed

b. Behauptung: Es existiert keine obere Schranke von M_3.

Beweis (indirekt) Wir nehmen an, dass $S \in \mathbb{R}$ obere Schranke für M_3 ist. Sei $m > S$ eine durch 2 teilbare Zahl (wieso existiert diese?). Dann gilt $m \in M_3$, und $m > S$. Daraus folgt T ist keine obere Schranke.   qed

Analog erhalten Sie die Aussagen für
M_1: obere Schranken sind 4, 10, untere Schranken sind $-4, -10$,
M_2: obere Schranken sind 42, 531, untere Schranken sind $-2, -13/2$,
M_3: obere Schranken existieren nicht, untere Schranken sind 1, 2.

c) Behauptung: 3 ist obere Schranke von M_1.

Beweis Es gilt $M_1 = \{x \in \mathbb{R} : -3 < x < 3\}$. Wegen $x < 3$ für alle $x \in M_1$ ist 3 obere Schranke von M_1.   qed

Behauptung: $\sup M_1 = 3$.

Beweis (indirekt) Angenommen es existiert eine obere Schranke $\tilde{T}$ mit $-3 < \tilde{T} < 3$. Damit ergibt sich $\frac{\tilde{T}+3}{2} \in M_1$ und $\tilde{T} < \frac{\tilde{T}+3}{2}$. Dies ist ein Widerspruch zur Annahme, dass $\tilde{T}$ eine obere Schranke von M_1 ist. Es gilt $3 \notin M_1$, also $\sup M_1 = 3$.   qed

Mit analoger Vorgehensweise erhalten Sie die Aussagen für
M_1: $\sup M_1 = 3 \notin M_1$ und $\inf M_1 = -3 \notin M_1$,
M_2: $\sup M_2 = 2 \in M_2$ und $\inf M_2 = -2 \in M_1$,
M_3: $\nexists \sup M_3$ und $\inf M_3 = 2 \in M_1$.

d) Sei $x \in M_2 \Rightarrow |x| \leq 2 \Rightarrow x^2 = |x|^2 \leq 4 < 9 \Rightarrow x \in M_1$.

Lösung 1.43

Sei $0 < x \in \mathbb{R}$ beliebig. Dann wissen wir gemäß Aufgabe 28a), dass ein $n \in \mathbb{N}$ existiert mit $x < n$. Daraus ergibt sich dann die Ungleichung

$$\frac{1}{n} < \frac{1}{x} =: \varepsilon.$$

Anmerkung Die Aussage, dass jedes $x \in \mathbb{R}$ durch ein $n \in \mathbb{N}$ beschränkt werden kann, wird der Satz des ARCHIMEDES genannt.

1.9 Noble Zahlen

Aufgabe 1.44

Ermitteln Sie die Kettenbrüche von $13/4$, 4.7 und $\sqrt{5}/3$.

Aufgabe 1.45

Berechnen Sie

$$\sqrt{1 + \sqrt{1 + \sqrt{1 + \sqrt{1 + \cdots}}}}.$$

Lösungsvorschläge

Lösung 1.44

Wir formulieren nochmals das im Lehrbuch beschriebene Verfahren zur Kettenbruchdarstellung.

Sei $x \in \mathbb{R}$. Wir setzen $x_0 := x$ und $[x]$ bezeichne die größte ganze Zahl mit $[x] \le x$. Es gilt die rekursive Darstellung

$$x_0 = [x_0] + \frac{1}{x_1},$$
$$x_1 = [x_1] + \frac{1}{x_2},$$
$$x_2 = [x_2] + \frac{1}{x_3},$$
$$\vdots$$

Das Verfahren wird abgebrochen, sobald kein Rest mehr auftritt. Anderenfalls endet es nie. Insgesamt ergibt sich der gewünschten Kettenbruch

$$x = [a_0, a_1, a_2, \cdots],$$

mit $a_i := [x_i]$ für $i \ge 0$ und

$$[a_0, a_1, \cdots, a_n] := a_0 + \cfrac{1}{a_1 + \cfrac{1}{a_2 + \cfrac{1}{a_3 + \cdots \quad \ddots \quad \cfrac{1}{a_{n-1} + \cfrac{1}{a_n}}}}}.$$

Für $x = 13/4$ ergibt sich die endliche Darstellung

$$\frac{13}{4} = \boxed{3} + \frac{1}{4},$$
$$4 = \boxed{4} + 0.$$

Damit lautet der Kettenbruch $\dfrac{13}{4} = 3 + \dfrac{1}{4} = [3, 4]$.

Mit $4{,}7 = \dfrac{47}{10}$ ergibt sich

$$\frac{47}{10} = \boxed{4} + \frac{7}{10},$$

$$\frac{10}{7} = \boxed{1} + \frac{3}{7},$$

$$\frac{7}{3} = \boxed{2} + \frac{1}{3},$$

$$3 = \boxed{3} + 0.$$

Damit lautet die Kettenbruchdarstellung $\dfrac{4}{10} = 4 + \cfrac{1}{1 + \cfrac{1}{2 + \cfrac{1}{3}}} = [4, 1, 2, 3]$.

Die irrationale Zahl $\dfrac{\sqrt{5}}{3}$ liefert eine unendliche Kettenbruchdarstellung. Wir rechnen so lange, bis wir evtl. eine Regelmäßigkeit erkennen. Ein nicht unerheblicher Rechenaufwand ergibt:

$$\frac{\sqrt{5}}{3} \qquad\qquad = \boxed{0} + \frac{\sqrt{5}}{3},$$

$$\frac{3}{\sqrt{5}} = \frac{3}{5}\sqrt{5} \qquad\quad = \boxed{1} + \underline{\frac{3}{5}\sqrt{5} - 1},$$

$$\frac{1}{\frac{3}{5}\sqrt{5} - 1} = \frac{3}{4}\sqrt{5} + \frac{5}{4} = \boxed{2} + \frac{3}{4}\sqrt{5} - \frac{3}{4},$$

$$\frac{1}{\frac{3}{4}\sqrt{5} - \frac{3}{4}} = \frac{1}{3}\sqrt{5} + \frac{1}{3} = \boxed{1} + \frac{1}{3}\sqrt{5} - \frac{2}{3},$$

$$\frac{1}{\frac{1}{3}\sqrt{5} - \frac{2}{3}} = 3\sqrt{} + 6 \quad = \boxed{12} + 3\sqrt{5} - 6,$$

$$\frac{1}{3\sqrt{5} - 6} = \frac{1}{3}\sqrt{5} + \frac{2}{3} = \boxed{1} + \frac{1}{3}\sqrt{5} - \frac{1}{3},$$

$$\frac{1}{\frac{1}{3}\sqrt{5} - \frac{1}{3}} = \frac{3}{4}\sqrt{5} + \frac{3}{4} = \boxed{2} + \frac{3}{4}\sqrt{5} - \frac{5}{4},$$

$$\frac{1}{\frac{3}{4}\sqrt{5} - \frac{5}{4}} = \frac{3}{5}\sqrt{5} + 1 = \boxed{2} + \underline{\frac{3}{5}\sqrt{5} - 1}.$$

Endlich erhalten wir zum zweiten Mal denselben Rest (unterstichene Anteile) und damit eine Periodizität. Die Darstellung lautet:

$$\frac{\sqrt{5}}{3} = [0, 1, \overline{2, 1, 12, 1, 2, 2}].$$

Lösung 1.45

Wir bezeichnen die gesuchte Zahl mit x. Wir führen für die Kettenwurzel folgende Bezeichnungen ein:

$$\overbrace{\sqrt{1+\underbrace{\sqrt{1+\sqrt{1+\sqrt{1+\cdots}}}}_{x\,(\text{rot})}}}^{x\,(\text{grün})}.$$

Damit erfüllt x die folgende Gleichung:

$$\underbrace{x}_{\text{grün}} = \sqrt{1+\underbrace{x}_{\text{rot}}} \implies x^2 = 1+x \iff x_{1,2} = \frac{1\pm\sqrt{5}}{2} =: G_{1,2}.$$

Da die erste Umformung keine Äquivalenzumformung war, müssen wir die Probe machen und erkennen die nobelste aller Zahlen

$$x = G_1 = \frac{1+\sqrt{5}}{2}$$

als Lösung.

1.10 Maschinenzahlen

Aufgabe 1.46

Wandeln Sie natürliche, ganze, rationale und irrationale Zahlen Ihrer Wahl in Dual-, Oktal- und Hexadezimalzahlen um.

Aufgabe 1.47

Wiederholen Sie die im Lehrbuch vorgeführten Beispiele mit Zahlen Ihrer Wahl.

Aufgabe 1.48

Formen Sie nachfolgende Ausdrücke so um, dass deren Auswertungen für $|x| \ll 1$ stabil werden:

$$\text{a) } \frac{1}{1+2x} - \frac{1-x}{1+x}, \qquad \text{b) } \frac{1-\cos x}{x}, \quad x \neq 0.$$

Lösungsvorschläge

Lösung 1.46

Repräsentativ wandeln wir die Dezimalzahl $x = 0{,}3$ in eine Oktalzahl um. Um die Zahlen voneinander zu unterscheiden, fügen wir die Indizes (10) bzw. (8) an, also $x = 0{,}3_{(10)}$. Wir rechnen um:

$$8 \cdot 0{,}3 = 2{,}4,$$
$$8 \cdot 0{,}4 = 3{,}2,$$
$$8 \cdot 0{,}2 = 1{,}6,$$
$$8 \cdot 0{,}6 = 4{,}8,$$
$$8 \cdot 0{,}8 = 6{,}4,$$
$$8 \cdot 0{,}4 = 3{,}2, \quad \text{(hier beginnt die Periodizität)}$$
$$8 \cdot 0{,}2 = 1{,}6,$$
$$\vdots$$

also lautet die entsprechende Oktalzahl

$$x = 0{,}231463146\cdots_{(8)} = 0{,}2\overline{3146}_{(8)}.$$

Lösung 1.47

Hier dürfen Sie sich austoben, indem Sie Zahlen runden, addieren und vor allem etwa gleichgroße Zahlen subtrahieren, um den Effekt der Auslöschung zu sehen.

Betrachten Sie dazu als *Zugabe* den Ausdruck

$$A = \frac{300}{120 - \frac{844}{7}}.$$

Dieser soll auf 3 Dezimalstellen genau berechnet werden. Wir erhalten $\frac{844}{7} \approx 120{,}57$. Aufgerundet bekommen wir 121 bzw. abgerundet 120. Als Ergebnis ergibt sich dann -300 bzw. ∞. Der nachfolgende stabile (s. dazu auch die nächste Aufgabe) Term liefert das wahre Ergebnis

$$A = \frac{300 \cdot 7}{120 \cdot 7 - 844} = -525.$$

Lösung 1.48

Wie Sie sofort erkennen, sind beide vorgegebenen Terme von der Auslöschung bedroht, da jeweils eine Differenz etwa gleichgroßer Zahlen vorliegt. Durch geeignete Umformungen werden wir dies zu verhindern wissen.

a) Wir bestimmen einfach den gemeinsamen Nenner und erhalten den stabilen Ausdruck

$$\frac{1}{1+2x} - \frac{1-x}{1+x} = \frac{2x^2}{(1+2x)(1+x)}.$$

b) Eine kleine Umformung ergibt

$$\frac{1 - \cos x}{x} = \frac{1 - \sqrt{1 - \sin^2 x}}{x}.$$

Auf diesen Ausdruck wenden wir jetzt die Formel

$$a - b = \frac{a^2 - b^2}{a + b}$$

mit $a = 1$ und $b = \sqrt{1 - \sin^2 x}$ an. Dies ergibt den stabilen Ausdruck

$$\frac{1 - \sqrt{1 - \sin^2 x}}{x} = \frac{1}{x}\left(\frac{\sin^2 x}{1 + \sqrt{1 - \sin^2 x}}\right) = \frac{\sin^2 x}{x(1 + \cos x)}.$$

Wie Sie sehen, sind durch (kleine) äquivalente Umformungen alle Differenzen etwa gleichgroßer Zahlen ausgemerzt.

Komplexe Zahlen und Polynome

2

2.1 Mathematische Motivation und Definition

Aufgabe 2.1

Führen Sie die Addition, die Multiplikation und die Division mit den Zahlenpaaren

$$a) \ (1,2), (3,4), \qquad b) \ (5,6), (7,8)$$

durch.

Aufgabe 2.2

Bestimmen Sie zu dem Zahlenpaar $(2,4)$ das neutrale und das inverse Element bezüglich der Addition und der Multiplikation. Bestätigen Sie zudem das Kommutativgesetz bezüglich der Multiplikation.

Lösungsvorschläge

Lösung 2.1

Für geordnete Zahlenpaare

$$\mathbb{R} \times \mathbb{R} := \{(a,b) \ : \ a,b \in \mathbb{R}\}$$

wurden im Lehrbuch folgende Operationen erkärt:

$$\begin{aligned} + : \ & (a_1, b_1) + (a_2, b_2) = (a_1 + a_2, b_1 + b_2), \\ \cdot \ : \ & (a_1, b_1) \cdot (a_2, b_2) = (a_1 a_2 - b_1 b_2, a_1 b_2 + a_2 b_1). \end{aligned} \qquad (2.1)$$

W. Merz, P. Knabner, *Endlich gelöst! Aufgaben zur Mathematik für Ingenieure und Naturwissenschaftler*, Springer-Lehrbuch, DOI 10.1007/978-3-642-54529-0_2,
© Springer-Verlag Berlin Heidelberg 2014

1. Die Ergebnisse lauten somit

$$(1,2) + (3,4) = (4,6),$$
$$(1,2) \cdot (1,2) = (-5,10),$$
$$(1,2) : (3,4) = \left(\frac{11}{25}, \frac{2}{25}\right).$$

2. Die Ergebnisse lauten

$$(5,6) + (7,8) = (12,14),$$
$$(5,6) \cdot (7,8) = (-13,-2),$$
$$(5,6) : (7,8) = \left(\frac{83}{113}, \frac{2}{113}\right).$$

Beachten Sie, dass das Produkt zweier komplexer Zahlen mit nur positiven Einträgen eine komplexe Zahl mit negativen Einträgen liefern kann.

Lösung 2.2

Das neutrale Element bezüglich der Addition ist $(0,0)$ und bezüglich der Multiplikation $(1,0)$. Die entsprechenden inversen Elemente sind $(-2,-4)$ und $\left(\frac{2}{20}, \frac{-4}{20}\right)$. Das Kommutativgesetz stimmt natürlich, denn

$$\left(\frac{2}{20}, \frac{-4}{20}\right) \cdot (2,4) = (1,0) = (2,4) \cdot \left(\frac{2}{20}, \frac{-4}{20}\right).$$

2.2 Elementare Rechenoperationen in $\mathbb{C}$

Aufgabe 2.3

1. Berechnen Sie die komplexen Zahlen

$$z_1 = (4+i)\overline{(-1+6i)} \qquad z_2 = \frac{10(3+2i)}{i-1} - \frac{50+10i}{3+i}$$

und bestimmen Sie $|z_1 z_2|$. Geben Sie die Ergebnisse in der Form $x + iy$ mit $x, y \in \mathbb{R}$ an.

2. Lösen Sie folgende Gleichung für $z \in \mathbb{C}$:

$$\frac{4 + 20i + (-2 + 2i)z}{1 + i + (2 - i)z} = 2 + 4i.$$

Aufgabe 2.4

Bestimmen Sie Real- und Imaginärteil der folgenden komplexen Zahlen z:

$$\text{a) } z = 3 - 7i, \qquad \text{b) } z = \overline{\left(\frac{a + ib}{c + id}\right)}, \qquad \text{c) } z = \frac{1}{i}, \qquad \text{d) } z^2 = i.$$

Gibt es mehrere Möglichkeiten, so sind alle anzugeben.

Aufgabe 2.5

Sei $v = -\frac{1}{2} + \frac{1}{2}\sqrt{3}\,i$ und $w = -5 + 12i$. Berechnen Sie

1. $u = \frac{v}{w}$,
2. $u = v^4$,
3. die Lösung der Gleichung $z^4 = v$.

Aufgabe 2.6

Welche der folgenden Ungleichungen sind richtig?

a) $-2i^2 < 5$,   b) $(2+i)^2 > 1$,   c) $i^2 + 2 > 0$,   d) $\left|\sqrt{21}\,i - 6\right| < \left|7 + 3i\right|$.

Aufgabe 2.7

Sei $z \in \mathbb{C}$, $z \neq 0$. Zeigen Sie, dass

$$\text{a) } \mathfrak{R}\left(\frac{1}{z}\right) = \frac{1}{|z|^2}\mathfrak{R}(z), \qquad \text{b) } \mathfrak{I}\left(\frac{1}{z}\right) = \frac{(-1)}{|z|^2}\mathfrak{I}(z).$$

Aufgabe 2.8

Für welche Punkte $z = x + iy$ in der GAUSS'schen Zahlenebene gilt

a) $|z + 2 - i| \geq 2$,   b) $\frac{\overline{z}}{z} = 1$,   c) $|z+1| \leq |z-1|$,   d) $|z| + \mathfrak{R}(z) = 1$.

Lösungsvorschläge

Lösung 2.3

1. Es gilt

$$z_1 = (4+i)\overline{(-1+6i)} = (4+i)(-1-6i) = -4 - 24i - i - 6i^2 = 2 - 25i.$$

Weiter ist

$$z_2 = \frac{10(3+2i)}{i-1} - \frac{50+10i}{3+i} = \frac{10(3+2i)(-i-1)}{(i-1)(-i-1)} - \frac{(50+10i)(3-i))}{(3+i)(3-i)}$$

$$= \frac{10(-3-3i-2i+2)}{2} - \frac{10(15-5i+3i+1)}{10} = -5 - 25i - 16 + 2i$$

$$= -21 - 23i.$$

Damit ist dann

$$z_1 z_2 = (2 - 25i)(-21 - 23i) = -42 - 46 + 525i - 575 = -617 + 479i,$$

also

$$|z_1 z_2| = \sqrt{617^2 + 479^2} = \sqrt{380\,689 + 229\,441} = \sqrt{610\,130} \approx 781{,}12.$$

2. Sei $1 + i + (2 - i)z \neq 0$, d. h.

$$z \neq \frac{-1 - i}{2 - i} = \frac{-(1 + i)(2 + i)}{(2 - i)(2 + i)} = -\frac{1}{5} - \frac{3}{5}i.$$

Damit sind dann folgende Aussagen äquivalent:

$$\frac{4 + 20i + (-2 + 2i)z}{1 + i + (2 - i)z} = 2 + 4i$$

$$\Longleftrightarrow \quad 4 + 20i + (-2 + 2i)z = (2 + 4i)(1 + i + (2 - i)z)$$

$$\Longleftrightarrow \quad 4 + 20i + (-2 + 2i)z = 2 + 2i + (4 - 2i)z + 4i - 4$$
$$\qquad\qquad\qquad\qquad\qquad\quad + 4i(2 - i)z$$

$$\Longleftrightarrow \quad ((-2 + 2i) - (4 - 2i))z = 2 + 2i + 4i - 4 - 4 - 20i$$
$$\qquad\qquad\quad -4i(2 - i)z$$

$$\Longleftrightarrow \quad (-6 + 4i - 8i - 4)z = -6 - 14i$$

$$\Longleftrightarrow \quad z = \frac{-6 - 14i}{-10 - 4i} = \frac{(-6 - 14i)(-10 + 4i)}{(-10 - 4i)(-10 + 4i)}$$

$$\Longleftrightarrow \quad z = \frac{60 - 24i + 140i + 56}{116} = \frac{116 + 116i}{116}$$

$$\Longleftrightarrow \quad z = 1 + i.$$

Da $1 + i \neq -\frac{1}{5} - \frac{3}{5}i$, ist $z = 1 + i$ die gesuchte Lösung.

Lösung 2.4

a) $\Re(z) = 3$ und $\Im(z) = -7$.

b) Wir formen um:

$$z = \frac{a + ib}{c + id} = \frac{(a + ib)(c - id)}{(c + id)(c - id)}$$

$$= \frac{(ac + bd) + i(bc - ad)}{c^2 + d^2} = \frac{ac + bd}{c^2 + d^2} + i\,\frac{bc - ad}{c^2 + d^2}.$$

c) Wir erweitern mit i, dann ist $\Re(z) = 0$ und $\Im(z) = -1$.

d) Wir schreiben $z = a + ib$, dann liest sich die gegebene Gleichung als

$$a^2 + 2iab - b^2 = i.$$

Dann rechnen Sie nach, dass die beiden Pärchen

$$(a_1, b_1) = \left(\frac{1}{\sqrt{2}}, \frac{1}{\sqrt{2}} \right), \quad (a_2, b_2) = \left(-\frac{1}{\sqrt{2}}, -\frac{1}{\sqrt{2}} \right)$$

die Gleichung lösen.

Lösung 2.5

a) $u = \frac{v}{w} = \frac{1}{338} \left((5 + 12\sqrt{3}) + (12 - 5\sqrt{3})\,i \right)$.

b) $v^4 = \left(-\frac{1}{2} + \frac{1}{2}\sqrt{3} \right)^4 = v$. Dies lässt sich elementar nachrechnen.

c) Mit der vorherigen Teilaufgabe gilt $z^4 = v = v^4$, also folgt

$$z_0 = v, \quad z_1 = iv, \quad z_2 = -v, \quad z_3 = -iv.$$

Wir überprüfen repräsentativ z_1: Es gilt $z_1^4 = i^4 v^4 = (-1)^2 (-1)^2 v^4 = v^4 = v$.

Lösung 2.6

a) $-2i^2 = (-2)(-1) = 2 < 5$, also stimmt diese Ungleichung.

b) $(2 + i)^2 > 1 \iff 1 + i > 0$. Diese Ungleichung ist Unsinn!?

c) $i^2 + 2 = 1 > 0$, somit ist dies eine richtige Ungleichung.

d) $\left| \sqrt{21}\,i - 6 \right| = 15 < 40 = |7 + 3i|$, womit auch diese Ungleichung stimmt.

Lösung 2.7

a) $\Re \left(\frac{1}{z} \right) = \Re \left(\frac{\bar{z}}{z\bar{z}} \right) = \frac{1}{|z|^2} \Re(\bar{z}) = \frac{1}{|z|^2} \Re(z)$.

b) $\Im \left(\frac{1}{z} \right) = \Im \left(\frac{\bar{z}}{z\bar{z}} \right) = \frac{1}{|z|^2} \Im(\bar{z}) = \frac{(-1)}{|z|^2} \Im(z)$.

Lösung 2.8

a) $|z + 2 - i| = (x + 2)^2 + (y - 1)^2 \geq 2^2$. Damit bekommen wir die Punkte auf und außerhalb der Kreislinie des Kreises um $z_0 = -2 + i$ mit Radius 2.

b) $\frac{\bar{z}}{z} = \frac{\overline{zz}}{z\bar{z}} = 1 \iff y = -ix \iff x = iy$, d. h., wir bekommen die reelle Achse ohne den Nullpunkt.

c) $|z+1| \le |z-1| \iff (x+1)^2 + y^2 \le (x-1)^2 + y^2 \iff x \le 0$. Demnach kommen alle komplexen Zahlen mit $\Re(z) \le 0$ in Betracht.

d) $|z| + \Re(z) = 1 \iff x^2 + y^2 = (1-x)^2 \iff y^2 = 1 - 2x$. Wie Sie später sehen werden, beschreibt diese Punktmenge eine Parabel.

2.3   Polardarstellung komplexer Zahlen

Aufgabe 2.9

Welche Lösungsmenge hat die Gleichung $\cos^2 \varphi + \sin^2 \varphi = \frac{1}{4}$ in $M = [0, 2\pi)$?

Aufgabe 2.10

Sei $\varphi \in \mathbb{R}$. Bestätigen oder widerlegen Sie die folgende Gleichung:

$$\sin^4 \varphi - \cos^4 \varphi = \sin^2 \varphi - \cos^2 \varphi.$$

Aufgabe 2.11

Seien $z_1 = -\sqrt{3} + 3i$ und $z_2 = -\frac{3}{2} + i\frac{\sqrt{3}}{2}$.

a) Bestimmen Sie die Polardarstellungen von z_1 und z_2.

b) Berechnen Sie unter Verwendung der Ergebnisse aus a) die Polardarstellungen von $z_3 = z_1 z_2$, $z_4 = \frac{z_1}{z_2}$ und $z_5 = z_2^{12}$.

c) Geben Sie z_3, z_4 und z_5 in der Form $x + iy$ mit $x, y \in \mathbb{R}$ an.

Aufgabe 2.12

Seien $z_1 = 2i$ und $z_2 = -\frac{4}{\sqrt{2}} + i\frac{4}{\sqrt{2}}$.

a) Bestimmen Sie die Polardarstellungen von z_1 und z_2.

b) Bestimmen Sie unter Verwendung der Ergebnisse aus a) die Polardarstellungen von $z_3 = z_1 z_2$ und $z_4 = \frac{z_1}{z_2}$.

Hinweis Benutzen Sie die Schreibweise mit der Exponentialfunktion.

c) Geben Sie z_3 und z_4 in der Form $x + iy$ mit $x, y \in \mathbb{R}$ an.

d) Zeichnen Sie z_1, z_2, z_3 und z_4 in eine komplexe Ebene ein und interpretieren Sie die Multiplikation mit z_2 und die Division mit z_2 geometrisch.

Aufgabe 2.13

In $\mathbb{C}$ ist folgende Zahlenmenge gegeben:

$$M = M_1 \cup M_2 \cup M_3 \cup M_4$$

mit

$$M_1 = \{z\,|\,z\cdot\bar{z}=1\}, \quad M_2 = \{z\,|\,z\cdot\bar{z}=4 \text{ und } z-\bar{z}>0\},$$

$$M_3 = \{ix\,|\,x\le -2\} \text{ und } M_4 = \{z\,|\,z^2+2iz=2\}.$$

Zeichnen Sie in der GAUSS-Ebene die Menge der Zahlen $W = \{\frac{1}{z}\,|\,z\in M\}$.

Aufgabe 2.14

Bestimmen Sie alle komplexen Wurzeln folgender Zahlen:

$$\text{a) } \sqrt{8-15i}, \quad \text{b) } \sqrt[3]{i}, \quad \text{c) } \sqrt[5]{5+8i}, \quad \text{d) } \sqrt[3]{-2+2i}.$$

Aufgabe 2.15

Es seien $z_1 = 3-i, z_2 = 1+i$ und $z_3 = e^{i\frac{3}{4}\pi}, z_4 = \sqrt{2}e^{i\frac{5}{4}\pi}$ gegeben. Geben Sie Realteil, Imaginärteil, Argument und Polarkoordinatendarstellung dieser komplexen Zahlen an. Tragen Sie sie zudem in die komplexe Zahlenebene ein und berechnen Sie

$$\text{a) } z_1 - 2z_2, \quad \text{b) } \bar{z}_3\,(-z_4), \quad \text{c) } z_3^2 + 3z_2$$

in der für Sie angenehmsten Form.

Aufgabe 2.16

Durch die Gleichung $|z^2 - 1| = 1$ wird eine Punktmenge in der GAUSS-Ebene bestimmt. Geben Sie diese in der Form $z = r(\varphi)\,e^{i\varphi}$ an.

Lösungsvorschläge

Lösung 2.9

Die Lösungsmenge ist leer, denn für alle $\varphi \in \mathbb{R}$ gilt stets $\cos^2\varphi + \sin^2\varphi = 1$.

Lösung 2.10

Diese Gleichheit stimmt, denn

$$\sin^4\varphi - \cos^4\varphi = \left(\sin^2\varphi + \cos^2\varphi\right)\left(\sin^2\varphi - \cos^2\varphi\right) = \sin^2\varphi - \cos^2\varphi,$$

da $\cos^2\varphi + \sin^2\varphi = 1$.

Lösung 2.11

a) Es gilt $|z_1| = \sqrt{(\sqrt{3})^2 + 3^2} = \sqrt{12} = 2\sqrt{3}$ und daher $z_1 = 2\sqrt{3}(-\frac{1}{2} + i\frac{\sqrt{3}}{2})$. Wir suchen also $\varphi \in [0, 2\pi)$, sodass

$$\cos\varphi = -\frac{1}{2} \qquad\qquad \wedge \quad \sin\varphi = \frac{\sqrt{3}}{2} = \sqrt{\frac{3}{4}}$$
$$\Leftrightarrow \quad \left(\varphi = \tfrac{2}{3}\pi \;\vee\; \varphi = \tfrac{4}{3}\pi\right) \;\wedge\; \left(\varphi = \tfrac{1}{3}\pi \;\vee\; \varphi = \tfrac{2}{3}\pi\right)$$
$$\Leftrightarrow \quad \varphi = \tfrac{2}{3}\pi.$$

Damit ergibt sich

$$z_1 = 2\sqrt{3}\left(\cos\left(\tfrac{2}{3}\pi\right) + i\sin\left(\tfrac{2}{3}\pi\right)\right) = 2\sqrt{3}\exp\left(\tfrac{2}{3}\pi i\right).$$

Es gilt $|z_2| = \sqrt{\left(\frac{-3}{2}\right)^2 + \left(\frac{\sqrt{3}}{2}\right)^2} = \sqrt{\frac{9}{4} + \frac{3}{4}} = \sqrt{3}$ und daher $z_2 = \sqrt{3}\left(-\frac{\sqrt{3}}{2} + i\frac{1}{2}\right)$. Wir suchen wieder $\varphi \in [0, 2\pi)$, sodass

$$\cos\varphi = -\frac{\sqrt{3}}{2} = -\sqrt{\frac{3}{4}} \quad \wedge \quad \sin\varphi = \frac{1}{2}$$
$$\Leftrightarrow \quad \left(\varphi = \tfrac{5}{6}\pi \;\vee\; \varphi = \tfrac{7}{6}\pi\right) \;\wedge\; \left(\varphi = \tfrac{1}{6}\pi \;\vee\; \varphi = \tfrac{5}{6}\pi\right)$$
$$\Leftrightarrow \quad \varphi = \tfrac{5}{6}\pi.$$

Damit ergibt sich

$$z_2 = \sqrt{3}\left(\cos\left(\tfrac{5}{6}\pi\right) + i\sin\left(\tfrac{5}{6}\pi\right)\right) \quad = \sqrt{3}\exp\left(\tfrac{5}{6}\pi i\right).$$

b) Es gelten

$$z_3 = z_1 z_2 = 2\sqrt{3}\exp\left(\tfrac{2}{3}\pi i\right)\sqrt{3}\exp\left(\tfrac{5}{6}\pi i\right) = 6\exp\left(\tfrac{2}{3}\pi i + \tfrac{5}{6}\pi i\right) = 6\exp\left(\tfrac{3}{2}\pi i\right)$$
$$= 6\left(\cos\left(\tfrac{3}{2}\pi\right) + i\sin\left(\tfrac{3}{2}\pi\right)\right)$$

und

$$z_4 = \frac{z_1}{z_2} = \frac{2\sqrt{3}\exp\left(\tfrac{2}{3}\pi i\right)}{\sqrt{3}\exp\left(\tfrac{5}{6}\pi i\right)} = 2\exp\left(\tfrac{2}{3}\pi i - \tfrac{5}{6}\pi i\right) = 2\exp\left(-\tfrac{1}{6}\pi i\right)$$
$$= 2\left(\cos\left(\tfrac{11}{6}\pi\right) + i\sin\left(\tfrac{11}{6}\pi\right)\right),$$

und

$$z_5 = z_2^{12} = \left(\sqrt{3}\exp\left(\tfrac{5}{6}\pi i\right)\right)^{12} = \left(\sqrt{3}\right)^{12}\left(\exp\left(\tfrac{5}{6}\pi i\right)\right)^{12} = 3^6\exp\left(12\tfrac{5}{6}\pi i\right)$$
$$= 729\exp(10\pi i) = 729.$$

c) Es gelten

$$z_3 = 6\left(\cos\left(\tfrac{3}{2}\pi\right) + i\sin\left(\tfrac{3}{2}\pi\right)\right) = -6i,$$

und

$$z_4 = 2\left(\cos\left(\tfrac{11}{6}\pi\right) + i\sin\left(\tfrac{11}{6}\pi\right)\right) = 2\sqrt{\tfrac{3}{4}} + 2\left(-\tfrac{1}{2}\right)i = \sqrt{3} - i,$$

und

$$z_5 = 729.$$

Lösung 2.12

a) Es gilt $|z_1| = \sqrt{0^2 + 2^2} = \sqrt{4} = 2$ und daher $z_1 = 2(0 + i)$. Wir suchen also $\varphi \in [0, 2\pi)$, sodass

$$\cos\varphi = 0 \qquad \wedge \qquad \sin\varphi = 1$$
$$\Leftrightarrow \quad \left(\varphi = \tfrac{\pi}{2} \vee \varphi = \tfrac{3}{2}\pi\right) \quad \wedge \quad \left(\varphi = \tfrac{\pi}{2}\right)$$
$$\Leftrightarrow \quad \varphi = \tfrac{\pi}{2}.$$

Damit ergibt sich

$$z_1 = 2\left(\cos\left(\tfrac{\pi}{2}\right) + i\sin\left(\tfrac{\pi}{2}\right)\right) = 2\exp\left(\tfrac{\pi}{2}i\right).$$

Es gilt $|z_2| = \sqrt{\left(\tfrac{-4}{\sqrt{2}}\right)^2 + \left(\tfrac{4}{\sqrt{2}}\right)^2} = \sqrt{\tfrac{16}{2} + \tfrac{16}{2}} = \sqrt{16} = 4$ und daher $z_2 = 4\left(-\tfrac{1}{\sqrt{2}} + i\tfrac{1}{\sqrt{2}}\right)$.
Wir suchen also $\varphi \in [0, 2\pi)$, sodass

$$\cos\varphi = -\tfrac{1}{\sqrt{2}} \qquad \wedge \qquad \sin\varphi = \tfrac{1}{\sqrt{2}}$$
$$\Leftrightarrow \quad \left(\varphi = \tfrac{3}{4}\pi \vee \varphi = \tfrac{5}{4}\pi\right) \quad \wedge \quad \left(\varphi = \tfrac{1}{4}\pi \vee \varphi = \tfrac{3}{4}\pi\right)$$
$$\Leftrightarrow \quad \varphi = \tfrac{3}{4}\pi.$$

Damit ergibt sich

$$z_2 = 4\left(\cos\left(\tfrac{3}{4}\pi\right) + i\sin\left(\tfrac{3}{4}\pi\right)\right) = 4\exp\left(\tfrac{3}{4}\pi i\right).$$

b) Es gelten

$$z_3 = z_1 z_2 = 2\exp\left(\tfrac{\pi}{2}i\right) 4\exp\left(\tfrac{3}{4}\pi i\right) = 8\exp\left(\tfrac{1}{2}\pi i + \tfrac{3}{4}\pi i\right) = 8\exp\left(\tfrac{5}{4}\pi i\right)$$
$$= 8\left(\cos\left(\tfrac{5}{4}\pi\right) + i\sin\left(\tfrac{5}{4}\pi\right)\right)$$

und

$$z_4 = \frac{z_1}{z_2} = \frac{2 \exp\left(\frac{\pi}{2} i\right)}{4 \exp\left(\frac{3}{4} \pi i\right)} = \tfrac{1}{2} \exp\left(\tfrac{\pi}{2} i - \tfrac{3}{4} \pi i\right) = \tfrac{1}{2} \exp\left(-\tfrac{1}{4} \pi i\right)$$
$$= \tfrac{1}{2} \left(\cos\left(\tfrac{7}{4}\pi\right) + i \sin\left(\tfrac{7}{4}\pi\right)\right).$$

c) Es gelten

$$z_3 = 8 \left(\cos\left(\tfrac{5}{4}\pi\right) + i \sin\left(\tfrac{5}{4}\pi\right)\right) = -8 \tfrac{1}{\sqrt{2}} - i 8 \tfrac{1}{\sqrt{2}} = -4\sqrt{2} - i4\sqrt{2},$$

und

$$z_4 = \tfrac{1}{2} \left(\cos\left(\tfrac{7}{4}\pi\right) + i \sin\left(\tfrac{7}{4}\pi\right)\right) = \tfrac{1}{2} \tfrac{1}{\sqrt{2}} + i\tfrac{1}{2} \left(-\tfrac{1}{\sqrt{2}}\right) = \tfrac{\sqrt{2}}{4} - i\tfrac{\sqrt{2}}{4}.$$

d) Die Multiplikation mit z_2 entspricht einer Drehung um 135° entgegen dem Uhrzeigersinn und einer Streckung um 4. Die Division mit z_2 entspricht einer Drehung um 135^0 im Uhrzeigersinn und einer Streckung um $\frac{1}{4}$.

Lösung 2.13

Es gilt

$$\frac{1}{z} = \frac{1 \cdot \bar{z}}{z \cdot \bar{z}} = \frac{\bar{z}}{|z|^2}.$$

Damit ergeben sich aus den Mengen $M_1, \ldots, M_4$ die Mengen $W_1, \ldots, W_4$ wie folgt:

$$W_1 = \left\{\tfrac{1}{z} : |z| = 1\right\} = \left\{\bar{z} : |z| = 1\right\} = \left\{z : |z| = 1\right\},$$

$$W_2 = \left\{\tfrac{1}{z} : |z| = 2, \ \operatorname{Im} z > 0\right\} = \left\{z : |z| = \tfrac{1}{2}, \ \operatorname{Im} z < 0\right\},$$

$$W_3 = \left\{\tfrac{1}{ix} : x \leq -2\right\} = \left\{-\tfrac{1}{x} i : x \leq -2\right\} = \left\{ix : 0 < x \leq \tfrac{1}{2}\right\},$$

$$W_4 = \left\{\tfrac{1}{z} : |z| = z_{1,2}\right\} = \left\{\tfrac{1}{1-i}, \tfrac{1}{-1-i}\right\} = \left\{\tfrac{1+i}{2}, \tfrac{-1+i}{2}\right\},$$

da in der Menge M_4 die komplexen Zahlen $z_{1,2} = \pm 1 - i$ Lösungen der Gleichung $z^2 + 2iz - 2 = 0$ sind. Es ergibt sich die Menge

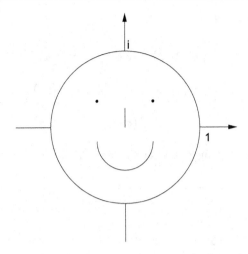

Lösung 2.14

a) Verwenden Sie dazu die im Lehrbuch in Abschnitt 2.2 formulierte Formel zur Berechnung der Quadratwurzel. Sie erhalten die Werte $w_{0,1} = \pm\left(\dfrac{1}{\sqrt{2}}(5 - 3i)\right)$.

b) Die Polardarstellung lautet $w = \cos\frac{\pi}{2} + i\sin\frac{\pi}{2} = e^{i\frac{\pi}{2}}$. Die Formel zur Berechnung der n-ten Wurzeln bei einer Polardarstellung liefert

$$
\begin{aligned}
w_0 &= \cos\tfrac{\pi}{6} + i\sin\tfrac{\pi}{6} = \tfrac{1}{2}(\sqrt{3} + i),\\
w_1 &= \cos\tfrac{5\pi}{6} + i\sin\tfrac{5\pi}{6} = -\tfrac{1}{2}(\sqrt{3} - i),\\
w_2 &= \cos\tfrac{5\pi}{6} + i\sin\tfrac{9\pi}{6} = -i.
\end{aligned}
$$

c) Wiederum ergibt die Formel zur Berechnung der n-ten Wurzeln bei einer Polardarstellung nach einigen Rechenschritten die Darstellung

$$
w_k = 1{,}567\,e^{i\,\frac{58° + k\cdot360°}{5}}, \qquad k = 0, 1, \ldots, 4.
$$

d) Die 3. Wurzeln lauten

$$
z_k = \left(2\sqrt{2}\right)^{1/3} e^{i\varphi_k}, \qquad k = 0, 1, 2 \quad \text{und} \quad \varphi_k := \frac{\varphi + 2k\pi}{3}.
$$

Damit ergibt sich

$$
\varphi_0 = \frac{1}{4}\pi, \quad \varphi_1 = \frac{11}{12}\pi, \quad \varphi_2 = \frac{19}{12}\pi.
$$

Ausgeschrieben bedeutet dies

$$z_0 = \left(2\sqrt{2}\right)^{1/3} \left(\cos \tfrac{1}{4}\pi + i \sin \tfrac{1}{4}\pi\right),$$

$$z_1 = \left(2\sqrt{2}\right)^{1/3} \left(\cos \tfrac{11}{12}\pi + i \sin \tfrac{11}{12}\pi\right),$$

$$z_2 = \left(2\sqrt{2}\right)^{1/3} \left(\cos \tfrac{19}{12}\pi + i \sin \tfrac{19}{12}\pi\right).$$

Daraus resultiert nach wenigen Rechenschritten

$$w_0 = 1 + i, \quad w_1 = -1{,}366 + i \cdot 1{,}366, \quad w_2 = 1{,}366 - i \cdot 1{,}366.$$

Lösung 2.15

Wir berechnen Realteil, Imaginärteil, Argument und Polarkoordinatendarstellung und verwenden zur Abwechslung eine andere gängige Schreibweise für Real- und Imaginärteil:

1. $\Re z_1 = 3$, $\Im z_1 = -1$, $|z_1| = \sqrt{9+1} = \sqrt{10}$, $\arg z_1 = 2\pi - \arccos \frac{3}{\sqrt{10}} \approx 2\pi - 0{,}3218 = 5{,}9614$ ($\approx 341{,}57°$), also $z_1 = \sqrt{10}\, e^{i \cdot 5{,}9614}$.
2. $\Re z_2 = 1$, $\Im z_2 = 1$, $|z_2| = \sqrt{1+1} = \sqrt{2}$, $\arg z_2 = \arccos \frac{1}{\sqrt{2}} = \frac{\pi}{4}$, also $z_2 = \sqrt{2}\, e^{i \cdot \frac{\pi}{4}}$.
3. $\Re z_3 = -\frac{1}{\sqrt{2}}$, $\Im z_3 = \frac{1}{\sqrt{2}}$, $|z_3| = 1$, $\arg z_3 = \frac{3}{4}\pi$.
4. $\Re z_4 = -1$, $\Im z_4 = -1$, $|z_4| = \sqrt{2}$, $\arg z_4 = \frac{5}{4}\pi$.

Es ergeben sich folgende Terme:

a) $z_1 - 2z_2 = 3 - i - 2 - 2i = 1 - 3i$.
b) $\bar{z}_3\,(-z_4) = -e^{-i\frac{3}{4}\pi}\sqrt{2}e^{i\frac{5}{4}\pi} = -e^{i\frac{5-3}{4}\pi} = -\sqrt{2}e^{i\frac{1}{2}\pi} = -\sqrt{2}\,i$.
c) $z_3^2 + 3z_2 = e^{i2\cdot\frac{3}{4}\pi} + 3 + 3i = -i + 3 + 3i = 3 + 2i$.

Lösung 2.16

Da der Radius r in Abhängigkeit von φ gesucht ist, schreiben wir die gegebene Gleichung in Polarform

$$\left|z^2 - 1\right| = \left|\left(re^{i\varphi}\right)^2 - 1\right| = 1$$

$$\Longleftrightarrow \quad \left|r^2\left(\cos(2\varphi) + i\sin(2\varphi)\right) - 1\right| = 1$$

$$\Longleftrightarrow \quad \left|\left(r^2\cos(2\varphi) - 1\right) + ir^2\sin(2\varphi)\right| = 1$$

$$\Longleftrightarrow \quad \left(r^2\cos(2\varphi) - 1\right)^2 + \left(r^2\sin(2\varphi)\right)^2 = 1^2$$

$$\Longleftrightarrow \quad r^4 - 2r^2\cos(2\varphi) = r^2\left(r^2 - 2\cos(2\varphi)\right) = 0$$

$$\overset{r\geq 0}{\Longleftrightarrow} \quad r = 0 \ \vee \ r = \sqrt{2\cos(2\varphi)}.$$

Daraus resultiert für $r > 0$ die Darstellung

$$z = \sqrt{2\cos(2\varphi)}\, e^{i\varphi}.$$

Anmerkung Für $\varphi \in \left(\frac{\pi}{4}, \frac{3\pi}{4}\right)$ und $\varphi \in \left(\frac{5\pi}{4}, \frac{7\pi}{4}\right)$ existieren keine Lösungen, da in diesen Fällen $\cos(2\varphi) < 0$ gilt.

2.4 Polynome

Aufgabe 2.17
Berechnen Sie

$$\left(x^{12} + x^6 + x + 1\right) : \left(2x^4 + 3\right).$$

Aufgabe 2.18
Gegeben sei

$$F(x) = \frac{x^4 - 2x^3 - 2x^2 - 2x - 3}{x^4 - 3x^3 - 7x^2 + 15x + 18}.$$

Bestimmen Sie den gemeinsamen Teiler von Zähler und Nenner.

Aufgabe 2.19
Gegeben seien das Polynom $P(x) = 6x^5 - 2x^3 + 3x - 4$ und der Wert $\alpha = 2$.

1. Bestimmen Sie $P(\alpha)$.
2. Bestimmen Sie ein Polynom Q_1 und eine Zahl c_0 mit

$$P(x) = (x - \alpha)\, Q_1 + c_0.$$

3. Bestimmen Sie die Entwicklung von P um $\alpha = 2$.

Lösungsvorschläge

Lösung 2.17
Mit einer kurzen Rechnung bestätigen Sie, dass

$$\left(x^{12} + x^6 + x + 1\right) : \left(2x^4 + 3\right) = \underbrace{\frac{1}{2}x^8 - \frac{3}{4}x^4 + \frac{1}{2}x^2 + \frac{9}{8}}_{=:D(x)},$$

mit Rest $R(x) = -\dfrac{3}{2}x^2 + x + \dfrac{35}{8}$ gilt. Zusammenhängend geschrieben lautet dies:

$$\left(x^{12} + x^6 + x + 1\right) : \left(2x^4 + 3\right) = \left(\frac{1}{2}x^8 - \frac{3}{4}x^4 + \frac{1}{2}x^2 + \frac{9}{8}\right)$$

$$+ \frac{-\frac{3}{2}x^2 + x + \frac{19}{8}}{2x^4 + 3}.$$

Das dürfen Sie probehalber nachrechnen:

$$\left(2x^4 + 3\right) \cdot D(x) + R(x) = x^{12} + x^6 + x + 1.$$

Lösung 2.18

Der größte gemeinsame Teiler dieser Polynome lautet:

$$G(x) = 50x^2 - 100x - 150.$$

Wie kommen wir darauf? Das Stichwort lautet EUKLIDischer Algorithmus. Bezeichnen wir das Zählerpolynom mit R_0 und das Nennerpolynom mit R_1, dann liefert folgende fortlaufende Polynomdivision den gewünschten größten gemeinsamen Teiler von R_0 und R_1:

$$\begin{aligned}
R_0 &= Q_0 R_1 + R_2, \\
R_1 &= Q_1 R_2 + R_3, \\
&\ \vdots \\
R_{n-2} &= Q_{n-2} R_{n-1} + R_n \\
R_{n-1} &= Q_{n-1} R_n.
\end{aligned}$$

Das gesuchte Polynom ist R_n und $Q_i = \frac{R_i}{R_{i+1}}$, $i = 0, \ldots, n-1$. Weiter gilt $\mathrm{Grad}(R_{k+1}) < \mathrm{Grad}(R_k)$, $k = 0, \ldots, n-1$. Konkret sieht die Situation folgendermaßen aus:

$$\underbrace{\left(x^4 - 2x^3 - 2x^2 - 2x - 3\right)}_{=:R_0} : \underbrace{\left(x^4 - 3x^3 - 7x^2 + 15x + 18\right)}_{=:R_1} = \underbrace{1,}_{=:Q_0}$$

Rest: $x^3 + 5x^2 - 17x - 21 =: R_2.$

$$\underbrace{\left(x^4 - 3x^3 - 7x^2 + 15x + 18\right)}_{=:R_1} : \underbrace{\left(x^3 + 5x^2 - 17x - 21\right)}_{=:R_2} = \underbrace{x - 8,}_{=:Q_1}$$

Rest: $50x^2 - 100x - 150 =: R_3.$

$$\underbrace{\left(x^3 + 5x^2 - 17x - 21\right)}_{=:R_2} : \underbrace{\left(50x^2 - 100x - 150\right)}_{=:\boxed{R_3}} = \underbrace{\frac{1}{50}x + \frac{7}{50},}_{=:Q_2}$$

Rest: $\boxed{0}$.

Wir kürzen jetzt mit $x^2 - 2x - 3$ und erhalten die Darstellung

$$F(x) = \frac{x^2 + 1}{x^2 - x - 6}.$$

Bemerkung Hier sehen Sie, wie eine solche Aufgabe entsteht: Die obige Darstellung wird einfach mit einem Polynom erweitert! Führen Sie die obigen Rechnungen auch mit zwei Zahlen aus $\mathbb{Z}$ durch.

Lösung 2.19
Im Einzelnen gilt:

a) Das erweiterte HORNER-Schema für $\alpha = 2$ ergibt

	6	0	−2	0	3	−4
$\alpha = 2$	0	12	24	44	88	182
	6	12	22	44	91	**178**
$\alpha = 2$	0	12	48	140	368	
	6	24	70	184	**459**	
$\alpha = 2$	0	12	72	284		
	6	36	142	**468**		
$\alpha = 2$	0	12	96			
	6	48	**238**			
$\alpha = 2$	0	12				
	6	**60**				
$\alpha = 2$	0					
	6.					

b) Nach dem HORNER-Schema ergibt sich $P(2) = 178$, also lautet

$$P(x) = (x - 2)Q_1(x) + c_0 = (x - 2)(6x^4 + 12x^3 + 22x^2 + 44x + 91) + 178.$$

Führen Sie auch die Polynomdivision $P(x) : (x - 2)$ durch!

c) Es gilt nach dem erweiterten HORNER-Schema

$$P(x) = 6(x - 2)^5 + 60(x - 2)^4 + 238(x - 2)^3 + 468(x - 2)^2 + 459(x - 2) + 178.$$

2.5 Nullstellen und Zerlegung von Polynomen

Aufgabe 2.20
Von

$$P(x) = x^4 + Ax^3 + Bx^2 + Cx + D,$$

mit $A, B, C, D \in \mathbb{R}$, sei bekannt, dass $x_1 = 1 + i \in \mathbb{C}$ eine doppelte Nullstelle ist. Berechnen Sie mithilfe dieser Information $P(3)$.

Aufgabe 2.21

Gegeben sei das Polynom

$$P(x) = x^7 + 9x^6 + 31x^5 + 55x^4 + 63x^3 + 55x^2 + 33x + 9.$$

a) Zerlegen Sie P in (komplexe) Linearfaktoren.
b) Zerlegen Sie P in reelle Linearfaktoren und irreduzible quadratische Polynome.

Aufgabe 2.22

a) Sei $P(x) = 3x^4 + ax^3 + bx^2 + cx + d$, $a, b, c, d \in \mathbb{R}$.
   Bestimmen Sie $a, b, c, d \in \mathbb{R}$, sodass $P(i) = P(2i) = 0$ gilt.
b) Sei $a \in \mathbb{C}$ eine Lösung von $z^4 + 4z^3 + 6z^2 + 4z + 1 = 16$.
   Bestimmen Sie alle Lösungen von $z^4 = 15 - 4a^3 - 6a^2 - 4a$.

Aufgabe 2.23

Gegeben seien die Polynome

$$P(x) = x^5 - 2x^4 - 4x^3 + 4x^2 - 5x + 6 \quad \text{und} \quad Q(x) = x^4 - 3x^3 + 3x^2 - 2.$$

a) Bestimmen Sie die reellen und komplexen Nullstellen von P mithilfe des Horner-Schemas.
b) Bestimmen Sie die reellen und komplexen Nullstellen von Q mit einem Verfahren Ihrer Wahl. Es sei bekannt, dass $Q(1 + i) = 0$ gilt.
c) Geben Sie jeweils sowohl die reelle als auch die komplexe Faktorisierung an.

Aufgabe 2.24

Bestimmen Sie alle Nullstellen des Polynoms

$$P(x) = x^4 - 2x^3 - 2x - 1.$$

Es sei bekannt, dass $P(i) = 0$ gilt.

Aufgabe 2.25

a) Untersuchen Sie die Funktion

$$f(x) = x^5 - 12x^4 + 40x^3 - 18x^2 - 41x + 30$$

mit dem HORNER-Schema auf Nullstellen und geben Sie die Faktorisierung der Form

$$f(x) = (x - x_1)(x - x_2)(x - x_3)(x - x_4)(x - x_5)$$

an. Geben Sie die Vielfachheit der Nullstellen an.

Hinweis Hat eine quadratische Funktion $g(x) = x^2 + bx + c$ die Nullstellen $x_1, x_2 \in \mathbb{Z}$, so gilt immer $c = (-x_1) \cdot (-x_2)$ und $b = -x_1 - x_2$.

b) Bestimmen Sie die Nullstellen von

$$g(x) = x^5 - 2x^4 + 2x^3 - 4x^2 - 3x + 6$$

und geben Sie die komplette reelle und komplexe Faktorisierung an.

Lösungsvorschläge

Lösung 2.20
Da die Koeffizienten des Polynoms reell sind, ist auch die Konjugierte $\bar{x}_1$ eine doppelte Nullstelle von P. Demnach gilt

$$P(x) = (x - (1 + i))^2 (x - (1 - i))^2 = [(1 - 1 - i)(x - 1 + i)]^2 = ((x - 1)^2 + 1)^2.$$

Also ergibt sich sofort

$$P(3) = (4 + 1)^2 = 25.$$

Lösung 2.21
Ganzzahlige Nullstellen sind Teiler von 9 (alleinstehender Koeffizient), also kommen ± 1, ± 3, ± 9 infrage. Da alle Koeffizienten echt größer als null sind, bleiben nur noch -1, -3, -9 übrig (warum?). Wir verwenden nun das HORNER-Schema folgendermaßen:

	1	9	31	55	63	55	33	9
$\alpha = -1$	0	-1	-8	-23	-32	-31	-24	-9
	1	8	23	32	31	24	9	**0**
$\alpha = -1$	0	-1	-7	-16	-16	-15	-9	
	1	7	16	16	15	9	**0**	
$\alpha = -1$	0	-1	-6	-10	-6	-9		
	1	6	10	6	9	**0**		
$\alpha = -3$	0	-3	-9	-3	-9			
	1	3	1	3	**0**			
$\alpha = -3$	0	-3	0	-3				
	1	0	1	**0.**				

a) Die letzte Zeile des obigen Schemas $\boxed{1\ 0\ 1}$ ergibt das Restpolynom $x^2 + 1 = (x+i)(x-i)$. Also ist

$$P(x) = (x+1)^3 (x+3)^2 (x+i)(x-i).$$

b) Reelle Linearfaktoren und irreduzible quadratische Polynome

$$P(x) = (x+1)^3 (x+3)^2 (x^2+1).$$

Lösung 2.22

a) Sei $P(x) = 3x^4 + ax^3 + bx^2 + cx + d$, $a, b, c, d \in \mathbb{R}$.

P hat **reelle** Koeffizienten, d. h., auch die konjugiert komplexen Zahlen sind Nullstellen. Somit hat P die Nullstellen

$$x_{1,2} = \pm i, \quad x_{3,4} = \pm 2i.$$

Damit ergibt sich

$$P(x) = 3(x+i)(x-i)(x+2i)(x-2i) = 3(x^2+1)(x^2+4) = 3x^4 + 15x^2 + 12,$$

also ist

$$a = c = 0, \quad b = 15 \quad d = 12.$$

b) Sei a Lösung von $z^4 + 4z^3 + 6z^2 + 4z + 1 = 16$. Somit gilt

$$a^4 = 15 - 4a^3 - 6a^2 - 4a.$$

Also löst z

$$z^4 = 15 - 4a^3 - 6a^2 - 4a = a^4.$$

Somit gilt

$$z_{1,2} = \pm a, \quad x_{3,4} = \pm ia.$$

Lösung 2.23

a) Durch einfaches Raten erhält man 1 als eine Nullstelle. Dann ergibt sich mit dem Horner-Schema:

	1	−2	−4	4	−5	6
$x = 1$	0	1	−1	−5	−1	−6
	1	−1	−5	−1	−6	0.

Daher ist $P(x) = (x - 1)(x^4 - x^3 - 5x^2 - x - 6)$. Weiteres Raten ergibt, dass auch -2 eine Nullstelle von $x^4 - x^3 - 5x^2 - x - 6$ ist. Mithilfe des HORNER-Schemas erhält man

	1	-1	-5	-1	-6
$x = -2$	0	-2	6	-2	6
	1	-3	1	-3	0.

Daher ist $P(x) = (x - 1)(x + 2)(x^3 - 3x^2 + x - 3)$. Eine letzte Raterei ergibt, dass 3 eine Nullstelle von $x^3 - 3x^2 + x - 3$ ist. Mithilfe des HORNER-schemas ergibt sich

	1	-3	1	-3
$x = 3$	0	3	0	3
	1	0	1	0.

Daher ist $P(x) = (x - 1)(x + 2)(x - 3)(x^2 + 1)$. Die Nullstellen von $x^2 + 1$ sind i und $-i$. Folglich besitzt P die Nullstellen $1, -2, 3, i$ und $-i$.

b) Da $1 + i$ eine Nullstelle von Q ist, ist auch $\overline{1 + i} = 1 - i$ eine Nullstelle. Folglich teilt das Polynom $(x - (1 + i))(x - (1 - i)) = x^2 - 2x + 2$ das Polynom Q. Wir führen eine Polynomdivision durch:

$$
\begin{array}{l}
(x^4 - 3x^3 + 3x^2 - 2) \quad : \quad (x^2 - 2x + 2) = x^2 - x - 1 \\
\underline{-\quad\; x^4 - 2x^3 + 2x^2} \\
\qquad\quad -x^3 + x^2 - 2 \\
\underline{-\qquad\; -x^3 + 2x^2 - 2x} \\
\qquad\qquad\quad -x^2 + 2x - 2 \\
\underline{-\qquad\qquad -x^2 + 2x - 2} \\
\qquad\qquad\qquad\qquad\quad 0.
\end{array}
$$

Die Nullstellen von $x^2 - x - 1$ sind bekanntlich

$$
-\frac{-1}{2} \pm \sqrt{\frac{(-1)^2}{4} - (-1)} = \frac{1 \pm \sqrt{5}}{2}.
$$

Daher hat Q die Nullstellen $\frac{1+\sqrt{5}}{2}, \frac{1-\sqrt{5}}{2}, 1 + i$ und $1 - i$.

c) Die reellen bzw. komplexen Faktorisierungen entnehmen wir aus den obigen Rechnungen:

$$
P(x) = (x - 1)(x + 2)(x - 3)(x^2 + 1)
$$

$$
= (x - 1)(x + 2)(x - 3)(x - i)(x + i).
$$

$$
Q(x) = \left(x - \frac{1 + \sqrt{5}}{2}\right)\left(x + \frac{1 + \sqrt{5}}{2}\right)(x^2 - 2x + 2)
$$

$$
= \left(x - \frac{1 + \sqrt{5}}{2}\right)\left(x + \frac{1 + \sqrt{5}}{2}\right)(x - (1 + i))(x - (1 - i)).
$$

Lösung 2.24

Da es sich um ein reelles Polynom handelt, ist auch $-i$ eine Nullstelle von P. Folglich ist $(x - i)(x - (-i)) = x^2 + 1$ ein Teiler von P. Eine Polynomdivision ergibt

$$
\begin{array}{l}
(x^4 \;-\; 2x^3 \;\;\;\;-\;\;\;\;\;\; 2x \;-\; 1) : (x^2 + 1) = x^2 - 2x - 1 \\
\underline{-(x^4 \;+\; x^2)} \\
\qquad\quad -\;2x^3 \;-\; x^2 \;-\; 2x \;-\; 1 \\
\qquad\underline{-\;\;(-\;2x^3 \;-\; 2x)} \\
\qquad\qquad\qquad\quad -x^2 \;-\; 1 \\
\qquad\qquad\quad\underline{-\;(-x^2 \;-\; 1)} \\
\qquad\qquad\qquad\qquad\quad 0.
\end{array}
$$

Die Nullstellen von $x^2 - 2x - 1$ sind $1 \pm \sqrt{2}$. Also besitzt P die Nullstellen $1 + \sqrt{2}, 1 - \sqrt{2}, i, -i$.

Lösung 2.25

a) Wir setzen zunächst die Zahlen 1, -1 ein, und berechnen mit dem HORNER-Schema die Polynomwerte. Die Frage nach der Vielfachheit soll dazu anregen, eine Zahl auch zweimal zu probieren. Das HORNER-Schema liefert dabei immer gleich das Restpolynom, und so erhalten wir nach zweimaligem Einsetzen von 1 und einmaligem Einsetzen von -1 die Darstellung

$$f(x) = (x^2 - 11x + 30)(x + 1)(x - 1)^2.$$

Nun wenden wir den Hinweis an und addieren die Paare von Teilern von 30. Schon bei -6 und -5 werden wir fündig und erhalten

$$f(x) = (x - 5)(x - 6)(x + 1)(x - 1)^2.$$

Die Nullstellen sind damit genauso klar wie deren Vielfachheit.

b) Wir gehen genauso vor wie in a) und erhalten nach Einsetzen von $x = 1$, $x = -1$ und $x = 2$ jeweils eine Nullstelle. Das HORNER-Schema liefert auch das Restpolynom 2. Ordnung, und es ergibt sich

$$g(x) = (x - 1)(x + 1)(x - 2)(x^2 + 3).$$

Die Nullstellen sind also gerade 1, -1 und 2 mit Vielfachheit 1. Also lässt sich g reell nicht weiter faktorisieren, da $r(x) = x^2 + 3$ keine reellen Nullstellen besitzt. Als komplexes Polynom aufgefasst besitzt g zusätzlich die Nullstellen $x = i\sqrt{3}$ und $x = -i\sqrt{3}$. Die komplette Faktorisierung ist dann

$$g(x) = (x - 1)(x + 1)(x - 2)(x - i\sqrt{3})(x + i\sqrt{3}).$$

2.6 Polynominterpolation

Aufgabe 2.26

Bestimmen Sie für $k = 0, \ldots, 4$ das LAGRANGE-Interpolationspolynom $P_5 \in \mathbb{R}(x)$ unter Vorgabe der Stützpunkte

x_k	-2	-1	0	1	2
y_k	-31	0	1	2	33

Aufgabe 2.27

Berechnen Sie das NEWTON-Interpolationspolynom mit den Stützwerten aus der vorherigen Aufgabe. Nehmen Sie den zusätzlichen Stützwert $(x_5, y_5) = (1/2, 33/32)$ hinzu und berechnen Sie erneut das Interpolationspolynom.

Aufgabe 2.28

Bestimmen Sie nach LAGRANGE und nach NEWTON die Interpolationspolynome an den Stützstellen $x_0 = -1$, $x_1 = 0$, $x_2 = 1$ und bei Hinzunahme der Stützstelle $x_3 = 1/2$ für die Funktionen $f(x) = \dfrac{2}{1 + x^2}$ und $f(x) = \cos(\pi x)$.

Aufgabe 2.29

Gegeben sei die Funktion $f(x) = \dfrac{1}{1 + x^2}$.

a) Bestimmen Sie das NEWTON-Interpolationspolynom P_3 mithilfe des Schemas für dividierte Differenzen, das in den Punkten $x_0 = -5$, $x_1 = -1$, $x_2 = 1$ und $x_3 = 5$ mit f übereinstimmt.

b) Berechnen Sie den Interpolationsfehler im Punkt $x = 0$.

c) Erweitern Sie das Schema um die Punkte $x_4 = -3$ und $x_5 = 3$ und bestimmen Sie das entsprechende Interpolationspolynom.

Aufgabe 2.30

Bestimmen Sie für das reelle Polynom $P(x) = x^4 + x^2$ auf dem Intervall $[a, b] \subset \mathbb{R}$ eine passende LIPSCHITZ-Konstante $L > 0$.

Lösungsvorschläge

Lösung 2.26

Die LAGRANGE-Polynome vom Grade n haben die Darstellung

$$L_j(x) := \prod_{\substack{k=0 \\ k \neq j}}^{n} \frac{(x - x_k)}{(x_j - x_k)}$$

$$= \frac{(x - x_0)\cdots(x - x_{j-1})(x - x_{j+1})\cdots(x - x_n)}{(x_j - x_0)\cdots(x_j - x_{j-1})(x_j - x_{j+1})\cdots(x_j - x_n)}.$$

Damit ergeben sich dann für $n = 4$ folgende Basisfunktionen:

$$L_0(x) = \frac{x - x_1}{x_0 - x_1} \frac{x - x_2}{x_0 - x_2} \frac{x - x_3}{x_0 - x_3} \frac{x - x_4}{x_0 - x_4}$$

$$= \frac{x + 1}{-1} \frac{x}{-2} \frac{x - 1}{-3} \frac{x - 2}{-4}$$

$$= \frac{1}{24}(x + 1)x(x - 1)(x - 2).$$

Entsprechend berechnen Sie

$$L_1(x) = -\frac{1}{6}(x + 2)x(x - 1)(x - 2),$$

$$L_2(x) = \frac{1}{4}(x + 2)(x + 1)(x - 1)(x - 2),$$

$$L_3(x) = -\frac{1}{6}(x + 2)(x + 1)x(x - 2),$$

$$L_4(x) = \frac{1}{24}(x + 2)(x + 1)x(x - 1).$$

Damit resultiert das gesuchte Polynom

$$P(x) = \sum_{i=0}^{4} y_i L_i(x)$$

$$= -\frac{31}{24}(x + 1)x(x - 1)(x - 2)$$

$$+ \frac{1}{4}(x + 2)(x + 1)(x - 1)(x - 2)$$

$$- \frac{1}{3}(x + 2)(x + 1)x(x - 2)$$

$$+ \frac{33}{24}(x + 2)(x + 1)x(x - 1)$$

$$= 5x^3 - 4x + 1.$$

Es ist also doch nur ein Polynom vom Grade 3, wie eine Probe bestätigt.

Lösung 2.27

Das NEWTON-Polynom 4. Grades (eigentlich 3. Grades, wie wir aus der vorherigen Aufgabe wissen) hat die Darstellung

$$P_{4(3)}(x) = \sum_{i=0}^{4} c_i N_i(x),$$

wobei die NEWTON-Basis wie folgt aussieht:

$$N_0(x) = 1$$

$$N_1(x) = \prod_{i=0}^{0}(x - x_i) = (x + 2),$$

$$N_2(x) = \prod_{i=0}^{1}(x - x_i) = (x + 2)(x + 1),$$

$$N_3(x) = \prod_{i=0}^{2}(x - x_i) = (x + 2)(x + 1)x,$$

$$N_4(x) = \prod_{i=0}^{3}(x - x_i) = (x + 2)(x + 1)x(x - 1).$$

Mithilfe der dividierten Differenzen berechnen wir jetzt die c_i, $i = 0, \ldots, 4$. Das Schema der dividierten Differenzen sieht folgendermaßen aus:

	$k = 0$	$k = 1$	$k = 2$	$k = 3$	$k = 4$	$k = 5$
$x_0 = -2$	$y_0 = \boxed{-31}$					
		$\boxed{31}$				
$x_1 = -1$	$y_1 = 0$		$\boxed{-15}$			
		1		$\boxed{5}$		
$x_2 = 0$	$y_2 = 1$		0		$\boxed{0}$	
		1		5		$\boxed{1}$
$x_3 = 1$	$y_3 = 2$		15		$\frac{5}{2}$	
		31		$8\frac{3}{4}$		
$x_4 = 2$	$y_4 = 33$		$19\frac{3}{8}$			
		$21\frac{5}{16}$				
$x_5 = \frac{1}{2}$	$y_5 = \frac{33}{32}$					

Damit lautet das NEWTON-Interpolationspolynom

$$P_{4(3)}(x) = -31N_0(x) + 31N_1(x) - 15N_2(x) + 5N_3(x) + 0 \cdot N_4(x)$$
$$= 5x^3 - 4x + 1$$

mit den oben eingerahmten Werten $c_4 = 0$, $c_3 = 5$, $c_2 = -15$, $c_1 = 31$ und $c_0 = -31$.

Die Erweiterung (im obigen Schema fett geschrieben) ergibt das Polynom

$$Q(x) = 5x^3 - 4x + 1 + \boxed{1 \cdot N_5(x)} = x^5 + 1,$$

wobei $N_5(x) = (x+2)(x+1x(x-1)(x-2)$.

Beachten Sie dabei, dass die neue Stützstelle einfach unten angehängt werden darf, und nicht in numerischer Reihenfolge in das Schema eingebracht werden muss. Damit darf das bereits erstellte Schema weiterverwendet werden.

Lösung 2.28

Sei zunächst $f(x) = \dfrac{2}{1+x^2}$. Dann erhalten wir die Stützpunkte

x_k	−1	0	1
y_k	1	2	1

Entsprechend zur ersten Aufgabe dieses Abschnitts ergibt sich die LAGRANGE-Basis

$$L_0(x) = \frac{1}{2}x(x-1),$$

$$L_1(x) = -(x+1)(x-1),$$

$$L_2(x) = \frac{1}{2}x(x+1).$$

Daraus resultiert das Polynom

$$P_2(x) = \frac{1}{2}x(x-1) - 2(x+2)(x+1)(x-1) + \frac{1}{2}x(x+1)$$
$$= -x^2 + 2.$$

Kommt jetzt eine weitere Stützstelle hinzu, muss die komplette Rechnung neu erstellt werden. Auf ein Neues also durch die Hinzunahme von $x_3 = 1/2$, und damit $y_4 = 8/5$. Die LAGRANGE-Basis lautet nun

$$\tilde{L}_0(x) = -\frac{1}{3}x(x-1)(x-\tfrac{1}{2}),$$

$$\tilde{L}_1(x) = 2(x+1)(x-1)(x-\tfrac{1}{2}),$$

$$\tilde{L}_2(x) = (x+1)x(x-\tfrac{1}{2}),$$

$$\tilde{L}_3(x) = -\frac{8}{3}(x+1)x(x-1).$$

Damit ergibt sich das Polynom

$$P_3(x) = \frac{2}{5}x^3 - x^2 - \frac{2}{5}x + 2.$$

Die NEWTON-Basis lautet

$$N_0(x) = 1$$

$$N_1(x) = \prod_{i=0}^{1}(x - x_i) = x + 1,$$

$$N_2(x) = \prod_{i=0}^{2}(x - x_i) = x^2 + x,$$

woraus sich das Polynom

$$P_2(x) = \sum_{i=0}^{2} c_i N_i(x)$$

ergibt. Die darin enthaltenen c_i, $i = 0, 1, 2$ ermitteln wir mit dem Schema der dividierten Differenzen:

	$k = 0$	$k = 1$	$k = 2$	$k = 3$
$x_0 = -1$	$y_0 = \boxed{1}$			
		$\boxed{1}$		
$x_1 = 0$	$y_1 = 2$		$\boxed{-1}$	
		-1		$\frac{2}{5}$
$x_2 = 1$	$y_2 = 1$		$-\frac{2}{5}$	
		$-\frac{6}{5}$		
$x_3 = \frac{1}{2}$	$y_3 = \frac{8}{3}$			

Das Polynom lautet damit

$$P_2(x) = N_0(x) + N_1(x) - N_1(x) = -x^2 + 2$$

mit den eingerahmten Koeffizienten $c_0 = 1$, $c_1 = 1$ und $c_2 = -1$.

Die zusätzliche Stützstelle $(1/2, 8/5)$ ist im obigen Schema bereits fettgedruckt eingearbeitet. *Beachten* Sie dabei, dass die neue Stützstelle einfach unten angehängt werden darf und nicht in numerischer Reihenfolge in das Schema eingebracht werden muss. Es kommt die Basisfunktion $N_3(x) = x^3 - x$ hinzu, und damit lautet das Polynom

$$P_3(x) = \frac{2}{5}x^3 - x^2 - \frac{2}{5}x + 2.$$

Sei jetzt $f(x) = cos(\pi x)$. Die Stützpunkte sind

x_k	−1	0	1
y_k	−1	1	−1

Die LAGRANGE-Basis ist wieder

$$L_0(x) = \frac{1}{2}x(x-1),$$

$$L_1(x) = -(x+1)(x-1),$$

$$L_2(x) = \frac{1}{2}x(x+1).$$

Daraus resultiert das Polynom

$$P_2(x) = -\frac{1}{2}x(x-1) - (x+2)(x+1)(x-1) - \frac{1}{2}x(x+1)$$
$$= -2x^2 + 1.$$

Bei der Hinzunahme der Stützstelle $(1/2, 0)$ ergibt sich die neue LAGRANGE-Basis

$$\tilde{L}_0(x) = -\frac{1}{3}x(x-1)(x-\tfrac{1}{2}),$$

$$\tilde{L}_1(x) = 2(x+1)(x-1)(x-\tfrac{1}{2}),$$

$$\tilde{L}_2(x) = (x+1)x(x-\tfrac{1}{2}),$$

$$\tilde{L}_3(x) = -\frac{8}{3}(x+1)x(x-1)$$

und damit das Polynom

$$P_3(x) = \frac{4}{3}x^3 - 2x^2 - \frac{4}{3}x + 1.$$

Die NEWTON-Basis lautet auch hier

$$N_0(x) = = 1$$

$$N_1(x) = \prod_{i=0}^{1}(x - x_i) = x + 1,$$

$$N_2(x) = \prod_{i=0}^{2}(x - x_i) = x^2 + x,$$

woraus sich das Polynom

$$P_2(x) = \sum_{i=0}^{2} c_i N_i(x)$$

ergibt. Die darin enthaltenen c_i, $i = 0, 1, 2$ ermitteln wir wieder mit dem Schema der dividierten Differenzen:

	$k = 0$	$k = 1$	$k = 2$	$k = 3$
$x_0 = -1$	$y_0 = \boxed{-1}$			
		$\boxed{2}$		
$x_1 = 0$	$y_1 = 2$		$\boxed{-2}$	
		-2		$\boxed{\frac{4}{3}}$
$x_2 = 1$	$y_2 = -1$		0	
		-2		
$x_3 = \frac{1}{2}$	$y_3 = 0$			

Das Polynom lautet damit

$$P_2(x) = -N_0(x) + 2N_1(x) - 2N_1(x) = -2x^2 + 1$$

mit den eingerahmten Koeffizienten $c_0 = -1$, $c_1 = 2$ und $c_2 = -2$.

Die zusätzliche Stützstelle $(1/2, 8/5)$ ist im obigen Schema bereits eingearbeitet. Es kommt die Basisfunktion $N_3(x) = x^3 - x$ hinzu, und damit lautet das Polynom

$$P_3(x) = \frac{4}{3}x^3 - 2x^2 - \frac{4}{3}x + 1.$$

Lösung 2.29
Zunächst gilt

$$f(\pm 1) = \frac{1}{2}, \quad f(\pm 3) = \frac{1}{10}, \quad f(\pm 5) = \frac{1}{26}.$$

a) Das Schema der dividierten Differenzen sieht folgendermaßen aus:

	$k = 0$	$k = 1$	$k = 2$	$k = 3$	$k = 4$	$k = 5$
$x_0 = -5$	$y_0 = \boxed{\dfrac{1}{26}}$					
		$\boxed{\dfrac{3}{26}}$				
$x_1 = -1$	$y_1 = \dfrac{1}{2}$		$\boxed{-\dfrac{1}{52}}$			
		0		$\boxed{0}$		
$x_2 = 1$	$y_2 = \dfrac{1}{2}$		$-\dfrac{1}{52}$		$\dfrac{1}{520}$	
		$-\dfrac{3}{26}$		$\dfrac{1}{260}$		$\boxed{0}$
$x_3 = 5$	$y_3 = \dfrac{1}{26}$		$-\dfrac{7}{260}$		$\dfrac{1}{520}$	
		$-\dfrac{1}{130}$		$\dfrac{3}{260}$		
$x_4 = -3$	$y_4 = \dfrac{1}{10}$		$-\dfrac{1}{260}$			
		0				
$x_5 = 3$	$y_5 = \dfrac{1}{10}$					

Damit lautet das NEWTON-Interpolationspolynom, hier einmal in dieser Form geschrieben

$$P_3(x) = \left[(c_3(x - x_2) + c_2)(x - x_1) + c_1 \right] (x - x_0) + c_0,$$

mit den oben eingerahmten Werten $c_3 = 0$, $c_2 = -\frac{1}{52}$, $c_1 = \frac{3}{26}$ und $c_0 = \frac{1}{26}$. Also konkret

$$P_3(x) = \left(-\frac{1}{52}(x + 1) + \frac{3}{26} \right)(x + 5) + \frac{1}{26}.$$

b) Der Fehler berechnet sich als

$$|P_3(0) - f(0)| = \left| \frac{27}{52} - 1 \right| = \frac{25}{52}.$$

c) Die Erweiterung des Schemas um die Stützstellen $x_{4,5} = \pm 3$ ist in der obigen Tabelle bereits realisiert.

Beachten Sie dabei, dass auch hier die neuen Stützstellen einfach unten angehängt werden dürfen und nicht in numerischer Reihenfolge in das Schema eingebracht werden müssen. Damit bekommen wir die (unterstrichene) Erweiterung

$$P_5(x) = \left(\left(\left[\underline{\frac{1}{520}(x - 5) + 0} \right](x - 1) - \frac{1}{52} \right)(x + 1) + \frac{3}{26} \right)(x + 5) + \frac{1}{26}$$

$$= \left\{ \left[\frac{1}{520}(x - 5)(x - 1) - \frac{1}{52} \right](x + 1) + \frac{3}{20} \right\}(x + 5) + \frac{1}{26}.$$

Berechnen Sie auch hier den Interpolationsfehler!

Lösung 2.30

Wir führen einige Abschätzungen durch:

$$
\begin{aligned}
|P(x) - P(y)| = \left|x^4 + x^2 - y^4 - y^2\right| &\leq \left|x^4 - y^4\right| + \left|x^2 - y^2\right| \\
&\leq \left(|x + y||x^2 + y^2| + |x + y|\right)|x - y| \\
&= \left(|x + y|(|x^2 + y^2| + 1)\right)|x - y| \\
&\leq \underbrace{2\max(|a|, |b|)\left(2\max(|a|^2, |b|^2) + 1\right)}_{=: L}|x - y|,
\end{aligned}
$$

denn für $x, y \in [a, b]$ und $n \in \mathbb{N}$ gilt

$$
|x^n + y^n| \leq |x|^n + |y|^n \leq \max\left(|a|^n, |b|^n\right) + \max\left(|a|^n, |b|^n\right) = 2\max\left(|a|^n, |b|^n\right).
$$

Anmerkung $P : \mathbb{R} \to \mathbb{R}$ ist nicht LIPSCHITZ-stetig. Um das zu sehen, betrachten wir lediglich den quadratischen Anteil, also $\tilde{P}(x) = x^2$. Angenommen, $\tilde{P}$ ist auf *ganz* $\mathbb{R}$ LIP-SCHITZ-stetig, dann existiert eine Konstante $L > 0$ derart, dass für alle $x, y \in \mathbb{R}$ mit $x \neq y$ gilt:

$$
|x^2 - y^2| \leq L|x - y| \iff |x + y||x - y| \leq L|x - y| \iff |x + y| \leq L.
$$

Wählen Sie jetzt z. B. $x = L$ und $y = 3L$, dann ergibt sich der Widerspruch $4L \leq L$.

Natürlich gibt es genügend Abbildungen, die auf *ganz* $\mathbb{R}$ LIPSCHITZ-stetig sind. So hat z. B. das Polynom 1. Grades

$$
Q : \mathbb{R} \to \mathbb{R}, \quad Q(x) = ax + b, \quad a, b \in \mathbb{R},
$$

die optimale LIPSCHITZ-Konstante $L = |a|$, denn

$$
|Q(x) - Q(y)| = |ax + b - ay - b| = |a||x - y| \leq |a||x - y|.
$$

Zahlenfolgen und -reihen 3

3.1 Grenzwerte von Zahlenfolgen

Aufgabe 3.1

Finden Sie

a) eine Folge $\{a_n\}_{n \in \mathbb{N}}$, die beschränkt und nicht konvergent ist,

b) zwei Folgen $\{a_n\}_{n \in \mathbb{N}}$ und $\{b_n\}_{n \in \mathbb{N}}$, die beide divergieren, deren Summe $\{a_n + b_n\}_{n \in \mathbb{N}}$ konvergiert,

c) eine Folge $\{a_n\}_{n \in \mathbb{N}}$, die beschränkt ist, weder monoton steigend oder fallend ist, jedoch konvergiert.

Aufgabe 3.2

Sei $k \in \mathbb{N}$. Zeigen Sie die Konvergenz der Folge $\{a_n\}_{n \in \mathbb{N}}$ mit $a_n = \dfrac{n^k}{2^n}$.

Hinweis Zeigen Sie, dass die Folge ab einem Index $n_0 \in \mathbb{N}$ streng monoton fallend ist.

Aufgabe 3.3

Sei $a_{n,m} := \left(1 - \dfrac{1}{m+1}\right)^{n+1}$, $n, m \in \mathbb{N}$. Bestimmen Sie

$$a_1 = \lim_{n \to \infty} \left(\lim_{m \to \infty} a_{n,m} \right) \quad \text{und} \quad a_2 = \lim_{m \to \infty} \left(\lim_{n \to \infty} a_{n,m} \right).$$

Hinweis Um beispielsweise a_1 zu berechnen, bestimmen Sie zunächst $a_n := \lim_{m \to \infty} a_{n,m}$ und anschließend den Grenzwert $a_1 = \lim_{n \to \infty} a_n$.

W. Merz, P. Knabner, *Endlich gelöst! Aufgaben zur Mathematik für Ingenieure und Naturwissenschaftler*, Springer-Lehrbuch, DOI 10.1007/978-3-642-54529-0_3,
© Springer-Verlag Berlin Heidelberg 2014

Aufgabe 3.4

Die Größe einer Population zum Zeitpunkt n werde mit x_n bezeichnet. Die Population unterliegt dem folgenden, rekursiv definierten Entwicklungsgesetz:

$$x_{n+1} = 0{,}8\,x_n + 4, \quad n \geq 0.$$

a) Bestimmen Sie für $x_0 = 120$ die Folgenglieder x_1, x_2, x_3 und x_4.

b) Zeigen Sie mit vollständiger Induktion, dass die explizite Darstellung von x_n für einen beliebigen Anfangswert x_0 gegeben ist durch

$$x_n = (x_0 - 20) \cdot 0{,}8^n + 20, \quad n \geq 0.$$

c) Bestimmen Sie mithilfe von b) den Grenzwert $\lim_{n \to \infty} x_n$ für einen beliebigen Anfangswert x_0.

Aufgabe 3.5

Die Folge $\{x_n\}_{n \in \mathbb{N}}$ ist gegeben durch $x_{n+1} = x_n(2 - x_n)$ mit $x_0 = \frac{1}{2}$.

a) Zeigen Sie, dass für alle $n \in \mathbb{N}$ die Ungleichungen $0 < x_n < 1$ und $x_{n+1} > x_n$ gelten.

b) Begründen Sie die Konvergenz der Folge $\{x_n\}$ und geben Sie den Grenzwert a an.

Aufgabe 3.6

Die Folge $\{a_n\}_{n \in \mathbb{N}}$ sei wie folgt rekursiv definiert:

$$a_1 := 1, \quad a_{n+1} = \frac{a_n}{1 + \sqrt{1 + a_n^2}} \quad \forall n \in \mathbb{N}.$$

a) Zeigen Sie die Konvergenz dieser Folge.

b) Berechnen Sie den Grenzwert dieser Folge.

Aufgabe 3.7

Geben Sie für die nachstehenden Folgen einen Grenzwert an (falls er existiert) und bestimmen Sie ein $N(\varepsilon) \in \mathbb{N}$ derart, dass $|a - a_n| < \varepsilon$ für $n > N(\varepsilon)$.

a) $a_n = \sqrt{1 - 1/n^2}$.

b) $a_n = \sqrt{n^2 + n} - n$.

Lösungsvorschläge

Lösung 3.1

a) Eine mögliche Folge ist $a_n = (-1)^n$, $n \in \mathbb{N}$. Diese Folge nimmt abwechselnd die Werte -1 und 1 an, und es gilt $|a_n| \leq 1$ für alle $n \in \mathbb{N}$. Damit ist die Folge beschränkt und divergent.

b) Zwei mögliche Folgen sind $a_n = n$ und $b_n = -n$, jeweils für $n \in \mathbb{N}$. Beide Folgen sind divergent, die Summe $a_n + b_n = n - n = 0$ ist dagegen die konstante Nullfolge und hat dementsprechend den Grenzwert 0.

c) Die Folge $a_n = (-1)^n \frac{1}{n}$ genügt den geforderten Ansprüchen. Sie alterniert und ist durch 1 beschränkt.

Lösung 3.2

Für alle $k \in \mathbb{N}$ gilt

$$\frac{n^k}{2^n} \geq \frac{(n+1)^k}{2^{n+1}} \quad \Longleftrightarrow \quad 1 \geq \frac{1}{2} \cdot \left(1 + \frac{1}{n}\right)^k \quad \Longleftrightarrow \quad 2 \geq \left(1 + \frac{1}{n}\right)^k$$
$$\Longleftrightarrow \quad a_n \geq a_{n+1}.$$

Wegen $\lim\limits_{n \to \infty} \left(1 + \frac{1}{n}\right)^k = 1$ gibt es ein $n_0 \in \mathbb{N}$, ab dem die Folge $(a_n)_{n \in \mathbb{N}}$ streng monoton fällt. Da die Folge zudem nach unten durch 0 beschränkt ist, ergibt sich insgesamt die Konvergenz.

Lösung 3.3

Gemäß Hinweis berechnen wir zunächst für festes $n \in \mathbb{N}$ den Grenzwert

$$a_1^n := \lim\limits_{m \to \infty} a_{n,m} = \lim\limits_{m \to \infty} \underbrace{\left(1 - \frac{1}{m+1}\right) \cdot \ldots \cdot \left(1 - \frac{1}{m+1}\right)}_{n+1 \text{ mal}} = 1^{n+1} = 1$$

und $\lim\limits_{n \to \infty} a_1^n = 1 = a_1$. Für festes $m \in \mathbb{N}$ ergibt sich

$$a_2^m := \lim\limits_{m \to \infty} a_{n,m} = \lim\limits_{n \to \infty} \left(\underbrace{1 - \frac{1}{m+1}}_{<1}\right)^n = 0$$

und $\lim\limits_{m \to \infty} a_2^m = 0 = a_2$.

Fazit Grenzwertprozesse dürfen nicht einfach vertauscht werden!

Lösung 3.4

a) Mit $x_0 = 120$ ergibt sich folgendes rekursives Schema:

$$\begin{aligned}
x_1 &= 0{,}8x_0 + 4 = 0{,}8 \cdot 120 + 4 = 100, \\
x_2 &= 0{,}8x_1 + 4 = 0{,}8 \cdot 100 + 4 = 84, \\
x_3 &= 0{,}8x_2 + 4 = 0{,}8 \cdot 84 + 4 = 71{,}2, \\
x_4 &= 0{,}8x_3 + 4 = 0{,}8 \cdot 72{,}2 + 4 = 60{,}96.
\end{aligned}$$

b) Zu zeigen ist, dass

$$x_n = (x_0 - 20) \cdot 0{,}8^n + 20$$

für alle $n \geq 0$ gilt. Wir tun dies mithilfe vollständiger Induktion.
Induktionsanfang: Für $n = 0$ ist alles in Ordnung, denn

$$x_n = (x_0 - 20) \cdot 0{,}8^0 + 20 = x_n = (x_0 - 20) + 20 = x_0.$$

Induktionsschritt: Unter der Induktionsvoraussetzung (IV), dass $x_n = (x_0 - 20) \cdot 0{,}8^n + 20$ richtig ist, ergibt sich

$$
\begin{aligned}
x_{n+1} = 0{,}8\, x_n + 4 &\overset{(IV)}{=} 0{,}8 \left[(x_0 - 20) \cdot 0{,}8^n + 20 \right] + 4 \\
&= (x_0 - 20) \cdot 0{,}8^{n+1} + 0{,}8 \cdot 20 + 4 \\
&= (x_0 - 20) \cdot 0{,}8^{n+1} + 20.
\end{aligned}
$$

Damit gilt die Aussage für alle $n \geq 0$.

c) Mit der eben gezeigten Formel bekommen wir

$$
\begin{aligned}
\lim_{n \to \infty} x_n &= \lim_{n \to \infty} \left((x_0 - 20) \cdot 0{,}8^n + 20 \right) \\
&= (x_0 - 20) \underbrace{\lim_{n \to \infty} 0{,}8^n}_{= \,0} + 20 = 20.
\end{aligned}
$$

Lösung 3.5

a) Wir zeigen mit vollständiger Induktion, dass $0 < x_n < 1 \ \forall n \in \mathbb{N}_0$ gilt. Für $n = 0$ ist alles klar. Sei nun $0 < x_n < 1$ richtig, dann folgt

$$0 < \underbrace{x_n(2 - x_n)}_{\text{hier steht nur } x_n} = x_{n+1} = 2x_n - x_n^2 = 1 - (x_n - 1)^2 < 1.$$

Damit ist auch $0 < x_{n+1} < 1$, d. h., die Aussage ist allgemeingültig.

Wir kommen zur Monotonie. Es gilt

$$x_{n+1} - x_n = 2x_n - x_n^2 - x_n = x_n(1 - x_n) > 0,$$

da $0 < x_n < 1$ gilt. Also ist $x_{n+1} > x_n$.

b) Die Folge konvergiert, weil sie beschränkt und monoton ist. Für den Grenzwert a muss gelten

$$a = a(2 - a) \implies a = 0 \ \text{oder} \ a = 1.$$

Welcher von beiden ist es nun? Natürlich $a = 1$. Und warum? $a_0 = \dfrac{1}{2}$ ist vorgegeben und außerdem ist die Folge monoton steigend.

Bei dieser Gelegenheit geben wir als *Zugabe* noch ein N an, sodass $|x_n - a| < 10^{-6}$ für $n > N$ gilt

$$\left|1 - x_{n+1}\right| = 1 - x_{n+1} = 1 - 2x_n + x_n^2 = (1 - x_n)^2.$$

Daraus resultiert

$$(1 - x_n)^2 = (1 - x_{n-1})^{2 \cdot 2} = (1 - x_{n-2})^{2 \cdot 2 \cdot 2} = \ldots (1 - x_0)^{2^n} = \left(\frac{1}{2}\right)^{2^n}.$$

Damit ergibt sich, dass

$$\frac{1}{2^{2^n}} < \frac{1}{10^6} \text{ bzw. } 10^6 < 2^{(2^n)}.$$

Für $n > 5$ stimmt diese Ungleichung.

Lösung 3.6

a) Wir zeigen mit vollständiger Induktion, dass die Folge nach unten beschränkt ist, genauer, dass $a_n > 0 \; \forall n \in \mathbb{N}$ gilt:

$n = 1 \implies a_1 = 1 > 0$.

Der Induktionsschritt liefert:

$$a_{n+1} = \frac{a_n}{1 + \sqrt{1 + a_n^2}} > 0,$$

da $a_n > 0$ nach Voraussetzung gilt.

Wir zeigen nun, dass die Folge monoton fällt:

$$\frac{a_{n+1}}{a_n} = \frac{1}{\underbrace{1 + \sqrt{1 + a_n^2}}_{>1}} < \frac{1}{1} = 1,$$

d. h. $a_n > a_{n+1} \; \forall n \in \mathbb{N}$.

Damit ist die Folge konvergent.

b) Sei G der Grenzwert, dann gilt

$$G = \lim_{n \to \infty} a_{n+1} = \lim_{n \to \infty} \frac{a_n}{1 + \sqrt{1 + a_n^2}} = \frac{G}{1 + \sqrt{1 + G^2}}.$$

Also ist

$$G = \frac{G}{1 + \sqrt{1 + G^2}} \iff G\sqrt{1 + G^2} = 0 \iff G = 0.$$

Damit ist $G = 0$ der Grenzwert.

Zusätzliche Information Zu Aufgabe 3.6 ist bei der Online-Version dieses Kapitels (doi:10.1007/978-3-642-29980-3_3) ein Video enthalten.

Lösung 3.7

a) $\lim_{n\to\infty} a_n = 1$. Denn es gilt

$$|1 - a_n| = 1 - \sqrt{1 - 1/n^2} = \frac{1 - (1 - 1/n^2)}{1 + \sqrt{1 - 1/n^2}} < \frac{1}{n^2} < \varepsilon,$$

falls $n > N(\varepsilon) = \dfrac{1}{\sqrt{\varepsilon}}$.

b) $\lim_{n\to\infty} a_n = \lim_{n\to\infty} \dfrac{n}{\sqrt{n^2 + n} + n} = \dfrac{1}{2}$. Denn es gilt

$$
\begin{aligned}
|1/2 - a_n| &= \left| \frac{1}{2} - \frac{n}{\sqrt{n^2 + n} + n} \right| = \frac{\sqrt{n^2 + n} - n}{2(\sqrt{n^2 + n} + n)} \\
&= \frac{n}{2(\sqrt{n^2 + n} + n)^2} < \frac{n}{2(n + n)^2} = \frac{1}{8n} < \varepsilon,
\end{aligned}
$$

falls $n > N(\varepsilon) = \dfrac{1}{8\varepsilon}$.

3.2   Grenzwertsätze und Teilfolgen

Aufgabe 3.8
Bestimmen Sie, welche der nachfolgenden Aussagen wahr oder falsch sind und begründen Sie die Aussagen:

a) Summe, Differenz, Produkt und Quotient zweier divergenter Folgen sind wieder divergent.
b) Die Folgen $\{a_n\}_{n\in\mathbb{N}}$ und $\{b_n\}_{n\in\mathbb{N}}$ konvergieren genau dann, wenn $\{a_n + b_n\}_{n\in\mathbb{N}}$ und $\{a_n - b_n\}_{n\in\mathbb{N}}$ konvergieren.

Aufgabe 3.9
Untersuchen Sie nachstehende Folgen auf Konvergenz und bestimmen Sie gegebenenfalls die Grenzwerte:

a) $a_n := \dfrac{n^3 + n + 2}{6n^7 + 5n^4 + n^2 + 1} \quad \forall n \in \mathbb{N},$

b) $a_n := \dfrac{n^3 + n + 2}{n^2 + 1} \quad \forall n \in \mathbb{N},$

c) $a_n := \frac{1}{n^2}\left(1 + 2 + \ldots + n\right)$ $\forall n \in \mathbb{N}$,

d) $a_n := \dfrac{n-1}{\sqrt{n^2+1}}$ $\forall n \in \mathbb{N}$.

Aufgabe 3.10

Berechnen Sie für nachstehende Folgen im Falle der Existenz die Grenzwerte:

a) $a_n := \sqrt{n+1} - \sqrt{n}$ $\forall n \in \mathbb{N}$.

b) $a_n := \dfrac{(n+2)! + (n+1)!}{(n+3)!}$ $\forall n \in \mathbb{N}$.

c) $a_n := \dfrac{(2n+1)^4 - (n-1)^4}{(2n+1)^4 + (n-1)^4}$ $\forall n \in \mathbb{N}$.

Aufgabe 3.11

Wir betrachten die Folge

$$a_n := \sin\left(n\,\frac{\pi}{2}\right)\frac{n+1}{n} \quad \forall n \in \mathbb{N}.$$

a) Wie lauten die Häufungspunkte von $\{a_n\}_{n \in \mathbb{N}}$.

b) Finden Sie Teilfolgen, die jeweils gegen diese Häufungspunkte konvergieren.

Aufgabe 3.12

Bestimmen Sie $\liminf$ und $\limsup$ nachstehender Folgen $\{a_n\}_{n \in \mathbb{N}}$:

a) $a_n := \begin{cases} \dfrac{2n}{n+1} & : \quad n \text{ gerade}, \\[2ex] \dfrac{n+1}{2n+1} & : \quad n \text{ ungerade}, \end{cases}$

b) $a_n := \dfrac{(-1)^n\, n}{n+1}$,

c) $a_n = n^{(-1)^n}$.

Aufgabe 3.13

Prüfen Sie mithilfe des Cauchy-Kriteriums, ob die Folge $\{a_n\}_{n \in \mathbb{N}}$ gegeben durch

$$a_n := \frac{(-1)^n}{\sqrt{n}}$$

konvergiert.

Lösungsvorschläge

Lösung 3.8

a) Alle Aussagen sind falsch. Wir belegen dies durch folgende Gegenbeispiele:

a. Summe: $a_n = n$ und $b_n = -n$ für alle $n \in \mathbb{N}$.

b. Differenz: $a_n = n$ und $b_n = n$ für alle $n \in \mathbb{N}$.

c. Produkt: $a_n = (-1)^n$ und $b_n = (-1)^n$ für alle $n \in \mathbb{N}$.

d. Quotient: $a_n = (-1)^n$ und $b_n = (-1)^n$ für alle $n \in \mathbb{N}$.

b) Diese Aussage ist wahr. Bei zwei konvergenten Folgen konvergiert die Summenfolge gegen die Summe der Grenzwerte. Entsprechend geschieht dies bei der Differenz. Gilt nun umgekehrt

$$\lim_{n \to \infty} (a_n + b_n) = c \quad \text{und} \quad \lim_{n \to \infty} (a_n - b_n) = d,$$

dann ist

$$2 \lim_{n \to \infty} a_n = \lim_{n \to \infty} 2a_n = \lim_{n \to \infty} ((a_n + b_n) + (a_n - b_n))$$

$$= \lim_{n \to \infty} (a_n + b_n) + \lim_{n \to \infty} (a_n - b_n) = c + d.$$

Also gilt $\lim_{n \to \infty} a_n = \dfrac{c + d}{2}$. Entsprechend ist

$$2 \lim_{n \to \infty} b_n = \lim_{n \to \infty} 2b_n = \lim_{n \to \infty} ((a_n + b_n) - (a_n - b_n))$$

$$= \lim_{n \to \infty} (a_n + b_n) - \lim_{n \to \infty} (a_n - b_n) = c - d.$$

Also gilt $\lim_{n \to \infty} b_n = \dfrac{c - d}{2}$.

Lösung 3.9

a) Es gilt

$$a_n = \frac{\frac{1}{n^4} + \frac{1}{n^6} + \frac{2}{n^7}}{6 + \frac{5}{n^3} + \frac{1}{n^5} + \frac{1}{n^7}}.$$

Wir sehen, dass der Zähler gegen null, der Nenner gegen Sechs konvergiert, insgesamt also

$$\lim_{n \to \infty} a_n = \frac{0 + 0 + 0}{6 + 0 + 0 + 0} = 0.$$

b) Es gilt

$$a_n = \frac{n^2 \left(n + \frac{1}{n} + \frac{2}{n^2} \right)}{n^2 \left(1 + \frac{1}{n} \right)} = \frac{n + \frac{1}{n} + \frac{2}{n^2}}{1 + \frac{1}{n}} \geq \frac{n}{2} \to \infty.$$

Also divergiert auch $\{a_n\}_{n \in \mathbb{N}}$.

c) $a_n = \frac{1}{n^2}\left(1 + 2 + \ldots + n\right) = \frac{1}{n^2}\frac{n(n+1)}{2}$. Damit ergibt sich

$$\lim_{n\to\infty}\frac{1}{n^2}\frac{n(n+1)}{2} = \lim_{n\to\infty}\frac{1}{n^2}\frac{n^2(1+\frac{1}{n})}{2} = \lim_{n\to\infty}\frac{(1+\frac{1}{n})}{2} = \frac{1}{2}.$$

d) Es gilt

$$a_n := \frac{n-1}{\sqrt{n^2+1}} = \frac{n\left(1-\frac{1}{n}\right)}{n\sqrt{1+\frac{1}{n^2}}} = \frac{\left(1-\frac{1}{n}\right)}{\sqrt{1+\frac{1}{n^2}}}.$$

Daran erkennen wir $\lim_{n\to\infty} a_n = 1$.

Lösung 3.10

a) Es handelt sich um eine Nullfolge, denn

$$|a_n - 0| = \underbrace{\sqrt{n+1} - \sqrt{n}}_{>0} = (\sqrt{n+1} - \sqrt{n})\frac{\sqrt{n+1}+\sqrt{n}}{\sqrt{n+1}+\sqrt{n}}$$

$$= \frac{1}{\sqrt{n+1}+\sqrt{n}} < \frac{1}{2\sqrt{n}} < \varepsilon \iff n > \frac{1}{4\varepsilon^2}.$$

Man könnte auch das Einschließungskriterium verwenden. Es gilt nämlich

$$0 < \sqrt{n+1} - \sqrt{n} < \frac{1}{2\sqrt{n}} \to 0 \quad \text{für} \quad n \to \infty.$$

b) Auch das ist eine Nullfolge, denn

$$a_n = \frac{(n+2)! + (n+1)!}{(n+3)!} = \frac{(n+2)(n+1)! + (n+1)!}{(n+2)(n+3)(n+1)!}$$

$$= \frac{(n+3)}{(n+2)(n+3)} = \frac{1}{(n+2)}$$

$$\to 0 \quad \text{für} \quad n \to \infty.$$

c) Es gilt

$$a_n = \frac{(2n+1)^4 - (n-1)^4}{(2n+1)^4 + (n-1)^4} = \frac{n^4(2+\frac{1}{n})^4 - n^4(1-\frac{1}{n})^4}{n^4(2+\frac{1}{n})^4 + n^4(1-\frac{1}{n})^4}$$

$$= \frac{(2+\frac{1}{n})^4 - (1-\frac{1}{n})^4}{(2+\frac{1}{n})^4 + (1-\frac{1}{n})^4}$$

$$\to \frac{2^4-1}{2^4+1} = \frac{15}{17} \quad \text{für} \quad n \to \infty.$$

Anmerkung Wenn Sie die 4. Potenzen explizit ausmultiplizieren, kommen Sie mit einem deutlich höheren Rechenaufwand auf das selbe Ergebnis.

Lösung 3.11

a) Es gilt

$$\sin\left(n\,\frac{\pi}{2}\right) = 1 \qquad \text{für} \qquad n = 1, 5, 9, 13, 17, \ldots$$

$$\sin\left(n\,\frac{\pi}{2}\right) = 0 \qquad \text{für} \qquad n = 2, 4, 6, 8, 10, \ldots$$

$$\sin\left(n\,\frac{\pi}{2}\right) = -1 \qquad \text{für} \qquad n = 3, 7, 11, 15, \ldots$$

Da $\lim\limits_{n\to\infty} \frac{n+1}{n} = 1$, lauten die drei Häufungspunkte $1, 0, -1$.

b) Wir suchen drei Teilfolgen, die gegen o. g. Häufungspunkte konvergieren. Wir definieren folgende drei streng monoton steigende Folgen $\{n_k\}_{k\to\infty}$:

$$n_k := 4k - 3, \quad \text{d. h.} \qquad a_{n_k} = \sin\left(n_k\,\frac{\pi}{2}\right)\frac{n_k + 1}{n_k} \to 1,$$

$$n_k := 2k, \quad \text{d. h.} \qquad a_{n_k} = \sin\left(n_k\,\frac{\pi}{2}\right)\frac{n_k + 1}{n_k} \to 0,$$

$$n_k := 4k - 1, \quad \text{d. h.} \qquad a_{n_k} = \sin\left(n_k\,\frac{\pi}{2}\right)\frac{n_k + 1}{n_k} \to -1.$$

Ferner gilt

$$\liminf_{n\to\infty} a_n = -1,$$

$$\limsup_{n\to\infty} a_n = 1.$$

Lösung 3.12

a) Es gilt

$$\lim_{k\to\infty} a_{2k} = \lim_{k\to\infty} \frac{4k}{2k+1} = 2,$$

$$\lim_{k\to\infty} a_{2k+1} = \lim_{k\to\infty} \frac{2k+1}{4k+3} = \frac{1}{2}.$$

Dies sind die beiden einzigen Häufungspunkte, denn ist $\{a_{n_k}\}_{k\in\mathbb{N}}$ eine konvergente Teilfolge, dann enthält $\{n_k\}_{k\in\mathbb{N}}$ unendlich viele gerade oder unendlich viele ungerade

Zahlen. Im Fall unendlich vieler gerader Zahlen ist $\lim\limits_{k\to\infty} a_{n_k} = 2$, im anderen Fall ist $\lim\limits_{k\to\infty} a_{n_k} = \frac{1}{2}$. Damit gilt für den größten und kleinsten Häufungspunkt

$$\limsup_{n\to\infty} a_n = 2 \quad \text{und} \quad \liminf_{n\to\infty} a_n = \frac{1}{2}.$$

b) Es gilt

$$\lim_{k\to\infty} a_{2k} = \lim_{k\to\infty} \frac{2k}{2k+1} = 1,$$

$$\lim_{k\to\infty} a_{2k+1} = \lim_{k\to\infty} \frac{-(2k+1)}{2k+2} = -1.$$

Mit derselben Argumentation wie eben ergibt sich

$$\limsup_{n\to\infty} a_n = 1 \quad \text{und} \quad \liminf_{n\to\infty} a_n = -1.$$

c) Ist $n \in \mathbb{N}$ gerade, dann ist $a_n = n$. Ist $n \in \mathbb{N}$ ungerade, so ist $a_n = \frac{1}{n}$. Damit ist $\lim\limits_{k\to\infty} a_{2k+1} = 0$ ein Häufungspunkt und wegen $\lim\limits_{k\to\infty} a_{2k} = \infty$ auch der einzige. Da die Folge $\{a_n\}_{n\in\mathbb{N}}$ nach oben unbeschränkt ist, existiert $\limsup\limits_{n\to\infty} a_n$ nicht. Es bleibt demnach

$$\liminf_{n\to\infty} a_n = 0.$$

Lösung 3.13

Hier liegt eine CAUCHY-Folge vor. Um dies zu bestätigen, zeigen wir

$$\forall \varepsilon > 0 \quad \exists N(\varepsilon) : \forall m, n > N(\varepsilon) : |a_n - a_m| < \varepsilon.$$

Sei also ein beliebiges $\varepsilon > 0$ vorgegeben. Wir wählen $N(\varepsilon) > \dfrac{4}{\varepsilon^2}$ und $m, n > N(\varepsilon)$ mit $n > m$, dann gilt die Abschätzung

$$|a_n - a_m| = \left| \frac{(-1)^n}{\sqrt{n}} - \frac{(-1)^m}{\sqrt{m}} \right| \leq \left| \frac{1}{\sqrt{n}} \right| + \left| \frac{1}{\sqrt{m}} \right| \leq 2\sqrt{\frac{1}{m}} \leq 2\sqrt{\frac{1}{N(\varepsilon)}} < \varepsilon.$$

Da $\mathbb{R}$ vollständig ist, ist die reelle Zahlenfolge konvergent.

3.3 Konvergenzkriterien für Zahlenreihen

Aufgabe 3.14

Verifizieren Sie die folgenden Grenzwerte:

$$1. \quad \lim_{n \to \infty} a^{1/n} = 1 \ \forall \ a > 0,$$

$$2. \quad \lim_{n \to \infty} n^{k/n} = 1 \ \forall \ k \in \mathbb{N}.$$

(Satz 3.48 im Lehrbuch.)

Aufgabe 3.15

Wir betrachten Reihen der Form $\sum_{k=m}^{\infty} a_k$ mit

$$\text{a) } a_k := \frac{1}{k(k+1)}, \qquad \text{b) } a_k := e^k, \qquad \text{c) } a_k := \frac{k}{e^k}, \qquad \text{d) } a_k := \sqrt{k} - \sqrt{k-1}.$$

Ist für diese Reihen das notwendige Konvergenzkriterium erfüllt?

Aufgabe 3.16

Untersuchen Sie nachstehende Reihen auf Konvergenz oder Divergenz:

$$\text{a) } \sum_{k=1}^{\infty} \frac{k!}{k^k}, \qquad \text{b) } \sum_{k=0}^{\infty} \frac{k^4}{3^k}, \qquad \text{c) } \sum_{k=0}^{\infty} \frac{k+4}{k^2 - 3k + 1}, \qquad \text{d) } \sum_{k=1}^{\infty} \frac{(k+1)^{k-1}}{(-k)^k}.$$

Aufgabe 3.17

Untersuchen Sie folgende alternierende Reihen auf Konvergenz:

$$\text{a) } \sum_{k=0}^{\infty} \frac{(-1)^k}{\sqrt{4k+1}}, \qquad \text{c) } \sum_{k=1}^{\infty} (-1)^k \frac{k}{k+1},$$

$$\text{b) } \sum_{k=1}^{\infty} \frac{(-1)^k k}{(k+2)^2}, \qquad \text{d) } \sum_{k=2}^{\infty} \frac{(-1)^k}{k + (-1)^k \sqrt{k}}.$$

Aufgabe 3.18

Wir betrachten die alternierende Reihe $\sum_{n=1}^{\infty} \left(\frac{1}{n} + \frac{(-1)^n}{\sqrt{n}} \right)$. Zeigen Sie:

a) $\lim_{n \to \infty} \left(\frac{1}{n} + \frac{(-1)^n}{\sqrt{n}} \right) = 0$,

b) die Reihe divergiert.

Warum gilt das LEIBNIZ-Kriterium hier nicht?

Aufgabe 3.19

Zeigen Sie, dass die Reihe

$$S = \sum_{k=1}^{\infty} \frac{\sin(k^4) + 4}{k^3 + 2k + 1}$$

absolut konvergiert.

Aufgabe 3.20

Bestimmen Sie alle x-Werte, für die die folgenden Reihen konvergieren:

$$\text{a)} \sum_{k=1}^{\infty} \frac{(2x - \pi)^k}{k(k+1)}, \qquad \text{b)} \sum_{k=1}^{\infty} \frac{1}{4k^5\, e^{kx}}, \qquad \text{c)} \sum_{k=0}^{\infty} \frac{\cos(k^2 x)}{\sqrt{k^3}}.$$

Aufgabe 3.21

Benutzen Sie die Eigenschaften der geometrischen Reihe, um zu bestimmen, für welche $x \in \mathbb{R}$ nachfolgende Gleichungen gelten:

$$\text{a)} \sum_{k=0}^{\infty} x^k = \sum_{k=0}^{\infty} \frac{1}{2^{k+1}} (x+1)^k, \qquad \text{b)} \sum_{k=1}^{\infty} \frac{1}{x^k} = \sum_{k=0}^{\infty} \frac{1}{2^{k+1}} (x+1)^k.$$

Aufgabe 3.22

Sei $a_n := (-1)^n \frac{1}{2n+1}$. Wie groß muss bei der Reihe $s = \sum\limits_{n=0}^{\infty} a_n$ der Index $N \in \mathbb{N}$ gewählt werden, damit die Zahl $\ln 2$ durch die Partialsumme $s_N = \sum\limits_{n=0}^{N} a_n$ mit einem Fehler von höchstens 10^{-4} approximiert wird.

Lösungsvorschläge

Lösung 3.14

a) Es gilt

$$\lim_{n \to \infty} a^{\frac{1}{n}} = a^{\lim_{n \to \infty} \frac{1}{n}} = a^0 = 1.$$

b) Es gilt

$$\lim_{n \to \infty} n^{\frac{k}{n}} = \left(\lim_{n \to \infty} n^{\frac{1}{n}} \right)^k = 1.$$

Um das zu bestätigen, zeigen wir Ihnen jetzt, dass $\lim\limits_{n\to\infty} n^{\frac{1}{n}} = 1$. Dazu setzen wir $b_n :=$ $n^{\frac{1}{n}} - 1 \geq 0$, also

$$n = (1 + b_n)^n = \sum_{k=0}^{n} \binom{n}{k} b_n^k \geq \frac{n(n+1)}{2} b_n^2.$$

Eine kleine Umformung ergibt

$$n^{\frac{1}{n}} = 1 + b_n \leq 1 + \sqrt{\frac{2}{n+1}}.$$

Wir führen jetzt auf beiden Seiten der Ungleichung einen Grenzübergang durch und erhalten

$$\lim_{n\to\infty} n^{\frac{1}{n}} = 1 + \lim_{n\to\infty} b_n \leq 1.$$

Damit gilt $\lim\limits_{n\to\infty} b_n = 0$, woraus schließlich $\left(\lim\limits_{n\to\infty} n^{\frac{1}{n}}\right)^k = 1^k = 1$ folgt.
Teil a) dieser Aufgabe lässt sich mit exakt der eben vorgeführten Idee ebenfalls verifizieren. Probieren Sie es einfach!

Lösung 3.15
Es ist zu überprüfen, ob Nullfolgen vorliegen.

a) Hier liegt offensichtlich eine Nullfolge vor.
b) Dies ist sicherlich keine Nullfolge.
c) Wir schreiben den gegebenen Ausdruck in Faktorform und erhalten

$$\frac{k}{e^k} = \frac{1}{e} \cdot \frac{2}{e} \cdot \frac{3}{2e} \cdot \frac{4}{3e} \cdot \ldots \cdot \frac{k}{(k-1)e} < \left(\frac{2}{e}\right)^{k-1} \frac{k}{(k-1)e}.$$

Die hier gefundene Majorante konvergiert gemäß

$$\lim_{k\to\infty} \left[\left(\frac{2}{e}\right)^{k-1} \frac{k}{(k-1)e}\right] = \frac{1}{e} \cdot \lim_{k\to\infty} \left(\frac{2}{e}\right)^{k-1} = 0.$$

Eine etwas einfachere *Lösungsvariante* gewinnen Sie mithilfe der Exponentialreihe. Es gilt $1 + k + \dfrac{k^2}{2} \leq e^k$. Damit ergibt sich dann

$$\frac{k}{e^k} \leq \frac{k}{1 + k + \frac{k^2}{2}},$$

und diese Majorante konvergiert gegen 0, also auch die gegebene Folge.
c) Dies ist eine Nullfolge, s. Aufgabe 3.10a).

Lösung 3.16

a) Es gilt die Abschätzung

$$\frac{k!}{k^k} = \frac{1}{k} \cdot \frac{2}{k} \cdot \underbrace{\frac{3}{k} \cdot \ldots \cdot \frac{k}{k}}_{<1} < \frac{2}{k^2}.$$

Also ist

$$\sum_{k=1}^{\infty} \frac{k!}{k^k} < \sum_{k=1}^{\infty} \frac{2}{k^2} = 2 \sum_{k=1}^{\infty} \frac{1}{k^2},$$

und die so gewonnene Majorante konvergiert.

Alternativ lässt sich die Konvergenz mithilfe des Quotientenkriteriums bestätigen. Über die Grenzwertdarstellung

$$\lim_{k \to \infty} \left(1 + \frac{1}{k}\right)^k = e$$

gelangen Sie dann hier zum Erfolg. Probieren Sie es!

b) Wir verwenden das Wurzelkriterium. Es gilt

$$\lim_{k \to \infty} \sqrt[k]{|a_k|} = \sqrt[k]{\frac{k^4}{3^k}} = \lim_{k \to \infty} \frac{\left(\sqrt[k]{k}\right)^4}{3} = \frac{1}{3} < 1.$$

Es liegt somit absolute Konvergenz vor.

c) Bei gebrochen rationalen Ausdrücken führen Wurzel- und Quotientenkriterium nicht zum Erfolg, weil der resultierende Grenzwert immer 1 ergibt, eine Aussage daher nicht möglich ist. Das Majoranten- bzw. Minorantenkriterium ist dagegen schon erfolgreich. Es gilt

$$|a_k| = \frac{k\left(1 + \frac{4}{k}\right)}{k^2\left(1 - \frac{3}{k} + \frac{1}{k^2}\right)} = \frac{1}{k} \cdot \underbrace{\frac{1 + \frac{4}{k}}{1 - \frac{3}{k} + \frac{1}{k^2}}}_{=: b_k}.$$

Da $b_k \to 1$ für $k \to \infty$, existiert ein $K \in \mathbb{N}$ derart, dass $b_k > a$ für alle $k \geq K$ gilt für ein $a \in \mathbb{R}$ mit $0 < a < 1$. Das bedeutet

$$|a_k| > a \cdot \sum_{k=1}^{\infty} \frac{1}{k} \quad \forall\, k \geq K.$$

Dies ist eine divergente Minorante, woraus auch die Divergenz der vorgelegten Reihe folgt.

d) Eine kleine Umformung liefert die Darstellung

$$a_k = \frac{(k+1)^{k-1}}{(-k)^k} = (-1)^k \underbrace{\frac{(k+1)^{k-1}}{k^k}}_{:= b_k}.$$

Zunächst gilt

$$\lim_{k \to \infty} b_k = \lim_{k \to \infty} \frac{(k+1)^k}{k^k} \cdot \frac{1}{k+1} = \lim_{k \to \infty} \left(1 + \frac{1}{k}\right)^k \cdot \frac{1}{k+1} = e \cdot 0 = 0.$$

Des Weiteren ist b_k eine monoton fallende Folge, denn

$$\frac{b_{k+1}}{b_k} = \frac{(k^2 + 2k)^k}{(k+1)^{2k}} = \left(\frac{k^2 + 2k}{k^2 + 2k + 1}\right)^k < 1.$$

Damit konvergiert die alternierende Reihe nach dem Leibniz-Kriterium.
Als Zugabe beantworten wir noch die Frage nach der absoluten Konvergenz. Es gilt

$$|a_k| = \frac{(k+1)^{k-1}}{k^k} = \frac{k^{k-1}\left(1 + \frac{1}{k}\right)^{k-1}}{k^k}$$

$$= \frac{1}{k} \cdot \left(1 + \frac{1}{k}\right)^{k-1} = \frac{1}{k} \cdot \underbrace{\left(1 + \frac{1}{k}\right)^k}_{\to e} \cdot \underbrace{\left(1 + \frac{1}{k}\right)^{-1}}_{\to 1},$$

jeweils für $k \to \infty$. Somit existiert wieder ein $K \in \mathbb{N}$ derart, dass $\left(1 + \frac{1}{k}\right)^{-1} > a$ für alle $k \geq K$ gilt für ein $a \in \mathbb{R}$ mit $0 < a < 1$.
Das bedeutet

$$|a_k| > a \cdot e \cdot \sum_{k=1}^{\infty} \frac{1}{k} \quad \forall\, k \geq K.$$

Dies ist eine divergente Minorante, woraus keine absolute Konvergenz der vorgelegten Reihe folgt.

Lösung 3.17

Auf alle Reihen $\sum_{k=k_0}^{\infty} (-1)^k a_k$ dieser Aufgabe wird das Leibniz-Kriterium angewendet.

a) Das notwendige Konvergenzkriterium ist erfüllt:

$$\lim_{k \to \infty} a_k = \lim_{k \to \infty} \frac{1}{\sqrt{4k+1}} = 0.$$

Die Koeffizienten sind monoton fallend:

$$\frac{a_{k+1}}{a_k} = \frac{\sqrt{4k+1}}{\sqrt{4(k+1)+1}} = \sqrt{\frac{4k+1}{4k+5}} < 1.$$

Damit ist $\{a_k\}_{k\in\mathbb{N}}$ eine monoton fallende Nullfolge, woraus die Konvergenz der alternierenden Reihe $\sum_{k=0}^{\infty}(-1)^k a_k$ folgt.

Liegt absolute Konvergenz vor? Nein, denn es gilt

$$|(-1)^k a_k| = \frac{1}{\sqrt{4k+1}} = \frac{1}{\sqrt{k}} \cdot \underbrace{\frac{1}{\sqrt{4+\frac{1}{k}}}}_{=: b_k}.$$

Da $\lim_{k\to\infty} b_k = 2$, existiert ein $K \in \mathbb{N}$ mit $|a_k| > \dfrac{1{,}99}{\sqrt{k}}$ für $k \geq K$. Mit

$$\sum_{k=1}^{\infty} \frac{1{,}99}{\sqrt{k}} = 1{,}99 \cdot \sum_{k=1}^{\infty} \frac{1}{\sqrt{k}}$$

liegt eine divergente Minorante vor, somit ist die vorgegebene alternierende Reihe ebenfalls divergent.

b) Das notwendige Konvergenzkriterium ist erfüllt:

$$\lim_{k\to\infty} a_k = \lim_{k\to\infty} \frac{k}{(k+2)^2} = \lim_{k\to\infty} \frac{1}{k\left(1+\frac{2}{k}\right)^2} = 0.$$

Die Koeffizienten sind monoton fallend:

$$\frac{a_{k+1}}{a_k} = \frac{(k+1)(k+2)^2}{(k+3)^2 k} = \frac{k^3 + 5k^2 + 8k + 4}{k^3 + 6k^2 + 9k} < 1 \ \forall\, k \geq 2.$$

Damit ist $\{a_k\}_{k\in\mathbb{N}}$ eine monoton fallende Nullfolge, woraus die Konvergenz der alternierenden Reihe $\sum_{k=0}^{\infty}(-1)^k a_k$ folgt.

Liegt absolute Konvergenz vor? Nein, denn auch hier gilt

$$|(-1)^k a_k| = \frac{k}{(k+2)^2} = \frac{1}{k} \cdot \underbrace{\frac{1}{\left(1+\frac{2}{k}\right)^2}}_{=: b_k}.$$

Da $\lim_{k\to\infty} b_k = 1$, existiert ein $K \in \mathbb{N}$ mit $|a_k| > \dfrac{0{,}99}{k}$ für $k \geq K$. Mit

$$\sum_{k=1}^{\infty} \frac{0{,}99}{k} = 0{,}99 \cdot \sum_{k=1}^{\infty} \frac{1}{k}$$

liegt eine divergente Minorante vor, somit ist auch die vorgegebene alternierende Reihe divergent.

c) Da $a_k = \dfrac{k}{k+1}$ keine Nullfolge ist, ist die vorgelegte alternierende Reihe divergent.

d) Wir zeigen zunächst, dass die Reihe nicht absolut konvergiert. Es gilt die Abschätzung

$$|a_k| = \frac{1}{k + (-1)^k \sqrt{k}} \geq \frac{1}{k - \sqrt{k}}.$$

Dies ist eine divergente Minorante, woraus die Behauptung folgt.

Konvergenz liegt jedoch vor, und dazu formulieren wir zwei Lösungswege.

a) Wir rechnen Ihnen jetzt zur Übung einen nicht korrekten Lösungsweg vor. Versuchen Sie den Fehler selbst zu finden, bevor wir diesen am Schluss verraten! Wir erweitern die Koeffizienten mit $\left(k - (-1)^k \sqrt{k}\right)$ und erhalten

$$\sum_{k=2}^{\infty} \frac{(-1)^k}{k + (-1)^k \sqrt{k}} = \underbrace{\sum_{k=2}^{\infty} \frac{(-1)^k}{k-1}}_{=:\,S_1} - \underbrace{\sum_{k=2}^{\infty} \frac{\sqrt{k}}{k(k-1)}}_{=:\,S_2}. \tag{3.1}$$

Die Reihe S_1 konvergiert offensichtlich nach dem Leibniz-Kriterium. Die Reihe S_2 untersuchen wir mit herkömmlichen Mitteln. Das Wurzel- und Quotientenkriterium geht jeweils unentschieden aus (überprüfen Sie das!), wir verwenden also ein Vergleichskriterium. Es gilt die Abschätzung

$$\sum_{k=2}^{\infty} \frac{\sqrt{k}}{k(k-1)} = \sum_{k=2}^{\infty} \frac{1}{\sqrt{k}(k-1)} \leq \sum_{k=2}^{\infty} \frac{1}{\sqrt{k}(k-\frac{k}{2})} = \sum_{k=2}^{\infty} \frac{2}{k^{\frac{3}{2}}}.$$

Dies ist eine konvergente Majorante, woraus insgesamt die Konvergenz der gegebenen Reihe folgt.

Leider ist dieser so elegant erscheinende Ansatz **falsch**. Schade! Schreiben Sie dazu in der Gleichung (3.1) einige Summanden auf der linken und rechten Seite auf, dann erkennen Sie, dass hier eine Umordnung der gegebenen Reihe vorgenommen wurde. Das ist nur bei absolut konvergenten Reihen erlaubt, und eine solche Reihe liegt hier nicht vor. Umordnungen sind Inhalt des nächsten Abschn. 3.4.

b) Jetzt kommt der korrekte Lösungsweg. Wir formulieren dazu die Reihe etwas um, indem immer zwei aufeinanderfolgende Summanden wie folgt zusammengefasst werden:

$$\sum_{k=2}^{\infty} \frac{(-1)^k}{k + (-1)^k \sqrt{k}} = \sum_{k=1}^{\infty} \left(\frac{1}{2k + \sqrt{2k}} - \frac{1}{(2k+1) - \sqrt{2k+1}} \right)$$

$$= \sum_{k=1}^{\infty} \left(\frac{2k - \sqrt{2k}}{2k(2k-1)} - \frac{(2k+1) + \sqrt{2k+1}}{2k(2k+1)} \right)$$

$$= \sum_{k=1}^{\infty} \left(\frac{1}{2k-1} - \frac{1}{\sqrt{2k}(2k-1)} - \frac{1}{2k} - \frac{1}{2k\sqrt{2k+1}} \right)$$

$$= \sum_{k=1}^{\infty} \left(\frac{1}{2k(2k-1)} - \frac{1}{\sqrt{2k}(2k-1)} - \frac{1}{2k\sqrt{2k+1}} \right)$$

$$=: \sum_{k=1}^{\infty} b_k - \sum_{k=1}^{\infty} c_k - \sum_{k=1}^{\infty} d_k.$$

Die letzten drei Reihen mit den Summanden b_k, c_k und d_k sind absolut konvergent, weswegen das letzte Gleichheitszeichen richtig ist. Anders ausgedrückt, bei absolut konvergenten Reihen darf eine Umordnung vorgenommen werden.

Beachten Sie Die gegebene Reihe ist nicht absolut konvergent, die so umgeformte Reihe schon!

Lösung 3.18

a) Aus den Grenzwertsätzen folgt, dass

$$\lim_{n \to \infty} \left(\frac{1}{n} + \frac{(-1)^n}{\sqrt{n}} \right) = \lim_{n \to \infty} \frac{1}{n} + \lim_{n \to \infty} \frac{(-1)^n}{\sqrt{n}} = 0 + 0 = 0.$$

b) Wir schätzen die Reihe durch eine divergente Minorante nach unten ab und schreiben dazu die Reihe wieder in Form zweier aufeinanderfolgender Summanden wie folgt:

$$\sum_{n=1}^{\infty} \left(\frac{1}{n} + \frac{(-1)^n}{\sqrt{n}} \right) = \sum_{k=1}^{\infty} \left(\frac{1}{2k-1} - \frac{1}{\sqrt{2k-1}} + \frac{1}{2k} + \frac{1}{\sqrt{2k}} \right)$$

$$= \sum_{k=1}^{\infty} \left(\frac{4k+1}{2k(2k-1)} - \frac{\sqrt{2k} - \sqrt{2k-1}}{\sqrt{2k}\sqrt{2k-1}} \right)$$

$$\geq \sum_{k=1}^{\infty} \left(\frac{1}{2k-1} - \frac{1}{2(2k-1)} \right)$$

$$= \frac{1}{2} \sum_{k=1}^{\infty} \frac{1}{2k-1} = \infty.$$

Die Ungleichung kam durch die Abschätzungen

$$\sqrt{2k} - \sqrt{2k-1} < \frac{1}{2} \quad \text{und} \quad \frac{4k+1}{2k} \geq 1 \ \forall \, k \in \mathbb{N}$$

zustande.

Das LEIBNIZ-Kriterium scheitert an der fehlenden Monotonie der Summanden.

Lösung 3.19

Es gilt die Abschätzung

$$\left| \frac{\sin(k^4)+4}{k^3+2k+1} \right| \leq \frac{5}{k^3+2k+1}.$$

Dies ist eine konvergente Majorante, also ist die gegebene Reihe absolut konvergent.

Lösung 3.20

Wir wenden bei den ersten beiden Reihen das Wurzelkriterium an, wonach für die Summanden a_k

$$\limsup_{k \to \infty} \sqrt[k]{|a_k|} < 1$$

gelten muss. Die Randpunkte

$$\limsup_{k \to \infty} \sqrt[k]{|a_k|} = 1$$

betrachten wir gesondert.

a) $\sqrt[k]{|a_k|} = \sqrt[k]{\dfrac{|2x-\pi|}{\sqrt[k]{k}\sqrt[k]{k+1}}} \to |2x-\pi|$ für $k \to \infty$. Es gilt

$$|2x-\pi| \leq 1 \iff \frac{\pi-1}{2} \leq x \leq \frac{\pi+1}{2}.$$

Wir setzen die Randwerte ein und erhalten für den linken Wert

$$\sum_{k=1}^{\infty} a_k = \sum_{k=1}^{\infty} \frac{(-1)^k}{k(k+1)}.$$

Diese alternierende Reihe konvergiert nach dem LEIBNIZ-Kriterium, wie Sie sofort erkennen.

Aus dem rechten Randpunkt resultiert die konvergente Reihe

$$\sum_{k=1}^{\infty} a_k = \sum_{k=1}^{\infty} \frac{1}{k(k+1)}.$$

Insgesamt konvergiert die gegebene Reihe für

$$\frac{\pi-1}{2} \leq x \leq \frac{\pi+1}{2}.$$

b) $\sqrt[k]{|a_k|} = \dfrac{1}{\sqrt[k]{4}\left(\sqrt[k]{k}\right)^5 e^x} \to \dfrac{1}{e^x}$ für $k \to \infty$. Damit gilt

$$e^{-x} \leq 1 \iff -x \leq \ln 1 = 0 \iff x \geq 0.$$

Wir setzen den einzigen Randwert $x = 0$ ein und erhalten die konvergente Reihe

$$\sum_{k=1}^{\infty} a_k = \sum_{k=1}^{\infty} \frac{1}{4k^5}.$$

Insgesamt konvergiert die gegebene Reihe für $x \geq 0$.

c) Hier führt das Majorantenkriterium zum Erfolg, denn mit

$$|a_k| = \frac{|\cos(k^2 x)|}{\sqrt{k^3}} \leq \frac{1}{k^{\frac{3}{2}}}$$

liegt eine konvergente und von x unabhängige Majorante vor. Damit konvergiert die gegebene Reihe für alle $x \in \mathbb{R}$.

Lösung 3.21

Für $|x| < 1$ gilt bekanntlich $\sum\limits_{k=0}^{\infty} x^k = \dfrac{1}{1-x}$. Beachten Sie dabei, dass die Reihe bei $x = 0$ startet! Das verwenden wir für die nachfolgenden Reihen.

a) Für $\left|\dfrac{x+1}{2}\right| < 1$ gilt entsprechend

$$\sum_{k=0}^{\infty} \frac{1}{2^{k+1}} (x+1)^k = \frac{1}{2} \sum_{k=0}^{\infty} \left(\frac{x+1}{2}\right)^k$$

$$= \frac{1}{2} \cdot \frac{1}{1-\frac{x+1}{2}} = \frac{1}{1-x}.$$

Die geforderte Gleichheit resultiert nun aus den folgenden Beziehungen:

$$|x| < 1 \quad \wedge \quad \left|\frac{x+1}{2}\right| < 1$$

$$\Longleftrightarrow \quad -1 < x < 1 \quad \wedge \quad -1 < \frac{x+1}{2} < 1$$

$$\Longleftrightarrow \quad -1 < x < 1 \quad \wedge \quad -3 < x < 1$$

$$\Longleftrightarrow \quad -1 < x < 1.$$

b) Für $\left|\dfrac{1}{x}\right| < 1$ gilt hier

$$\sum_{k=1}^{\infty} \frac{1}{x^k} = \sum_{k=1}^{\infty} \frac{1}{x^k} = \frac{1}{x} \sum_{k=0}^{\infty} \frac{1}{x^k}$$

$$= \frac{1}{x} \frac{1}{1 - \frac{1}{x}} = \frac{1}{x-1} \neq \frac{1}{1-x}.$$

Damit gilt die geforderte Gleichheit für kein $x \in \mathbb{R}$.

Ergänzung Schreiben wir in der Aufgabenstellung $-\sum\limits_{k=1}^{\infty} \dfrac{1}{x^k}$ anstatt $\sum\limits_{k=1}^{\infty} \dfrac{1}{x^k}$, dann ergibt sich der Bereich $-3 < x < -1$, was Sie jetzt mit Leichtigkeit bestätigen werden.

Lösung 3.22
Bekanntlich konvergiert die vorgelegte Reihe gegen $\frac{\pi}{4}$ und die Reihe $\sum_{n+1}^{\infty}(-1)^{n+1}\frac{1}{n}$ gegen $\ln 2$. Dies wurde im Lehrbuch ausführlich dargelegt. Da $\ln 2 < \frac{\pi}{4}$ (in Zahlen: $\frac{\pi}{4} - \ln 2 \approx 0{,}0923$), drängt sich die Frage auf, ob die vorgegebene Reihe den Wert $\ln 2$ mit der gewünschten Genauigkeit passiert. Nachfolgende Tabelle zeigt, dass die alternierende Reihe diese Zahl weiträumig umzingelt und nie mit einem Fehler von höchstens 10^{-4} approximiert.

Dagegen gilt nach Satz 3.56 für $\sum_{n+1}^{\infty}(-1)^{n+1}\frac{1}{n}$, dass

$$\frac{1}{N+1} \leq 10^{-4} \quad \Longleftrightarrow \quad N \geq 9999.$$

3.4   Produktreihen

Aufgabe 3.23
Zeigen Sie mithilfe der Exponentialreihe, dass $e^x > 0 \; \forall \, x \in \mathbb{R}$ gilt.

Aufgabe 3.24

Seien $a_n := b_n := \dfrac{(-1)^n}{\sqrt{n+1}}$ und $c_n := \displaystyle\sum_{k=0}^{n} a_{n-k} b_k$.

a) Zeigen Sie, dass $\displaystyle\sum_{n=0}^{\infty} a_n$ und $\displaystyle\sum_{n=0}^{\infty} b_n$ konvergieren.

b) Zeigen Sie, dass das CAUCHY-Produkt $\displaystyle\sum_{n=0}^{\infty} c_n$ divergiert.

Aufgabe 3.25

Finden Sie zwei divergente Reihen, deren CAUCHY-Produkt konvergiert.

Aufgabe 3.26

Sei $a \in \mathbb{R}$ fest gewählt. Berechnen Sie das CAUCHY-Produkt der binomischen Reihen

$$\sum_{k=0}^{\infty} \binom{a}{k} x^k \quad \text{und} \quad \sum_{k=0}^{\infty} \binom{-1}{k} x^k.$$

Aufgabe 3.27

Es gelte $\displaystyle\sum_{n=0}^{\infty} a_n = a$, $\displaystyle\sum_{n=0}^{\infty} b_n = b$, und eine der beiden Reihen konvergiert absolut. Zeigen Sie, dass das CAUCHY-Produkt gegen $a \cdot b$ konvergiert.

Lösungsvorschläge

Lösung 3.23

Die Exponentialreihe lautet $e^x = \displaystyle\sum_{k=0}^{\infty} \dfrac{x^k}{k!}$. Für $x > 0$ ist natürlich jedes Reihenglied positiv, also $e^x > 0$.

Für $x < 0$ ist $-x > 0$ und damit auch $e^{-x} > 0$. Es gilt

$$e^x \cdot e^{-x} = 1 \implies e^x = \frac{1}{e^{-x}} > 0.$$

Für $x = 0$ gibt in der Reihe nur der erste Summand $e^0 = \dfrac{0^0}{0!} = 1$ etwas her.

Lösung 3.24

a) Da $\dfrac{1}{\sqrt{n+1}}$ eine monoton fallende Nullfolge ist, folgt die Konvergenz nach dem LEIBNIZ-Kriterium.

b) Die Summanden des CAUCHY-Produktes haben die Darstellung

$$c_n = \sum_{k=0}^{n} \frac{(-1)^{n-k}}{\sqrt{n-k+1}} \cdot \frac{(-1)^k}{\sqrt{k+1}} = \sum_{k=0}^{n} \frac{(-1)^n}{\sqrt{(n-k+1)(k+1)}}$$

$$= \sum_{k=0}^{n} \frac{(-1)^n}{\sqrt{nk+n+1-k^2}}.$$

Da $k \le n$ und $k^2 \ge 0$, ergibt sich

$$|c_n| \ge \sum_{k=0}^{n} \frac{1}{\sqrt{n^2+n+1}} = \frac{n+1}{\sqrt{n^2+n+1}} \to 1 \neq 0 \text{ für } n \to \infty.$$

Damit ist das notwendige Konvergenzkriterium verletzt und das CAUCHY-Produkt $\sum_{n=0}^{\infty} c_n$ ist somit divergent.

Anmerkung Dies ist ein Beispiel dafür, dass die bedingte Konvergenz zweier Reihen nicht für die Konvergenz des CAUCHY-Produktes genügt.

Lösung 3.25

Dazu konstruieren wir zwei Reihen $\sum\limits_{k=0}^{\infty} a_k$ und $\sum\limits_{k=0}^{\infty} b_k$ derart, dass bei deren CAUCHY-Produkt

$$\sum_{n=0}^{\infty} \underbrace{\sum_{k=0}^{n} a_{n-k} b_k}_{=:\, c_n}$$

bis auf das erste alle weiteren Glieder c_n verschwinden. Als Startwert setzen wir

$$a_0 := 1 \text{ und } b_0 := -1.$$

Damit ist dann

$$c_0 = \sum_{k=0}^{0} a_{n-k} b_k = a_0 b_0 = -1.$$

Alle weiteren Summanden dürfen jetzt verschwinden. Wir bekommen mit den angegebenen Startwerten den folgenden Ansatz:

$$c_1 = \sum_{k=0}^{1} a_{n-k} b_k = \quad -a_1 + b_1 \quad \overset{!}{=} 0,$$

$$c_2 = \sum_{k=0}^{2} a_{n-k} b_k = \quad -a_2 + 1 + b_2 \quad \overset{!}{=} 0,$$

$$c_3 = \sum_{k=0}^{3} a_{n-k} b_k = -a_3 + 2 + 1 + b_3 \overset{!}{=} 0,$$

$$\vdots \qquad\qquad \vdots \qquad\qquad \vdots$$

Daraus resultieren z. B. die Werte

$$a_1 = 1 \quad \text{und} \quad b_1 = 1,$$
$$a_2 = 2 \quad \text{und} \quad b_1 = 1,$$
$$a_3 = 4 \quad \text{und} \quad b_1 = 1,$$
$$\vdots$$

Insgesamt ist also

$$a_0 := 1 \quad \text{und} \quad b_0 := -1 \quad \text{für} \quad n = 0,$$
$$a_n = 2^{n-1} \quad \text{und} \quad b_n = 1 \quad \text{für} \quad n > 0.$$

Für das CAUCHY-Produkt gilt also stets $\sum_{n=0}^{\infty} c_n = \sum_{n=0}^{\infty} \sum_{k=0}^{n} a_{n-k} b_k = -1$.
Eine alternative Lösung ist z. B. die Wahl

$$a_0 := -2 \quad \text{und} \quad b_0 := 3 \quad \text{für} \quad n = 0,$$
$$a_n = 2n \quad \text{und} \quad b_n = 3^n \quad \text{für} \quad n > 0,$$

woraus sich $\sum_{n=0}^{\infty} c_n = -6$ ergibt.
Finden Sie jetzt weitere divergente Reihen, deren CAUCHY-Produkt konvergiert.

Anmerkung Wichtig im obigen Ansatz ist das Minuszeichen bei den Startwerten. Warum?

Lösung 3.26
Es gilt

$$C(x) = \left(\sum_{k=0}^{\infty} \binom{a}{k} x^k \right) \left(\sum_{k=0}^{\infty} \binom{-1}{k} x^k \right) = \sum_{k=0}^{\infty} \sum_{j=0}^{k} \binom{a}{j} \binom{-1}{k-j} x^j x^{k-j}$$

$$= \sum_{k=0}^{\infty} x^k \sum_{j=0}^{k} \binom{a}{j} \binom{-1}{k-j}.$$

Nun gilt für alle $n \in \mathbb{N}$ die Gleichung

$$\binom{-1}{n} = \frac{(-1)(-1-1)(-1-2) \cdot \ldots \cdot (-1-n+1)}{n!} = \frac{(-1)^n n!}{n!} = (-1)^n.$$

Daraus folgt

$$C(x) = \sum_{k=0}^{\infty} (-1)^k x^k \sum_{j=0}^{k} \binom{a}{j}(-1)^j = \sum_{k=0}^{\infty} \binom{a-1}{k} x^k,$$

da sich per vollständiger Induktion die Beziehung

$$\sum_{j=0}^{k} \binom{a}{j}(-1)^j = (-1)^k \binom{a-1}{k}$$

zeigen lässt. Probieren Sie es einfach!

Anmerkung Es ist bekannt, dass

$$\sum_{k=0}^{\infty} \binom{a}{k} x^k = (1+x)^a \quad \text{für } |x| < 1$$

gilt. Daraus folgt

$$C(x) = (1+x)^{a-1}.$$

Lösung 3.27

Hinter dieser Aufgabe verbirgt sich der Satz von MERTENS zum CAUCHY-Produkt.[1]

Sei dazu a die absolut und b die bedingt konvergente Reihe. Zu zeigen ist, dass auch

$$\lim_{n \to \infty} s_n = \lim_{n \to \infty} \sum_{k=0}^{n} \sum_{l=0}^{k} a_l b_{k-l} =: \lim_{n \to \infty} \sum_{k=0}^{n} c_k = ab.$$

Wir setzen abkürzend

$$\alpha_n := \sum_{k=0}^{n} a_k \quad \text{und} \quad \beta_n := \sum_{k=0}^{n} b_k.$$

Wir schreiben die Produktreihe aus und erhalten die Darstellung

$$\sum_{k=0}^{n} c_k = a_0 b_0 + (a_0 b_1 + a_1 b_0) + \ldots + (a_0 b_n + \ldots + a_n b_0)$$

$$= a_0 \beta_n + a_1 \beta_{n-1} + \ldots + a_n \beta_0$$

$$= a_0 (\beta_n - b) + a_1 (\beta_{n-1} - b) + \ldots + a_n (\beta_0 - b) + \alpha_n b.$$

---

[1] FRANZ CARL JOSEF MERTENS, 1840–1927, war österreichischer Mathematiker, und zwei weitere Sätze aus anderen Bereichen sind nach ihm benannt.

Für den letzten Summanden gilt

$$\lim_{n \to \infty} \alpha_n b = \left(\lim_{n \to \infty} \alpha_n \right) b = ab.$$

Wir zeigen nun mithilfe des CAUCHY-Kriteriums, dass

$$\lim_{n \to \infty} \left(a_0(\beta_n - b) + \ldots + a_n(\beta_0 - b) \right) = \lim_{n \to \infty} \sum_{k=0}^{n} a_{n-k}(\beta_k - b) = 0.$$

Sei dazu $\varepsilon > 0$ vorgegeben. Dann existiert ein $N = N\left(\frac{\varepsilon}{2a}\right) \in \mathbb{N}$ derart, dass $|\beta_k - b| < \frac{\varepsilon}{2a}$ für alle $k \geq N$ gilt. Für $n > N$ erhalten wir

$$\left| \sum_{k=0}^{n} a_{n-k}(\beta_k - b) \right| \leq \sum_{k=0}^{N} |a_{n-k}||\beta_k - b| + \frac{\varepsilon}{2a} \sum_{k=N+1}^{n} |a_{n-k}|$$

$$\leq \max_{0 \leq k \leq N} |\beta_k - b| \sum_{k=0}^{N} |a_{n-k}| + \frac{\varepsilon}{2a} \sum_{k=N+1}^{n} |a_{n-k}|.$$

$$\leq \underbrace{\max_{0 \leq k \leq N} |\beta_k - b| \sum_{k=0}^{N} |a_{n-k}|}_{=:\, c} + \frac{\varepsilon}{2a} \underbrace{\sum_{k=0}^{\infty} |a_k|}_{=\, a}$$

$$= c \sum_{k=0}^{N} |a_{n-k}| + \frac{\varepsilon}{2},$$

wobei an dieser Stelle die absolute Konvergenz der Reihe $\sum_{k=0}^{\infty} a_k$ verwendet wurde.

Nun gilt die notwendige Konvergenzbedingung $\lim_{n \to \infty} |a_{n-k}| = 0$ für alle $k = 0, \ldots, N$. Damit ist auch $\lim_{n \to \infty} \sum_{k=0}^{N} |a_{n-k}| = 0$.

Dann existiert ein $M = M\left(\frac{\varepsilon}{2c}\right) \in \mathbb{N}$ derart, dass $\sum_{k=0}^{N} |a_{n-k}| < \frac{\varepsilon}{2c}$ für alle $n \geq M$ gilt. Wir haben damit insgesamt das Resultat

$$\left| \sum_{k=0}^{n} a_{n-k}(\beta_k - b) \right| \leq \varepsilon,$$

woraus die gewünschte Konvergenz des CAUCHY-Produktes folgt.

Lineare Algebra – Vektoren und Matrizen

4

4.1 Lineare Gleichungssysteme

Aufgabe 4.1
Wenn fünf Ochsen und zwei Schafe acht Taels Gold kosten sowie zwei Ochsen und acht Schafe auch acht Taels, was ist dann der Preis eines Tieres (Chiu-chang Suan-chu, ca. 300 n. Chr.)?

Aufgabe 4.2
Auf einem Markt gibt es Hühner zu kaufen. Ein Hahn kostet drei Geldstücke, eine Henne zwei, und man kann drei Küken für ein Geldstück haben. Wie muss man es einrichten, um für 100 Geldstücke 100 Hühner zu bekommen?

Hinweise Es gibt mehrere Lösungen, alle sind zu bestimmen. Als Anzahl von Hühnern sind dabei nur natürliche Zahlen zugelassen.

Aufgabe 4.3
Bestimmen Sie alle Lösungen des folgenden Gleichungssystems

$$
\begin{aligned}
2x_1 - x_2 - x_3 + 3x_4 + 2x_5 &= 6, \\
-4x_1 + 2x_2 + 3x_3 - 3x_4 - 2x_5 &= -5, \\
6x_1 - 2x_2 + 3x_3 \qquad\;\; - x_5 &= -3, \\
2x_1 \qquad\quad + 4x_3 - 7x_4 - 3x_5 &= -8, \\
x_2 + 8x_3 - 5x_4 - x_5 &= -3.
\end{aligned}
$$

W. Merz, P. Knabner, *Endlich gelöst! Aufgaben zur Mathematik für Ingenieure und Naturwissenschaftler*, Springer-Lehrbuch, DOI 10.1007/978-3-642-54529-0_4,
© Springer-Verlag Berlin Heidelberg 2014

Aufgabe 4.4

Lösen Sie das lineare Gleichungssystem

$$
\begin{aligned}
x_1 + 2x_2 + 3x_3 + \ x_4 &= 0, \\
x_1 + 3x_2 + 2x_3 + \ x_4 &= 1, \\
2x_1 + \ x_2 - \ x_3 + 4x_4 &= 1, \\
6x_2 + 4x_3 + 2x_4 &= 0.
\end{aligned}
$$

Aufgabe 4.5

Sie entscheiden, welches der folgenden beiden Gleichungssysteme lösbar ist, und lösen dieses:

$$
\begin{aligned}
x_1 + 2x_2 \qquad\ \ + \ \ x_4 &= 0, \\
2x_1 + 3x_2 - 2x_3 + 3x_4 &= 0, \\
x_1 + \ x_2 - 2x_3 + 2x_4 &= 1
\end{aligned}
$$

und

$$
\begin{aligned}
x_1 + 2x_2 + \ x_3 + \ x_4 &= 0, \\
2x_1 + 3x_2 - 2x_3 + 3x_4 &= 0, \\
x_1 + \ x_2 - 2x_3 + 2x_4 &= 1.
\end{aligned}
$$

Aufgabe 4.6

Es seien $r, s, t \in \mathbb{R}$ drei verschiedene Zahlen. Zeigen Sie, dass für alle $a, b, c \in \mathbb{R}$ das Gleichungssystem

$$
\begin{aligned}
x_1 + rx_2 + r^2 x_3 &= a, \\
x_1 + sx_2 + s^2 x_3 &= b, \\
x_1 + tx_2 + t^2 x_3 &= c
\end{aligned}
$$

genau eine reelle Lösung hat und bestimmen Sie diese.

Aufgabe 4.7

Es sei $n \in \mathbb{N}$. Lösen Sie das Gleichungssystem

$$
\begin{aligned}
x_1 \quad + x_2 &= 0, \\
x_2 \ + x_3 &= 0, \\
\vdots \qquad \vdots \ \ & \\
x_{n-2} + x_{n-1} &= 0, \\
x_{n-1} + x_n &= 0, \\
x_n \ \ + x_0 &= 0.
\end{aligned}
$$

Aufgabe 4.8

Ein 9-Tupel $(x_1, \ldots, x_9) \in \mathbb{R}^9$ heißt magisches Quadrat, wenn

$$x_1 + x_2 + x_3 = x_4 + x_5 + x_6 = x_7 + x_8 + x_9 = x_1 + x_4 + x_7 =$$
$$= x_2 + x_5 + x_8 = x_3 + x_6 + x_9 = x_1 + x_5 + x_9 = x_3 + x_5 + x_7$$

gilt. Stellen Sie ein lineares Gleichungssystem auf, das zu diesen acht Bedingungen äquivalent ist, und lösen Sie dieses.

Aufgabe 4.9

Bestimmen Sie $t \in \mathbb{R}$, sodass das folgende System

$$2x_1 + 3x_2 + tx_3 = 3,$$
$$x_1 + x_2 - x_3 = 1,$$
$$x_1 + tx_2 + 3x_3 = 2$$

keine Lösung, mehr als eine Lösung sowie genau eine Lösung hat.

Aufgabe 4.10

Untersuchen Sie, ob die beiden folgenden Gleichungssysteme eine von Null verschiedene Lösung haben:

a)
$$x_1 + x_2 - x_3 = 0,$$
$$2x_1 - 3x_2 + x_3 = 0,$$
$$x_1 - 4x_2 + 2x_3 = 0,$$

b)
$$x_1 + x_2 - x_3 = 0,$$
$$2x_1 + 4x_2 - x_3 = 0,$$
$$3x_1 + 2x_2 + 2x_3 = 0.$$

Aufgabe 4.11

Bringen Sie die nachfolgenden Matrizen durch elementare Zeilenumformungen auf Zeilenstufenform:

$$\begin{pmatrix} 1 & 2 & 2 & 3 \\ 1 & 0 & -2 & 0 \\ 3 & -1 & 1 & -2 \\ 4 & -3 & 0 & 2 \end{pmatrix} \quad \text{und} \quad \begin{pmatrix} 2 & 1 & 3 & 2 \\ 3 & 0 & 1 & -2 \\ 1 & -1 & 4 & 3 \\ 2 & 2 & -1 & 1 \end{pmatrix}.$$

Aufgabe 4.12

a) Geben Sie alle möglichen Zeilenstufenformen einer Matrix mit zwei Zeilen und drei Spalten an.

b) Geben Sie hinreichende und notwendige Bedingungen dafür an, dass die Matrix

$$\begin{pmatrix} a & b & r \\ c & d & s \end{pmatrix}$$

auf die Zeilenstufenform

$$\begin{pmatrix} 1 & * & * \\ 0 & 1 & * \end{pmatrix} \text{ bzw. } \begin{pmatrix} 0 & 1 & * \\ 0 & 0 & 0 \end{pmatrix} \text{ bzw. } \begin{pmatrix} 0 & 0 & 1 \\ 0 & 0 & 0 \end{pmatrix}$$

gebracht werden kann.

Aufgabe 4.13

Geben Sie für jede natürliche Zahl $n \geq 1$ ein unlösbares lineares Gleichungssystem mit n Unbekannten an, sodass je n dieser Gleichungen lösbar sind.

Aufgabe 4.14

Seien $m > n \geq 1$ und ein unlösbares lineares Gleichungssystem von m Gleichungen in n Unbekannten gegeben. Begründen Sie, dass es $n + 1$ dieser Gleichungen gibt, die bereits keine Lösung haben.

Aufgabe 4.15

Bestimmen Sie alle $\lambda \in \mathbb{R}$, für die das lineare Gleichungssystem

$$\begin{aligned} 2x_1 + x_2 &= 1, \\ 3x_1 - x_2 + 6x_3 &= 5, \\ 4x_1 + 3x_2 - x_3 &= 2, \\ 5x_2 + 2x_3 &= \lambda \end{aligned}$$

lösbar ist.

Aufgabe 4.16

Gegeben sei das lineare Gleichungssystem

$$\begin{aligned} 2x_1 + x_2 + ax_3 + x_4 &= 0, \\ x_1 \quad\quad\quad + ax_4 - ax_5 &= 1, \\ 2x_2 + x_3 \quad\quad + 2x_5 &= 2. \end{aligned}$$

a) Bestimmen Sie die Lösungsmenge des Gleichungssystems für $a = 1$.
b) Gibt es ein $a \in \mathbb{R}$, für welches das Gleichungssystem keine Lösung hat?
c) Gibt es ein $a \in \mathbb{R}$, für welches das Gleichungssystem genau eine Lösung hat?

Aufgabe 4.17

Für welche Werte des Parameters $s \in \mathbb{R}$ besitzt das lineare Gleichungssystem mit Koeffizientenmatrix A und rechter Seite b, wobei

$$A = \begin{pmatrix} s-1 & -1 & 0 & -1 \\ 0 & s-2 & 1 & -1 \\ 1 & 0 & s & 0 \\ s & 1-s & 1 & 0 \end{pmatrix}, \quad b = \begin{pmatrix} -1 \\ s \\ 1 \\ 1 \end{pmatrix},$$

genau eine Lösung, keine Lösung bzw. unendlich viele Lösungen?

Aufgabe 4.18

Für welche Paare $(a, b) \in \mathbb{R}^2$ hat das Gleichungssystem

$$
\begin{aligned}
2x_1 + 2x_2 + (a+1)x_3 &= 2, \\
x_1 + 2x_2 + x_3 &= 0, \\
ax_1 + \; bx_3 &= -2
\end{aligned}
$$

keine Lösung $(x_1, x_2, x_3) \in \mathbb{R}^3$? Bestimmen Sie für $b = 1$ alle Lösungen in Abhängigkeit von a.

Aufgabe 4.19

Für welche $b \in \mathbb{R}$ hat das Gleichungssystem

$$
\begin{aligned}
x_1 + x_2 + x_3 &= 0, \\
x_1 + bx_2 + x_3 &= 4, \\
bx_1 + 3x_2 + bx_3 &= -2
\end{aligned}
$$

keine, genau eine bzw. unendlich viele Lösungen? Geben Sie im letzten Fall die Lösungsmenge an.

Aufgabe 4.20

Bestimmen Sie die Lösungsgesamtheit des Gleichungssystems

$$
\begin{aligned}
x_1 - x_2 + x_3 - x_4 + x_5 &= 2, \\
x_1 + x_2 + x_3 + x_4 + x_5 &= 1 + \lambda, \\
x_1 + \lambda x_3 + x_5 &= 2
\end{aligned}
$$

in Abhängigkeit von $\lambda \in \mathbb{R}$.

Aufgabe 4.21

Betrachten Sie das lineare Gleichungssystem

$$
\begin{aligned}
\lambda x + y &= \mu, \\
x + \lambda y + z &= \mu, \\
 y + \lambda z &= \mu.
\end{aligned}
$$

Für welche $\lambda, \mu \in \mathbb{R}$ ist dieses Gleichungssystem lösbar?

Lösungsvorschläge

Lösung 4.1

Die Aufgabe führt auf das lineare Gleichungssystem

$$5x + 2y = 8,$$
$$2x + 8y = 8,$$

wobei x für den Preis eines Ochsen in Taels Gold und y für den Preis eines Schafes in Taels Gold steht.

Aus der 2. Gleichung z. B. ermitteln wir $x = 4 - 4y$. Dies setzen wir in die 1. Gleichung ein und sehen, das lineare Gleichungssystem besitzt die eindeutige Lösung $x = \frac{4}{3}$ und $y = \frac{2}{3}$. Das heißt, ein Ochse kostet $1,\overline{3}$ Taels Gold und ein Schaf $0,\overline{6}$ Taels Gold.

Lösung 4.2

Wir bezeichnen die Anzahl der Hähne mit x, die der Hennen mit y und die der Küken mit z. Die Bedingung, dass genau 100 Hühner gekauft werden, lautet

$$x + y + z = 100.$$

Die Bedingung, dass genau 100 Geldstücke ausgegeben werden, lautet

$$3x + 2y + \frac{1}{3}z = 100.$$

Wir formulieren die erweiterte Koeffizientenmatrix und lösen das Gleichungssystem mit dem Gauss-Verfahren

$$\begin{pmatrix} 1 & 1 & 1 & | & 100 \\ 3 & 2 & \frac{1}{3} & | & 100 \end{pmatrix} \xrightarrow{3 \cdot II - 9 \cdot I} \begin{pmatrix} 1 & 1 & 1 & | & 100 \\ 0 & -3 & -8 & | & -600 \end{pmatrix}.$$

Wie Sie sofort erkennen, ist die Unbekannte z frei wählbar. Aus der 2. Gleichung ermitteln wir

$$y = 200 - \frac{8}{3}z$$

und damit aus der 1. Gleichung

$$x = 100 - y - z = -100 + \frac{5}{3}z.$$

Jetzt überlegen wir uns, wie wir unser Geld sinnvoll ausgeben, denn es gibt verschiedene Möglichkeiten. Es gelten folgende Bedingungen:

1. Sei $n \in \mathbb{N}$, dann gilt

$$z = 3n \text{ und } 0 < z \leq 100.$$

2. Weiter gilt $0 < y \leq 100 \iff 0 < 200 - \dfrac{8}{3}z \leq 100$. Daraus ermitteln wir

$$37,5 \leq z < 75.$$

3. Schließlich gilt $0 < x \leq 100 \iff 0 < -100 + \dfrac{5}{3}z \leq 100$. Daraus resultiert

$$60 < z \leq 120.$$

Alle drei Bedingungen zusammmen ergeben für z die Auswahl

$$z \in \{63, 66, 69, 72\}.$$

Das setzen wir der Reihe nach in die ermittelten Lösungen ein und erhalten folgende Lösungsmenge:

$$\mathbb{L} = \{(20, 8, 72)^T, (15, 16, 69)^T, (10, 24, 66)^T, (5, 32, 63)^T\}.$$

Anmerkung Lassen wir für x, y, z doch den Wert 0 zu, ergeben sich zusätzlich zu der Lösungsmenge die Tupel

$$(0, 40, 60)^T \text{ und } (25, 0, 75)^T.$$

Lösung 4.3

Wir wenden auf die erweiterte Koeffizientenmatrix wieder den GAUSS-Algorithmus an und erhalten

$$
\begin{pmatrix}
2 & -1 & -1 & 3 & 2 & | & 6 \\
-4 & 2 & 3 & -3 & -2 & | & -5 \\
6 & -2 & 3 & 0 & -1 & | & -3 \\
2 & 0 & 4 & -7 & -3 & | & -8 \\
0 & 1 & 8 & -5 & -1 & | & -3
\end{pmatrix}
\begin{array}{l}
II + 2 \cdot I \\
III - 3 \cdot I \\
IV - I \\
II \leftrightarrow IV \\
\longrightarrow
\end{array}
\begin{pmatrix}
2 & -1 & -1 & 3 & 2 & | & 6 \\
0 & 1 & 8 & -5 & -1 & | & -3 \\
0 & 1 & 6 & -9 & -7 & | & -21 \\
0 & 1 & 5 & -10 & -5 & | & -14 \\
0 & 0 & 1 & 3 & 2 & | & 7
\end{pmatrix}
$$

$$
\begin{array}{l}
III - II \\
IV - II \\
III \leftrightarrow V \\
\longrightarrow
\end{array}
\begin{pmatrix}
2 & -1 & -1 & 3 & 2 & | & 6 \\
0 & 1 & 8 & -5 & -1 & | & -3 \\
0 & 0 & 1 & 3 & 2 & | & 7 \\
0 & 0 & -3 & -5 & -4 & | & -11 \\
0 & 0 & -2 & -4 & -6 & | & -18
\end{pmatrix}
\begin{array}{l}
IV + 3 \cdot III \\
V + 2 \cdot III \\
\longrightarrow
\end{array}
\begin{pmatrix}
2 & -1 & -1 & 3 & 2 & | & 6 \\
0 & 1 & 8 & -5 & -1 & | & -3 \\
0 & 0 & 1 & 3 & 2 & | & 7 \\
0 & 0 & 0 & 4 & 2 & | & 10 \\
0 & 0 & 0 & 2 & -2 & | & -4
\end{pmatrix}
$$

$$V + \tfrac{1}{2} \cdot IV \atop \longrightarrow \quad \begin{pmatrix} 2 & -1 & -1 & 3 & 2 & | & 6 \\ 0 & 1 & 8 & -5 & -1 & | & -3 \\ 0 & 0 & 1 & 3 & 2 & | & 7 \\ 0 & 0 & 0 & 4 & 2 & | & 10 \\ 0 & 0 & 0 & 0 & -3 & | & -9 \end{pmatrix}.$$

Die Rückwärtssubstitution führt wie folgt auf die eindeutige Lösung:

$$x_5 = 3,$$
$$x_4 = \tfrac{1}{4}(10 - 2 \cdot x_5) = 1,$$
$$x_3 = 7 - 2 \cdot x_5 - 3 \cdot x_4 = -2,$$
$$x_2 = -3 + 1 \cdot x_5 + 5 \cdot x_4 - 8 \cdot x_3 = 21,$$
$$x_1 = \tfrac{1}{2}(6 - 2 \cdot x_5 - 3 \cdot x_4 + 1 \cdot x_3 + 1 \cdot x_2) = 8,$$

also lautet der eindeutige Lösungsvektor

$$x = (8,\ 21,\ -2,\ 1,\ 3)^T.$$

Lösung 4.4

Auch dieses Gleichungssystem hat eine eindeutige Lösung, und wir erhalten mit dem Algorithmus von GAUSS

$$\begin{pmatrix} 1 & 2 & 3 & 1 & | & 0 \\ 1 & 3 & 2 & 1 & | & 1 \\ 2 & 1 & -1 & 4 & | & 1 \\ 0 & 6 & 4 & 2 & | & 0 \end{pmatrix} \begin{matrix} II - I \\ III - 2 \cdot I \\ \tfrac{1}{2} \cdot IV \\ \longrightarrow \end{matrix} \begin{pmatrix} 1 & 2 & 3 & 1 & | & 0 \\ 0 & 1 & -1 & 0 & | & 1 \\ 0 & -3 & -7 & 2 & | & 1 \\ 0 & 3 & 2 & 1 & | & 0 \end{pmatrix}$$

$$\begin{matrix} III + 3 \cdot II \\ IV - 3 \cdot II \\ \longrightarrow \end{matrix} \begin{pmatrix} 1 & 2 & 3 & 1 & | & 0 \\ 0 & 1 & -1 & 0 & | & 1 \\ 0 & 0 & -10 & 2 & | & 4 \\ 0 & 0 & 5 & 1 & | & -3 \end{pmatrix} \begin{matrix} IV + III \\ \longrightarrow \end{matrix} \begin{pmatrix} 1 & 2 & 3 & 1 & | & 0 \\ 0 & 1 & -1 & 0 & | & 1 \\ 0 & 0 & -10 & 2 & | & 4 \\ 0 & 0 & 0 & 4 & | & -2 \end{pmatrix}.$$

Die Rückwärtssubstitution führt auf die eindeutige Lösung

$$x = \left(1,\ \frac{1}{2},\ -\frac{1}{2},\ -\frac{1}{2}\right)^T.$$

Überprüfen Sie zur Übung dieses Ergebnis!

Lösung 4.5

Das erste Gleichungssystem ist nicht lösbar, denn die elementaren Gauss-Umformungen ergeben

$$
\begin{pmatrix}
1 & 2 & 0 & 1 & | & 0 \\
2 & 3 & -2 & 3 & | & 0 \\
1 & 1 & -2 & 2 & | & 1
\end{pmatrix}
\begin{array}{c} II - 2 \cdot I \\ III - I \\ \longrightarrow \end{array}
\begin{pmatrix}
1 & 2 & 0 & 1 & | & 0 \\
0 & -1 & -2 & 1 & | & 0 \\
0 & -1 & -2 & 1 & | & 1
\end{pmatrix}
$$

$$
\begin{array}{c} III - II \\ \longrightarrow \end{array}
\begin{pmatrix}
1 & 2 & 0 & 1 & | & 0 \\
0 & -1 & -2 & 1 & | & 0 \\
0 & 0 & 0 & 0 & | & 1
\end{pmatrix}.
$$

Die dritte Zeile beinhaltet einen Widerspruch.

Das zweite System ist dagegen schon lösbar, denn

$$
\begin{pmatrix}
1 & 2 & 1 & 1 & | & 0 \\
2 & 3 & -2 & 3 & | & 0 \\
1 & 1 & -2 & 2 & | & 1
\end{pmatrix}
\begin{array}{c} II - 2 \cdot I \\ III - I \\ \longrightarrow \end{array}
\begin{pmatrix}
1 & 2 & 1 & 1 & | & 0 \\
0 & -1 & -4 & 1 & | & 0 \\
0 & -1 & -3 & 1 & | & 1
\end{pmatrix}
$$

$$
\begin{array}{c} III - II \\ \longrightarrow \end{array}
\begin{pmatrix}
1 & 2 & 1 & 1 & | & 0 \\
0 & -1 & -4 & 1 & | & 0 \\
0 & 0 & 1 & 0 & | & 1
\end{pmatrix}.
$$

Darin ist $x_4 \in \mathbb{R}$ frei wählbar, und Rückwärtssubstitution liefert

$$
\begin{aligned}
x_3 &= 1, \\
x_2 &= -(-x_4 + 4 \cdot 1) = x_4 - 4, \\
x_1 &= -x_4 - 1 - 2(x_4 - 4) = -3x_4 + 7.
\end{aligned}
$$

Der Lösungsmenge ist damit

$$
\mathbb{L} = \left\{ (-3x_4 + 7, \ x_4 - 4, \ 1, \ x_4)^T : x_4 \in \mathbb{R} \text{ beliebig} \right\}.
$$

Lösung 4.6

Wir verwenden wieder den Gauss-Algorithmus und erhalten

$$
\begin{pmatrix}
1 & r & r^2 & | & a \\
1 & s & s^2 & | & b \\
1 & t & t^2 & | & c
\end{pmatrix}
\begin{array}{c} II - I \\ III - I \\ \longrightarrow \end{array}
\begin{pmatrix}
1 & r & r^2 & | & a \\
0 & s - r & s^2 - r^2 & | & b - a \\
0 & t - r & t^2 - r^2 & | & c - a
\end{pmatrix}
$$

$$\begin{array}{c} (s-r)III \\ -(t-r)II \\ \longrightarrow \end{array} \left(\begin{array}{ccc|c} 1 & r & r^2 & a \\ 0 & s-r & s^2-r^2 & b-a \\ 0 & 0 & (s-r)(t-r)(t-s) & (s-r)(c-a)-(t-r)(b-a) \end{array} \right).$$

Da r, s, t (paarweise) verschieden sind, gilt

$$(s-r)(t-r)(t-s) \neq 0.$$

Damit ist das Gleichungssystem eindeutig lösbar. Rückwärtssubstitution ergibt nach einer längeren und einfachen Rechnung die Werte

$$x_3 = \frac{(s-r)(c-a)-(t-r)(b-a)}{(s-r)(t-r)(t-s)},$$

$$x_2 = \frac{(t^2-s^2)a+(r^2-t^2)b-(s^2-r^2)c}{(s-r)(t-r)(t-s)},$$

$$x_1 = \frac{-ts(t-s)a-rt(r-t)b-sr(s-r)c}{(s-r)(t-r)(t-s)}.$$

Lösung 4.7

Mit dem GAUSS'schen Eliminationsverfahren ergibt sich:

$$\left(\begin{array}{ccccc|c} 1 & 1 & & & & 0 \\ & 1 & 1 & & & \vdots \\ & & \ddots & \ddots & & \vdots \\ & & & 1 & 1 & \vdots \\ 1 & & & & 1 & 0 \end{array} \right) \rightarrow \left(\begin{array}{ccccc|c} 1 & 1 & & & & 0 \\ & 1 & 1 & & & \vdots \\ & & \ddots & \ddots & & \vdots \\ & & & 1 & 1 & \vdots \\ -1 & & & & 1 & 0 \end{array} \right) \rightarrow \left(\begin{array}{ccccc|c} 1 & 1 & & & & 0 \\ & 1 & 1 & & & \vdots \\ & & \ddots & \ddots & & \vdots \\ & & & 1 & 1 & \vdots \\ & 1 & & & 1 & 0 \end{array} \right) \rightarrow \cdots$$

Fährt man so fort, ergeben sich nach $n-2$ Schritten die Matrizen

$$\underbrace{\left(\begin{array}{ccccc|c} 1 & 1 & & & & 0 \\ & 1 & 1 & & & \vdots \\ & & \ddots & \ddots & & \vdots \\ & & & 1 & 1 & \vdots \\ & & & 1 & 1 & 0 \end{array} \right)}_{n \text{ gerade}} \qquad \underbrace{\left(\begin{array}{ccccc|c} 1 & 1 & & & & 0 \\ & 1 & 1 & & & \vdots \\ & & \ddots & \ddots & & \vdots \\ & & & 1 & 1 & \vdots \\ & & & -1 & 1 & 0 \end{array} \right)}_{n \text{ ungerade}}.$$

Im ungeraden Fall ergibt sich nach einem letzten Schritt

$$\left(\begin{array}{ccccc|c} 1 & 1 & & & & 0 \\ & 1 & 1 & & & \vdots \\ & & \ddots & \ddots & & \vdots \\ & & & 1 & 1 & \vdots \\ & & & & 2 & 0 \end{array} \right),$$

und das homogene System besitzt nur die triviale Lösung. Im geraden Fall ergibt sich im letzten Schritt

$$
\begin{pmatrix}
1 & 1 & & & & 0 \\
 & 1 & 1 & & & \vdots \\
 & & \ddots & \ddots & & \vdots \\
 & & & 1 & 1 & \vdots \\
0 & \cdots & \cdots & \cdots & 0 & 0
\end{pmatrix}
$$

und das System erlaubt alle Tupel $(a, -a, a, -a, \cdots, a, -a)^T$ mit $a \in \mathbb{R}$ beliebig als Lösungen. Es ergibt sich die Lösungsmenge

$$
\mathbb{L} = \begin{cases}
\{(0, \cdots, 0)^T\} : & n \text{ ungerade,} \\
\{(a, -a, \cdots, a, -a)^T : a \in \mathbb{R}\} : & n \text{ gerade.}
\end{cases}
$$

Lösung 4.8

Eine mögliche Formulierung, die die Bedingungen in der angegebenen Reihenfolge belässt, ist das homogene Gleichungssystem in 9 Unbekannten aus 7 Gleichungen mit der Koeffizientenmatrix, deren Zeilen wir nachfolgend nummerieren:

$$
\begin{pmatrix}
1 & 1 & 1 & -1 & -1 & -1 & 0 & 0 & 0 \\
0 & 0 & 0 & 1 & 1 & 1 & -1 & -1 & -1 \\
-1 & 0 & 0 & -1 & 0 & 0 & 0 & 1 & 1 \\
1 & -1 & 0 & 1 & -1 & 0 & 1 & -1 & 0 \\
0 & 1 & -1 & 0 & 1 & -1 & 0 & 1 & -1 \\
-1 & 0 & 1 & 0 & -1 & 1 & 0 & 0 & 0 \\
1 & 0 & -1 & 0 & 0 & 0 & -1 & 0 & 1
\end{pmatrix}
\begin{matrix}
(1) \\ (2) \\ (3) \\ (4) \\ (5) \\ (6) \\ (7)
\end{matrix}
$$

Um das Gauss'sche Eliminationsverfahren durchführen zu können, ordnen wir die Zeilen um zu

$$
(7), (5), (3), (4), (6), (2), (1)
$$

und führen folgende Umformungen durch:

$$
(3)^I = (3) + (7), \quad (4)^I = (4) - (7), \quad (6)^I = (6) + (7), \quad (1)^I = (1) - (7),
$$
$$
(4)^{II} = (4)^I + (5), \quad (1)^{II} = (1)^I - (5), \quad (3)^{II} = -(3)^I,
$$
$$
(1)^{III} = (1)^{II} - 3 \cdot (3)^I, \quad (1)^{IV} = (1)^{III} + 4 \cdot (4)^{II},
$$
$$
(2)^I = (2) - (4)^{II}, \quad (6)^{II} = -(6)^I, \quad (1)^V = (1)^{IV} + 2 \cdot (6)^{II},
$$
$$
(2)^{II} = (2)^I - (6)^{II}, \quad (1)^{VI} = (1)^V + 2 \cdot (2)^{II}.
$$

Dabei bedeutet die Notation $(k)^N$, dass die k-te Zeile im N-ten Schritt verändert wird. Wir erhalten so die Zeilenstufenform

$$
\begin{pmatrix}
1 & 0 & -1 & 0 & 0 & 0 & -1 & 0 & 1 \\
0 & 1 & -1 & 0 & 1 & -1 & 0 & 1 & -1 \\
0 & 0 & 1 & 1 & 0 & 0 & 1 & -1 & -2 \\
0 & 0 & 0 & 1 & 0 & -1 & 2 & 0 & -2 \\
0 & 0 & 0 & 0 & 1 & -1 & 1 & 0 & -1 \\
0 & 0 & 0 & 0 & 0 & 3 & -4 & -1 & 2 \\
0 & 0 & 0 & 0 & 0 & 0 & 0 & 0 & 0
\end{pmatrix}
\quad
\begin{matrix}
(7) \\
(5) \\
(3)^{II} \\
(4)^{II} \\
(6)^{II} \\
(2)^{II} \\
(7)^{IV}
\end{matrix}
$$

Durch Rückwärtssubstitution lässt sich die allgemeine Lösung bestimmen. An der Form der obigen Matrix erkennen Sie sofort, dass die Unbekannten x_9, x_8 und x_7 frei wählbare Parameter sind. Werden diese in $\mathbb{Z}$ gewählt, liegt eine Lösung mit Komponenten in $\mathbb{Z}$ vor, da die Parameter als entsprechende Vielfache angesetzt werden können. (Da das lineare Gleichungssystem homogen ist, mit Koeffizienten in $\mathbb{Z}$, gilt dies allgemein! Warum?) Wir erhalten

$$
\begin{aligned}
x_9 &= 3\lambda_9, \\
x_8 &= 3\lambda_8, \\
x_7 &= 3\lambda_7, \\
x_6 &= 4\lambda_7 + \lambda_8 - 2\lambda_9, \\
x_5 &= x_6 - x_7 + x_9 = \lambda_7 + \lambda_8 + \lambda_9, \\
x_4 &= x_6 - 2x_7 + 2x_9 = -2\lambda_7 + \lambda_8 + 4\lambda_9, \\
x_3 &= -x_4 - x_7 + x_8 + 2x_9 = -\lambda_7 + 2\lambda_8 + 2\lambda_9, \\
x_2 &= x_3 - x_5 + x_6 - x_8 + x_9 = 2\lambda_7 - \lambda_8 + 2\lambda_9, \\
x_1 &= x_3 + x_7 - x_9 = 2\lambda_7 + 2\lambda_8 - \lambda_9.
\end{aligned}
$$

Es gibt nicht nur ganzzahlige Lösungen, sondern auch solche mit Komponenten in $\mathbb{N}$. Eine offensichtliche ist

$$
x = (n, \ldots, n)^T \quad \text{für jedes } n \in \mathbb{N},
$$

denn jede Zeilensumme obiger Matrizen ist null.

Ganzzahlige Lösungen können auch für nicht ganzzahlige Parameter entstehen. Wählen Sie $\lambda_7 = 8/3$, $\lambda_8 = 1/3$, $\lambda_9 = 6/3$, dann resultiert die Lösung

$$
x = (4, 9, 2, 3, 5, 7, 8, 1, 6)^T.
$$

Hier sind also alle Komponenten paarweise verschieden und aus $\{1, \ldots, 9\}$, wobei jede Zahl daraus genau einmal vorkommt. Wenn dies erfüllt ist, spricht man i. Allg. erst von einem *magischen Quadrat*.

Die obige Lösung war schon im alten China bekannt (das Lo Shu), auch mit dem GOETHE-Zitat wird sie in Verbindung gebracht:

„Du musst versteh'n
Aus Eins mach Zehn,
Und Zwei lass geh'n,
Und Drei mach gleich,
So bist Du reich.
Verlier die Vier!
Aus Fünf und Sechs,
So sagt die Hex',
Mach Sieben und Acht,
So ist's vollbracht:
Und Neun ist Eins,
Und Zehn ist keins.
Das ist das Hexen-Einmaleins!"

Üblicherweise wird sie in der Form

$$\begin{pmatrix} x_1 & x_2 & x_3 \\ x_4 & x_5 & x_6 \\ x_7 & x_8 & x_9 \end{pmatrix},$$

d. h. als Matrix in 3 Zeilen und Spalten geschrieben. Die definierenden Bedingung ist (neben der Forderung, dass jede Zahl zwischen 1 und 9 nur einmal vorkommt) die Gleichheit von Zeilen-, Spalten-, Diagonalen- und Gegendiagonalensumme. Das Lo Shu hat also den Summenwert 15 und sieht folgendermaßen aus:

$$\begin{pmatrix} 4 & 9 & 2 \\ 3 & 5 & 7 \\ 8 & 1 & 6 \end{pmatrix}.$$

Überprüfen Sie daran jetzt das Hexen-Einmaleins!

Lösung 4.9

Die üblichen GAUSS-Umformungen ergeben:

$$\begin{pmatrix} 2 & 3 & t & | & 3 \\ 1 & 1 & -1 & | & 1 \\ 1 & t & 3 & | & 2 \end{pmatrix} \xrightarrow{II \leftrightarrow I} \begin{pmatrix} 1 & 1 & -1 & | & 1 \\ 2 & 3 & t & | & 3 \\ 1 & t & 3 & | & 2 \end{pmatrix} \xrightarrow[III - I]{\substack{II - 2\cdot I}} \begin{pmatrix} 1 & 1 & -1 & | & 1 \\ 0 & 1 & t+2 & | & 1 \\ 0 & t-1 & 4 & | & 1 \end{pmatrix}$$

$$\xrightarrow{III - (t-1)\cdot II} \begin{pmatrix} 1 & 1 & -1 & | & 1 \\ 0 & 1 & t+2 & | & 1 \\ 0 & 0 & 6-t-t^2 & | & 2-t \end{pmatrix}.$$

Mit der Mitternachtsformel ermitteln wir aus

$$6 - t - t^2 \overset{!}{=} 0$$

die beiden Werte $t_1 = 2$ und $t_2 = -3$. Damit erhalten wir zusammenfassend:

$$\text{Das Gleichungssystem hat} \begin{cases} \text{keine Lösung} & : \quad t = -3, \\ \text{genau eine Lösung} & : \quad t \in \mathbb{R} \setminus \{-3, 2\}, \\ \text{beliebig viele Lösungen} & : \quad t = 2. \end{cases}$$

Lösung 4.10

Wir versuchen, die entsprechenden Matrizen auf Dreiecksgestalt zu bringen. Für die erste Matrix ermitteln wir

$$\begin{pmatrix} 1 & 1 & -1 & | & 0 \\ 2 & -3 & 1 & | & 0 \\ 1 & -4 & 2 & | & 0 \end{pmatrix} \overset{\substack{II - 2\cdot I \\ III - I}}{\longrightarrow} \begin{pmatrix} 1 & 1 & -1 & | & 0 \\ 0 & -5 & 3 & | & 0 \\ 0 & -5 & 3 & | & 0 \end{pmatrix} \overset{III - II}{\longrightarrow} \begin{pmatrix} 1 & 1 & -1 & | & 0 \\ 0 & -5 & 3 & | & 0 \\ 0 & 0 & 0 & | & 0 \end{pmatrix}.$$

Damit ist klar, dass hier keine triviale Lösung vorliegt, weil $x_3 \in \mathbb{R}$ frei wählbar ist. Das zweite System ergibt

$$\begin{pmatrix} 1 & 1 & -1 & | & 0 \\ 2 & 4 & -1 & | & 0 \\ 3 & 2 & 2 & | & 0 \end{pmatrix} \overset{\substack{II - 2\cdot I \\ III - 3\cdot I}}{\longrightarrow} \begin{pmatrix} 1 & 1 & -1 & | & 0 \\ 0 & 2 & 1 & | & 0 \\ 0 & -1 & 5 & | & 0 \end{pmatrix} \overset{2\cdot III + II}{\longrightarrow} \begin{pmatrix} 1 & 1 & -1 & | & 0 \\ 0 & 2 & 1 & | & 0 \\ 0 & 0 & 11 & | & 0 \end{pmatrix}.$$

Das entsprechende homogene Gleichungssystem ist damit eindeutig lösbar und hat somit nur den Nullvektor als Lösung.

Lösung 4.11

Wir vertauschen zu Beginn die 1. mit der 2. Zeile und bringen damit 2 Nullen in die 1. Zeile. Der nachfolgende Rechenaufwand verringert sich dadurch.

$$\begin{pmatrix} 1 & 2 & 2 & 3 \\ 1 & 0 & -2 & 0 \\ 3 & -1 & 1 & -2 \\ 4 & -3 & 0 & 2 \end{pmatrix} \overset{I \leftrightarrow II}{\longrightarrow} \begin{pmatrix} 1 & 0 & -2 & 0 \\ 1 & 2 & 2 & 3 \\ 3 & -1 & 1 & -2 \\ 4 & -3 & 0 & 2 \end{pmatrix} \overset{\substack{II - I \\ III - 3\cdot I \\ IV - 4\cdot I}}{\longrightarrow} \begin{pmatrix} 1 & 0 & -2 & 0 \\ 0 & 2 & 4 & 3 \\ 0 & -1 & 7 & -2 \\ 0 & -3 & 8 & 2 \end{pmatrix}$$

$$\overset{II \longleftrightarrow III}{\longrightarrow} \begin{pmatrix} 1 & 0 & -2 & 0 \\ 0 & -1 & 7 & -2 \\ 0 & 2 & 4 & 3 \\ 0 & -3 & 8 & 2 \end{pmatrix} \overset{\substack{III + 2\cdot II \\ IV - 3\cdot II}}{\longrightarrow} \begin{pmatrix} 1 & 0 & -2 & 0 \\ 0 & -1 & 7 & -2 \\ 0 & 0 & 18 & -1 \\ 0 & 0 & -13 & 8 \end{pmatrix}$$

$$18 \cdot IV + 13 \cdot III \atop \longrightarrow \begin{pmatrix} 1 & 0 & -2 & 0 \\ 0 & -1 & 7 & -2 \\ 0 & 0 & 18 & -1 \\ 0 & 0 & 0 & 131 \end{pmatrix}.$$

Auch hier nehmen wir eine Vertauschung zweier Zeilen vor, um die Eins nach links oben zu bekommen.

$$\begin{pmatrix} 2 & 1 & 3 & 2 \\ 3 & 0 & 1 & -2 \\ 1 & -1 & 4 & 3 \\ 2 & 2 & -1 & 1 \end{pmatrix} \xrightarrow{III \leftrightarrow I} \begin{pmatrix} 1 & -1 & 4 & 3 \\ 3 & 0 & 1 & -2 \\ 2 & 1 & 3 & 2 \\ 2 & 2 & -1 & 1 \end{pmatrix} \begin{array}{c} II - 3 \cdot I \\ III - 2 \cdot I \\ IV - 2 \cdot I \\ \longrightarrow \end{array} \begin{pmatrix} 1 & -1 & 4 & 3 \\ 0 & 3 & -11 & -11 \\ 0 & 3 & -5 & -4 \\ 0 & 4 & -9 & -5 \end{pmatrix}$$

$$\begin{array}{c} III - II \\ 3 \cdot IV - 4 \cdot II \\ \longrightarrow \end{array} \begin{pmatrix} 1 & -1 & 4 & 3 \\ 0 & 3 & -11 & -11 \\ 0 & 0 & 6 & 7 \\ 0 & 0 & 17 & 29 \end{pmatrix} \xrightarrow{6 \cdot IV - 17 \cdot III} \begin{pmatrix} 1 & -1 & 4 & 3 \\ 0 & 3 & -11 & -11 \\ 0 & 0 & 6 & 7 \\ 0 & 0 & 0 & 55 \end{pmatrix}.$$

Lösung 4.12

a) Die möglichen Zeilenstufenformen (ZSF) lauten

$$\begin{pmatrix} 1 & * & * \\ 0 & 1 & * \end{pmatrix}, \begin{pmatrix} 0 & 1 & * \\ 0 & 0 & 1 \end{pmatrix}, \begin{pmatrix} 1 & * & * \\ 0 & 0 & 1 \end{pmatrix}, \begin{pmatrix} 0 & 0 & 0 \\ 0 & 0 & 0 \end{pmatrix}, \begin{pmatrix} 0 & 0 & 1 \\ 0 & 0 & 0 \end{pmatrix}, \begin{pmatrix} 0 & 1 & * \\ 0 & 0 & 0 \end{pmatrix}.$$

Anstatt der Eins dürfen beliebig andere, von Null verschiedene Zahlen stehen.

b) Die Matrix $\begin{pmatrix} a & b & r \\ c & d & s \end{pmatrix}$ kann auf die

ZSF $\begin{pmatrix} 1 & * & * \\ 0 & 1 & * \end{pmatrix}$ gebracht werden $\Longleftrightarrow$ (a, b) ist kein Vielfaches von (c, d).

ZSF $\begin{pmatrix} 0 & 1 & * \\ 0 & 0 & 0 \end{pmatrix}$ gebracht werden $\Longleftrightarrow$ $a = c = 0$, $b \neq 0$ und (b, r) ist ein Vielfaches von (d, s).

ZSF $\begin{pmatrix} 0 & 0 & 1 \\ 0 & 0 & 0 \end{pmatrix}$ gebracht werden $\Longleftrightarrow$ $a = b = c = d = 0$ $r \neq 0$ oder $s \neq 0$.

Lösung 4.13

Wir formulieren Gleichungssysteme in n Unbekannten mit $n + 1$ Gleichungen wie folgt:

$n = 1$:

$$x_1 = 0,$$
$$x_1 = 1.$$

$n = 2$:

$$
\begin{aligned}
x_1 \qquad\;\; &= 0, \\
x_2 &= 0, \\
x_1 + x_2 &= 1.
\end{aligned}
$$

$n = 3$:

$$
\begin{aligned}
x_1 \qquad\qquad\;\; &= 0, \\
x_2 \qquad\;\; &= 0, \\
x_3 &= 0, \\
x_1 + x_2 + x_3 &= 1.
\end{aligned}
$$

n allgemein:

$$
\begin{aligned}
x_1 \qquad\qquad\qquad\qquad &= 0, \\
x_2 \qquad\qquad\qquad\;\; &= 0, \\
x_3 \qquad\qquad\;\; &= 0, \\
\ddots \qquad\; &\;\vdots \\
x_n &= 0, \\
x_1 + x_2 + x_3 + \cdots + x_n &= 1.
\end{aligned}
$$

Bei jedem dieser Gleichungssysteme dürfen Sie eine beliebige Zeile streichen und erhalten dann ein eindeutig lösbares Gleichungssystem in n Unbekannten mit n Zeilen.

Lösung 4.14

Wir lösen diese Aufgabe an einem konkreten unlösbaren Gleichungssystem mit $n = 3$ Unbekannten und $m = 6$ Zeilen. Daraus lassen sich dann $3 + 1 = 4$ Zeilen ermitteln, derart, dass das reduzierte Gleichungssystem nach wie vor unlösbar ist.

$$
\begin{aligned}
x_1 + x_2 + x_3 &= 1 & (1) \\
x_2 \qquad\;\; &= 0 & (2) \\
x_1 \qquad\;\; + x_3 &= 2 & (3) \\
x_1 \qquad\qquad\;\; &= 1 & (4) \\
2x_1 - 3x_2 + 3x_3 &= 2 & (5) \\
2x_1 + x_2 - x_3 &= 5 & (6)
\end{aligned}
$$

Wir wenden jetzt auf die erweiterte Koeffizientenmatrix den GAUSS-Algorithmus an, vertauschen anschließend gemäß unten stehender Nummerierung einige Zeilen und erhalten (was Sie leicht nachvollziehen) die Form

$$\begin{pmatrix} 1 & 1 & 1 & | & 1 \\ 0 & 1 & 0 & | & 0 \\ 1 & 0 & 1 & | & 2 \\ 1 & 0 & 0 & | & 1 \\ 2 & -3 & 3 & | & 2 \\ 2 & 1 & -1 & | & 5 \end{pmatrix} \quad \longrightarrow \dots \longrightarrow \quad \begin{pmatrix} 1 & 1 & 1 & | & 1 \\ 0 & 1 & 0 & | & 0 \\ 0 & 0 & 1 & | & 0 \\ 0 & 0 & 0 & | & 1 \\ 0 & 0 & 0 & | & 1 \\ 0 & 0 & 0 & | & 0 \end{pmatrix} \quad \begin{matrix} (1) \\ (2) \\ (4) \\ (3) \\ (6) \\ (5) \end{matrix}$$

Daran erkennen Sie, dass die Zeilen mit den Nummern $(1), (2), (4)$ die angestrebte Staffelform darstellen, die Zeilen $(3), (6)$ Widersprüche beinhalten, und die letzte Zeile nummeriert mit (5) überflüssig ist. Streichen wir also die Zeilen $(6), (5)$, bleibt nach wie vor ein unlösbares System erhalten.

Dies ist allgemein so, dass bei unlösbaren (inhomogenen) Systemen unterhalb der Staffelform Nullzeilen und Zeilen mit Widersprüchen übrig bleiben. Bis auf eine Widerspruchszeile darf alles darunter gestrichen werden, und es ergibt sich ein unlösbares System mit n Unbekannten und $m = n + 1$ Gleichungen.

Lösung 4.15

Wir formen die erweiterte Koeffizientenmatrix um:

$$\begin{pmatrix} 2 & 1 & 0 & | & 1 \\ 3 & -1 & 6 & | & 5 \\ 4 & 3 & -1 & | & 2 \\ 0 & 5 & 2 & | & \lambda \end{pmatrix} \begin{matrix} 2 \cdot II - 3 \cdot I \\ III - 2 \cdot I \\ \longrightarrow \end{matrix} \begin{pmatrix} 2 & 1 & 0 & | & 1 \\ 0 & -5 & 12 & | & 7 \\ 0 & 1 & -1 & | & 0 \\ 0 & 5 & 2 & | & \lambda \end{pmatrix}$$

$$\begin{matrix} 5 \cdot III + II \\ IV + II \\ \longrightarrow \end{matrix} \begin{pmatrix} 2 & 1 & 0 & | & 1 \\ 0 & -5 & 12 & | & 7 \\ 0 & 0 & 7 & | & 7 \\ 0 & 0 & 14 & | & \lambda + 7 \end{pmatrix} \begin{matrix} IV - 2 \cdot III \\ \longrightarrow \end{matrix} \begin{pmatrix} 2 & 1 & 0 & | & 1 \\ 0 & -5 & 12 & | & 7 \\ 0 & 0 & 7 & | & 7 \\ 0 & 0 & 0 & | & \lambda - 7 \end{pmatrix}.$$

Daran erkennen Sie, dass das System nur für $\lambda = 7$ lösbar ist.

Lösung 4.16

Wir führen zuerst GAUSS-Umformungen durch:

$$\begin{pmatrix} 2 & 1 & a & 1 & 0 & | & 0 \\ 1 & 0 & 0 & a & -a & | & 1 \\ 0 & 2 & 1 & 0 & 2 & | & 2 \end{pmatrix} \begin{matrix} I \leftrightarrow II \\ \longrightarrow \end{matrix} \begin{pmatrix} 1 & 0 & 0 & a & -a & | & 1 \\ 2 & 1 & a & 1 & 0 & | & 0 \\ 0 & 2 & 1 & 0 & 2 & | & 2 \end{pmatrix}$$

$$II - 2 \cdot I \longrightarrow \begin{pmatrix} 1 & 0 & 0 & a & -a & | & 1 \\ 0 & 1 & a & 1-2a & 2a & | & -2 \\ 0 & 2 & 1 & 0 & 2 & | & 2 \end{pmatrix}$$

$$III - 2 \cdot II \longrightarrow \begin{pmatrix} 1 & 0 & 0 & a & -a & | & 1 \\ 0 & 1 & a & 1-2a & 2a & | & -2 \\ 0 & 0 & 1-2a & 4a-2 & 2-4a & | & 6 \end{pmatrix}.$$

a) Wählen Sie $a = 1$, dann sind x_4 und x_5 frei wählbar, und Rückwärtssubstitution liefert das folgende Ergebnis:

$$x_3 = -6 - 2x_5 + 2x_4,$$
$$x_2 = 4 - x_4,$$
$$x_1 = 1 + x_5 - x_4.$$

Zusammengefasst lautet die Lösungsmenge

$$\mathbb{L} = \left\{ (1 + x_5 - x_4, 4 - x_4, -6 - 2x_5 + 2x_4, x_4, x_5)^T : x_4, x_5 \in \mathbb{R} \right\}.$$

b) Ja, für $a = \frac{1}{2}$ beinhaltet die letzte Zeile den Widerspruch

$$\begin{pmatrix} 0 & 0 & 0 & 0 & 0 & | & 6 \end{pmatrix}.$$

c) Nein, bei Matrizen mit weniger Zeilen als Unbekannten kann niemals eine eindeutige Lösung existieren.

Lösung 4.17

Wir vertauschen der Einfachheit halber die 1. mit der 4. **Spalte** (i. Z. (1) $\leftrightarrow$ (4), führen Buch über diese Aktion und machen sie am Schluss wieder rückgängig.

$$\begin{pmatrix} -1 & -1 & 0 & s-1 & | & -1 \\ -1 & s-2 & 1 & 0 & | & s \\ 0 & 0 & s & 1 & | & 1 \\ 0 & 1-s & 1 & s & | & 1 \end{pmatrix} \xrightarrow{II - I} \begin{pmatrix} -1 & -1 & 0 & s-1 & | & -1 \\ 0 & s-1 & 1 & 1-s & | & s+1 \\ 0 & 0 & s & 1 & | & 1 \\ 0 & 1-s & 1 & s & | & 1 \end{pmatrix}$$

$$\xrightarrow{IV - II} \begin{pmatrix} -1 & -1 & 0 & s-1 & | & -1 \\ 0 & s-1 & 1 & 1-s & | & s+1 \\ 0 & 0 & s & 1 & | & 1 \\ 0 & 0 & 2 & 1 & | & s+2 \end{pmatrix} \xrightarrow{(3) \leftrightarrow (4)} \begin{pmatrix} -1 & -1 & s-1 & 0 & | & -1 \\ 0 & s-1 & 1-s & 1 & | & s+1 \\ 0 & 0 & 1 & s & | & 1 \\ 0 & 0 & 1 & 2 & | & s+2 \end{pmatrix}$$

$$IV - III \atop \longrightarrow \begin{pmatrix} -1 & -1 & s-1 & 0 & -1 \\ 0 & s-1 & 1-s & 1 & s+1 \\ 0 & 0 & 1 & s & 1 \\ 0 & 0 & 0 & 2-s & s+1 \end{pmatrix}.$$

An dieser Darstellung erkennen Sie:

- Für $s \notin \{1, 2\}$ gibt es genau eine Lösung.
- Für $s = 2$ ergibt sich in der letzten Zeile ein Widerspruch, womit keine Lösung vorliegt.
- Für $s = 1$ liegt keine Zeilenstufenform mehr vor, woraus unendlich viele Lösungen resultieren.

Die Angabe der konkreten Lösungen ist nicht in der Aufgabenstellung verlangt. Wer dennoch die Lösungen (anhand der letzten Zeilenstufenform mit verschiedenen Werten für s) berechnen möchte, erinnere sich an die Spaltenvertauschungen. Die Komponenten dieses Lösungsvektors müssen entsprechend der Spaltenvertauschungen (letzte zur ersten Vertauschung) umgeordnet werden! Eine anschließende Probe mit dem ursprünglichen Gleichungssystem ist dabei empfehlenswert.

Lösung 4.18

Einige GAUSS-Umformungen ergeben

$$\begin{pmatrix} 2 & 2 & a+1 & 2 \\ 1 & 2 & 1 & 0 \\ a & 0 & b & -2 \end{pmatrix} \begin{array}{c} 2 \cdot II - I \\ 2 \cdot III - a \cdot I \\ \longrightarrow \end{array} \begin{pmatrix} 2 & 2 & a+1 & 2 \\ 0 & 2 & 1-a & -2 \\ 0 & -2a & 2b - a^2 - a & -4 - 2a \end{pmatrix}$$

$$III + a \cdot II \atop \longrightarrow \begin{pmatrix} 2 & 2 & a+1 & 2 \\ 0 & 2 & 1-a & -2 \\ 0 & 0 & 2(b - a^2) & -4 - 4a \end{pmatrix}.$$

Keine Lösung liegt vor, falls

$$2(b - a^2) = 0 \quad \wedge \quad -4 - 4a \neq 0.$$

Dies führt auf

$$a^2 = b \quad \wedge \quad a \neq -1.$$

Sei jetzt $b = 1$. Daraus resultiert die erweiterte Koeffizientenmatrix

$$\begin{pmatrix} 2 & 2 & a+1 & 2 \\ 0 & 2 & 1-a & -2 \\ 0 & 0 & 2(1-a^2) & -4(1+a) \end{pmatrix}.$$

Fall 1: $a \notin \{\pm 1\}$. Rückwärtssubstitution ergibt

$$x_3 = \frac{2}{a-1},$$

$$x_2 = \frac{1}{2}\left(-2 - (1-a)\frac{2}{a-1}\right) = 0,$$

$$x_1 = \frac{1}{2}\left(2 - (a+1)\frac{2}{a-1} - 2 \cdot 0\right) = -\frac{2}{a-1}.$$

Insgesamt also

$$\mathbb{L} = \left\{\left(-\frac{2}{a-1},\ 0,\ \frac{2}{a-1}\right)^T\right\}.$$

Fall 2: $a = 1$. Dies ergibt in der letzten Zeile den Widerspruch

$$\begin{pmatrix} 2 & 2 & a+1 & 2 \\ 0 & 2 & 0 & -2 \\ 0 & 0 & 0 & -8 \end{pmatrix},$$

also

$$\mathbb{L} = \varnothing.$$

Fall 3: $a = -1$. Dies führt auf das System

$$\begin{pmatrix} 1 & 1 & 0 & 1 \\ 0 & 1 & 1 & -1 \\ 0 & 0 & 0 & 0 \end{pmatrix}.$$

Somit ist $x_3 \in \mathbb{R}$ frei wählbar und damit

$$\mathbb{L} = \left\{(2 + 3x,\ -1 - x_3,\ x_3)^T\right\}.$$

Lösung 4.19

Wir formen wie folgt um:

$$\begin{pmatrix} 1 & 1 & 1 & 0 \\ 1 & b & 1 & 4 \\ b & 3 & b & -2 \end{pmatrix} \xrightarrow[III - b \cdot I]{II - I} \begin{pmatrix} 1 & 1 & 1 & 0 \\ 0 & b-1 & 0 & 4 \\ 0 & 3-b & 0 & -2 \end{pmatrix} \xrightarrow{(-2) \cdot III} \begin{pmatrix} 1 & 1 & 1 & 0 \\ 0 & b-1 & 0 & 4 \\ 0 & 2b-6 & 0 & 4 \end{pmatrix}.$$

Daran erkennen Sie, dass

- für $b - 1 \neq 2b - 6 \;\Leftrightarrow\; b \neq 5$ keine Lösung existiert,
- eine eindeutige Lösung für kein $b \in \mathbb{R}$ existiert,
- beliebig viele Lösungen für $b = 5$ existieren. Diese Lösungsmenge kann aus der daraus resultierenden Matrix

$$\begin{pmatrix} 1 & 1 & 1 & 0 \\ 0 & 4 & 0 & 4 \\ 0 & 0 & 0 & 0 \end{pmatrix}$$

abgelesen werden: $x_3 \in \mathbb{R}$ beliebig, $x_2 = 1$, $x_1 = -x_3 - 1$, insgesamt also

$$\mathbb{L} = \{(-x_3 - 1, 1, x_3)^T : x_3 \in \mathbb{R}\}.$$

Lösung 4.20

$$\begin{pmatrix} 1 & -1 & 1 & -1 & 1 & 2 \\ 1 & 1 & 1 & 1 & 1 & 1+\lambda \\ 1 & 0 & \lambda & 0 & 1 & 2 \end{pmatrix} \begin{array}{c} II - I \\ III - I \\ \longrightarrow \end{array} \begin{pmatrix} 1 & -1 & 1 & -1 & 1 & 2 \\ 0 & 2 & 0 & 2 & 0 & \lambda - 1 \\ 0 & 1 & \lambda - 1 & 1 & 0 & 0 \end{pmatrix}$$

$$\begin{array}{c} 2 \cdot III - II \\ \longrightarrow \end{array} \begin{pmatrix} 1 & -1 & 1 & -1 & 1 & 2 \\ 0 & 2 & 0 & 2 & 0 & \lambda - 1 \\ 0 & 0 & 2\lambda - 2 & 0 & 0 & 1 - \lambda \end{pmatrix}.$$

Fall 1: $\lambda \neq 1$. Hier sind $x_5, x_4 \in \mathbb{R}$ frei wählbar, womit

$$x_3 = \frac{1}{2}, \quad x_2 = \frac{1}{2}\lambda - \frac{1}{2} - x_4, \quad x_1 = 1 + \frac{1}{2}\lambda - x_5,$$

insgesamt also

$$\mathbb{L} = \left\{\left(1 + \frac{1}{2}\lambda - x_5, \; \frac{1}{2}\lambda - \frac{1}{2} - x_4, \; \frac{1}{2}, \; x_4, \; x_5\right)^T : x_4, x_5 \in \mathbb{R}\right\}.$$

Fall 2: $\lambda = 1$. Die letzte Zeile besteht jetzt nur aus Nullen, womit $x_5, x_4, x_3 \in \mathbb{R}$ frei wählbar sind. Die restlichen Unbekannten lauten

$$x_2 = \frac{1}{2}\lambda - \frac{1}{2} - x_4, \quad x_1 = \frac{3}{2}\lambda + \frac{1}{2}\lambda - x_3 - x_5.$$

Damit ist

$$\mathbb{L} = \left\{\left(\frac{3}{2}\lambda + \frac{1}{2}\lambda - x_3 - x_5, \; \frac{1}{2}\lambda - \frac{1}{2} - x_4, \; x_3, \; x_4, \; x_5\right)^T : x_3, x_4, x_5 \in \mathbb{R}\right\}.$$

Lösung 4.21

Die erweiterte Koeffizientenmatrix lautet

$$
\begin{pmatrix} \lambda & 1 & 0 & \mu \\ 1 & \lambda & 1 & \mu \\ 0 & 1 & \lambda & \mu \end{pmatrix} \xrightarrow{I \leftrightarrow II} \begin{pmatrix} 1 & \lambda & 1 & \mu \\ \lambda & 1 & 0 & \mu \\ 0 & 1 & \lambda & \mu \end{pmatrix} \xrightarrow{II - \lambda \cdot I} \begin{pmatrix} 0 & \lambda & 1 & \mu \\ 0 & 1-\lambda^2 & -\lambda & \mu - \lambda\mu \\ 0 & 1 & \lambda & \mu \end{pmatrix}
$$

$$
\xrightarrow{II \leftrightarrow III} \begin{pmatrix} 0 & \lambda & 1 & \mu \\ 0 & 1 & \lambda & \mu \\ 0 & 1-\lambda^2 & -\lambda & \mu - \lambda\mu \end{pmatrix}
$$

$$
\xrightarrow{III - (1-\lambda^2) \cdot II} \begin{pmatrix} 0 & \lambda & 1 & \mu \\ 0 & 1 & \lambda & \mu \\ 0 & 0 & \lambda^3 - 2\lambda & \mu(\lambda^2 - \lambda) \end{pmatrix}.
$$

Das Gleichungssystem hat damit für beliebiges $\mu \in \mathbb{R}$ eine eindeutige Lösung, falls

$$
\lambda^3 - 2\lambda \neq 0 \iff \lambda \notin \{0, \pm\sqrt{2}\}.
$$

Das Gleichungssystem hat unendlich viele Lösungen, falls

$$
\lambda \in \{0, \pm\sqrt{2}\} \wedge \mu(\lambda^2 - \lambda) = 0
$$
$$
\iff \lambda = 0 \vee (\mu = 0 \wedge \lambda \in \{\pm\sqrt{2}\}).
$$

4.2 Vektorrechnung und der Begriff des Vektorraums

Aufgabe 4.22

Bestätigen Sie, dass Polynome über $\mathbb{K}$ vom Grade höchstens $n \in \mathbb{N}$ Vektorraumstruktur besitzen.

Aufgabe 4.23

Sei V der Vektorraum aller (3×3)-Matrizen über $\mathbb{R}$. Prüfen Sie, ob die Mengen

a) $V_1 := \{A \in V \mid A \text{ ist symmetrisch, d.h. } a_{ij} = a_{ji} \; \forall i \neq j\}$,
b) $V_2 := \{A \in V \mid a_{33} \neq 0\}$,
c) $V_3 := \{A \in V \mid a_{ij} \in \mathbb{Q} \; \forall i, j = 1, 2, 3\}$

eine Vektorraumstruktur haben.

Aufgabe 4.24

Sei $U \subset \mathbb{R}^3$ gegeben durch

$$U := \{(x_1, x_2, x_3)^T \in \mathbb{R}^3 \mid 2x_1 + 4x_2 = 1\}.$$

Hat diese Menge eine Vektorraumstruktur?

Lösungsvorschläge

Lösung 4.22

Seien

$$P_l(z) = \sum_{k=0}^{l} a_k z^k \quad \text{und} \quad Q_m(z) = \sum_{k=0}^{m} b_k z^k$$

mit $l, m \leq n$ gegeben. Dann gilt

$$P_l(z) + Q_m(z) = \sum_{k=0}^{\max\{l,m\}} (a_k + b_k) z^k,$$

also wieder ein Polynom vom Grade höchstens $n \in \mathbb{N}$. Daran ändert auch eine Multiplikation mit $\lambda \in \mathbb{K}$ nichts, denn

$$\lambda P_l(z) = \lambda \sum_{k=0}^{l} a_k z^k = \sum_{k=0}^{l} \lambda a_k z^k =: \sum_{k=0}^{l} \tilde{a}_k z^k.$$

Lösung 4.23

a) V_1 hat eine Vektorraumstruktur, da für $A, B \in V_1$ und $\lambda \in \mathbb{R}$ gilt

$$\begin{pmatrix} a_{11} & a_{12} & a_{13} \\ a_{12} & a_{22} & a_{23} \\ a_{13} & a_{23} & a_{33} \end{pmatrix} + \begin{pmatrix} b_{11} & b_{12} & b_{13} \\ b_{12} & b_{22} & b_{23} \\ b_{13} & b_{23} & b_{33} \end{pmatrix} = \begin{pmatrix} a_{11} + b_{11} & a_{12} + b_{12} & a_{13} + b_{13} \\ a_{12} + b_{12} & a_{22} + b_{22} & a_{23} + b_{23} \\ a_{13} + b_{13} & a_{23} + b_{23} & a_{33} + b_{33} \end{pmatrix}.$$

Die Summe der Matrizen ist ebenfalls symmetrisch, liegt also auch in V_1. Weiter gilt mit $\lambda \in \mathbb{R}$, dass

$$\lambda A = \begin{pmatrix} \lambda a_{11} & \lambda a_{12} & \lambda a_{13} \\ \lambda a_{12} & \lambda a_{22} & \lambda a_{23} \\ \lambda a_{13} & \lambda a_{23} & \lambda a_{33} \end{pmatrix} \in V_1,$$

da auch hier die Symmetrie erhalten bleibt.

Weitere Operationen müssen nicht nachgeprüft werden. Warum?

b) V_2 hat keine Vektorraumstruktur, da das Nullelement

$$0 \cdot A = \begin{pmatrix} 0 & 0 & 0 \\ 0 & 0 & 0 \\ 0 & 0 & 0 \end{pmatrix} \notin V_2,$$

aber $A \in V_2$ ist.

c) Für $\lambda \in \mathbb{R} \setminus \mathbb{Q}$ und $a_{ij} \in \mathbb{Q}$ ist $\lambda a_{ij} \notin \mathbb{Q}$. Demnach gilt für $A \in V_3$, dass

$$\lambda A \notin V_3.$$

Es liegt also keine Vektorraumstruktur vor.

Lösung 4.24

Sei $x \in U$, dann hat dieser Vektor z. B. die Darstellung

$$x = \left(\frac{1}{2} - 2x_2, x_2, x_3 \right)^T .$$

Ist $y = \left(\frac{1}{2} - 2y_2, y_2, y_3 \right)^T$ ein weiterer Vektor aus U, dann erkennen Sie, dass

$$x + y = \left(1 - 2(x_2 + y_2), x_2 + y_2, x_3 + y_3 \right)^T \notin U.$$

Somit liegt keine Vektorraumstruktur vor.

Als einfachere Begründung genügt auch die Feststellung, dass $0 \notin U$ ist.

4.3   Untervektorräume

Aufgabe 4.25

Es sei $U := \left\{ x = (x_1, x_2, x_3, x_4)^T \mid x_2 = x_1 - 2x_3 + x_4 \right\}$. Zeigen Sie, dass U ein Unterraum des $\mathbb{R}^4$ ist, der von den Vektoren

$$u_1 = \begin{pmatrix} 0 \\ -1 \\ 1 \\ 1 \end{pmatrix}, \quad u_2 = \begin{pmatrix} 1 \\ 2 \\ 0 \\ 1 \end{pmatrix}, \quad u_3 = \begin{pmatrix} 1 \\ -1 \\ 1 \\ 0 \end{pmatrix}$$

aufgespannt wird.

Aufgabe 4.26

Sei $n > 1$. Welche der folgenden Teilmengen des Zeilenraumes $V = \mathbb{R}^{1,n}$ sind lineare Teilräume?

a) $W_1 = \{(x_1, \ldots, x_n) \in V \mid \sum\limits_{i=1}^{n} i^2 x_i = 0\}$,

b) $W_2 = \{(x_1, \ldots, x_n) \in V \mid \sum\limits_{i=1}^{n} i x_i^2 = 0\}$,

c) $W_3 = \{(x_1, \ldots, x_n) \in V \mid \sum\limits_{i=1}^{n} x_i \geq 0\}$,

d) $W_4 = \{(x_1, \ldots, x_n) \in V \mid \sum\limits_{i=1}^{n} x_i^2 \geq 0\}$.

Aufgabe 4.27

Betrachten Sie folgende Vektoren $x = (x_1, x_2)^T \in \mathbb{R}^2$ definiert durch:

a) $x_1 + x_2 = 0$,
b) $x_1^2 + x_2^2 = 0$,
c) $x_1^2 - x_2^2 = 0$,
d) $x_1 - x_2 = 1$,
e) $x_1^2 + x_2^2 = 1$,
f) Es gibt ein $s \in \mathbb{R}$ mit $x_1 = s$ und $x_2 = s^2$,
g) Es gibt ein $s \in \mathbb{R}$ mit $x_1 = s^3$ und $x_2 = s^3$,
h) $x_1 \in \mathbb{Z}$.

Welche dieser Mengen sind lineare Unterräume?

Aufgabe 4.28

Liegt der Vektor $x = (3, -1, 0, -1)^T$ im Unterraum von $\mathbb{R}^4$, der von den Vektoren $v_1 = (2, -1, 3, 2)^T$, $v_2 = (-1, 1, 1, -3)^T$ und $v_3 = (1, 1, 9, -5)^T$ aufgespannt wird?

Aufgabe 4.29

Es seien $U_1, U_2 \subset V$ lineare Unterräume eines Vektorraums V über $\mathbb{R}$. Zeigen Sie, dass $U_1 \cup U_2$ genau dann ein linearer Unterraum von V ist, wenn $U_1 \subset U_2$ oder $U_2 \subset U_1$ gilt.

Aufgabe 4.30

Sei $V := \mathbb{R}^3$. Der Unterraum $U \subset V$ wird von den Vektoren $u_1 = (-1, 3, 0)^T$ und $u_2 = (-1, 0, 3)^T$ aufgespannt. Finden Sie einen weiteren Unterraum W derart, dass $V = U \oplus W$ gilt.

Lösungsvorschläge

Lösung 4.25

Seien $x = (x_1, x_1 - 2x_3 + x_4, x_3, x_4)^T \in U$ und $x_1 = x_3 = x_4 = 0$, dann ist $x = 0$, also

$$0 \in U.$$

Seien weiter $\boldsymbol{x} \in U$ und $\boldsymbol{y} = (y_1, y_1 - 2y_3 + y_4, y_3, y_4)^T \in U$, dann gilt auch

$$\boldsymbol{x} + \boldsymbol{y} = (x_1 + y_1, x_1 + y_1 - 2(x_3 + y_3) + x_4 + y_4, x_3 + y_3, x_4 + y_4)^T \in U\,.$$

Für $\boldsymbol{x} \in U, \lambda \in \mathbb{R}$, gilt

$$\lambda \boldsymbol{x} = (\lambda x_1, \lambda x_1 - 2\lambda x_3 + \lambda x_4, \lambda x_3, \lambda x_4)^T \in U\,.$$

Die Vektoren $\boldsymbol{u}_1, \boldsymbol{u}_2, \boldsymbol{u}_3$ gehören zu U und sind linear unabhängig, denn

$$\lambda_1 \boldsymbol{u}_1 + \lambda_2 \boldsymbol{u}_2 + \lambda_3 \boldsymbol{u}_3 = \boldsymbol{0} \iff \lambda_1 = \lambda_2 = \lambda_3 = 0\,,$$

und dies ist hier auch der Fall, wie Sie leicht nachrechnen (und was in den nächsten Abschnitten detaillierter behandelt wird).

Da U ein echter Unterraum des $\mathbb{R}^4$ ist, gilt $\dim U = 3 < 4$ und $U = <\boldsymbol{u}_1, \boldsymbol{u}_2, \boldsymbol{u}_3>$.

Lösung 4.26

a) W_1 ist Teilraum von V. Es ist $0 \in W_1$, da $\sum_{i=1}^{n} i^2 0 = 0$. Seien nun $\boldsymbol{x} = (x_1, \ldots, x_n)$ und $\boldsymbol{y} = (y_1, \ldots, y_n)$ Elemente aus W_1 und $\lambda \in \mathbb{K}$, dann ist auch $\boldsymbol{x} + \boldsymbol{y} \in W_1$, weil

$$\sum_{i=1}^{n} i^2(x_i + y_i) = \sum_{i=1}^{n} i^2 x_i + \sum_{i=1}^{n} i^2 y_i = 0 + 0 = 0\,.$$

Ebenso ist $\lambda \boldsymbol{x} \in W_1$, da $\sum_{i=1}^{n} i^2(\lambda x_i) = \lambda \sum_{i=1}^{n} i^2 x_i = \lambda \cdot 0 = 0$.

b) W_2 ist Teilraum von V, da $W_2 = \{0\}$. Sei nämlich $\boldsymbol{x} \in W_2$ beliebig und $i \in \mathbb{N}$ mit $1 \leq i \leq n$ und $x_i \neq 0$, dann gilt

$$\sum_{i=1}^{n} i x_i^2 \geq i x_i^2 > 0\,.$$

Das ist ein Widerspruch zu $\sum_{i=1}^{n} i x_i^2 = 0$.

c) W_3 ist kein Teilraum von V, da z. B. $\boldsymbol{x} = (1, 0, \ldots, 0) \in W_3$, aber $(-1)\boldsymbol{x} = (-1, 0, \ldots, 0) \notin W_3$.

d) W_4 ist Teilraum von V, da $W_4 = V$. Ist $x \in V$ beliebig, dann gilt stets $\sum_{i=1}^{n} x_i^2 \geq 0$.

Lösung 4.27

a) Hier liegen Vektoren der Form

$$\boldsymbol{x} = (x_1, -x_2)^T$$

vor. Sei $y = (y_1, -y_2)$ ein weiterer Vektor von dieser Form, dann ist auch

$$x + y = (x_1 + y_1, -(x_2 + y_2))^T$$

von dieser Gestalt. Auch die Multiplikation mit $\lambda \in \mathbb{R}$, also

$$\lambda x = (\lambda x_1, -\lambda x_2)^T =: (\tilde{x}_1, -\tilde{x}_2)^T,$$

ändert daran nichts. Also liegt hier ein Unterraum des $\mathbb{R}^2$ vor.

b) Es gilt

$$x_1^2 + x_2^2 = 0 \iff x_1 = x_2 = 0.$$

Hier liegt also der triviale Unterraum $\{0\}$ vor.

c) Hier gilt

$$x_1^2 - x_2^2 = 0 \iff x_1 = x_2 \ \vee \ x_1 = -x_2.$$

Jedoch liegt der Vektor $(x_1, x_2)^T + (x_1, -x_2)^T = (2x_1, 0)^T$ für $x_1 \neq 0$ nicht in der vorgegebenen Menge. Also haben wir hier keinen Unterraum.

d) Es ist kein Unterraum, da der Nullvektor nicht in der Menge liegt.

e) Es ist kein Unterraum, da der Nullvektor nicht in der Menge liegt.

f) Wählen Sie $x_1 = 1$, dann ist $x_2 = 1$. Der Vektor $(1,1)^T + (1,1)^T = (2,2)^T$ erfüllt die geforderte Eigenschaft jedoch nicht. Wir haben also keinen Unterraum.

g) Diese Menge ist ein Unterraum des $\mathbb{R}^2$, denn

$$x_1^3 = x_2^3 \iff x_1 = x_2.$$

h) Für $\lambda \in \mathbb{R} \setminus \mathbb{Z}$ gilt $\lambda x_1 \notin \mathbb{Z}$. Also ist die so definierte Teilmenge des $\mathbb{R}^2$ kein Teilraum.

Lösung 4.28

Dazu lösen wir das Gleichungssystem

$$\begin{pmatrix} 2 & -1 & 1 & | & 3 \\ -1 & 1 & 1 & | & -1 \\ 3 & 1 & 9 & | & 0 \\ 2 & -3 & -5 & | & -1 \end{pmatrix} \longrightarrow \text{GAUSS} \longrightarrow \begin{pmatrix} -1 & 1 & 1 & | & 3 \\ 0 & 4 & 12 & | & -1 \\ 0 & 1 & 3 & | & 0 \\ 0 & 0 & 0 & | & -2 \end{pmatrix}$$

und erkennen, dass der Vektor x nicht mit den vorgelegten Vektoren v_1, v_2 und v_3 dargestellt werden kann.

Lösung 4.29

Wir zeigen beide Richtungen.

„$\Longleftarrow$": Sei $U_1 \subset U_2$, dann ist $U_1 \cup U_2 = U_2$ ein Teilraum von V. Vertauschung der Indizes führt auf die zweite Inklusion.

„$\Longrightarrow$": Sei also $U_1 \cup U_2$ ein Teilraum von V. Wir nehmen an, dass $U_1 \not\subset U_2$. Dann existiert ein $x \in U_1 \setminus U_2$. Sei weiter $y \in U_2$, dann ist $x + y \in U_1 \cup U_2$, da $x \in U_1 \cup U_2$ und $y \in U_1 \cup U_2$.

Wir nehmen nun an, dass $x + y \in U_2$. Dann folgt

$$x = (x + y) - y \in U_2$$

(da U_2 Teilraum ist), und das ist ein Widerspruch zu $x \in U_1 \setminus U_2$. Folglich gilt

$$x + y \in U_1.$$

Wegen $x \in U_1$, ist schließlich $y = (x + y) - x \in U_1$. Damit ist $U_2 \subset U_1$, womit alles nachgewiesen ist. Vertauschung der Indizes führt auch hier auf die zweite Inklusion.

Anmerkung Die Vereinigung $U_1 \cup U_2$ zweier Unterräume ist i. Allg. kein Unterraum. Seien dazu $U_1 = \{(x, 0)^T : x \in \mathbb{R}\}$ und $U_2 = \{(0, y)^T : y \in \mathbb{R}\}$ Unterräume des $\mathbb{R}^2$. Dann sind die Vektoren

$$(1, 0)^T, \ (0, 1)^T \in U_1 \cup U_2.$$

Jedoch ist die Linearkombination $(1, 0)^T + (0, 1)^T = (1, 1)^T \notin U_1 \cup U_2$. Die Vereinigung ist eben nur unter den in der Aufgabe genannten Bedingungen ein Teilraum.

Lösung 4.30

Dabei bestimmen wir in der nachfolgenden Matrix $a, b, c \in \mathbb{R}$, sodass nach einigen GAUSS-Umformungen der eindeutig lösbare Fall vorliegt. Wir erhalten

$$\begin{pmatrix} -1 & -1 & a \\ 3 & 0 & b \\ 0 & 3 & c \end{pmatrix} \longrightarrow \ \text{GAUSS} \ \longrightarrow \begin{pmatrix} -1 & -1 & a \\ 0 & -3 & 3a + b \\ 0 & 0 & 3a + b + c \end{pmatrix}.$$

Die geforderte Eigenschaft liegt vor, wenn $3a + b + c \neq 0$ gilt. Somit spannt z. B. der Vektor

$$w = (-1, 2, 2)^T$$

den Unterraum W auf.

4.4 Linearkombination

Aufgabe 4.31

Für welche $a, b \in \mathbb{R}$ sind nachfolgende Vektoren in $\mathbb{R}^3$ LU?

a) $v_1 = (a^2, 1, b)^T$, $v_2 = (b, -1, 1)^T$,
b) $w_1 = (a, 0, 1)^T$, $w_2 = (0, a, 2)^T$, $w_3 = (3, 2, b)^T$.

Aufgabe 4.32

Überprüfen Sie die Vektoren $v_1 = (1, -2, 5, -3)^T$, $v_2 = (3, 2, 1, -4)^T$ und $v_3 = (3, 8, -3, -5)^T$ auf LU. Ergänzen Sie diese Vektoren derart, dass jeder Vektor $w \in \mathbb{R}^4$ damit linear kombiniert werden kann.

Aufgabe 4.33

Ergänzen Sie den Vektor $v = (100, 100, 100)^T$ mit zwei weiteren linear unabhängigen Vektoren des $\mathbb{R}^3$.

Aufgabe 4.34

Gegeben seien die Monome $f_i(x) = x^i$, $i = 0, 1, 2$ und $g(x) = (1 - x)(1 + x)$. Gilt $f_1 \in$ span$\{f_0, f_2, g\}$?

Aufgabe 4.35

Gegeben seien $u_1^T = (1, 1, 1)$, $u_2^T = (1, 1, 0)$, $u_3^T = (0, 0, 1)$ und $u_4^T = (0, 1, 0)$. Zeigen Sie

$$\text{span}\{u_1, u_2\} + \text{span}\{u_3, u_4\} = \text{span}\{u_1, u_2\} \oplus \text{span}\{u_4\}.$$

Aufgabe 4.36

Gegeben sei der Vektorraum $\mathbb{C}^3$ über $\mathbb{C}$. Ferner seien

$$v_1 := (3, 1, i)^T, \quad v_2 := (-2, -i, 1)^T \quad \text{und} \quad v_3 := (1 - i, 0, -2 + 2i)^T.$$

a) Liegt der Vektor $w := (3i, 0, -4)^T$ im span$\{v_1, v_2, v_3\}$?
b) Lässt sich jedes Element aus $\mathbb{C}^3$ als Linearkombination der Vektoren v_1, v_2, v_3 darstellen?

Aufgabe 4.37

Zeigen Sie, dass die Vektoren $v_1, \ldots, v_n \in V$ genau dann LA sind, wenn einer von diesen als Linearkombination der anderen darstellbar ist.

Lösungsvorschläge

Lösung 4.31

Wir führen GAUSS-Schritte durch, um eine Zeilenstufenform zu schaffen.

a)

$$
\begin{pmatrix} a^2 & b \\ 1 & -1 \\ b & 1 \end{pmatrix} \longrightarrow \text{GAUSS} \longrightarrow \begin{pmatrix} 1 & -1 \\ 0 & b + a^2 \\ 0 & 1 + b \end{pmatrix}.
$$

Da die letzte Zeile verschwinden muss, ergibt sich

$$
b = -1 \implies a \neq \pm 1.
$$

b)

$$
\begin{pmatrix} a & 0 & 3 \\ 0 & a & 2 \\ 1 & 2 & b \end{pmatrix} \longrightarrow \text{GAUSS} \longrightarrow \begin{pmatrix} 1 & 2 & b \\ 0 & -2a & 3 - ab \\ 0 & 0 & 7 - ab \end{pmatrix}.
$$

Sie erkennen folgende Wahl:

$$
\left(a \neq 0 \ \wedge \ 7 - ab \neq 0 \right) \implies b \neq \frac{7}{a}.
$$

Lösung 4.32

Umformungen ergeben

$$
\begin{pmatrix} 1 & 3 & 3 \\ -2 & 2 & 8 \\ 5 & 1 & -3 \\ -3 & -4 & -5 \end{pmatrix} \longrightarrow \text{GAUSS} \longrightarrow \begin{pmatrix} 1 & 3 & 3 \\ 0 & 4 & 7 \\ 0 & 0 & 13 \\ 0 & 0 & 0 \end{pmatrix}.
$$

Damit sind die drei Vektoren linear unabhängig. Einen weiteren linear unabhängigen Vektor bekommen wir, indem wir die nachstehende Matrix auf Staffelform bringen. Eine etwas unangenehme Rechnung ergibt

$$
\begin{pmatrix} 1 & 3 & 3 & a \\ -2 & 2 & 8 & b \\ 5 & 1 & -3 & c \\ -3 & -4 & -5 & d \end{pmatrix} \longrightarrow \text{GAUSS} \longrightarrow \begin{pmatrix} 1 & 3 & 3 & a \\ 0 & 8 & 14 & b^* \\ 0 & 0 & -52 & c^* \\ 0 & 0 & 0 & d^* \end{pmatrix},
$$

wobei

$$
\begin{aligned}
b^* &= 2a + b, \\
c^* &= -12a - 5b + 8d, \\
d^* &= 17a + 17b + 19c + 26d.
\end{aligned}
$$

So liefert z. B. die Forderung $d^* \overset{!}{=} 79 \neq 0$ den Vektor

$$
\boldsymbol{v}_4 = (1, 1, 1, 1)^T.
$$

Die Koeffizienten $b := c := d := 1$ darin wurden frei gewählt.

Lösung 4.33

Die Vektoren $w = (1, 0, 0)^T$ und $u = (1, 1, 0)^T$ sind zwei weitere linear unabhängige Vektoren. Dies ist leicht zu sehen, denn die Matrix (w, u, v) hat ja schon die gewünschte Staffelform.

Lösung 4.34

Die Forderung

$$f_1 \overset{!}{=} \alpha f_0 + \beta f_2 + \gamma g$$

bzw.

$$x = \alpha + \beta x^2 + \gamma (1 - x)(1 + x) = \alpha + \beta x^2 + \gamma - \gamma x^2$$

lässt sich für keine $\alpha, \beta, \gamma \in \mathbb{R}$ erfüllen. Dagegen lässt sich beispielsweise g mithilfe von f_0, f_1, f_2 durch die Wahl $\alpha = 1$, $\beta = 0$, $\gamma = -1$ darstellen.

Lösung 4.35

Es gilt

$$u_3 \in \text{span}\{u_1, u_2\},$$

da $u_1 - u_2 = u_3$. Zudem sind die 3 Vektoren u_1, u_2 und u_4 linear unabhängig, da die gewünschte Staffelform

$$(u_1, u_2, u_4) \longrightarrow \begin{pmatrix} 1 & 1 & 0 \\ 0 & 1 & 0 \\ 0 & 0 & 1 \end{pmatrix}$$

mit wenigen GAUSS-Schritten geschaffen werden kann.

Lösung 4.36

a) Wenn der Vektor w im Spann der drei Vektoren v_1, v_2 und v_3 liegt, hat das lineare Gleichungssystem

$$(\lambda_1 v_1, \lambda_2 v_2, \lambda_3 v_3) = w$$

genau eine Lösung $(\lambda_1, \lambda_2, \lambda_3)^T \in \mathbb{C}$. Wir führen dazu an der erweiterten, komplexen Koeffizientenmatrix einige GAUSS-Schritte durch:

$$\left(\begin{array}{ccc|c} 3 & -2 & 1-i & 3i \\ 1 & -i & 0 & 0 \\ i & 1 & -2+2i & -4 \end{array} \right) \overset{I \leftrightarrow II}{\longrightarrow} \left(\begin{array}{ccc|c} 1 & -i & 0 & 0 \\ 3 & -2 & 1-i & 3i \\ i & 1 & -2+2i & -4 \end{array} \right)$$

$$
\begin{array}{l}
II - 3 \cdot I \\
III - i \cdot I \\
\longrightarrow
\end{array}
\left(
\begin{array}{ccc|c}
1 & -i & 0 & 0 \\
0 & -2+3i & 1-i & 3i \\
0 & 0 & -2+2i & -4
\end{array}
\right).
$$

Sie erkennen hier die Dreiecksgestalt, woraus die eindeutige Lösbarkeit folgt. Übungshalber schreiben wir die Lösung noch auf. Rückwärtssubstitution liefert

$$
\lambda_3 = \frac{-4}{-2+2i} = 1+i,
$$

$$
\lambda_2 = \frac{-2+3i}{-2+3i} = 1,
$$

$$
\lambda_1 = i,
$$

d. h. zusammengefasst

$$
\mathbb{L} = \{ \boldsymbol{\lambda} = (1+i,1,i)^T \}.
$$

b) Die obige Staffelform zeigt, dass die gegebenen Vektoren in $\mathbb{C}^3$ linear unabhängig sind, jeder Vektor damit also kombinierbar ist.

Lösung 4.37

Wir zeigen „$\Longrightarrow$": Seien also $v_1, \ldots, v_n \in V$ linear abhängig. Dann folgt aus

$$
\sum_{i=1}^{n} \lambda_i v_i = 0,
$$

dass mindestens ein Index $j \in \{1, \ldots, n\}$ existiert mit

$$
v_j = -\frac{1}{\lambda_j}(\lambda_1 v_1 + \ldots + \lambda_{j-1} v_{j-1} + \lambda_{j+1} v_{j+1} + \ldots + \lambda_n v_n),
$$

wobei $\lambda_j \neq 0$ gilt.

Wir zeigen „$\Longleftarrow$": Jetzt gilt

$$
v_j = \mu_1 v_1 + \ldots + \mu_{j-1} v_{j-1} + \mu_{j+1} v_{j+1} + \ldots + \mu_n v_n),
$$

dann resultiert aus der Umformung

$$
0 = \mu_1 v_1 + \ldots + \mu_{j-1} v_{j-1} + \underbrace{1}_{=\lambda_j} \cdot v_j + \mu_{j+1} v_{j+1} + \ldots + \mu_n v_n),
$$

dass mindestens der Koeffizient $\lambda_j \neq 0$ ist. Damit ist das gegebene System von Vektoren linear abhängig.

4.5 Dimension und Basis

Aufgabe 4.38
Nennen Sie einen Vektorraum V mit $\dim V = \infty$.

Aufgabe 4.39
Gegeben seien die folgenden Vektoren im $\mathbb{R}^4$:

$$b_1 = \begin{pmatrix} 1 \\ 1 \\ 1 \\ -3 \end{pmatrix}, \quad b_2 = \begin{pmatrix} 3 \\ 3 \\ -4 \\ -2 \end{pmatrix}, \quad b_3 = \begin{pmatrix} 2 \\ 2 \\ -2 \\ -2 \end{pmatrix}, \quad b_4 = \begin{pmatrix} 2 \\ -2 \\ 1 \\ -1 \end{pmatrix}.$$

Weiter sei $U = \langle b_1, b_2, b_3, b_4 \rangle$.

a) Bestimmen Sie eine Teilmenge aus den obigen Vektoren, welche eine Basis in U bilden. Wählen Sie die Teilmenge so aus, dass die Summe der Indizes der Vektoren minimal wird.

b) Für welche $\alpha \in \mathbb{R}$ ist $w = (3, -2, 4, \alpha)^T \in U$? Bestimmen Sie die Komponenten von w bezüglich der oben gefundenen Basis.

c) Bestimmen Sie ausgehend von b_1, b_2, b_3, b_4 eine neue Basis des nachstehenden Typs:

$$d_1 = \begin{pmatrix} 1 \\ 0 \\ 0 \\ \beta_1 \end{pmatrix}, \quad d_2 = \begin{pmatrix} 0 \\ 1 \\ 0 \\ \beta_2 \end{pmatrix}, \quad d_3 = \begin{pmatrix} 0 \\ 0 \\ 1 \\ \beta_3 \end{pmatrix}.$$

Bestimmen Sie die Komponenten von w bezüglich dieser Basis.

Aufgabe 4.40
Gegeben seien die Vektoren

$$u_1 = \begin{pmatrix} 1 \\ 2 \\ -1 \\ -1 \\ 1 \end{pmatrix}, \quad u_2 = \begin{pmatrix} 2 \\ 1 \\ 0 \\ -1 \\ 2 \end{pmatrix}, \quad u_3 = \begin{pmatrix} 3 \\ 1 \\ 1 \\ -2 \\ 3 \end{pmatrix}, \quad u_4 = \begin{pmatrix} 0 \\ 1 \\ -2 \\ 1 \\ 0 \end{pmatrix}.$$

a) Sind $u_1 \cdots u_4$ linear unabhängig?

b) Bestimmen Sie eine Basis für die lineare Hülle $\langle u_1, u_2, u_3, u_4 \rangle$.

Aufgabe 4.41

Gegeben seien die Vektoren

$$v_1 = \begin{pmatrix} 1 \\ -1 \\ 2 \\ 0 \end{pmatrix}, \quad v_2 = \begin{pmatrix} 0 \\ -1 \\ 1 \\ 2 \end{pmatrix}, \quad v_3 = \begin{pmatrix} 3 \\ -5 \\ 8 \\ 4 \end{pmatrix}, \quad w = \begin{pmatrix} 5 \\ \alpha \\ \beta \\ 8 \end{pmatrix}.$$

a) Für welche α, β ist w eine Linearkombination der v_i, $i = 1, 2, 3$? Bestimmen Sie die Koeffizienten der Linearkombination.

b) Sind die v_1, v_2, v_3 linear unabhängig? Begründen Sie Ihre Antwort.

c) Bestimmen Sie eine Basis für die lineare Hülle $< v_1, v_2, v_3 >$.

Aufgabe 4.42

Bestimmen Sie im $\mathbb{R}^4$, falls das möglich ist, eine Basis, welche die Vektoren $v_1 = (3, -2, 0, 0)^T$ und $v_2 = (0, 1, 0, 1)^T$ enthält.

Aufgabe 4.43

Sei V ein $\mathbb{K}$-Vektorraum mit Basis $(v_1, \cdots, v_r)$, $w = \lambda_1 v_1 + \cdots \lambda_r v_r$ und $k \in \{1, \cdots, r\}$ mit $\lambda_k \neq 0$. Zeigen Sie, dass dann auch

$$(v_1, \cdots, v_{k-1}, w, v_{k+1}, \cdots, , v_r)$$

eine Basis des Vektorraums ist (Austauschlemma).

Aufgabe 4.44

Zeigen Sie, dass für den Vektorraum $\mathbb{C}$ über $\mathbb{R}$ gilt:

a) $\{1, i\}$ ist eine Basis,

b) $\{a + ib, c + id\}$ ist genau dann eine Basis, wenn $ad - bc \neq 0$.

Lösungsvorschläge

Lösung 4.38

Der Vektorraum aller Polynome über $\mathbb{K}$ hat unendliche Dimension, wobei $\mathbb{K}$ kein endlicher Körper ist.

Lösung 4.39

a)

$$(\boldsymbol{b}_1, \boldsymbol{b}_2, \boldsymbol{b}_3, \boldsymbol{b}_4) = \begin{pmatrix} 1 & 3 & 2 & 2 \\ 1 & 3 & 2 & -2 \\ 1 & -4 & -2 & 1 \\ -3 & -2 & -2 & -1 \end{pmatrix} \rightsquigarrow \begin{pmatrix} 1 & 3 & 2 & 2 \\ 0 & -7 & -4 & -1 \\ 0 & 0 & 0 & 4 \\ 0 & 0 & 0 & 0 \end{pmatrix}.$$

Damit bilden $\boldsymbol{b}_1, \boldsymbol{b}_2, \boldsymbol{b}_4$ eine Basis, welche auch die kleinste Indexsumme hat. Denn würde man $\boldsymbol{b}_4$ streichen, hätte man nur noch zwei linear unabhängige Vektoren. Die Wahl von $\boldsymbol{b}_3$ anstatt des Vektors $\boldsymbol{b}_2$ würde die Indexsummen erhöhen.

b) Es gilt mit GAUSS:

λ_1	λ_2	λ_4		
1	3	2	|	3
1	3	-2	|	-2
1	-4	1	|	4
-3	-2	-1	|	α

$\rightsquigarrow$

λ_1	λ_2	λ_4		
1	3	2	|	3
0	-7	-1	|	1
0	0	-4	|	-5
0	0	0	|	$\alpha + 5$

Dieses System ist nur für $\alpha = -5$ lösbar. Das bedeutet, nur für $\alpha = -5$ ist $w \in U$. Außerdem gilt

$$\lambda_4 = \frac{5}{4}, \quad \lambda_2 = -\frac{9}{28}, \quad \lambda_1 = \frac{41}{28}.$$

c) Wir führen jetzt den GAUSS-Algorithmus *spaltenweise* durch. Wir erhalten

$$\begin{pmatrix} 1 & 3 & 2 & 2 \\ 1 & 3 & 2 & -2 \\ 1 & -4 & -2 & 1 \\ -3 & -2 & -2 & -1 \end{pmatrix} \rightsquigarrow \begin{pmatrix} 1 & 0 & 0 & 0 \\ 1 & 4 & 0 & 0 \\ 1 & 1 & 1 & 0 \\ -3 & -5 & -1 & 0 \end{pmatrix} \rightsquigarrow \begin{pmatrix} 1 & 0 & 0 \\ 1 & 4 & 0 \\ 1 & 1 & 1 \\ -3 & -5 & -1 \end{pmatrix}$$

$$\rightsquigarrow \begin{pmatrix} 1 & 0 & 0 \\ 1 & 4 & 0 \\ 0 & 0 & 1 \\ -2 & -4 & -1 \end{pmatrix} \rightsquigarrow \begin{pmatrix} 1 & 0 & 0 \\ 0 & 1 & 0 \\ 0 & 0 & 1 \\ -1 & -1 & -1 \end{pmatrix} = (\boldsymbol{d}_1, \boldsymbol{d}_2, \boldsymbol{d}_3).$$

Sie sehen jetzt auch sofort, dass

$$w = 3\boldsymbol{d}_1 - 2\boldsymbol{d}_2 + 4\boldsymbol{d}_3.$$

Lösung 4.40

a) Die 4 Vektoren sind linear abhängig, weil die GAUSS-Umformungen nicht auf die gewünschte Staffelform führen. Wir erhalten nämlich

$$\begin{pmatrix} 1 & 2 & 3 & 0 \\ 2 & 1 & 1 & 1 \\ -1 & 0 & 1 & -2 \\ -1 & -1 & -2 & 1 \\ 1 & 2 & 3 & 0 \end{pmatrix} \rightsquigarrow \begin{pmatrix} 1 & 2 & 3 & 0 \\ 0 & 1 & 1 & 1 \\ 0 & 0 & -2 & 4 \\ 0 & 0 & 0 & 0 \\ 0 & 0 & 0 & 0 \end{pmatrix}.$$

b) Dazu legen wir die Vektoren auf den Bauch und führen erneut den GAUSS-Algorithmus durch. Wir erhalten nach mehreren Schritten (zur einfacheren Berechnung wurden auch Zeilen vertauscht):

$$\begin{pmatrix} u_1^T \\ u_2^T \\ u_3^T \\ u_4^T \end{pmatrix} = \begin{pmatrix} 1 & 2 & -1 & -1 & 1 \\ 2 & 1 & 0 & -1 & 2 \\ 3 & 1 & 1 & -2 & 3 \\ 0 & 1 & -2 & 1 & 0 \end{pmatrix} \rightsquigarrow \begin{pmatrix} 1 & 2 & -1 & -1 & 1 \\ 0 & 1 & -2 & 1 & 0 \\ 0 & 0 & -1 & -1 & 0 \\ 0 & 0 & 0 & 0 & 0 \end{pmatrix} =: \begin{pmatrix} v_1^T \\ v_2^T \\ v_3^T \\ 0 \end{pmatrix}.$$

Die Vektoren v_1, v_2 und v_3 sind damit eine Basis der vorgegebenen linearen Hülle.

Lösung 4.41

a) Wir machen wieder den Ansatz $w = \lambda_1 v_1 + \lambda_2 v_2 + \lambda_3 v_3$, also

$$\begin{aligned} \lambda_1 \quad\quad + 3\lambda_3 &= 5, \\ -\lambda_1 - \lambda_2 - 5\lambda_3 &= \alpha, \\ 2\lambda_1 + \lambda_2 + 8\lambda_3 &= \beta, \\ \lambda_2 + 4\lambda_3 &= 8. \end{aligned}$$

Wir wenden den GAUSS-Algorithmus auf die erweiterte Koeffizientenmatrix an:

$$\left(\begin{array}{ccc|c} 1 & 0 & 3 & 5 \\ 0 & 2 & 4 & 8 \\ -1 & -1 & -5 & \alpha \\ 2 & 1 & 8 & \beta \end{array} \right) \rightsquigarrow \left(\begin{array}{ccc|c} 1 & 0 & 3 & 5 \\ 0 & 1 & 2 & 4 \\ 0 & 0 & 0 & \alpha + 9 \\ 0 & 0 & 0 & \beta - 14 \end{array} \right).$$

Das System ist also nur dann lösbar, wenn $\alpha = -9$ und $\beta = 14$ ist. Folglich ist w eine Linearkombination der v_1, v_2, v_3 mit

$$\lambda_1 = \lambda \quad \text{(beliebig)},$$

$$\lambda_2 = 4 - 2\lambda,$$

$$\lambda_3 = 5 - 3\lambda.$$

b) Die Vektoren v_1, v_2, v_3 sind linear abhängig, denn für $\alpha = -9$ und $\beta = 14$ ist w als
Linearkombination der v_1, v_2, v_3 nicht eindeutig.

c) Es gilt $v_3 = 3v_1 + 2v_2$. Die Vektoren v_1 und v_2 sind linear unabhängig, also sind diese
beiden Vektoren eine Basis von $< v_1, v_2, v_3 >$.
Genauso bilden natürlich auch v_1, v_3 oder v_2, v_3 eine Basis.

Lösung 4.42

Das ist möglich und auch recht einfach. Mit den beiden vorgegebenen Vektoren ist es möglich, eine Matrix in der gewünschten Dreiecksform hinzuschreiben, welche die vorgelegten
Vektoren enthält. Die Matrix

$$A = \begin{pmatrix} 1 & 3 & 0 & 0 \\ 0 & -2 & 0 & 1 \\ 0 & 0 & 1 & 0 \\ 0 & 0 & 0 & 1 \end{pmatrix}$$

hat diese Form, und die Vektoren in der 1. und in der 3. Spalte bilden zwei weitere linear
unabhängige Vektoren.

Lösung 4.43

Der Einfachheit halber setzen wir $k = 1$. Sei nun $v \in V$, dann ist

$$v = \mu_1 v_1 + \cdots \mu_r v_r$$

mit gewissen $\mu_1, \ldots, \mu_r \in \mathbb{K}$. Da nun $\lambda_1 \neq 0$, dürfen wir

$$v_1 = \frac{1}{\lambda_1} w - \frac{\lambda_2}{\lambda_1} v_2 - \ldots - \frac{\lambda_r}{\lambda_1} v_r,$$

schreiben und bekommen damit die Darstellung

$$v = \frac{\mu_1}{\lambda_1} w + \left(\mu_2 - \frac{\mu_1 \lambda_2}{\lambda_1} \right) v_2 + \ldots + \left(\mu_r - \frac{\mu_1 \lambda_r}{\lambda_1} \right) v_r.$$

Damit ist auch $v \in < w, v_2, \ldots, v_r >$.

Jetzt fehlt noch der Nachweis der linearen Unabhängigkeit der Vektoren $w, v_2, \ldots, v_r$.
Sei

$$\mu w + \mu_2 v_2 + \ldots + \mu_r v_r = 0$$

mit gewissen $\mu, \mu_2, \ldots, \mu_r \in \mathbb{K}$. Dann ergibt sich mit $w = \lambda_1 v_1 + \cdots \lambda_r v_r$ die Darstellung

$$\mu \lambda_1 v_1 + (\mu \lambda_2 + \mu_2) v_2 + \ldots + (\mu \lambda_r + \mu_r) v_r = 0.$$

Da $v_1, \ldots, v_r$ linear unabhängig sind, folgt

$$\mu\lambda_1 = \mu\lambda_2 + \mu_2 = \ldots = \mu\lambda_r + \mu_r = 0.$$

Schließlich folgt aus $\lambda_1 \neq 0$, dass $\mu = 0$ und damit auch

$$\mu_2 = \ldots = \mu_r = 0.$$

Lösung 4.44

a) Mit $\alpha \cdot 1 + \beta \cdot i$, $\alpha, \beta \in \mathbb{R}$ lässt sich jede komplexe Zahl eindeutig kombinieren, womit die vorgegebene Menge eine Basis darstellt. Insbesondere funktioniert die Darstellung der $0 = 0 + i \cdot 0$ nur mit der Wahl $a = b = 0$.

b) Natürlich sind zwei beliebige komplexe Zahlen auch eine Basis in $\mathbb{C}$ über $\mathbb{R}$ genau dann, wenn sie nicht reelle Vielfache voneinander sind oder eine von beiden die 0 ist. Diese beiden Forderungen sind wiederum genau dann erfüllt, wenn kein $\lambda \in \mathbb{R}$ existiert mit

$$a + ib = \lambda(c + id),$$

und

$$\lambda = \frac{ac + ibc - iad + bd}{c^2 + d^2} \notin \mathbb{R} \iff ad \neq bc.$$

Anders formuliert: Wäre $ad = bc$, dann wäre $\lambda \in \mathbb{R}$, und genau das wollen wir nach den obigen Ausführungen nicht! Die Darstellung $\lambda(a + ib) = c + id$ führt auf dasselbe Resultat.

Anmerkung Weitere Basiselemente sind z. B. $\{1 + i, i\}$ und $\{1, -i\}$. Keine Basiselemente sind z. B. $\{i, i\}$, $\{-i, i\}$ oder auch $\{1, i, -i\}$.

4.6 Affine Unterräume (Untermannigfaltigkeiten)

Aufgabe 4.45

Die drei Punkte $P_1 = (3, 4, 2)^T$, $P_2 = (1, 2, 3)^T$, $P_3 = (-7, -6, 11)^T$ spannen eine Ebene auf. Formulieren Sie diese in der Parameterdarstellung.

Aufgabe 4.46

Bestätigen oder widerlegen Sie:

a) Die drei Geraden im $\mathbb{R}^2$

$$L_1 = \begin{pmatrix} -7 \\ 0 \end{pmatrix} + \lambda \begin{pmatrix} 2 \\ 1 \end{pmatrix}, \quad L_2 = \begin{pmatrix} 5 \\ 0 \end{pmatrix} + \mu \begin{pmatrix} -1 \\ 1 \end{pmatrix}, \quad L_3 = \begin{pmatrix} 0 \\ 8 \end{pmatrix} + \nu \begin{pmatrix} -1 \\ 4 \end{pmatrix},$$

$\lambda, \mu, \nu \in \mathbb{R}$, schneiden sich in einem Punkt.

b) Die drei Punkte $P_1 = (10, -4)^T$, $P_2 = (4, 0)^T$ und $P_3 = (-5, 6)^T$ liegen auf einer Geraden.

Aufgabe 4.47

U wird durch die Vektoren $\boldsymbol{u}_1 = (1, 2, -1)^T$ und $\boldsymbol{u}_2 = (2, -3, 2)^T$ aufgespannt, W durch die Vektoren $\boldsymbol{w}_1 = (4, 1, 3)^T$ und $\boldsymbol{w}_2 = (-3, 1, 2)^T$. Sind U und W identische Unterräume im $\mathbb{R}^3$?

Aufgabe 4.48

Die beiden Punkte $P_0 = (2, -4, 3)$ und $P_1 = (2, 3, -4)$ legen eine Gerade im $\mathbb{R}^3$ fest, die drei Punkte $Q_0 = (2, -4, 3)$, $Q_1 = (2, 3, -4)$ und $Q_2 = (-2, -4, 6)$ eine Ebene. Formulieren Sie die Parameterdarstellung von Gerade und Ebene und berechnen Sie (im Falle der Existenz) den Schnittpunkt.

Lösungsvorschläge

Lösung 4.45

Die Ebene hat die Darstellung

$$E : \boldsymbol{x} = \boldsymbol{p}_1 + \lambda(\boldsymbol{p}_2 - \boldsymbol{p}_1) + \mu(\boldsymbol{p}_3 - \boldsymbol{p}_1), \quad \lambda, \mu \in \mathbb{R}.$$

In Zahlen lautet sie

$$E : \boldsymbol{x} = \begin{pmatrix} 3 \\ 4 \\ 2 \end{pmatrix} + \lambda \begin{pmatrix} -2 \\ -2 \\ 1 \end{pmatrix} + \mu \begin{pmatrix} -10 \\ -10 \\ 9 \end{pmatrix}.$$

Lösung 4.46

a) $\boldsymbol{x} \in L_1 \cap L_2$, d. h., es existieren $\lambda, \mu \in \mathbb{R}$, sodass

$$\begin{pmatrix} -7 \\ 0 \end{pmatrix} + \lambda \begin{pmatrix} 2 \\ 1 \end{pmatrix} = \begin{pmatrix} 5 \\ 0 \end{pmatrix} + \mu \begin{pmatrix} -1 \\ 1 \end{pmatrix} \quad \text{bzw.} \quad \begin{pmatrix} 2 \\ 1 \end{pmatrix} \lambda + \begin{pmatrix} 1 \\ -1 \end{pmatrix} \mu = \begin{pmatrix} 12 \\ 0 \end{pmatrix}.$$

Es ist also ein Gleichungssystem mit zwei Gleichungen und Unbekannten zu lösen. Das GAUSS'sche Eliminationsverfahren liefert

$$\begin{pmatrix} 2 & 1 & | & 12 \\ 1 & -1 & | & 0 \end{pmatrix} \longrightarrow \begin{pmatrix} 1 & -1 & | & 0 \\ 2 & 1 & | & 12 \end{pmatrix} \longrightarrow \begin{pmatrix} 1 & -1 & | & 0 \\ 0 & 3 & | & 12 \end{pmatrix},$$

also $\mu = 4$, $(\lambda = 4)$ und somit $\boldsymbol{x} = \begin{pmatrix} 5 \\ 0 \end{pmatrix} + 4 \begin{pmatrix} -1 \\ 1 \end{pmatrix} = \begin{pmatrix} 1 \\ 4 \end{pmatrix}.$

Einsetzen in L_3: $x = \begin{pmatrix} 0 \\ 8 \end{pmatrix} + v \begin{pmatrix} -1 \\ 4 \end{pmatrix}$ liefert zwei Bestimmungsgleichungen für $v \in \mathbb{R}$, die beide die gleiche Lösung erfordern:

$$\begin{pmatrix} 1 \\ -4 \end{pmatrix} = v \begin{pmatrix} -1 \\ 4 \end{pmatrix} \quad \Longleftrightarrow \quad v = -1.$$

b) Die Gerade durch $\begin{pmatrix} 10 \\ -4 \end{pmatrix}$, $\begin{pmatrix} 4 \\ 0 \end{pmatrix}$ ist die Menge der $x \in \mathbb{R}^2$, sodass

$$x = \begin{pmatrix} 4 \\ 0 \end{pmatrix} + t \begin{pmatrix} 6 \\ -4 \end{pmatrix}$$

und $x = \begin{pmatrix} -5 \\ 6 \end{pmatrix}$ liegt auf dieser Geraden, da die sich ergebenden zwei Gleichungen für t die gleiche Lösung haben müssen:

$$\begin{pmatrix} -9 \\ 6 \end{pmatrix} = t \begin{pmatrix} 6 \\ -4 \end{pmatrix} \quad \Longleftrightarrow \quad t = -\frac{3}{2}.$$

Lösung 4.47

Die erste Möglichkeit zur Lösung erfolgt durch Raten. Wir stellen fest, dass

$$u_1 + u_2 = \begin{pmatrix} 3 \\ -1 \\ 1 \end{pmatrix} \notin W,$$

denn $u_1 + u_2$ lässt sich nicht mit den Basisvektoren von W linear kombinieren. Dazu schauen wir uns die entsprechende erweiterte Koeffizientenmatrix an und führen GAUSS-Schritte durch:

$$\left(\begin{array}{cc|c} 4 & -3 & 3 \\ 1 & 1 & -1 \\ 3 & 2 & 1 \end{array} \right) \overset{I \leftrightarrow II}{\longleftrightarrow} \left(\begin{array}{cc|c} 1 & 1 & -1 \\ 4 & -3 & 3 \\ 3 & 2 & 1 \end{array} \right) \overset{\substack{II - 4 \cdot I \\ III - 3 \cdot I}}{\longrightarrow} \left(\begin{array}{cc|c} 1 & 1 & -1 \\ 0 & -7 & 7 \\ 0 & -1 & 4 \end{array} \right)$$

$$\overset{II \leftarrow \frac{1}{7} \cdot II}{\longrightarrow} \left(\begin{array}{cc|c} 1 & 1 & -1 \\ 0 & -1 & 1 \\ 0 & -1 & 4 \end{array} \right) \overset{III - II}{\longrightarrow} \left(\begin{array}{cc|c} 1 & 1 & -1 \\ 0 & -1 & 1 \\ 0 & 0 & 3 \end{array} \right),$$

und dies ist der unlösbare Fall.

Der zweite Lösungsansatz liegt in der Erkenntnis, dass hier zwei Ebenen durch den Null-punkt vorliegen. Wir berechnen die Schnittmenge, gegeben durch die Gleichung

$$\lambda_1 \begin{pmatrix} 1 \\ 2 \\ -1 \end{pmatrix} + \lambda_2 \begin{pmatrix} 2 \\ -3 \\ 2 \end{pmatrix} = \mu_1 \begin{pmatrix} 4 \\ 1 \\ 3 \end{pmatrix} + \mu_2 \begin{pmatrix} -3 \\ 1 \\ 2 \end{pmatrix}.$$

Die Koeffizientenmatrix des resultierenden homogenen Gleichungssystem lautet

$$\begin{pmatrix} 1 & 2 & -4 & 3 \\ 2 & -3 & -1 & -1 \\ -1 & 2 & -3 & -2 \end{pmatrix} \begin{matrix} II - 2 \cdot I \\ III + II \\ \longrightarrow \end{matrix} \begin{pmatrix} 1 & 2 & -4 & 3 \\ 0 & -7 & 7 & -7 \\ 0 & 4 & -7 & 1 \end{pmatrix}$$

$$\begin{matrix} II \to \frac{1}{7} II \\ -\frac{1}{3}(III - 4 \cdot II) \\ \longrightarrow \end{matrix} \begin{pmatrix} 1 & 2 & -4 & 3 \\ 0 & -1 & 1 & -1 \\ 0 & 0 & 1 & 1 \end{pmatrix}.$$

Rückwärtssubstitution liefert folgendes Ergebnis:

$$\begin{aligned} \mu_2 &\in \mathbb{R} \quad \text{frei wählbar,} \\ \mu_1 &= -\mu_2, \\ \lambda_2 &= \mu_1 - \mu_2 = -2\mu_2, \\ \lambda_1 &= -2\lambda_2 + 4\mu_1 - 3\mu_2 = -3\mu_2. \end{aligned}$$

Wir nehmen jetzt die berechneten Werte für $\lambda_1, \lambda_2 \in \mathbb{R}$ und setzen diese in die linke Seite der obigen Gleichung ein. Daraus resultiert die Schnittgerade

$$G : x = -\mu_2 \begin{pmatrix} 7 \\ 0 \\ 1 \end{pmatrix}, \quad \mu_2 \in \mathbb{R}.$$

Sie dürfen auch die berechneten Werte für $\mu_1, \mu_2 \in \mathbb{R}$ in die rechte Seite der obigen Glei-chung einsetzen und erhalten dann dieselbe Gerade.

   Wie würde das Ergebnis im Falle $U = W$ lauten?

Lösung 4.48

Wir bezeichnen mit Kleinbuchstaben die entsprechenden Vektoren in den angegebenen Punkten. Damit bekommen wir für die Gerade G und Ebene E folgende Darstellungen:

$$G : \quad x = p_0 + \lambda(p_1 - p_0) = \begin{pmatrix} 2 \\ -4 \\ 3 \end{pmatrix} + \lambda \begin{pmatrix} 0 \\ 7 \\ -7 \end{pmatrix},$$

$$E: \quad x = q_0 + \mu(q_1 - q_0) + \nu(q_2 - q_0) = \begin{pmatrix} 2 \\ -4 \\ 3 \end{pmatrix} + \mu \begin{pmatrix} 0 \\ 7 \\ -7 \end{pmatrix} + \nu \begin{pmatrix} -4 \\ 0 \\ 3 \end{pmatrix},$$

wobei $\lambda, \mu, \nu \in \mathbb{R}$.

Sie erkennen in den beiden Darstellungen den gemeinsamen Vektor. Das bedeutet, dass die Gerade G in der Ebene E liegt. Eine kurze Rechnung bestätigt dies auch. Setzen wir Gerade und Ebene gleich, dann resultiert daraus ein homogenes lineares Gleichungssystem mit der Koeffizientenmatrix

$$\begin{pmatrix} 0 & -4 & 0 \\ 7 & 0 & -7 \\ -7 & 3 & 7 \end{pmatrix} \overset{\text{Gauss}}{\underset{\cdots}{\longrightarrow}} \begin{pmatrix} 7 & 0 & -7 \\ 0 & 3 & 0 \\ 0 & 0 & 0 \end{pmatrix}$$

in den Unbekannten $\mu, \nu, \lambda \in \mathbb{R}$. Die Lösung lautet:

$$\lambda \in \mathbb{R}, \ \mu = \lambda, \ \nu = 0.$$

Dies ist wieder die Gerade G als gemeinsame Schnittmenge.

4.7 Skalarprodukte in $\mathbb{R}^n$: Winkel und Längen

Aufgabe 4.49
Seien $x, y \in \mathbb{R}^n$. Zeigen Sie

a) $\big| \|x\| - \|y\| \big| \le \|x + y\|$ (umgekehrte Dreiecksungleichung).
b) $\|x\| = \|y\| \iff (x - y) \perp (x + y)$.
c) Welche der Aussagen a) und/oder b) gelten nicht in $\mathbb{C}^2$? Belegen Sie dies durch Gegenbeispiele.

Aufgabe 4.50
Seien $x, y \in \mathbb{R}^n$. Zeigen Sie

$$\|x + y\|^2 = \|x\|^2 + \|y\|^2 \iff x \perp y.$$

Zeigen Sie mithilfe eines Gegenbeispiels, dass diese Aussage in $\mathbb{C}^2$ nicht gilt.

Aufgabe 4.51
Ein Massepunkt m bewege sich reibungsfrei im dreidimensionalen Raum. Die drei Kräfte

$$F_1 = (2, -3, -1)^T, \quad F_2 = (6, 6, 0)^T, \quad F_3 = (-4, 1, 3)^T$$

(Einheit Newton) wirken auf ihn ein.

a) Welche Kraft F_4 muss auf ihn wirken, damit m im Zustand der Ruhe oder der gleichförmigen Bewegung verharrt?

b) Wie groß ist $\|F_4\|$?

c) Wie groß ist der Winkel φ zwischen F_4 und der positiven z-Achse?

Aufgabe 4.52

Gegeben seien die Vektoren

$$v_1 = (0,1,1,1)^T, \quad v_2 = (1,0,1,1)^T, \quad v_3 = (1,1,0,1)^T,$$
$$v = (1,1,1,1)^T, \quad w = (3,4,5,6)^T.$$

a) Bestimmen Sie den Winkel zwischen v und w.

b) Ist w eine Linearkombination aus v_1, v_2, v_3? Berechnen Sie die Koeffizienten.

c) Bestimmen Sie eine ON-Basis $\{e_1, e_2, e_3\}$ in $U = <v_1, v_2, v_3> \subset \mathbb{R}^4$ mit dem SCHMIDT-Verfahren.

d) Bestimmen Sie die Komponenten von w bezüglich $\{e_1, e_2, e_3\}$.

Aufgabe 4.53

Gegeben seien die Vektoren

$$v_1 = (1,1,-1,2)^T, \quad v_2 = (1,-1,1,2)^T, \quad v_3 = (2,1,1,4)^T.$$

Bestimmen Sie eine ON-Basis in $U = <v_1, v_2, v_3>$ mit dem SCHMIDT-Verfahren.

Aufgabe 4.54

Seien $v_1 = (1,1,1,1)^T$ und $v_2 = (1,2,-3,0)^T$ Vektoren aus dem $\mathbb{R}^4$.

a) Zeigen Sie, dass diese orthogonal sind.

b) Finden Sie zwei linear unabhängige Vektoren v_3 und v_4, die zu v_1 und v_2 jeweils orthogonal sind.

c) Bestimmen Sie einen Vektor $w \neq 0$, der zu jedem der Vektoren v_1, v_2, v_3 orthogonal ist, und zeigen Sie zudem, dass dieser als Linearkombination von v_3 und v_4 darstellbar ist.

Aufgabe 4.55

Finden Sie zwei Vektoren $v, w \neq 0$ aus $\mathbb{C}^4$, deren Skalarprodukt den Wert 0 ergibt.

Aufgabe 4.56

Seien $x, y \in \mathbb{R}^n$, $n \in \mathbb{N}$. Zeigen Sie:

$$x = y \quad \Longleftrightarrow \quad \langle x, v \rangle = \langle y, v \rangle, \ v \in \mathbb{R}^n \text{ beliebig.}$$

Lösungsvorschläge

Lösung 4.49

a) Aus der Dreiecksungleichung für Normen ergibt sich Folgendes:

$$\|x\| \quad = \quad \|x + y - y\| \le \|x + y\| + \|y\|$$
$$\implies \quad \|x\| - \|y\| \le \|x + y\|,$$
$$\|y\| \quad = \quad \|y + x - x\| \le \|y + x\| + \|x\|$$
$$\implies \quad -(\|x\| - \|y\|) \le \|x + y\|.$$

Die Betragseigenschaften liefern die Behauptung.

b) Es gilt

$$\langle x + y, x - y \rangle = \langle x, x \rangle + \langle y, x \rangle - \langle x, y \rangle - \langle y, y \rangle = \|x\|^2 - \|y\|^2.$$

Daraus resultiert

$$(x - y) \perp (x + y) \quad \Longleftrightarrow \quad \langle x + y, x - y \rangle = 0 \quad \Longleftrightarrow \quad \|x\| = \|y\|.$$

c) Seien $x = (1, 0)^T$ und $y = (i, 0)^T$, dann gilt

$$\|x\| = \|y\| = 1 \quad \text{und} \quad \langle x + y, x - y \rangle = (1 + i)^2 \ne 0.$$

Damit gilt Aussage b) nicht in $\mathbb{C}^2$.

Dagegen gilt die Dreiecksungleichung und die umgekehrte Dreiecksungleichung auch in $\mathbb{C}^n$, $n \ge 1$.

Lösung 4.50

Es gilt

$$\|x + y\|^2 - \|x\|^2 - \|y\|^2 \quad = \quad \langle x + y, x + y \rangle - \|x\|^2 - \|y\|^2$$
$$= \quad \|x\|^2 + 2\langle x, y \rangle + \|y\|^2 - \|x\|^2 - \|y\|^2$$
$$= \quad 2\langle x, y \rangle.$$

Daran erkennen Sie, dass

$$\|x + y\|^2 = \|x\|^2 + \|y\|^2 \quad \Longleftrightarrow \quad \langle x, y \rangle = 0 \quad \Longleftrightarrow \quad x \perp y.$$

Seien wieder $x = (1, 0)^T$ und $y = (i, 0)^T$, dann gelten

$$\|x + y\|^2 = \|x\|^2 + \|y\|^2 \quad \text{und} \quad \langle x, y \rangle = -i \ne 0.$$

Lösung 4.51

a) Die Gleichgewichtsbedingung nach dem NEWTON'schen Kraftgesetz lautet

$$\sum_{i=1}^{4} F_i = 0,$$

also gilt $F_4 = -\sum_{i=1}^{3} F_i = (-4, -4, -2)^T$.

b) $\|F_4\| = \sqrt{F_4 \cdot F_4} = \sqrt{36} = 6$.

c) Der Einheitsvektor in positiver z-Richtung ist $e_z := (0, 0, 1)^T$. Dann ist

$$\cos\varphi = \frac{e_z \cdot F_4}{\|F_4\|} = -\frac{1}{3},$$

d. h., $\varphi = 1{,}907 = 109$ Grad.

Lösung 4.52

a) Es gilt: $v \cdot w = 18$, $\|v\| = 2$, $\|w\| = \sqrt{86}$, also $\cos\alpha = \frac{18}{2\sqrt{86}}$. Das bedeutet, dass $\alpha = 0{,}2435 = 13{,}95$ Grad.

b) Wir führen wieder GAUSS-Umformungen durch und erhalten nach mehreren Schritten

$$\begin{pmatrix} 0 & 1 & 1 & | & 3 \\ 1 & 0 & 1 & | & 4 \\ 1 & 1 & 0 & | & 5 \\ 1 & 1 & 1 & | & 6 \end{pmatrix} \xrightarrow[\cdots]{\text{Gauss}} \begin{pmatrix} 1 & 1 & 1 & | & 6 \\ 0 & 1 & 1 & | & 3 \\ 0 & 0 & 1 & | & 1 \\ 0 & 0 & 0 & | & 0 \end{pmatrix}.$$

Das heißt demnach $w \in \langle v_1, v_2, v_3 \rangle$, $w = 3v_1 + 2v_2 + v_3$, und die Linearkombination ist eindeutig.

c) Wir wissen, $\{v_1, v_2, v_3\}$ ist eine Basis in U. Mit dem SCHMIDT-Verfahren erhalten wir

$$b_1 = v_1 = (0, 1, 1, 1)^T$$

$$\implies e_1 = \frac{1}{\sqrt{3}}(0, 1, 1, 1)^T,$$

$$b_2 = (1, 0, 1, 1)^T - \frac{2}{3}(0, 1, 1, 1)^T = \frac{1}{3}(3, -2, 1, 1)^T$$

$$\implies e_2 = \frac{1}{\sqrt{15}}(3, -2, 1, 1)^T,$$

$$b_3 = (1, 1, 0, 1)^T - \frac{2}{3}(0, 1, 1, 1)^T - \frac{2}{15}(3, -2, 1, 1)^T = \frac{1}{15}(9, 9, -12, 3)^T$$

$$\implies e_3 = \frac{1}{\sqrt{35}}(3, 3, -4, 1)^T.$$

d) Es gilt

$$w = (w \cdot e_1)e_1 + (w \cdot e_2)e_2 + (w \cdot e_3)e_3,$$

also $w = ((w \cdot e_1), (w \cdot e_2), (w \cdot e_3))^T$. Die FOURIER-Koeffizienten lauten somit

$$w = \left(\frac{15}{\sqrt{3}}, \frac{12}{\sqrt{15}}, \frac{7}{\sqrt{35}} \right)^T.$$

Anmerkung Für eine andere ONB kommen natürlich andere Werte heraus.

Lösung 4.53

Die Methode nach SCHMIDT liefert

$$e_1 = \frac{1}{\sqrt{7}} \begin{pmatrix} 1 \\ 1 \\ -1 \\ 2 \end{pmatrix}, \quad e_2 = \frac{1}{\sqrt{70}} \begin{pmatrix} 2 \\ -5 \\ 5 \\ 4 \end{pmatrix}, \quad e_3 = \frac{1}{\sqrt{2}} \begin{pmatrix} 0 \\ 1 \\ 1 \\ 0 \end{pmatrix},$$

wie Sie selbst leicht nachrechnen werden.

Lösung 4.54

a) Das Skalarprodukt ergibt den Wert 0, was gleichbedeutend mit der Orthogonalität ist.
b) Sei $v = (a, b, c, d)^T \in \mathbb{R}^4$ ein Vektor. Dann führt die Orthogonalitätsbedingung

$$\langle v_1, v \rangle = \langle v_2, v \rangle = 0$$

auf ein homogenes Gleichungssystem in den Unbekannten $a, b, c, d \in \mathbb{R}$ mit der Koeffizientenmatrix

$$\begin{pmatrix} 1 & 1 & 1 & 1 \\ 1 & 2 & -3 & 0 \end{pmatrix} \xrightarrow{\text{Gauss} \cdots} \begin{pmatrix} 1 & 1 & 1 & 1 \\ 0 & 1 & -4 & -1 \end{pmatrix}.$$

Darin sind die Variablen $d, c \in \mathbb{R}$ frei wählbar, woraus Rückwärtssubstitution

$$b = 4c + d \quad \text{und} \quad a = -(5c + 2d)$$

ergibt. Die Lösungsmenge lautet damit

$$\mathbb{L} = \left\{ \begin{pmatrix} -5c + 2d \\ 4c + d \\ c \\ d \end{pmatrix}, c, d \in \mathbb{R} \right\} = \left\{ c \begin{pmatrix} -5 \\ 4 \\ 1 \\ 0 \end{pmatrix} + d \begin{pmatrix} -2 \\ 1 \\ 0 \\ 1 \end{pmatrix}, c, d \in \mathbb{R} \right\}.$$

Daran erkennen Sie, dass die Wahl

$$v_3 := \begin{pmatrix} -5 \\ 4 \\ 1 \\ 0 \end{pmatrix} \quad \text{und} \quad v_4 := \begin{pmatrix} -2 \\ 1 \\ 0 \\ 1 \end{pmatrix}$$

die geforderten Bedingungen erfüllt: Die Vektoren v_3 und v_4 sind linear unabhängig und beide sind orthogonal zu den Vektoren v_1 und v_2. Eine kurze Probe bestätigt das Resultat.

c) Entsprechend zu Teil b) ermitteln wir den Vektor $w \in \mathbb{R}^4$ aus

$$\begin{pmatrix} 1 & 1 & 1 & 1 \\ 1 & 2 & -3 & 0 \\ -5 & 4 & 1 & 0 \end{pmatrix} \xrightarrow{\text{Gauss}} \begin{pmatrix} 1 & 1 & 1 & 1 \\ 0 & 1 & -4 & -1 \\ 0 & 0 & 3 & 1 \end{pmatrix}.$$

Darin ist $d \in \mathbb{R}$ frei wählbar, und die restlichen Koeffizienten des Vektors sind

$$c = b = a = -\frac{1}{3}d.$$

Die Wahl $d = 3$ ergibt den Vektor

$$w = \begin{pmatrix} -1 \\ -1 \\ -1 \\ 3 \end{pmatrix},$$

was eine kurze Probe bestätigt.
Schließlich gilt

$$(-1) \cdot v_3 + 3 \cdot v_4 = w$$

und in Zahlen

$$(-1) \cdot \begin{pmatrix} -5 \\ 4 \\ 1 \\ 0 \end{pmatrix} + 3 \cdot \begin{pmatrix} -2 \\ 1 \\ 0 \\ 1 \end{pmatrix} = \begin{pmatrix} -1 \\ -1 \\ -1 \\ 3 \end{pmatrix},$$

was aus der 3. und 4. Spalte sofort erkennbar ist.

Lösung 4.55

Wir wählen z. B. die beiden Vektoren

$$v = (-i, i, -i, i)^T \quad \text{und} \quad w = (i, i, i, i)^T.$$

Das Skalarprodukt lautet

$$\langle v, w \rangle = i^2 - i^2 + i^2 - i^2 = -1 + 1 - 1 + 1 = 0.$$

Beachten Sie, dass $\langle v, w \rangle = \sum_{k=1}^n v_k \overline{w}_k$ bei komplexen Zahlen gilt, im zweiten Argument also stets die konjugiert komplexe Zahl zu nehmen ist.

Lösung 4.56

Die Richtung „$\Longrightarrow$" ist einleuchtend.

Wir zeigen „$\Longleftarrow$": Es gilt also $\langle x, v \rangle = \langle y, v \rangle$, $v \in \mathbb{R}^n$ beliebig. Aus der Linearität des Skalarproduktes, speziell im ersten Argument, folgt

$$\langle x, v \rangle = \langle y, v \rangle \quad \Longleftrightarrow \quad \langle x - y, v \rangle = 0.$$

Da nun $v \in \mathbb{R}^n$ beliebig gewählt werden darf, nehmen wir doch $v = x - y$, d. h.,

$$0 = \langle x - y, x - y \rangle = \|x - y\|^2.$$

Aus der Normeigenschaft $\|z\| = 0$ folgt $z = 0$. Das bedeutet in der obigen Gleichung

$$x - y = 0 \quad \Longleftrightarrow \quad x = y.$$

4.8   Orthogonalkomplemente und geometrische Anwendungen

Aufgabe 4.57

Sei W ein Unterraum des $\mathbb{R}^5$, welcher von den Vektoren $w_1 = (1, 2, 0, 2, 1)^T$ und $w_2 = (1, 1, 1, 1, 1)^T$ aufgespannt wird. Bestimmen Sie eine Orthonormalbasis von W und $W^\perp$.

Aufgabe 4.58

Sei $U \subset \mathbb{C}^3$ der von den beiden Vektoren

$$u_1 = (1, i, 0)^T, \quad u_2 = (1, 2, 1 - i)^T$$

aufgespannte Unterraum.

a) Bestimmen Sie eine Orthonormalbasis von U und den Ergänzungsraum $U^\perp$ mit $\mathbb{C}^3 = U + U^\perp$, sodass $u \perp U$ für $u \in U^\perp$ gilt.
b) Für den Vektor $v = (1, 0, 0)^T$ ist die Zerlegung $v = v_1 + v_2$ mit $v_1 \in U$ und $v_2 \in U^\perp$ zu bestimmen.

Aufgabe 4.59

Gegeben seien drei Kugeln mit den Mittelpunkten

$$M_1 = (0,0,0)^T, \quad M_2 = (2,2,1)^T, \ M_3 = (3,2,2)^T$$

und den Radien $r_1 = 2$, $r_2 = 3$, und $r_3 = 4$. Finden Sie zwei Ebenen, die alle drei Kugeln berühren.

Aufgabe 4.60

Gegeben seien die Vektoren

$$v_1 = (0,1,1,1)^T, \quad v_2 = (1,0,1,1)^T, \quad v_3 = (1,1,0,1)^T, v = (1,1,1,1)^T.$$

a) Bestimmen Sie die senkrechte Projektion von v auf $U = \text{span}\{v_1, v_2, v_3\}$.
b) Bestimmen Sie $U^\perp := \{x \mid x \perp U\}$.
c) Berechnen Sie die HESSE-Normalform von $H := 2v + U$.
d) Ermitteln Sie den Lotfußpunkt von v auf H und den Abstand des Vektors v zu H.

Aufgabe 4.61

Berechnen Sie die Projektion b_a des Vektors $b = (4,-1,7)^T$ auf den Vektor $a = (3,0,4)^T$.

Aufgabe 4.62

Gegeben seien die Vektoren

$$v_1 = (1,1,-1,2)^T, \quad v_2 = (1,-1,1,2)^T, v_3 = (2,1,1,4)^T, \quad w = (1,2,1,1)^T.$$

Berechnen Sie die senkrechte Projektion von w auf $U = \text{span}\{v_1, v_2, v_3\}$.

Aufgabe 4.63

Eine Ladung q bewegt sich mit der Geschwindigkeit v durch ein elektromagnetisches Feld mit der elektrischen Feldstärke E und der magnetischen Flussdichte B und erfährt dort die Kraft $F = qE + q(v \times B)$. Bestimmen Sie für

$$E = \begin{pmatrix} 0 \\ -300 \\ -300 \end{pmatrix}, \quad B = \begin{pmatrix} 2 \\ 1 \\ -1 \end{pmatrix} \quad \text{und} \quad v = \begin{pmatrix} 100 \\ v_2 \\ v_3 \end{pmatrix}$$

die Geschwindigkeitskomponenten v_2, v_3 derart, dass die Bewegung kräftefrei ist. (Wie lauten die physikalischen Einheiten der beteiligten Größen?)

Aufgabe 4.64

Im $\mathbb{R}^3$ seien die rechteckigen Spiegel E und $\tilde{E}$ gegeben durch

$$E : x = (1,1,1)^T + \lambda\,(2,-1,-1)^T + \mu\,(1,2,0)^T,$$
$$\tilde{E} : x = (-1,2,1)^T + \lambda\,(-1,1,2)^T + \mu\,(-2,0,-1)^T,$$
$$0 \leq \lambda \leq 2, \quad 0 \leq \mu \leq 2.$$

Vom Punkt P mit Ortsvektor $p = (110,-6,-65)^T$ wird ein Lichtstrahl auf den Mittelpunkt des Spiegels E gesendet. Trifft der reflektierte Lichtstrahl den Spiegel $\tilde{E}$?

Aufgabe 4.65

Gegeben seien die Punkte P, Q, A, B, C durch ihre Ortsvektoren

$$p = (1,1,3)^T, \quad q = (2,3,0)^T, \quad a = (-1,0,1)^T, \quad b = (1,2,4)^T, \quad c = (3,2,1)^T.$$

a) Bestimmen Sie die Ebene E durch die Punkte A, B, C.
b) Ermitteln Sie die Hesse-Normalform von E und den Abstand von P zu E.
c) Wo trifft die Verbindungsgerade durch P und Q die Ebene E?
d) Ein Lichtstrahl, der von P nach Q gesendet wird, trifft auf E und wird von dort reflektiert. Bestimmen Sie die Gleichung der reflektierten Halbgeraden.
e) Welcher Winkel liegt zwischen dem Lichtstrahl und dem reflektierten Lichtstrahl?

Lösungsvorschläge

Lösung 4.57

Wir bestimmen zunächst alle Vektoren $w \in \mathbb{R}^5$ mit der Eigenschaft

$$\langle w_1, w \rangle = \langle w_2, w \rangle = 0.$$

Diese Orthogonalitätsbedingung führt auf ein homogenes Gleichungssystem der Form

$$\begin{pmatrix} 1 & 2 & 0 & 2 & 1 \\ 1 & 1 & 1 & 1 & 1 \end{pmatrix} \longrightarrow \begin{pmatrix} 1 & 2 & 0 & 2 & 1 \\ 0 & 1 & -1 & 1 & 0 \end{pmatrix}$$

in den Unbekannten $w = (\omega_1, \omega_2, \omega_3, \omega_4, \omega_5)^T$. Die Lösung lautet

$$\omega_5, \omega_4, \omega_3 \in \mathbb{R} \quad \text{beliebig}, \quad \omega_2 = \omega_3 - \omega_4, \quad \omega_1 = -2\omega_3 - \omega_5.$$

Damit ergibt sich der Lösungsraum

$$\mathbb{L} = \left\{ (-2\omega_3 - \omega_5, \ \omega_3 - \omega_4, \ \omega_3, \ \omega_4, \ \omega_5)^T, \ \omega_3, \omega_4, \omega_5 \in \mathbb{R} \right\}$$

$$= \left\{ \omega_3 \underbrace{\begin{pmatrix} -2 \\ 1 \\ 1 \\ 0 \\ 0 \end{pmatrix}}_{=: \ w_3} + \omega_4 \underbrace{\begin{pmatrix} 0 \\ -1 \\ 0 \\ 1 \\ 0 \end{pmatrix}}_{=: \ w_4} + \omega_5 \underbrace{\begin{pmatrix} -1 \\ 0 \\ 0 \\ 0 \\ 1 \end{pmatrix}}_{=: \ w_5}, \ \omega_3, \omega_4, \omega_5 \in \mathbb{R} \right\}.$$

Damit sind die Vektoren w_3, w_4, w_5 Basisvektoren von $W^\perp$. Mithilfe des Orthonormalisierungsverfahrens von SCHMIDT wandeln wir jetzt die Vektorsysteme $\{w_1, w_2\}$ und $\{w_3, w_4, w_5\}$ jeweils in Orthonormalsysteme um. Das erste Vektorsystem geht dabei über in

$$v_1 = \frac{1}{\sqrt{10}} \begin{pmatrix} 1 \\ 2 \\ 0 \\ 2 \\ 1 \end{pmatrix}, \quad v_2 = \frac{1}{\sqrt{35}} \begin{pmatrix} 2 \\ -1 \\ 5 \\ -1 \\ 2 \end{pmatrix}.$$

Das zum zweiten System gehörige Orthonormalsystem lautet

$$v_3 = \frac{1}{\sqrt{6}} \begin{pmatrix} -2 \\ 1 \\ 1 \\ 0 \\ 0 \end{pmatrix}, \quad v_4 = \frac{1}{\sqrt{66}} \begin{pmatrix} -2 \\ -5 \\ 1 \\ 6 \\ 0 \end{pmatrix}, \quad v_5 = \frac{1}{\sqrt{4554}} \begin{pmatrix} -57 \\ 6 \\ 12 \\ 6 \\ 33 \end{pmatrix}.$$

Lösung 4.58

Es sei daran erinnert, dass das Skalarprodukt in $\mathbb{C}^3$ für die Vektoren $x = (x_1, x_2, x_3)^T$ und $y = (y_1, y_2, y_3)^T$ gegeben ist durch

$$\langle x, y \rangle = \sum_{k=1}^{3} x_k \bar{y}_k,$$

wobei der zweite Faktor die konjugiert komplexe Zahl bedeutet. Sei zunächst

$$\begin{pmatrix} u_1^T \\ u_2^T \\ u_3^T \end{pmatrix} = \begin{pmatrix} 1 & i & 0 \\ 1 & 2 & 1-i \\ 0 & 0 & 1 \end{pmatrix} \xrightarrow{II-I} \begin{pmatrix} 1 & i & 0 \\ 0 & 2-i & 1-i \\ 0 & 0 & 1 \end{pmatrix}.$$

Daran erkennen Sie die lineare Unabhängigkeit der 3 Vektoren.

a) Wir orthonormalisieren mit dem SCHMIDT-Verfahren:

$$w_1 = \frac{u_1}{\|u_1\|} = \frac{1}{\sqrt{2}}\begin{pmatrix} 1 \\ i \\ 0 \end{pmatrix},$$

$$w_2 = \frac{u_2 - \langle u_2, w_1 \rangle w_1}{\|u_2 - \langle u_2, w_1 \rangle w_1\|} = \frac{1}{3\sqrt{2}}\begin{pmatrix} 1+2i \\ 2-i \\ 2-2i \end{pmatrix},$$

$$w_3 = \frac{u_3 - \sum_{j=1}^{2}\langle u_3, w_j \rangle w_j}{\|u_3 - \sum_{j=1}^{2}\langle u_3, w_j \rangle w_j\|} = \frac{1}{\sqrt{45}}\begin{pmatrix} 1-3i \\ -3-i \\ 5 \end{pmatrix}.$$

Damit ist schließlich

$$U = \mathrm{span}\{w_1, w_2\},$$
$$U^\perp = \mathrm{span}\{w_3\}.$$

b) Die Zerlegung lautet (denken Sie dabei nach wie vor an die Definition des Skalarproduktes im Komplexen):

$$v_2 = \langle v, w_3 \rangle w_3 = \frac{1}{9}\begin{pmatrix} 2 \\ -2i \\ 1+3i \end{pmatrix},$$

$$v_1 = v - v_2 = \frac{1}{9}\begin{pmatrix} 7 \\ 2i \\ -1-3i \end{pmatrix}.$$

Anmerkung Alternativ gilt auch der etwas längere Rechenweg

$$v_1 = \langle v, w_1 \rangle w_1 + \langle v, w_2 \rangle w_2.$$

Lösung 4.59

Die gesuchte Ebene in Hesse-Normalform hat mit dem Vektor $x = (x_1, x_2, x_3)^T$ die Darstellung

$$x \cdot n = \alpha,$$

wobei $n = (n_1, n_2, n_3)^T$ der Normalenvektor mit $\|n\| = 1$ ist und $\alpha = x_0 \cdot n$ für einen Vektor x_0, an den die Ebene geheftet ist.

Nun sind hier die Mittelpunkte der Kugeln gegeben und wenn wir diese „Mittelpunktsvektoren" für x einsetzten, müssen wir noch die entsprechenden Radien addieren, denn der Abstand $\|x_k - M_k\|$ des gesuchten Berührungspunktes x_k der Ebene mit dem Kreis und dem Mittelpunkt M_k ist gerade der Radius r_k. Damit ergibt sich

$$M_k \cdot n = r_k + \alpha, \quad k = 1, 2, 3.$$

Wir haben also drei Gleichungen und vier Unbekannte, gesucht sind nämlich die Größen

$$n_1, n_2, n_3, \alpha \in \mathbb{R}.$$

Um vier Gleichungen zu bekommen, benutzen wir noch $\|n\| = 1$ als vierte Gleichung und erhalten

$$
\begin{aligned}
k = 1: & & -\alpha &= 2, \\
k = 2: & & 2n_1 + 2n_2 + n_3 \; - \alpha &= 3, \\
k = 3: & & 3n_1 + 2n_2 + 2n_3 - \alpha &= 4, \\
& & n_1^2 + \tfrac{2}{2} + n_3^2 &= 1.
\end{aligned}
$$

Die erste Gleichung liefert $\alpha = -2$. Dies setzen wir in die zweite und dritte Gleichung ein und erhalten das Gleichungssystem

$$
\begin{aligned}
2n_1 + 2n_2 + n_3 &= 1, \\
3n_1 + 2n_2 + 2n_3 &= 2.
\end{aligned}
$$

Die Lösung lautet

$$n_1 = 1 - n_3, \quad n_2 = \frac{1}{2}(n_3 - 1), \quad n_3 \in \mathbb{R}.$$

Um schließlich den konkreten Wert von $n_3 \in \mathbb{R}$ zu ermitteln, benutzen wir die vierte Gleichung und erhalten

$$(1 - n_3)^2 + \frac{1}{4}(n_3 - 1)^2 + n_3^2 = 1 \quad \Longleftrightarrow \quad 9n_3^2 - 10n_3 + 1 = 0.$$

Die Lösungen dieser quadratischen Gleichung sind

$$n_3 = \frac{5}{9} \pm \frac{4}{9}.$$

Damit ergeben sich zwei Ebenen der Form

$$n = (0, 0, 1)^T : \quad E : x_3 + 2 = 0,$$

$$n = \frac{1}{9}(8, -4, 1)^T : \quad E : \frac{1}{9}(8x_1 - 4x_2 + x_3) + 2 = 0.$$

Anregung Überlegen Sie jetzt, wie viele Möglichkeiten es i. Allg. gibt, Ebenen an drei Kugeln zu legen. Gibt es Konstellationen von drei Kugeln, bei denen alle drei von keiner oder von beliebig vielen Ebenen berührt werden? Welche Konstellation liegt in der Aufgabenstellung vor, und gibt es weitere Ebenen dazu?

Lösung 4.60

a) Das Vektorensystem $\{v_1, v_2, v_3\}$ bildet eine Basis in U. Mit dem Verfahren von SCHMIDT berechnen wir dazu eine Orthonormalbasis $\{e_1, e_2, e_3\}$. Wir erhalten

$$b_1 = v_1 = (0, 1, 1, 1)^T,$$

$$e_1 = \frac{1}{\sqrt{3}}(0, 1, 1, 1)^T,$$

$$b_2 = (1, 0, 1, 1)^T - \frac{2}{3}(0, 1, 1, 1)^T = \frac{1}{3}(3, -2, 1, 1)^T,$$

$$e_2 = \frac{1}{\sqrt{15}}(3, -2, 1, 1)^T,$$

$$b_3 = (1, 1, 0, 1)^T - \frac{2}{3}(0, 1, 1, 1)^T - \frac{2}{15}(3, -2, 1, 1)^T = \frac{1}{15}(9, 9, -12, 3)^T,$$

$$e_3 = \frac{1}{\sqrt{35}}(3, 3, -4, 1)^T.$$

Damit erhalten wir dann formelmäßig die Projektion

$$p = (v \cdot e_1)e_1 + (v \cdot e_2)e_2 + (v \cdot e_3)e_3 = \frac{3}{7}(2, 2, 2, 3)^T.$$

b) $\dim U + \dim U^\perp = 4$, d. h., $\dim U^\perp = 4 - 3 = 1$. Weiter ist $(v - p) \perp U$, also gilt zahlenmäßig

$$\frac{1}{7}(1, 1, 1 - 2)^T \perp U,$$

und das heißt

$$U^\perp = \{x \mid x = \lambda(1, 1, 1, -2)^T\}.$$

c) Es gilt $H = \{x \mid x \cdot n = 2v \cdot n\}$ Also gilt mit

$$\begin{pmatrix} x_1 \\ x_2 \\ x_3 \\ x_4 \end{pmatrix} \cdot \begin{pmatrix} 1 \\ 1 \\ 1 \\ -2 \end{pmatrix} = 2 \begin{pmatrix} 1 \\ 1 \\ 1 \\ 1 \end{pmatrix} \cdot \begin{pmatrix} 1 \\ 1 \\ 1 \\ -2 \end{pmatrix},$$

dass

$$H = \{ x \mid x_1 + x_2 + x_3 - 2x_4 - 2 = 0 \}.$$

d) Die senkrechte Projektion von v auf H lautet (wir nehmen wieder $n = (1,1,1,-2)^T$ aus Teilaufgabe b)

$$p = v + \frac{1}{\|n\|^2}(\alpha - v \cdot n)n.$$

Mit $\alpha = 2$ und $\|n\|^2 = 7$ ergibt sich damit

$$p = \frac{1}{7}(8,8,8,5)^T.$$

Dieser Punkt im $\mathbb{R}^4$ ist der Lotfußpunkt von v auf H. Der Abstand bzw. die Länge des Lotes ergibt sich formelmäßig als

$$d(v,H) = \|v - p\| = \frac{1}{\|n\|}|\langle v,n\rangle - \alpha| = \frac{1}{\sqrt 7}.$$

Lösung 4.61

Die Formel lautet

$$b_a = \left(\frac{a \cdot b}{\|a\|^2} \right) a$$

bzw. in der gewohnten Form

$$b_a = \langle b \cdot e_a \rangle e_a,$$

wobei $e_a = \dfrac{a}{\|a\|}$ der Einheitsvektor in Richtung von a ist.

Es ergibt sich

$$b_a = \frac{40}{25}(3,0,4)^T.$$

Lösung 4.62

Die Methode nach SCHMIDT liefert die ON-Basis

$$e_1 = \frac{1}{\sqrt 7}\begin{pmatrix} 1 \\ 1 \\ -1 \\ 2 \end{pmatrix}, \quad e_2 = \frac{1}{\sqrt{70}}\begin{pmatrix} 2 \\ -5 \\ 5 \\ 4 \end{pmatrix}, \quad e_3 = \frac{1}{\sqrt 2}\begin{pmatrix} 0 \\ 1 \\ 1 \\ 0 \end{pmatrix}.$$

Die senkrechte Projektion auf U lautet damit

$$p = \sum_{i=1}^{3} \lambda_i e_i, \quad \lambda_i = w \cdot e_i.$$

Es ergibt sich

$$\lambda_1 = \frac{4}{\sqrt{7}}, \quad \lambda_2 = \frac{1}{\sqrt{70}} \quad \text{und} \quad \lambda_3 = \frac{3}{\sqrt{2}}.$$

Eingesetzt liefert schließlich

$$p = \frac{1}{5} \begin{pmatrix} 3 \\ 10 \\ 5 \\ 6 \end{pmatrix}.$$

Lösung 4.63

Wir rechnen ohne Einheiten und erhalten aus $F = 0$ die Gleichung

$$(v \times B) = -E.$$

Ausgeschrieben lautet diese

$$\begin{pmatrix} -v_2 - v_3 \\ 2v_3 + 100 \\ 100 - 2v_2 \end{pmatrix} = \begin{pmatrix} 0 \\ 300 \\ 300 \end{pmatrix} \iff \begin{pmatrix} -v_2 - v_3 \\ v_3 \\ -v_2 \end{pmatrix} = \begin{pmatrix} 0 \\ 100 \\ 100 \end{pmatrix}.$$

Damit lautet der vollständige Geschwindigkeitsvektor

$$v = (100, -100, 100)^T.$$

Die Einheiten lauten $[E] = \frac{V}{m}$, $\quad [B] = \frac{Vs}{m^2}$, die übrigen Einheiten sind klar.

Lösung 4.64

Die Mitte $x_M \in \mathbb{R}^3$ des Spiegels E liegt bei $\lambda = \mu = 1$, woraus

$$x_M = (4, 2, 0)^T$$

resultiert. Die Gerade durch p und x_M lautet damit

$$G : x = p + \lambda(p - x_M) = \begin{pmatrix} 110 \\ -6 \\ -65 \end{pmatrix} + \lambda \begin{pmatrix} 106 \\ -8 \\ -65 \end{pmatrix},$$

wobei $\lambda \in \mathbb{R}$.

Eine Normale an die Ebene E ergibt sich aus dem Kreuzprodukt

$$n = \begin{pmatrix} 2 \\ -1 \\ -1 \end{pmatrix} \times \begin{pmatrix} 1 \\ 2 \\ 0 \end{pmatrix} = \begin{pmatrix} 2 \\ -1 \\ 5 \end{pmatrix},$$

welche für unsere Zwecke nicht unbedingt normiert werden muss. Die HESSE-Normalform von E lautet jedenfalls

$$E : x \cdot n = \begin{pmatrix} 2 \\ -1 \\ 5 \end{pmatrix} \cdot \begin{pmatrix} 1 \\ 1 \\ 1 \end{pmatrix} = 6.$$

Wir berechnen jetzt den Spiegelpunkt von p an E und bezeichnen diesen Vektor mit p^*, für den folgende Bedingungen gelten:

$$p^* - p = \lambda n, \qquad \text{d. h.} \quad p^* - p \parallel n,$$
$$\frac{1}{2}(p + p^*) \cdot n = 6, \qquad \text{d. h.} \quad \frac{1}{2}(p + p^*) \in E.$$

Wir ersetzen in der 2. Gleichung p^* mit der 1. Gleichung, und erhalten so nach einer kleinen Umformung

$$\lambda = \frac{2}{n \cdot n}(6 - p \cdot n).$$

Wir setzen dies in die 1. Gleichung ein und bekommen die Darstellung

$$p^* = p + \frac{2}{n \cdot n}(6 - p \cdot n)n.$$

In Zahlen bedeutet dies

$$p^* = \begin{pmatrix} 124 \\ -13 \\ -30 \end{pmatrix}.$$

(Die Matrix S, welche die Spiegelung $Sp = p^*$ beschreibt, entnehmen Sie obiger Darstellung. Sie lautet

$$S = \frac{2 \cdot \alpha}{n \cdot n}n + E - 2n \otimes n,$$

wobei hier $\alpha = 6$.

Wie Sie auch erkennen, ist diese nur dann linear, wenn die Ebene durch den Nullpunkt geht, d. h. im Falle $\alpha = 0$.)

Jetzt sind wir in der Lage, die gespiegelte Gerade $\tilde{G}$ darzustellen. Es gilt

$$\tilde{G} : \boldsymbol{x} = \boldsymbol{x}_M + \nu(\boldsymbol{x}_M - \boldsymbol{p}^*) = \begin{pmatrix} 4 \\ 2 \\ 0 \end{pmatrix} + \nu \begin{pmatrix} -120 \\ 15 \\ 30 \end{pmatrix},$$

wobei für $\boxed{\nu \geq 0}$ der reflektierte Strahl an E dargestellt wird.

Jetzt schauen wir, ob $\tilde{E}$ und $\tilde{G}$ einen Schnittpunkt haben. Dazu lösen wir

$$\begin{pmatrix} -1 \\ 2 \\ 1 \end{pmatrix} + \lambda \begin{pmatrix} -1 \\ 1 \\ 2 \end{pmatrix} + \mu \begin{pmatrix} 2 \\ 0 \\ -1 \end{pmatrix} = \begin{pmatrix} 4 \\ 2 \\ 0 \end{pmatrix} + \nu \begin{pmatrix} -120 \\ 15 \\ 30 \end{pmatrix}$$

und erhalten als Lösung

$$\lambda = \mu = 1, \quad \nu = \frac{1}{15}.$$

Da $\nu \geq 0$ herauskommt, liegt ein Schnitt vor, und da $\lambda = \mu = 1$ gilt, trifft der Strahl die Mitte von $\tilde{E}$.

Zusätzliche Information Zu Aufgabe 4.64 ist bei der Online-Version dieses Kapitels (doi:10.1007/978-3-642-29980-3_4) ein Video enthalten.

Lösung 4.65

a) Die Ebene ist gegeben durch

$$E : \boldsymbol{x} = \boldsymbol{a} + \lambda(\boldsymbol{b} - \boldsymbol{a}) + \mu(\boldsymbol{c} - \boldsymbol{a}) = \begin{pmatrix} -1 \\ 0 \\ 1 \end{pmatrix} + \lambda \begin{pmatrix} 2 \\ 2 \\ 3 \end{pmatrix} + \mu \begin{pmatrix} 4 \\ 2 \\ 0 \end{pmatrix}.$$

b) Wir bestimmen zunächst die HESSE-Normalform von E, gegeben durch

$$E : \boldsymbol{x} \cdot \boldsymbol{n} = \alpha,$$

um damit später den gewünschten Abstand von $\boldsymbol{p}$ zu E zu bestimmen. Es gilt also $\boldsymbol{n} \perp E$ und $\alpha \in \mathbb{R}$ zu berechnen. Damit ist $\boldsymbol{n} = (n_1, n_2, n_3)^T \in \mathbb{R}^3$ auch senkrecht zu den Vektoren $(\boldsymbol{b} - \boldsymbol{a})$ und $(\boldsymbol{c} - \boldsymbol{a})$, also gelten die Bedingungen

$$2n_1 + 2n_2 + 3n_3 = 0 \quad \text{und} \quad 4n_1 + 2n_2 = 0.$$

Dieses homogene Gleichungssystem hat beliebig viele Lösungen (der Koeffizient $n_3 \in \mathbb{R}$ ist frei wählbar), und wir nehmen z. B.

$$n = (3, -6, 2)^T.$$

Daraus ermitteln wir $\alpha = a \cdot n = -1$. Die HESSE-Normalform hat somit die Darstellung

$$\text{HNF} : 3x_1 - 6x_2 + 2x_3 + 1 = 0.$$

Überprüfen Sie als Probe, dass die Vektoren $a, b, c \in \mathbb{R}^3$ diese Gleichung erfüllen. Jetzt lässt sich der Abstand des Vektors p zu E formelmäßig berechnen. Es gilt

$$d(p, E) = \frac{1}{\|n\|} |\langle p, n \rangle - \alpha| = \frac{4}{7}.$$

c) Die Verbindungsgerade durch die Punkte P und Q lautet

$$G : x = p + v(q - p) = \begin{pmatrix} 1 \\ 1 \\ 3 \end{pmatrix} + v \begin{pmatrix} 1 \\ 2 \\ -3 \end{pmatrix}.$$

Die Ebene aus Teil a) war

$$E : x = \begin{pmatrix} -1 \\ 0 \\ 1 \end{pmatrix} + \lambda \begin{pmatrix} 2 \\ 2 \\ 3 \end{pmatrix} + \mu \begin{pmatrix} 4 \\ 2 \\ 0 \end{pmatrix}.$$

Der Schnittpunkt berechnet sich aus der Gleichung

$$G \cap E : \begin{pmatrix} 1 \\ 1 \\ 3 \end{pmatrix} + v \begin{pmatrix} 1 \\ 2 \\ -3 \end{pmatrix} = \begin{pmatrix} -1 \\ 0 \\ 1 \end{pmatrix} + \lambda \begin{pmatrix} 2 \\ 2 \\ 3 \end{pmatrix} + \mu \begin{pmatrix} 4 \\ 2 \\ 0 \end{pmatrix}$$

bzw. aus dem Gleichungssystem

$$\lambda \begin{pmatrix} 2 \\ 2 \\ 3 \end{pmatrix} + \mu \begin{pmatrix} 4 \\ 2 \\ 0 \end{pmatrix} + v \begin{pmatrix} -1 \\ -2 \\ 3 \end{pmatrix} = \begin{pmatrix} 2 \\ 1 \\ 2 \end{pmatrix}.$$

Wir führen GAUSS-Umformungen durch und erhalten nach wenigen Schritten

$$\begin{pmatrix} 2 & 4 & -1 & | & 2 \\ 2 & 2 & -2 & | & 1 \\ 3 & 0 & 3 & | & 2 \end{pmatrix} \xrightarrow{\text{Gauss}} \begin{pmatrix} 2 & 4 & -1 & | & 2 \\ 0 & -2 & -1 & | & -1 \\ 0 & 0 & 15 & | & 4 \end{pmatrix}.$$

Daraus resultiert $v = \dfrac{4}{15}$, eingesetzt in G ergibt den Schnittpunkt

$$x_S = \begin{pmatrix} 1 \\ 1 \\ 3 \end{pmatrix} + \frac{4}{15} \begin{pmatrix} 1 \\ 2 \\ -3 \end{pmatrix} = \frac{1}{15} \begin{pmatrix} 19 \\ 23 \\ 33 \end{pmatrix}.$$

Zur *Probe* verwenden wir alternativ den Parametersatz $\lambda = \dfrac{2}{5}$ und $\mu = \dfrac{11}{30}$. Wir setzten diesen in E ein und erhalten natürlich denselben Schnittpunkt

$$x_S = \begin{pmatrix} -1 \\ 0 \\ 1 \end{pmatrix} + \frac{2}{5} \begin{pmatrix} 2 \\ 2 \\ 3 \end{pmatrix} + \frac{11}{30} \begin{pmatrix} 4 \\ 2 \\ 0 \end{pmatrix} = \frac{1}{15} \begin{pmatrix} 19 \\ 23 \\ 33 \end{pmatrix}.$$

d) Wir berechnen jetzt den Spiegelpunkt von p an E und bezeichnen diesen Vektor mit p^*, für den folgende Bedingungen gelten:

$$p^* - p = \lambda n, \quad \text{d. h.} \quad p^* - p \parallel n,$$

$$\frac{1}{2}(p + p^*) \cdot n = \alpha, \quad \text{d. h.} \quad \frac{1}{2}(p + p^*) \in E.$$

Wir ersetzen in der 2. Gleichung p^* mit der 1. Gleichung und erhalten so nach einer kleinen Umformung

$$\lambda = \frac{2}{n \cdot n}(\alpha - p \cdot n).$$

Wir setzen dies in die 1. Gleichung ein und bekommen die Darstellung

$$p^* = p + \frac{2}{n \cdot n}(\alpha - p \cdot n)n.$$

Mit $\alpha = -1$ bedeutet dies in Zahlen

$$p^* = \begin{pmatrix} 1 \\ 1 \\ 3 \end{pmatrix} - \frac{8}{49} \begin{pmatrix} 3 \\ -6 \\ 2 \end{pmatrix} = \frac{1}{49} \begin{pmatrix} 25 \\ 97 \\ 131 \end{pmatrix}.$$

Der reflektierende Strahl liest sich damit als

$$\tilde{G} : x = x_S + \mu(x_S - p^*) = \frac{1}{15} \begin{pmatrix} 19 \\ 23 \\ 33 \end{pmatrix} + \frac{\mu}{15 \cdot 49} \begin{pmatrix} 556 \\ -328 \\ -116 \end{pmatrix}, \quad \mu \overset{!}{\geq} 0.$$

e) Die Berechnung des Winkels zwischen dem ein- und ausfallenden Strahl verbinden wir mit einer Probe, welche die korrekte Berechnung der Geraden $\tilde{G}$ bestätigt.

Die beiden Vektoren $x_S P := p - x_S$ auf dem einfallenden und $P^* x_S := x_S - p^*$ auf dem ausfallenden Strahl schließen mit dem auf der Ebene platzierten Normalenvektor n jeweils den gleichen Winkel ein. Tatsächlich ergibt sich mit

$$x_S P = \frac{1}{15} \begin{pmatrix} -4 \\ -8 \\ 12 \end{pmatrix} \quad \text{und} \quad P^* x_S = \frac{1}{735} \begin{pmatrix} 556 \\ -328 \\ -116 \end{pmatrix}$$

der Wert

$$\cos \varphi_1 := \frac{\langle x_S P, n \rangle}{\|x_S P\| \|n\|} = \frac{15}{98} \sqrt{14} = \frac{\langle P^* x_S, n \rangle}{\|P^* x_S\| \|n\|} =: \cos \varphi_2.$$

Daraus resultiert $\varphi_1 = 55{,}061^0 = \varphi_2$, und der gesuchte Winkel lautet damit $\varphi := \varphi_1 + \varphi_2$.

Alternative Mit den beiden Richtungsvektoren $u := (q - p)$ der Geraden G und $w := (x_S - p^*)$ der Geraden $\tilde{G}$ lässt sich der Winkel φ gemäß

$$\cos \varphi = \frac{\langle -u, w \rangle}{\|u\| \|w\|}$$

ermitteln.

Frage Warum wird hier $-u$ verwendet?

Hinweis Bei der Berechnung des Schnittpunktes x_S von $G \cap E$ ergab sich $v = \frac{4}{15} > 0$.

4.9   Lineare Abbildungen, Kern und Bild

Aufgabe 4.66

Untersuchen Sie, ob die nachfolgenden Abbildungen $A : \mathbb{R}^n \to \mathbb{R}^n$ linear sind, und geben Sie ggf. eine Matrix mit $y = Ax$ an:

a) $y_k = \sum_{i=1}^{k} x_i$, $k = 1, \ldots, n$,

b) $y_1 = \lambda$, $y_{k+1} = x_k + y_k$, $k = 1, \ldots, n-1$ und $\lambda \in \mathbb{R}$.

Aufgabe 4.67

Überprüfen Sie, ob die folgenden Abbildungen $A : \mathbb{R}^n \to \mathbb{R}^m$ linear sind, und geben Sie in diesem Fall die entsprechende Matrix A an. Dabei ist $y = A(x)$ definiert durch

a) $y_k = x_{n-k+1}$ $(m = n)$,

b) $y_k = x_{n-k+1} + 1$ $(m = n)$,

c) $y_k = \frac{1}{n} \sum_{i=1}^{n} x_i$ $(m = n)$,

d) $y_1 = y = \frac{1}{n} \sum_{i=1}^{n} x_i$ $(m = 1)$.

Aufgabe 4.68

Die lineare Abbildung $A : \mathbb{R}^3 \to \mathbb{R}^3$ sei eine Drehung um die z-Achse mit Drehwinkel $\varphi = \frac{\pi}{4}$ und anschließender Spiegelung an der x-y-Ebene. Geben Sie die Abbildungsmatrix an.

Aufgabe 4.69

Gegeben sei die Matrix

$$A_\lambda = \begin{pmatrix} 2 & -1 & 1 & -1 & 1 \\ 2 & -1 & -1 & -2 & 1 \\ 4 & -2 & 1 & -1 & -1 \\ -2 & 1 & -2 & -1 & \lambda \end{pmatrix} \in \mathbb{R}^{4 \times 5}$$

mit $\lambda \in \mathbb{R}$.

a) Bestimmen Sie Kern A_λ^T (Fallunterscheidung!).

b) Bestimmen Sie die Dimensionen von Kern A_λ und Bild A_λ.

Hinweis Es gilt

$$\text{Bild } A_\lambda = (\text{Kern } A_\lambda^T)^\perp.$$

c) Sei $y = (y_1, y_2, y_3, y_4)^T \in \mathbb{R}^4$ ein beliebiger Vektor. Wann gehört y zu Bild A_λ?

Aufgabe 4.70

Gegeben seien

$$A = \begin{pmatrix} -1 & -1 & 0 & -3 & -3 \\ 2 & 0 & -2 & -1 & 1 \\ 1 & 2 & 1 & 3 & 2 \\ -1 & 2 & 3 & 2 & -1 \\ 0 & 1 & 1 & 3 & 2 \end{pmatrix} \quad \text{und} \quad b = \begin{pmatrix} -1 \\ 0 \\ 2 \\ 2 \\ 1 \end{pmatrix}.$$

a) Bestimmen Sie eine Basis von Kern und Bild sowie den Rang von A.

b) Bestimmen Sie alle Lösungen von $Ax = b$.

Aufgabe 4.71

Gegeben seien

$$A = \begin{pmatrix} 1 & 0 & 0 \\ 1 & 1 & 1 \\ 1 & 2 & 4 \\ 1 & -1 & 1 \end{pmatrix} \quad \text{und} \quad b = 10 \begin{pmatrix} 1 \\ 0 \\ -1 \\ 0 \end{pmatrix}.$$

Bestimmen Sie eine Orthonormalbasis für Bild A.

Aufgabe 4.72

Gegeben seien $A \in \mathbb{R}^{(6,5)}$ und $B \in \mathbb{R}^{(5,3)}$. Es gelten folgende Eigenschaften: Rang $(A) = 2$, B ist injektiv und $AB = O$. Bestimmen Sie die Dimension von Null- und Bildraum der Matrizen A, A^T und B.

Lösungsvorschläge

Lösung 4.66

a) Diese Abbildung ist linear, denn für $k = 1, \ldots, n$ gilt

$$y_k = (A(x + \lambda z))_k = \sum_{i=1}^{k} x_i + \lambda \sum_{i=1}^{k} z_i = (A(x))_k + \lambda (A(z))_k.$$

Aus dem Bildvektor

$$A(e_k) = \begin{pmatrix} 0 \\ \vdots \\ 0 \\ 1 \\ \vdots \\ 1 \end{pmatrix} \quad \leftarrow \; k - \text{te Stelle}$$

ergibt sich insgesamt die Matrix

$$A = \begin{pmatrix} 1 & 0 & \cdots & \cdots & 0 \\ 1 & 1 & 0 & & \vdots \\ \vdots & & \ddots & \ddots & \vdots \\ \vdots & & & 1 & 0 \\ 1 & \cdots & \cdots & \cdots & 1 \end{pmatrix}.$$

b) Die Abbildung ist nicht linear, da $A(0) \neq 0$. Was ergibt sich für $\lambda = 0$?

Lösung 4.67

a) Die Abbildung ist linear, denn

$$y = A(x + \lambda z) \quad \Longrightarrow \quad y_k = x_{n-k+1} + \lambda z_{n-k+1} \quad \Longrightarrow \quad y = A(x) + \lambda A(z).$$

Weiter ist

$$A(e_k) = e_{n-k+1}, \quad k = 1, \ldots, n.$$

Damit lautet die Matrix

$$A = \begin{pmatrix} 0 & 0 & \cdots & 0 & 1 \\ 0 & 0 & \cdots & 1 & 0 \\ \vdots & \vdots & \ddots & \vdots & \vdots \\ 0 & 1 & \cdots & 0 & 0 \\ 1 & 0 & \cdots & 0 & 0 \end{pmatrix}.$$

b) Die Abbildung ist nicht linear, da $A(0) \neq 0$.

c) Diese Abbildung ist wieder linear, denn für $k = 1, \ldots, n$ gilt

$$y_k = (A(x + \lambda z))_k = \frac{1}{n} \sum_{i=1}^{n} x_i + \frac{\lambda}{n} \sum_{i=1}^{n} z_i = (A(x))_k + \lambda (A(z))_k.$$

Aus

$$A(e_k) = \frac{1}{n} \begin{pmatrix} 1 \\ 1 \\ \vdots \\ 1 \\ 1 \end{pmatrix}$$

ergibt sich insgesamt die Matrix

$$A = \frac{1}{n} \begin{pmatrix} 1 & 1 & \cdots & 1 & 1 \\ 1 & 1 & \cdots & 1 & 1 \\ \vdots & \vdots & & \vdots & \vdots \\ 1 & 1 & \cdots & 1 & 1 \\ 1 & 1 & \cdots & 1 & 1 \end{pmatrix}.$$

d) Auch diese Abbildung ist linear, denn

$$y = A(x + \lambda z) = \frac{1}{n} \sum_{i=1}^{n} x_i + \frac{\lambda}{n} \sum_{i=1}^{n} z_i = A(x) + \lambda A(z)$$

mit der Matrix

$$A = \frac{1}{n}(1, 1, \cdots, 1, 1).$$

Lösung 4.68

Die Matrix für eine Drehung um die z-Achse lautet

$$A_1(\alpha) = \begin{pmatrix} \cos\alpha & -\sin\alpha & 0 \\ \sin\alpha & \cos\alpha & 0 \\ 0 & 0 & 1 \end{pmatrix} \underset{\alpha=\frac{\pi}{4}}{\Longrightarrow} A_1 := \begin{pmatrix} \frac{\sqrt{2}}{2} & -\frac{\sqrt{2}}{2} & 0 \\ \frac{\sqrt{2}}{2} & \frac{\sqrt{2}}{2} & 0 \\ 0 & 0 & 1 \end{pmatrix}.$$

Spiegelung an der x-y-Ebene leistet

$$A_2 = \begin{pmatrix} 1 & 0 & 0 \\ 0 & 1 & 0 \\ 0 & 0 & -1 \end{pmatrix}.$$

Die Hintereinanderausführung, also das Produkt $A_2 A_1$ tut das Gewünschte.

Lösung 4.69

a) Wir bringen A_λ^T mit einigen ersichtlichen GAUSS-Schritten auf Zeilenstufenform:

$$A_\lambda^T = \begin{pmatrix} 2 & 2 & 4 & -2 \\ -1 & -1 & -2 & 1 \\ 1 & -1 & 1 & -2 \\ -1 & -2 & -1 & -1 \\ 1 & 1 & -1 & \lambda \end{pmatrix} \rightarrow \begin{pmatrix} 1 & 1 & 2 & -1 \\ 0 & 0 & 0 & 0 \\ 0 & -2 & -1 & -1 \\ 0 & -1 & 1 & -2 \\ 0 & 0 & -3 & \lambda+1 \end{pmatrix}$$

$$\rightarrow \begin{pmatrix} 1 & 1 & 2 & -1 \\ 0 & -2 & -1 & -1 \\ 0 & 0 & 3 & -3 \\ 0 & 0 & -3 & \lambda+1 \\ 0 & 0 & 0 & 0 \end{pmatrix} \rightarrow \begin{pmatrix} 1 & 1 & 2 & -1 \\ 0 & -2 & -1 & -1 \\ 0 & 0 & 1 & -1 \\ 0 & 0 & 0 & \lambda-2 \\ 0 & 0 & 0 & 0 \end{pmatrix}.$$

Wir treffen folgende Fallunterscheidungen:

$\lambda \neq 2$: Kern $A_\lambda^T = \{\mathbf{0}\}$.

$\lambda = 2$: Die Variable $x_4 = c \in \mathbb{R}$ frei wählbar $\Rightarrow x_3 = c \Rightarrow x_2 = -c \Rightarrow x_1 = 0$

$$\Longrightarrow \text{Kern } A_2^T = \left\{ c \begin{pmatrix} 0 \\ -1 \\ 1 \\ 1 \end{pmatrix}, \, c \in \mathbb{R} \right\} = \text{span} \left\{ \begin{pmatrix} 0 \\ -1 \\ 1 \\ 1 \end{pmatrix} \right\}.$$

b) Es gilt dim Kern A_λ + dim Bild $A_\lambda = 5$.

Wir treffen folgende Fallunterscheidungen:

$\lambda \neq 2$: Mit dem Hinweis erhalten Sie

$$\dim(\text{Bild}\, A_\lambda)^\perp = \dim(\text{Kern}\, A_\lambda^T) = 0 \Rightarrow \dim(\text{Bild}\, A_\lambda) = 4 - 0 = 4.$$

$$\Longrightarrow \dim \text{Kern}\, A_\lambda = 5 - 4 = 1.$$

$\lambda = 2$: $\dim(\text{Bild}\, A_2)^\perp = \dim(\text{Kern}\, A_2^T) = 1 \Rightarrow \dim(\text{Bild}\, A_\lambda) = 4 - 1 = 3.$

$$\Longrightarrow \dim \text{Kern}\, A_2 = 5 - 3 = 2.$$

c) Für $\lambda \neq 2$ ist $\text{Bild}\, A_\lambda = \mathbb{R}^4$, also $y \in \text{Bild}\, A_\lambda$ für alle $y \in \mathbb{R}^4$.
Für $\lambda = 2$ bekommen Sie die Bedingung

$$y \in \text{Bild}\, A_2 \iff y \perp \text{Kern}\, A_2^T,$$

d. h. $y \perp (0, -1, 1, 1)^T \Rightarrow \langle y, (0, -1, 1, 1)^T \rangle = 0$

$$\Longrightarrow y_2 = y_3 + y_4.$$

Lösung 4.70

a) Wenn Sie bei A^T Gauss-Umformungen durchführen, ergeben sich für den Bildraum
die Basisvektoren

$$\text{Bild}\, A = \text{span} \left\{ \begin{pmatrix} -1 \\ 2 \\ 1 \\ -1 \\ 0 \end{pmatrix}, \begin{pmatrix} 0 \\ -2 \\ 1 \\ 3 \\ 1 \end{pmatrix}, \begin{pmatrix} 0 \\ 0 \\ -7 \\ -11 \\ -1 \end{pmatrix} \right\}.$$

Als Basis für den Nullraum erhalten Sie nach einigen Gauss-Schritten das Vektorensystem

$$\text{Kern}\, A = \left\{ \begin{pmatrix} -1 \\ 1 \\ 0 \\ -1 \\ 1 \end{pmatrix}, \begin{pmatrix} 1 \\ -1 \\ 1 \\ 0 \\ 0 \end{pmatrix} \right\}.$$

b) Sie sehen sofort, dass

$$x_0 = \begin{pmatrix} 0 \\ 1 \\ 0 \\ 0 \\ 0 \end{pmatrix}$$

eine spezielle Lösung des Gleichungssystems ist, da die zweite Spalte der Matrix mit der rechten Seite identisch ist. Die allgemeine Lösung lautet

$$x = x_0 + \operatorname{Kern} A = x_0 + \lambda \begin{pmatrix} -1 \\ 1 \\ 0 \\ -1 \\ 1 \end{pmatrix} + \mu \begin{pmatrix} 1 \\ -1 \\ 1 \\ 0 \\ 0 \end{pmatrix}$$

mit $\lambda, \mu \in \mathbb{R}$.

Lösung 4.71

Die Spalten der Matrix A bilden eine Basis von Bild A, denn mit einem GAUSS-Schritt erreichen wir die Darstellung

$$A^T = \begin{pmatrix} 1 & 1 & 1 & 1 \\ 0 & 1 & 2 & -1 \\ 0 & 1 & 4 & 1 \end{pmatrix} \longrightarrow \begin{pmatrix} 1 & 1 & 1 & 1 \\ 0 & 1 & 2 & -1 \\ 0 & 0 & 2 & 2 \end{pmatrix},$$

bei der keine Nullzeilen auftreten.

Daraus erhalten wir mit dem Verfahren nach SCHMIDT die Orthonormalbasis

$$\{e_1, e_2, e_3\} = \left\{ \frac{1}{2} \begin{pmatrix} 1 \\ 1 \\ 1 \\ 1 \end{pmatrix}, \frac{1}{\sqrt{10}} \begin{pmatrix} -1 \\ 1 \\ 3 \\ -3 \end{pmatrix}, \frac{1}{2} \begin{pmatrix} -1 \\ -1 \\ 1 \\ 1 \end{pmatrix} \right\}.$$

Anmerkung Welche Rolle spielt der gegebene Vektor $b \in \mathbb{R}^4$? Wenn Sie versuchen, diesen mithilfe der Basisvektoren zu kombinieren, stellen Sie fest, dass das nicht geht. Der Vektor $b \in \mathbb{R}^4$ liegt somit nicht im dreidimensionalen Bild von A. Dies ist gleichbedeutend damit, dass das zugehörige Gleichungssystem $Ax = b$ nicht lösbar ist. Mit der Frage, was in diesem Fall zu tun ist, beschäftigen wir uns im Rahmen der linearen Ausgleichsprobleme, wo Sie dieses Gleichungssystem im Aufgabenteil wiederfinden werden.

Lösung 4.72

Es gilt

$$A : \mathbb{R}^5 \to \mathbb{R}^6 \quad \text{und} \quad B : \mathbb{R}^3 \to \mathbb{R}^5.$$

Wir erhalten

$$\operatorname{Rang}(A) = 2 \quad \Longrightarrow \quad \dim(\operatorname{Bild} A) = 2 \quad \Longrightarrow \quad \dim(\operatorname{Kern} A) = 5 - 2 = 3.$$

Weiter ist

$$A^T : \mathbb{R}^6 \rightarrow \mathbb{R}^5.$$

Da der Zeilenrang gleich dem Spaltenrang ist, resultiert daraus

$$\dim(\text{Bild } A^T) = 2 \quad \Longrightarrow \quad \dim(\text{Kern } A^T) = 6 - 2 = 4.$$

Aus der Injektivität von B ergibt sich

$$\text{Kern } B = \{\mathbf{0}\} \quad \Longrightarrow \quad \dim(\text{Kern } B) = 0 \quad \Longrightarrow \quad \dim(\text{Bild } B) = 3 - 0 = 3.$$

Was sagt uns die Komposition der beiden Abbildungen $AB = O$? Zunächst gilt der Zusammenhang

$$\text{Bild } B \subset \text{Kern } A.$$

Da außerdem $\dim(\text{Bild } B) = \dim(\text{Kern } A) = 3$ gilt, folgt

$$\text{Bild } B = \text{Kern } A.$$

4.10   Das Matrizenprodukt

Aufgabe 4.73
Berechnen Sie für

$$A = \begin{pmatrix} 4 & -1 \\ -2 & 1 \end{pmatrix}, \quad B = \begin{pmatrix} 2 & 1 & -1 \end{pmatrix} \quad \text{und} \quad C = \begin{pmatrix} -1 & 2 \\ 3 & 0 \\ 0 & 1 \end{pmatrix}$$

die Produkte AB, AC, BC, BA und CA, falls diese definiert sind. Welche der Summen $A + B$, $A + C$ und $B + C$ können Sie bilden?

Aufgabe 4.74

a) Seien A und B die 1×3 Matrizen

$$A = \begin{pmatrix} a & b & c \end{pmatrix} \quad \text{und} \quad B = \begin{pmatrix} \alpha & \beta & \gamma \end{pmatrix}.$$

   Berechnen Sie die Matrixprodukte AB^T und $A^T B$.
b) Berechnen Sie die Matrixprodukte CD und DC für

$$C = \begin{pmatrix} 2 & 3 \\ -1 & 1 \end{pmatrix} \quad \text{und} \quad D = \begin{pmatrix} -2 & 4 \\ 2 & 3 \end{pmatrix}.$$

Aufgabe 4.75

Wir betrachten

$$A = \begin{pmatrix} 4 & -1 \\ -2 & 1 \end{pmatrix}, \ B = \begin{pmatrix} 2 & 1 & -1 \end{pmatrix}, \ C = \begin{pmatrix} -1 & 2 \\ 3 & 0 \\ 0 & 1 \end{pmatrix} \text{ und } D = \begin{pmatrix} 7 \\ 4 \end{pmatrix}.$$

Berechnen Sie $(BC) \cdot (-AD + 3D)$.

Aufgabe 4.76

Bestimmen Sie im $\mathbb{R}^{(3,3)}$ für $A = \begin{pmatrix} 1 & 2 & 3 \\ 1 & 2 & 3 \\ 3 & 1 & 0 \end{pmatrix}$

a) alle $B \neq 0$ mit $AB = 0$,
b) alle $C \neq 0$ mit $CA = 0$,
c) alle $D \neq 0$ mit $AD = DA$.

Aufgabe 4.77

Zwischen den Flughäfen Stuttgart (S), Helsinki (H), Las Vegas (L) und Vancouver (V) gibt es täglich die folgende Anzahl von Verbindungen:

von/nach	S	H	L	V
S	0	2	0	1
H	1	0	1	1
L	0	1	0	1
V	1	0	0	0

Betrachten Sie nun die Matrix

$$F = \begin{pmatrix} 0 & 2 & 0 & 1 \\ 1 & 0 & 1 & 1 \\ 0 & 1 & 0 & 1 \\ 1 & 0 & 0 & 0 \end{pmatrix}.$$

a) Berechnen Sie F^2.
b) Stellen Sie die Matrix Z aller Zweitages-Verbindungen zwischen den vier Städten auf, wenn man an beiden Tagen jeweils eine der obigen Verbindungen nimmt.
c) Vergleichen Sie F^2 und Z und geben Sie in Worten eine plausible Erklärung für Ihre Beobachtung an.
d) Wie viele verschiedene Routen für eine 12-Tages-Reise von Stuttgart nach Vancouver gibt es, wenn man pro Tag genau eine der obigen Verbindungen nimmt. (Für genau drei Matrix-Multiplikationen dürfen Sie auch einen Computer bemühen.)

Lösungsvorschläge

Lösung 4.73

(1) AB ist nicht möglich, denn die Anzahl der Spalten von A stimmt nicht mit der Zeilen-anzahl von B überein.

(2) AC ist nicht möglich.

(3) BC ist möglich. Es resultiert

$$BC = \left(\begin{array}{cc} 2 \cdot (-1) + 1 \cdot 3 + (-1) \cdot 0 & 2 \cdot 2 + 1 \cdot 0 + (-1) \cdot 1 \end{array} \right) = \left(\begin{array}{cc} 1 & 3 \end{array} \right).$$

(4) BA ist nicht möglich.

(5) CA ist möglich. Es resultiert

$$CA = \left(\begin{array}{cc} (-1) \cdot 4 + 2 \cdot (-2) & (-1) \cdot (-1) + 2 \cdot 1 \\ 3 \cdot 4 + 0 \cdot (-2) & 3 \cdot (-1) + 0 \cdot 1 \\ 0 \cdot 4 + 1 \cdot (-2) & 0 \cdot (-1) + 1 \cdot 1 \end{array} \right) = \left(\begin{array}{cc} -8 & 3 \\ 12 & -3 \\ -2 & 1 \end{array} \right).$$

Keine der Summen kann gebildet werden. Die Dimensionen stimmen nicht überein.

Lösung 4.74

a) Es gilt

$$AB^T = \left(\begin{array}{ccc} a & b & c \end{array} \right) \left(\begin{array}{c} \alpha \\ \beta \\ \gamma \end{array} \right) = a \cdot \alpha + b \cdot \beta + c \cdot \gamma.$$

$$A^T B = \left(\begin{array}{c} a \\ b \\ c \end{array} \right) \left(\begin{array}{ccc} \alpha & \beta & \gamma \end{array} \right) = \left(\begin{array}{ccc} a\alpha & a\beta & a\gamma \\ b\alpha & b\beta & b\gamma \\ c\alpha & c\beta & c\gamma \end{array} \right).$$

b) Wir erhalten

$$CD = \left(\begin{array}{cc} 2 & 17 \\ 4 & -1 \end{array} \right) \quad \text{und} \quad DC = \left(\begin{array}{cc} -8 & -2 \\ 1 & 9 \end{array} \right),$$

womit Sie nochmals daran erinnert werden, dass das Matrizenprodukt nicht kommu-tativ ist.

Lösung 4.75

Wir erhalten $BC = (1 \; 3)$. Weiterhin ist $AD = \left(\begin{array}{c} 24 \\ -10 \end{array} \right)$ und somit $-AD + 3D = \left(\begin{array}{c} -3 \\ 22 \end{array} \right)$.
Insgesamt ergibt $(BC) \cdot (-AD + 3D) = 63$.

Lösung 4.76

Wir setzen zunächst

$$B := \begin{pmatrix} b_{11} & b_{12} & b_{13} \\ b_{21} & b_{22} & b_{23} \\ b_{31} & b_{32} & b_{33} \end{pmatrix}, \quad C := \begin{pmatrix} c_{11} & c_{12} & c_{13} \\ c_{21} & c_{22} & c_{23} \\ c_{31} & c_{32} & c_{33} \end{pmatrix} \quad \text{und} \quad D := \begin{pmatrix} d_1 & d_2 & d_3 \\ d_4 & d_5 & d_6 \\ d_7 & d_8 & d_9 \end{pmatrix}.$$

a) Die Spaltenvektoren der gesuchten Matrix B müssen im Kern von A liegen. Zwei GAUSS-Schritte angewandt auf das entsprechende homogene System liefern

$$A = \begin{pmatrix} 1 & 2 & 3 \\ 1 & 2 & 3 \\ 3 & 1 & 0 \end{pmatrix} \longrightarrow \begin{pmatrix} 1 & 2 & 3 \\ 0 & 5 & 9 \\ 0 & 0 & 0 \end{pmatrix}.$$

Sie sehen, dass die dritte Unbekannte frei wählbar ist, und wir erhalten durch Rückwärtssubstitution die drei Spaltenvektoren der Matrix

1. Spalte von $B \longrightarrow b_{11} = 3b_1, \quad b_{21} = -9b_1, \quad b_{31} = 5b_1,$

2. Spalte von $B \longrightarrow b_{12} = 3b_2, \quad b_{22} = -9b_2, \quad b_{32} = 5b_2,$

3. Spalte von $B \longrightarrow b_{13} = 3b_3, \quad b_{23} = -9b_3, \quad b_{33} = 5b_3,$

wobei $b_1, b_2, b_3 \in \mathbb{R}$ frei wählbar sind.
Ausgeschrieben lautet die Matrix

$$B = \begin{pmatrix} 3b_1 & 3b_2 & 3b_3 \\ -9b_1 & -9b_2 & -9b_3 \\ 5b_1 & 5b_2 & 5b_3 \end{pmatrix}.$$

Eine Probe bestätigt die Korrektheit der berechneten Matrix.

Beachten Sie Wenn $b_1 = b_2 = b_3 =: b$ in der obigen Darstellung gewählt wird, sind nicht *alle* $B \in \mathbb{R}^{3,3}$ mit der geforderten Eigenschaft bestimmt.

b) Wir berechnen zunächst

$$CA = \begin{pmatrix} c_{11} & c_{12} & c_{13} \\ c_{21} & c_{22} & c_{23} \\ c_{31} & c_{32} & c_{33} \end{pmatrix} \begin{pmatrix} 1 & 2 & 3 \\ 1 & 2 & 3 \\ 3 & 1 & 0 \end{pmatrix}$$

$$= \begin{pmatrix} c_{11} + c_{12} + 3c_{13} & 2c_{11} + 2c_{12} + 3c_{13} & 3c_{11} + 3c_{12} \\ c_{21} + c_{22} + 3c_{23} & 2c_{21} + 2c_{22} + 3c_{13} & 3c_{21} + 3c_{22} \\ c_{31} + c_{32} + 3c_{33} & 2c_{31} + 2c_{32} + 3c_{33} & 3c_{31} + 3c_{32} \end{pmatrix} \stackrel{!}{=} O.$$

In dieser Darstellung ist ein homogenes lineares Gleichungssystem zu erkennen. Jede Zeile stellt dasselbe System dar. Es gilt also

$$\begin{pmatrix} 1 & 1 & 3 \\ 2 & 2 & 3 \\ 3 & 3 & 0 \end{pmatrix} \longrightarrow \begin{pmatrix} 1 & 1 & 3 \\ 0 & 0 & 1 \\ 0 & 0 & 0 \end{pmatrix}.$$

Daraus resultiert die Lösung

$$c_{11} = -c_1, \quad c_{12} = c_1, \quad c_{13} = 0,$$
$$c_{21} = -c_2, \quad c_{22} = c_2, \quad c_{23} = 0,$$
$$c_{31} = -c_3, \quad c_{32} = c_3, \quad c_{33} = 0,$$

wobei $c_1, c_2, c_3 \in \mathbb{R}$ frei wählbar sind, also die Matrix

$$C = \begin{pmatrix} -c_1 & c_1 & 0 \\ -c_2 & c_2 & 0 \\ -c_3 & c_3 & 0 \end{pmatrix}.$$

Eine Probe bestätigt auch hier die Korrektheit der berechneten Matrix.

Anmerkung In Abschn. 4.13 wird die *Transponierte einer Matrix* eingeführt, bei der die Zeilen und Spalten verglichen mit der Ausgangsmatrix vertauscht sind. So ist z. B. die von C transponierte Matrix C^T gegeben durch

$$C^T = \begin{pmatrix} -c_1 & -c_2 & -c_3 \\ c_1 & c_2 & c_3 \\ 0 & 0 & 0 \end{pmatrix}.$$

Transponieren wir das vorgegebene Produkt $CA = O$ auf beiden Seiten, also $(CA)^T = O^T = O$, dann liefert eine Regel zu transponierten Matrizen folgende Gleichung:

$$A^T C^T = O.$$

Daran erkennen Sie, dass wir die Suche nach der Matrix C auf Teilaufgabe a) für die Transponierte zurückgeführt und dies bei der obigen Bearbeitung indirekt auch gemacht haben. Warum?

c) Jetzt wird es sehr rechenintensiv. Wir schreiben die Gleichung $AD - DA = O$ komponentenweise aus und erhalten

$$AD - DA = \begin{pmatrix} x_1 & x_2 & x_3 \\ x_4 & x_5 & x_6 \\ x_7 & x_8 & x_9 \end{pmatrix} = O$$

mit den Einträgen

$$x_1 = -d_2 - 3d_3 + 2d_4 + 3d_7,$$
$$x_2 = d_1 + d_4 - d_5 - 3d_6 + 3d_7,$$
$$x_3 = 3d_1 + d_4 - d_7 - d_8 - 3d_9,$$
$$x_4 = -2d_1 - d_2 - d_3 + 2d_5 + 3d_8,$$
$$x_5 = d_2 - 2d_4 - d_6 + 3d_8,$$
$$x_6 = 3d_2 + d_5 - 2d_7 - 2d_8 - d_9,$$
$$x_7 = -3d_1 - 3d_2 + d_3 + 2d_6 + 3d_9,$$
$$x_8 = d_3 - 3d_4 - 3d_5 + 2d_6 + 3d_9,$$
$$x_9 = 3d_3 + d_6 - 3d_7 - 3d_8.$$

Um die Größen $d_1, \ldots, d_9 \in \mathbb{R}$ zu ermitteln, müssen wir jetzt ein homogenes lineares Gleichungssystem mit einer 9×9-Matrix lösen. Die Koeffizientenmatrix hat gemäß obiger Einträge die Gestalt

$$\begin{pmatrix} 0 & -1 & -3 & 2 & 0 & 0 & 3 & 0 & 0 \\ 1 & 0 & 0 & 1 & -1 & -3 & 3 & 0 & 0 \\ 3 & 0 & 0 & 1 & 0 & 0 & -1 & -1 & -3 \\ -2 & -1 & -1 & 0 & 2 & 0 & 0 & 3 & 0 \\ 0 & 1 & 0 & -2 & 0 & -1 & 0 & 3 & 0 \\ 0 & 3 & 0 & 0 & 1 & 0 & -2 & -2 & -1 \\ -3 & -3 & 1 & 0 & 0 & 2 & 0 & 0 & 3 \\ 0 & 0 & 1 & -3 & -3 & 2 & 0 & 0 & 3 \\ 0 & 0 & 3 & 0 & 0 & 1 & -3 & -3 & 0 \end{pmatrix}$$

$$\xrightarrow{\text{VIEL GAUSS}} \begin{pmatrix} 5 & 0 & 0 & 0 & 0 & 0 & -2 & 1 & -5 \\ 0 & 20 & 0 & 0 & 0 & 0 & -7 & -19 & 0 \\ 0 & 0 & 4 & 0 & 0 & 0 & -3 & -3 & 0 \\ 0 & 0 & 0 & 5 & 0 & 0 & 1 & -8 & 0 \\ 0 & 0 & 0 & 0 & 20 & 0 & -19 & 17 & -20 \\ 0 & 0 & 0 & 0 & 0 & 4 & -3 & -3 & 0 \\ 0 & 0 & 0 & 0 & 0 & 0 & 0 & 0 & 0 \\ 0 & 0 & 0 & 0 & 0 & 0 & 0 & 0 & 0 \\ 0 & 0 & 0 & 0 & 0 & 0 & 0 & 0 & 0 \end{pmatrix}.$$

Daraus resultiert die Matrix

$$D = \begin{pmatrix} \frac{1}{5}(2d_7 - d_8 + 5d_9) & \frac{1}{20}(7d_7 + 19d_8) & \frac{1}{4}(3d_7 + 3d_8) \\ \frac{1}{5}(-d_7 + 8d_8) & \frac{1}{20}(19d_7 - 17d_8 + 20d_9) & \frac{1}{4}(3d_7 + 3d_8) \\ d_7 & d_8 & d_9 \end{pmatrix},$$

wobei $d_7, d_8, d_9 \in \mathbb{R}$ beliebig gewählt werden dürfen.

Zur Probe wählen wir $d_7 = d_8 = 0$ und $d_9 = 5$. Dies ergibt die *Einheitsmatrix*

$$E = \begin{pmatrix} 1 & 0 & 0 \\ 0 & 1 & 0 \\ 0 & 0 & 1 \end{pmatrix},$$

welche zu jeder Matrix gleicher Dimension kommutativ ist. Für $d_7 = d_8 = d_9 = 20$ ergibt sich beispielsweise

$$\begin{pmatrix} 242630 \\ 282230 \\ 202020 \end{pmatrix} \begin{pmatrix} 1 & 2 & 3 \\ 1 & 2 & 3 \\ 3 & 1 & 0 \end{pmatrix} = \begin{pmatrix} 140 & 130 & 150 \\ 140 & 130 & 150 \\ 100 & 100 & 120 \end{pmatrix} = \begin{pmatrix} 1 & 2 & 3 \\ 1 & 2 & 3 \\ 3 & 1 & 0 \end{pmatrix} \begin{pmatrix} 24 & 26 & 30 \\ 28 & 22 & 30 \\ 20 & 20 & 20 \end{pmatrix}.$$

Lösung 4.77

a) Wie Sie leicht nachrechnen, ergibt sich

$$F^2 = \begin{pmatrix} 3 & 0 & 2 & 2 \\ 1 & 3 & 0 & 2 \\ 2 & 0 & 1 & 1 \\ 0 & 2 & 0 & 1 \end{pmatrix}.$$

b) Wir stellen folgende beispielhafte Überlegungen an:
   Wie viele Möglichkeiten gibt es von H nach V?
$$H \rightarrow S \rightarrow V,$$
$$H \rightarrow L \rightarrow V,$$
$$H \rightarrow V \nrightarrow V.$$
Es liegen demnach 2 Möglichkeiten vor.
Wie viele Möglichkeiten gibt es von S nach S?
$$S \rightarrow H \rightarrow S,$$
$$S \rightarrow H \rightarrow S,$$
$$S \rightarrow V \rightarrow S.$$
Dies sind 3 Möglichkeiten.

Beachten Sie Es gibt 2 verschiedene Flüge S $\rightarrow$ H.

Insgesamt resultiert mit diesen Überlegungen die Matrix

$$Z = \begin{pmatrix} 3 & 0 & 2 & 2 \\ 1 & 3 & 0 & 2 \\ 2 & 0 & 1 & 1 \\ 0 & 2 & 0 & 1 \end{pmatrix} = F^2.$$

c) Wir systematisieren die obige Überlegung nochmals für Wege an 2 Tagen von S nach S:

$$S \to S \to S, S \to H \to S, S \to L \to S, S \to V \to S,$$
$$0 \cdot 0 \quad + \quad 2 \cdot 1 \quad + \quad 0 \cdot 0 \quad + \quad 1 \cdot 1 \quad = 3.$$

Dies entspricht genau der Matrixmultiplikation „1. Zeile von F mit 1. Spalte von F".
Für alle anderen Verbindungen gilt die Überlegung analog.

d) Wir benötigen den Eintrag rechts oben in der zu berechnenden Matrix F^{12}:

$$F^4 = (F^2)^2 = \begin{pmatrix} 13 & 4 & 8 & 10 \\ 6 & 13 & 2 & 10 \\ 8 & 2 & 5 & 6 \\ 2 & 8 & 0 & 5 \end{pmatrix},$$

$$F^8 = (F^4)^2 = \begin{pmatrix} 277 & 200 & 152 & 268 \\ 192 & 277 & 84 & 252 \\ 168 & 116 & 93 & 160 \\ 84 & 152 & 32 & 125 \end{pmatrix},$$

$$F^{12} = F^8 \cdot F^4 = \begin{pmatrix} 6553 & 6156 & 3376 & \boxed{7022} \\ 5334 & 6553 & 2510 & 6454 \\ 3944 & 3646 & 2041 & 4198 \\ 2510 & 3376 & 1136 & 3177 \end{pmatrix}.$$

Es gibt also 7022 verschiedene 12-Tages-Touren.

4.11 Das Tensorprodukt und Anwendungen

Aufgabe 4.78
Seien $a, a_j \in \mathbb{R}^m$ und $b, b_j \in \mathbb{R}^n$, $j = 1, 2$, vorausgesetzt. Beweisen Sie die nachfolgenden Rechenregeln für das Tensor-Produkt $a \otimes b := ab^T \in \mathbb{R}^{(m,n)}$:

a) $a \otimes (\lambda b) = \lambda (a \otimes b) = (\lambda a) \otimes b \quad \forall \lambda \in \mathbb{R}$,
b) $a \otimes (b_1 + b_2) = a \otimes b_1 + a \otimes b_2$,
c) $(a_1 + a_2) \otimes b = a_1 \otimes b + a_2 \otimes b$.

Aufgabe 4.79
Gegeben sei ein Unterraum U eines endlichdimensionalen Vektorraums. Bestimmen Sie die Matrizen der orthogonalen Projektionen auf U und $U^\perp$. Bestimmen Sie diese Matrizen auch zahlenmäßig für den Fall

$$U = \text{Span} \left\{ (1, 1, 1, 0)^T, (0, 1, 1, 1)^T, (1, 0, 1, 1)^T \right\}.$$

Aufgabe 4.80

Gegeben sei im $\mathbb{R}^3$ die Ebene E durch die HESSE-Normalform $E : x \cdot n = 0$ und die Projektionsrichtung a.

a) Bestimmen Sie allgemein die Projektion Px von x auf E in Richtung a, d. h. $Px - x = \lambda a$.
b) Zeigen Sie, dass die Abbildung P linear ist, und bestimmen Sie die Matrix P.
c) Bestimmen Sie nun die Matrix auch zahlenmäßig für den Fall $n^T = (1, 2, 3)$ und $a^T = (-1, 2, -3)$.
d) Warum wären die Vorgabe $n^T = (1, 2, 3)$ und $a^T = (2, 2, -2)$ ungeeignet?

Aufgabe 4.81

Im R^3 ist die Ebene $E = \{x \mid \langle x, n \rangle = 0\}$ gegeben sowie ein Vektor p mit $\langle p, n \rangle \neq 0$.

a) Bestimmen Sie zu $x \in \mathbb{R}^3$ die Projektion x^* auf E in Richtung p und damit die Projektionsmatrix $P : \mathbb{R}^3 \to \mathbb{R}^3$, welche $Px = x^*$ liefert.
b) Berechnen Sie P^2 und S^2, wobei $S = \mathrm{Id}_3 - 2P$.
c) Bestimmen Sie die Matrizen P und S für $n = (1, 2, -1)^T$, $p = (2, 0, 1)^T$ auch zahlenmäßig.

Aufgabe 4.82

Gegeben sei $n \in \mathbb{R}^3$ mit $n \neq 0$. U sei der Unterraum senkrecht zu n.

a) Bestimmen Sie komponentenfrei folgende Matrizen als Funktion von n:

$$S \ = \text{Matrix der orthogonalen Spiegelung an } U,$$
$$P \ = \text{Matrix der orthogonalen Projektion an } U,$$
$$A_m = S^m, \quad B_m = (S + E)^m, \quad m \in \mathbb{N}.$$

b) Berechnen Sie die Komponenten der Matrizen S und P für den Fall $n^T = (1, -2, 3)^T$.

Lösungsvorschläge

Lösung 4.78

Für das dyadische Produkt gelten folgende Rechenregeln:

a) Für alle $\lambda \in \mathbb{R}$ gilt mit den Rechenregeln für Vektoren

$$a \otimes (\lambda b) = a(\lambda b)^T = \underbrace{(\lambda a) b^T}_{= (\lambda a) \otimes b} = \underbrace{\lambda a b^T}_{= \lambda (a \otimes b)} .$$

b) Mit den Rechenregeln für Vektoren gilt

$$a \otimes (b_1 + b_2) = a(b_1 + b_2)^T = a(b_1^T + b_2^T) = ab_1^T + ab_2^T$$
$$= a \otimes b_1 + a \otimes b_2.$$

c) Entsprechend ist auch hier

$$(a_1 + a_2) \otimes b = (a_1 + a_2)b^T = a_1 b^T + a_2 b^T$$
$$= a_1 \otimes b + a_2 \otimes b.$$

Lösung 4.79

Wir betrachten das Zahlenbeispiel. Die 3 gegebenen Vektoren – wir bezeichnen sie der Reihe nach mit u_1, u_2 und u_3 – sind linear unabhängig und spannen somit einen 3-dimensionalen Unterraum U in $\mathbb{R}^4$ auf. Damit ist $\dim U^\perp = 1$. Der Basisvektor $w = (w_1, w_2, w_3, w_4)^T \in \mathbb{R}^4$ für $U^\perp$ erfüllt damit die 3 Orthogonalitätsbedingungen

$$w \cdot u_1 = 0 \implies w_2 + w_3 + w_4 = 0,$$
$$w \cdot u_2 = 0 \implies w_1 + w_2 + w_3 = 0,$$
$$w \cdot u_3 = 0 \implies w_1 + w_3 + w_4 = 0.$$

Dahinter verbirgt sich ein homogenes lineares Gleichungssystem mit der Koeffizientenmatrix

$$\begin{pmatrix} 1 & 1 & 1 & 0 \\ 0 & 1 & 1 & 1 \\ 1 & 0 & 1 & 1 \end{pmatrix} \xrightarrow{\text{GAUSS}} \begin{pmatrix} 1 & 1 & 1 & 0 \\ 0 & 1 & 1 & 1 \\ 0 & 0 & 1 & 2 \end{pmatrix}.$$

Wir wählen $w_4 := 1$ und erhalten damit durch Rückwärtssubstitution folgenden Basisvektor:

$$w = (1, 1, -2, 1)^T \implies U^\perp = \text{Span}\{w\}.$$

Die Projektionsmatrix $P_{U^\perp}$ auf das Komplement lautet nun

$$P_{U^\perp} = \frac{w}{\|w\|} \otimes \frac{w}{\|w\|} = \frac{1}{7} \begin{pmatrix} 1 & 1 & -2 & 1 \\ 1 & 1 & -2 & 1 \\ -2 & -2 & 4 & -2 \\ 1 & 1 & -2 & 1 \end{pmatrix}.$$

Die Projektionsmatrix P_U auf U ergibt sich damit durch

$$P_U = \text{Id}_4 - P_{U^\perp} = \frac{1}{7} \begin{pmatrix} 6 & -1 & 2 & -1 \\ -1 & 6 & 2 & -1 \\ 2 & 2 & 3 & 2 \\ -1 & -1 & 2 & 6 \end{pmatrix}.$$

Eine *alternative* Herangehensweise ist die Zuhilfenahme des Orthonormalisierungsverfahrens nach SCHMIDT. Die Basisvektoren $\{u_1, u_2, u_3\}$ von U werden dabei umgebogen in die Einheitsvektoren $\{u_1', u_2', u_3'\}$ (wir verzichten hier auf eine zahlenmäßige Auswertung), und damit ergibt sich die Darstellung der Projektionsmatrix P_U durch

$$P_U = \sum_{i=1}^{3} u_i' \otimes u_i'$$

bzw.

$$P_{U^\perp} = u_4' \otimes u_4',$$

wobei hier $u_4' := \dfrac{w}{\|w\|}$.

Diese Darstellung der Projektionsmatrizen mithilfe von Orthonormalbasen gilt allgemein!

Lösung 4.80

a) Die Bedingungen für Px lauten mit $\lambda \in \mathbb{R}$:

$$Px - x = \lambda p,$$

$$Px \in E, \quad \text{d. h.,} \quad Px \cdot n = 0.$$

Also gilt

$$0 = Px \cdot n = (x + \lambda p)n = x \cdot n + \lambda p \cdot n.$$

Daraus folgt

$$Px = x - \frac{x \cdot n}{p \cdot n} p$$

für $p \cdot n \neq 0$. Damit gilt

$$Px = \left[\text{Id}_3 - \frac{1}{p \cdot n} (p \otimes n) \right] x.$$

Die Matrix lautet

$$P = \text{Id}_3 - \frac{1}{p \cdot n} (p \otimes n).$$

b) Es gilt natürlich

$$P^2 = P,$$

denn mit $(a \otimes b)x = a\langle b, x \rangle$ ergibt sich

$$P^2 x = P(Px) = Px - \frac{1}{p \cdot n} p \langle n, Px \rangle = Px,$$

da $\langle n, Px \rangle = Px \cdot n = 0$.
Die Matrix S lautet

$$S = \frac{2}{p \cdot n}(p \otimes n) - \mathrm{Id}_3,$$

und es ist

$$S^2 = \mathrm{Id}_3,$$

denn eine ausführliche Rechnung ergibt

$$S^2 x = S(Sx) = \frac{2}{p \cdot n}(p \otimes n)Sx - Sx = \frac{2}{p \cdot n}p \langle n, Sx \rangle - Sx$$

$$= \frac{2}{p \cdot n}p \langle n, \frac{2}{p \cdot n}(p \otimes n)x - x \rangle - \frac{2}{p \cdot n}(p \otimes n)x + x$$

$$= \frac{2}{p \cdot n}p \langle n, \frac{2}{p \cdot n}p \langle n, x \rangle \rangle - \frac{2}{p \cdot n}p \langle n, x \rangle - \frac{2}{p \cdot n}p \langle n, x \rangle + x$$

$$= \frac{4}{(p \cdot n)^2}\langle n, p \rangle \, p \langle n, x \rangle - \frac{4}{p \cdot n}p \langle n, x \rangle + x$$

$$= x.$$

Wie Sie sicher schon gesehen haben, beschreibt die Matrix S eine Spiegelung an E.
c) Mit $p \cdot n = \langle p, n \rangle = 1$ und

$$(p \otimes n) = pn^T = \begin{pmatrix} 2 & 4 & -2 \\ 0 & 0 & 0 \\ 1 & 2 & -1 \end{pmatrix}$$

ergibt sich

$$P = \begin{pmatrix} -1 & -4 & 2 \\ 0 & 1 & 0 \\ -1 & -2 & 2 \end{pmatrix} \quad \text{und} \quad S = \begin{pmatrix} 3 & 8 & -4 \\ 0 & -1 & 0 \\ 2 & 4 & -3 \end{pmatrix}.$$

Eine Probe bestätigt Teil b) der Aufgabe.

Lösung 4.81

a) Die Bedingungen für Px lauten mit $\lambda \in \mathbb{R}$:

$$Px - x = \lambda a,$$

$$Px \in E, \quad \text{d. h.,} \quad Px \cdot n = 0.$$

Also gilt

$$0 = Px \cdot n = (x + \lambda a)n = x \cdot n + \lambda a \cdot n.$$

Daraus folgt

$$Px = x - \frac{x \cdot n}{a \cdot n} a$$

für $a \cdot n \neq 0$.

b) Es gilt nach der vorherigen Teilaufgabe, dass

$$Px = \left[\text{Id}_3 - \frac{1}{a \cdot n} (a \otimes n) \right] x,$$

also P linear ist. Die Matrix lautet

$$P = \text{Id}_3 - \frac{1}{a \cdot n} (a \otimes n).$$

c) Es gilt $a \cdot n = -6$, also

$$P = \text{Id}_3 + \frac{1}{6} \begin{pmatrix} -1 \\ 2 \\ -3 \end{pmatrix} \otimes \begin{pmatrix} 1 \\ 2 \\ 3 \end{pmatrix} = \begin{pmatrix} 1 & 0 & 0 \\ 0 & 1 & 0 \\ 0 & 0 & 1 \end{pmatrix} + \frac{1}{6} \begin{pmatrix} -1 & -2 & -3 \\ 2 & 4 & 6 \\ -3 & -6 & -9 \end{pmatrix},$$

somit

$$P = \frac{1}{6} \begin{pmatrix} 5 & -2 & -3 \\ 2 & 10 & 6 \\ -3 & -6 & -3 \end{pmatrix}.$$

d) In Teilaufgabe a) wurde $a \cdot n \neq 0$ gefordert. Mit der vorgegebenen Wahl gilt dies nicht, denn $a \cdot n = 0$.

Lösung 4.82

a) Der Unterraum U besteht natürlich aus allen x mit der Eigenschaft $x \cdot n = 0$. Es gilt

$$Px = x + \lambda n \in U$$

für ein noch zu bestimmendes $\lambda \in \mathbb{R}$. Da

$$Px \cdot n = x \cdot n + \lambda n \cdot n = 0,$$

folgt

$$\lambda = -\frac{x \cdot n}{n^2}.$$

Damit gilt

$$Px = x - \frac{(x \cdot n)n}{n^2},$$

d. h.

$$P = E - \frac{1}{n^2}\, n \otimes n.$$

Damit ergibt sich aus

$$Sx = x + 2(Px - x) = (2P - E)x,$$

dass

$$S = E - \frac{2}{n^2}\, n \otimes n.$$

Beide Matrizen erfüllen die gewünschten Eigenschaften $P^2 = P$ und $S^2 = E$, d. h.

$$A_m = S^m = \begin{cases} S & : \quad \text{falls } m \text{ ungerade,} \\ E & : \quad \text{falls } m \text{ gerade.} \end{cases}$$

Weiter ist $S + E = 2P$ nach obiger Darstellung, also gilt

$$B_m = (2P)^m = 2^m P^m = 2^m P.$$

b) Es gilt

$$P = \begin{pmatrix} 1 & 0 & 0 \\ 0 & 1 & 0 \\ 0 & 0 & 1 \end{pmatrix} - \frac{1}{14} \begin{pmatrix} 1 & -2 & 3 \\ -2 & 4 & -6 \\ 3 & -6 & 9 \end{pmatrix} = \frac{1}{14} \begin{pmatrix} 13 & 2 & -3 \\ 2 & 10 & 6 \\ -3 & 6 & 5 \end{pmatrix}.$$

Weiter ist

$$S = 2P - E = \frac{1}{7} \begin{pmatrix} 6 & 2 & -3 \\ 2 & 3 & 6 \\ -3 & 6 & -2 \end{pmatrix}.$$

4.12　Die inverse Matrix

Aufgabe 4.83

Finden Sie die inverse Matrix zu $A = \begin{pmatrix} 1 & 2 & 3 \\ 2 & 5 & 3 \\ 1 & 0 & 8 \end{pmatrix}$.

Finden Sie zu $B = \begin{pmatrix} 1 & 0 & 2 & 1 \\ 0 & 0 & 1 & 0 \\ 1 & 2 & 0 & 0 \end{pmatrix}$ eine Matrix $X \in \mathbb{R}^{(3,4)}$ mit $AX = B$. Ist die Lösung eindeutig?

Aufgabe 4.84

Gegeben sei

$$A = \begin{pmatrix} 1 & 3 & 4 \\ 3 & -1 & 6 \\ -1 & 5 & 1 \end{pmatrix}.$$

a) Bestimmen Sie A^{-1}.

b) Bestimmen Sie zu $C = A \begin{pmatrix} 1 & 0 & 0 \\ 0 & 2 & 0 \\ 0 & 0 & 1 \end{pmatrix} A^{-1}$ die Matrizen C^5 und C^{-1}.

Aufgabe 4.85

Invertieren Sie folgende Matrizen:

$$A = \begin{pmatrix} -11 & 3 & 2 \\ 5 & -1 & -1 \\ 7 & -2 & -1 \end{pmatrix} \quad \text{und} \quad B = \begin{pmatrix} 17 & -2 & 3 & 7 \\ -10 & 0 & -1 & -3 \\ 3 & -1 & 1 & 2 \\ 10 & 2 & 0 & 1 \end{pmatrix}.$$

Aufgabe 4.86

Unter welchen Voraussetzungen ist die Matrizengleichung $XA + 2X = A$ eindeutig lösbar, wenn alle darin auftretenden Matrizen aus $\mathbb{K}^{(n,n)}$ sind? Wie lautet die Lösungsmatrix X?

Aufgabe 4.87

Zeigen Sie, dass die Matrix

$$A = \begin{pmatrix} 1 & 0 & -2 \\ 2 & 2 & 4 \\ 0 & 0 & 2 \end{pmatrix}$$

die Matrixgleichung $A^2 - 3A + 2E = O$ erfüllt. Berechnen Sie damit die inverse Matrix A^{-1}.

Aufgabe 4.88

Sei $A \in \mathrm{Inv}\,(\mathbb{K}n)$. Zeigen Sie:

$$A \quad \text{ist invertierbar} \quad \Longleftrightarrow \quad A^T \quad \text{ist invertierbar.}$$

Lösungsvorschläge

Lösung 4.83

Wir wenden dazu das GAUSS-Verfahren auf $(A|E)$ an, um $(E|A^{-1})$ zu erhalten. Die einzelnen Schritte lauten

$$\begin{pmatrix} 1 & 2 & 3 & 1 & 0 & 0 \\ 2 & 5 & 3 & 0 & 1 & 0 \\ 1 & 0 & 8 & 0 & 0 & 1 \end{pmatrix} \begin{matrix} II - 2 \cdot I \\ III - I \\ \longrightarrow \end{matrix} \begin{pmatrix} 1 & 2 & 3 & 1 & 0 & 0 \\ 0 & 1 & -3 & -2 & 1 & 0 \\ 0 & -2 & 5 & -1 & 0 & 1 \end{pmatrix}$$

$$\begin{matrix} III + 2 \cdot II \\ -1 \cdot III \\ \longrightarrow \end{matrix} \begin{pmatrix} 1 & 2 & 3 & 1 & 0 & 0 \\ 0 & 1 & -3 & -2 & 1 & 0 \\ 0 & 0 & 1 & 5 & -2 & -1 \end{pmatrix} \begin{matrix} II + 3 \cdot III \\ I - 3 \cdot III \\ \longrightarrow \end{matrix} \begin{pmatrix} 1 & 2 & 0 & -14 & 6 & 3 \\ 0 & 1 & 0 & 13 & -5 & -3 \\ 0 & 0 & 1 & 5 & -2 & -1 \end{pmatrix}$$

$$\begin{matrix} I - 2 \cdot II \\ \longrightarrow \end{matrix} \begin{pmatrix} 1 & 0 & 0 & -40 & 16 & 9 \\ 0 & 1 & 0 & 13 & -5 & -3 \\ 0 & 0 & 1 & 5 & -2 & -1 \end{pmatrix}.$$

Eine Probe bestätigt die Gleichung $AA^{-1} = A^{-1}A = E$. Weiter gilt

$$AX = B \quad \Longleftrightarrow \quad X = A^{-1}B.$$

Zahlenmäßig heißt das

$$X = \begin{pmatrix} -40 & 16 & 9 \\ 13 & -5 & -3 \\ 5 & -2 & -1 \end{pmatrix} \begin{pmatrix} 1 & 0 & 2 & 1 \\ 0 & 0 & 1 & 0 \\ 1 & 2 & 0 & 0 \end{pmatrix} = \begin{pmatrix} -31 & 18 & -64 & -40 \\ 10 & -6 & 21 & 13 \\ 4 & -2 & 8 & 5 \end{pmatrix}.$$

Die Lösung ist eindeutig wegen der Eindeutigkeit der Inversen A^{-1}.

Auch hier bestätigt die Probe $AX = B$ die Richtigkeit der Matrix X.

Lösung 4.84

a) Wir wenden wieder das GAUSS-Verfahren auf $(A|E)$ an, um $(E|A^{-1})$ zu erhalten. Es ergibt sich

$$A^{-1} = \frac{1}{2} \begin{pmatrix} 31 & -17 & -22 \\ 9 & -5 & -6 \\ -14 & 8 & 10 \end{pmatrix}.$$

b) Es gilt

$$C^5 = A \begin{pmatrix} 1 & 0 & 0 \\ 0 & 32 & 0 \\ 0 & 0 & 1 \end{pmatrix} A^{-1}, \quad C^{-1} = A \begin{pmatrix} 1 & 0 & 0 \\ 0 & \frac{1}{2} & 0 \\ 0 & 0 & 1 \end{pmatrix} A^{-1}.$$

Das bedeutet in Zahlen

$$C^5 = \frac{1}{2} \begin{pmatrix} 839 & -465 & -558 \\ -279 & 157 & 186 \\ 1395 & -775 & -928 \end{pmatrix}, \quad C^{-1} = \frac{1}{4} \begin{pmatrix} -23 & 15 & 18 \\ 9 & -1 & -6 \\ -45 & 25 & 34 \end{pmatrix}.$$

Lösung 4.85

Wir wenden dazu das GAUSS-Verfahren auf $(A|E)$ an, um $(E|A^{-1})$ zu erhalten. Die einzelnen Schritte lauten

$$\begin{pmatrix} -11 & 3 & 2 & | & 1 & 0 & 0 \\ 5 & -1 & -1 & | & 0 & 1 & 0 \\ 7 & -2 & -1 & | & 0 & 0 & 1 \end{pmatrix} \xrightarrow[11 \cdot III + 7 \cdot I]{11 \cdot II + 5 \cdot I} \begin{pmatrix} -11 & 3 & 2 & | & 1 & 0 & 0 \\ 0 & 4 & -1 & | & 5 & 11 & 0 \\ 0 & -1 & 3 & | & 7 & 0 & 11 \end{pmatrix}$$

$$\xrightarrow[4 \cdot I - 3 \cdot II]{4 \cdot III + II} \begin{pmatrix} -44 & 0 & 11 & | & -11 & -33 & 0 \\ 0 & 4 & -1 & | & 5 & 11 & 0 \\ 0 & 0 & 11 & | & 33 & 11 & 44 \end{pmatrix} \xrightarrow[III/11]{I/11} \begin{pmatrix} -4 & 0 & 1 & | & -1 & -3 & 0 \\ 0 & 4 & -1 & | & 5 & 11 & 0 \\ 0 & 0 & 1 & | & 3 & 1 & 4 \end{pmatrix}$$

$$\begin{array}{c} I - III \\ II + III \\ \longrightarrow \end{array} \left(\begin{array}{ccc|ccc} -4 & 0 & 0 & -4 & -4 & -4 \\ 0 & 4 & 0 & 8 & 12 & 4 \\ 0 & 0 & 1 & 3 & 1 & 4 \end{array} \right) \begin{array}{c} -I/4 \\ II/4 \\ \longrightarrow \end{array} \left(\begin{array}{ccc|ccc} 1 & 0 & 0 & 1 & 1 & 1 \\ 0 & 1 & 0 & 2 & 3 & 1 \\ 0 & 0 & 1 & 3 & 1 & 4 \end{array} \right).$$

Damit gilt

$$A^{-1} = \left(\begin{array}{ccc} 1 & 1 & 1 \\ 2 & 3 & 1 \\ 3 & 1 & 4 \end{array} \right).$$

Um $(B|E) \xrightarrow{\text{GAUSS}} (E|B^{-1})$ durchzuführen, starten wir jetzt von unten. Wir erhalten

$$\left(\begin{array}{cccc|cccc} 17 & -2 & 3 & 7 & 1 & 0 & 0 & 0 \\ -10 & 0 & -1 & -3 & 0 & 1 & 0 & 0 \\ 3 & -1 & 1 & 2 & 0 & 0 & 1 & 0 \\ 10 & 2 & 0 & 1 & 0 & 0 & 0 & 1 \end{array} \right) \begin{array}{c} I - 7 \cdot IV \\ II - 3 \cdot IV \\ III - 2 \cdot IV \\ \longrightarrow \end{array} \left(\begin{array}{cccc|cccc} -53 & -16 & 3 & 0 & 1 & 0 & 0 & -7 \\ 20 & 6 & -1 & 0 & 0 & 1 & 0 & 3 \\ -17 & -5 & 1 & 0 & 0 & 0 & 1 & -2 \\ 10 & 2 & 0 & 1 & 0 & 0 & 0 & 1 \end{array} \right)$$

$$\begin{array}{c} I - 3 \cdot III \\ II + III \\ \longrightarrow \end{array} \left(\begin{array}{cccc|cccc} -2 & -1 & 0 & 0 & 1 & 0 & -3 & -1 \\ 3 & 1 & 0 & 0 & 0 & 1 & 1 & 1 \\ -17 & -5 & 1 & 0 & 0 & 0 & 1 & -2 \\ 10 & 2 & 0 & 1 & 0 & 0 & 0 & 1 \end{array} \right)$$

$$\begin{array}{c} I + II \\ III + 5 \cdot II \\ IV - 2 \cdot II \\ \longrightarrow \end{array} \left(\begin{array}{cccc|cccc} 1 & 0 & 0 & 0 & 1 & 1 & -2 & 0 \\ 3 & 1 & 0 & 0 & 0 & 1 & 1 & 1 \\ -2 & 0 & 1 & 0 & 0 & 5 & 6 & 3 \\ 4 & 0 & 0 & 1 & 0 & -2 & -2 & -1 \end{array} \right)$$

$$\begin{array}{c} II - 3 \cdot I \\ III + 2 \cdot I \\ IV - 4 \cdot I \\ \longrightarrow \end{array} \left(\begin{array}{cccc|cccc} 1 & 0 & 0 & 0 & 1 & 1 & -2 & 0 \\ 0 & 1 & 0 & 0 & -3 & -2 & 7 & 1 \\ 0 & 0 & 1 & 0 & 2 & 7 & 2 & 3 \\ 0 & 0 & 0 & 1 & -4 & -6 & 6 & -1 \end{array} \right).$$

Also ist

$$B^{-1} = \left(\begin{array}{cccc} 1 & 1 & -2 & 0 \\ -3 & -2 & 7 & 1 \\ 2 & 7 & 2 & 3 \\ -4 & -6 & 6 & -1 \end{array} \right).$$

Lösung 4.86

Es gilt $XA + 2X = X(A + 2E) \overset{!}{=} A$. Falls also $(A + 2E)^{-1}$ existiert, lautet die Lösung

$$X = A(A + 2E)^{-1}.$$

Lösung 4.87

a) Es gilt

$$A^2 = \begin{pmatrix} 1 & 0 & -6 \\ 6 & 4 & 12 \\ 0 & 0 & 4 \end{pmatrix}.$$

Damit berechnen wir

$$A^2 - 3A + 2E = \begin{pmatrix} 1 & 0 & -6 \\ 6 & 4 & 12 \\ 0 & 0 & 4 \end{pmatrix} - \begin{pmatrix} 3 & 0 & -6 \\ 6 & 6 & 12 \\ 0 & 0 & 6 \end{pmatrix} + \begin{pmatrix} 2 & 0 & 0 \\ 0 & 2 & 0 \\ 0 & 0 & 2 \end{pmatrix} = \begin{pmatrix} 0 & 0 & 0 \\ 0 & 0 & 0 \\ 0 & 0 & 0 \end{pmatrix}.$$

b) Wir multiplizieren die Ausgangsgleichung von rechts mit A^{-1} und lösen anschließend nach der inversen Matrix auf:

$$A - 3E + 2A^{-1} = O \quad \Longleftrightarrow \quad A^{-1} = \frac{1}{2}(3E - A).$$

In Zahlen heißt das

$$A^{-1} = \frac{1}{2}\left[\begin{pmatrix} 3 & 0 & 0 \\ 0 & 3 & 0 \\ 0 & 0 & 3 \end{pmatrix} - \begin{pmatrix} 1 & 0 & -2 \\ 2 & 2 & 4 \\ 0 & 0 & 2 \end{pmatrix}\right] = \frac{1}{2}\begin{pmatrix} 2 & 0 & 2 \\ -2 & 1 & -4 \\ 0 & 0 & 1 \end{pmatrix}.$$

Lösung 4.88

Es gilt $E^T = E$. Damit ergibt sich durch Transposition auf beiden Seiten (wie in Aufgabe 4.76, b) bereits angedeutet)

$$AA^{-1} = A^{-1}A = E \quad \Longleftrightarrow \quad (AA^{-1})^T = (A^{-1})^T A^T = E^T = E$$
$$\text{bzw.} \quad (A^{-1}A)^T = A^T (A^{-1})^T = E^T = E.$$

Für $(A^{-1})^T$ schreiben wir A^{-T}. Die transponierten Matrizen werden im anschließenden Abschnitt besprochen, insofern leitet diese Aufgabe den nachfolgenden Abschnitt ein.

4.13 Spezielle Matrizen

Aufgabe 4.89

Unter welchen Voraussetzungen ist die Matrizengleichung

$$C^T X (A^T B)^T + (X^T C)^T - E = -\frac{1}{2} B^T A + 3 C^T X$$

eindeutig lösbar, wenn alle darin auftretenden Matrizen aus $\mathbb{K}^{(n,n)}$ sind? Wie lautet die Lösungsmatrix X?

Aufgabe 4.90

Gegeben sei die Matrix

$$Q = \frac{1}{\sqrt{2}} \begin{pmatrix} 1 & b & d \\ 1 & c & e \\ a & 1 & f \end{pmatrix} \in \mathbb{R}^{3,3} .$$

a) Bestimmen Sie die Zahlen a bis f, sodass $b > 0$, $f < 0$ und Q orthogonal sind.

b) Q beschreibt eine Drehung des $\mathbb{R}^3$ um eine Achse $\boldsymbol{a}$. Bestimmen Sie $\boldsymbol{a}$ aus einer geeigneten Bedingung für $Q\boldsymbol{a}$.

Aufgabe 4.91

Sei $A = \begin{pmatrix} a & c \\ b & d \end{pmatrix}$ eine orthogonale Matrix. Welche Zusammenhänge bestehen dann zwischen den Koeffizienten der Matrix A?

Aufgabe 4.92

Zeigen Sie mithilfe der letzten Aufgabe: Ist $A \in \mathbb{R}^{(2,2)}$ eine orthogonale Matrix, dann gibt es ein $\varphi \in [0, 2\pi)$ und ein $\varepsilon = \pm 1$, sodass

$$A = \begin{pmatrix} \cos \varphi & -\varepsilon \sin \varphi \\ \sin \varphi & \varepsilon \cos \varphi \end{pmatrix} .$$

Aufgabe 4.93

Sei $F \in \mathbb{R}^{n,n}$ invertierbar. Dann existiert ein $U \in \mathbb{R}^{n,n}$ invertierbar, symmetrisch und $U^2 = F^T F$. Zeigen Sie, dass

a) $R = FU^{-1}$ orthogonal,

b) $V = FR^T$ symmetrisch,

c) $V^2 = FF^T$ ist.

Damit haben wir die Zerlegung $F = RU = VR$ gewonnen.

Aufgabe 4.94

Lösen Sie im $\mathbb{R}^3$ folgende Aufgaben:

a) Bestimmen Sie die Matrizen D_α = Drehung um x_1-Achse mit Winkel α und R_α = Drehung um x_3-Achse ebenfalls mit Winkel α.

b) Bestimmen Sie mit $D_\alpha D_\beta$ eine Formel für $\sin(\alpha + \beta)$, $\cos(\alpha + \beta)$.

c) Berechnen Sie $D_\alpha R_\beta$ und $R_\beta D_\alpha$. Wann sind diese Matrizen gleich?

Aufgabe 4.95

Die lineare Abbildung $A : \mathbb{R}^3 \to \mathbb{R}^3$ sei eine Drehung um die z-Achse mit Drehwinkel $\varphi = \frac{\pi}{4}$ und anschließender Spiegelung an der x-y-Ebene. Geben Sie die Abbildungsmatrix an.

Aufgabe 4.96

Sei $A = \begin{pmatrix} \cos\varphi & -\sin\varphi \\ \sin\varphi & \cos\varphi \end{pmatrix}$ gegeben.

a) Berechnen Sie A^2, A^{-1} und A^T. Welche Formel vermuten Sie für A^n, $n \in \mathbb{N}$.

b) Bestätigen Sie die obige Vermutung durch vollständige Induktion.

Aufgabe 4.97

Sei $A = \begin{pmatrix} \frac{1}{2}(1+i) & \frac{i}{\sqrt{3}} & \frac{3+i}{2\sqrt{15}} \\ -\frac{1}{2} & \frac{1}{\sqrt{3}} & \frac{4+3i}{2\sqrt{15}} \\ \frac{1}{2} & -\frac{i}{\sqrt{3}} & \frac{5i}{2\sqrt{15}} \end{pmatrix}$.

a) Ist A eine unitäre Matrix?

b) Sei A eine unitäre Matrix, P eine reguläre Matrix und $B = AP$. Zeigen Sie, dass auch PB^{-1} eine unitäre Matrix ist.

Lösungsvorschläge

Lösung 4.89

Es gelten zunächst die elementaren Rechenregeln

$$(X^T C)^T = C^T X \quad \text{und} \quad (A^T B^T)^T = B^T A.$$

Damit schreiben wir die gegebene Gleichung wie folgt um:

$$C^T X \cdot B^T A + C^T X - E = -\frac{1}{2} B^T A + 3 C^T X.$$

Subtraktion von $3C^T X$ auf beiden Seiten ergibt

$$C^T X \cdot B^T A - 2C^T X - E = -\frac{1}{2}B^T A$$

bzw.

$$C^T X \left(B^T A - 2E\right) = -\frac{1}{2}B^T A + E = -\frac{1}{2}\left(B^T A - 2E\right).$$

Existiert nun die Inverse $\left(B^T A - 2E\right)^{-1}$, so folgt

$$C^T X = -\frac{1}{2}E.$$

Existiert zudem C^{-1}, und damit auch $(C^T)^{-1} = (C^{-1})^T$, dann resultiert

$$X = -\frac{1}{2}(C^{-1})^T =: C^{-T}.$$

Wir machen die Probe. Eingesetzt ergibt

$$-\frac{1}{2}C^T C^{-T}(A^T B)^T - \frac{1}{2}(C^{-1}C)^T - E = -\frac{1}{2}B^T A - \frac{3}{2}C^T C^{-T}$$

$$\Longleftrightarrow$$

$$-\frac{1}{2}(A^T B)^T - \frac{1}{2}E - E = -\frac{1}{2}B^T A - \frac{3}{2}E$$

$$\Longleftrightarrow$$

$$-\frac{1}{2}B^T A - \frac{3}{2}E = -\frac{1}{2}B^T A - \frac{3}{2}E$$

$$\Longleftrightarrow$$

$$O = O.$$

Lösung 4.90

a) Q ist orthogonal genau dann, wenn die Spalten von Q eine Orthonormalbasis sind. Damit ergibt

$$\frac{1}{\sqrt{2}}\sqrt{1^2 + 1^2 + a^2} = 1 \Longleftrightarrow a = 0.$$

Weiter muss gelten

$$\begin{pmatrix} 1 \\ 1 \\ 0 \end{pmatrix} \cdot \begin{pmatrix} b \\ c \\ 1 \end{pmatrix} = b + c = 0,$$

also gilt $-c = b > 0$. Damit folgt aus $\frac{1}{\sqrt{2}}\sqrt{b^2 + c^2 + 1} = 1$, dass

$$b = \frac{1}{\sqrt{2}}, \qquad c = -\frac{1}{\sqrt{2}}.$$

Schließlich ergibt sich aus

$$\begin{pmatrix} 1 \\ 1 \\ 0 \end{pmatrix} \cdot \begin{pmatrix} d \\ e \\ f \end{pmatrix} = d + e = 0 \quad \text{und} \quad \begin{pmatrix} \frac{1}{\sqrt{2}} \\ -\frac{1}{\sqrt{2}} \\ 1 \end{pmatrix} \cdot \begin{pmatrix} d \\ e \\ f \end{pmatrix} = \frac{1}{\sqrt{2}}(d - e) + f = 0,$$

und

$$d^2 + e^2 + f^2 = 2,$$

dass $e = -d$, $\quad f = -\sqrt{2}d < 0$ und damit

$$d = \frac{1}{\sqrt{2}}, \qquad e = -\frac{1}{\sqrt{2}}, \qquad f = -1.$$

Die Matrix lautet also

$$Q = \begin{pmatrix} \frac{1}{\sqrt{2}} & \frac{1}{2} & \frac{1}{2} \\ \frac{1}{\sqrt{2}} & -\frac{1}{2} & -\frac{1}{2} \\ 0 & \frac{1}{\sqrt{2}} & -\frac{1}{\sqrt{2}} \end{pmatrix} \in \mathbb{R}^{3,3}.$$

b) Die Bedingung für $a \in \mathbb{R}^3$, $a \neq 0$, lautet

$$Qa = a \quad \Longleftrightarrow \quad (Q - E)a = 0.$$

Wir bestimmen also den Kern von

$$Q - E = \begin{pmatrix} \frac{1}{\sqrt{2}} - 1 & \frac{1}{2} & \frac{1}{2} \\ \frac{1}{\sqrt{2}} & -\frac{1}{2} - 1 & -\frac{1}{2} \\ 0 & \frac{1}{\sqrt{2}} & -\frac{1}{\sqrt{2}} - 1 \end{pmatrix}.$$

Wir führen GAUSS-Umformungen wie folgt durch:

$$2(Q - E) = \begin{pmatrix} \sqrt{2} - 2 & 1 & 1 \\ \sqrt{2} & -3 & -1 \\ 0 & \sqrt{2} & -\sqrt{2} - 2 \end{pmatrix}$$

$$II - \frac{\sqrt{2}}{\sqrt{2}-2} I \longrightarrow \begin{pmatrix} \sqrt{2}-2 & 1 & 1 \\ 0 & -2\sqrt{2}+3 & -\sqrt{2}+1 \\ 0 & \sqrt{2} & -\sqrt{2}-2 \end{pmatrix}$$

$$III - \frac{\sqrt{2}}{-2\sqrt{2}+3} II \longrightarrow \begin{pmatrix} \sqrt{2}-2 & 1 & 1 \\ 0 & -2\sqrt{2}+3 & -\sqrt{2}+1 \\ 0 & 0 & 0 \end{pmatrix}.$$

Nach einer kurzen Rechnung werden Sie auch bestätigen, dass

$$\mathrm{Kern}\,(Q-E) = \mathrm{span}\left\{\left(\frac{1}{(3-2\sqrt{2})}, \frac{\sqrt{2}-1}{3-2\sqrt{2}}, 1\right)^T\right\}.$$

Vorschlag Rechnen Sie die GAUSS-Schritte im Detail nochmals durch und bestätigen Sie das Ergebnis anhand einer Probe!

Lösung 4.91

Wir sprechen hier von einer orthogonalen Matrix, d. h., die Koeffizienten der Matrix sind reell (anders als bei unitären Matrizen).

Sei also $A \in \mathbb{R}^{2,2}$ eine orthogonale Matrix, dann bilden die Spalten eine Orthonormalbasis in $\mathbb{R}^2$, d. h., deren Länge ist jeweils 1 und das paarweise Skalarprodukt ist 0. Damit ergeben sich die 3 Zusammenhänge

$$\begin{aligned} (1) \quad & a^2 + b^2 = 1, \\ (2) \quad & c^2 + d^2 = 1, \\ (3) \quad & ac + bd = 0. \end{aligned}$$

Aus der 3. Bedingung lässt sich eine weitere Beziehung von a zu d bzw. von b zu c herstellen. Es gilt

$$(4) \quad a = \pm d \quad \text{und} \quad b = \mp c.$$

Anmerkung Aus der für orthogonale Matrizen gültigen Beziehung $A^T A = E$ ergeben sich exakt dieselben Zusammenhänge, denn

$$\begin{pmatrix} 1 & 0 \\ 0 & 1 \end{pmatrix} = \begin{pmatrix} a & b \\ c & d \end{pmatrix} \begin{pmatrix} a & c \\ b & d \end{pmatrix} = \begin{pmatrix} a^2 + b^2 & ac + bd \\ ac + bd & c^2 + d^2 \end{pmatrix}.$$

Lösung 4.92

Wegen (1) und (2) aus der vorherigen Aufgabe gibt es $\varphi, \varphi' \in [0, 2\pi)$ mit

$$a = \cos\varphi, \ b = \sin\varphi, \ c = \sin\varphi' \quad \text{und} \quad d = \cos\varphi'.$$

Nach (3) aus der vorherigen Aufgabe gilt mit einem Additionstheorem

$$0 = \cos\varphi \sin\varphi' + \sin\varphi \cos\varphi' = \sin(\varphi + \varphi').$$

Aus $\sin(\varphi + \varphi') = 0$ folgt, dass $\varphi + \varphi'$ ein gerad- oder ein ungeradzahliges Vielfaches von π ist. Wir unterscheiden daher:

(i) $\varphi + \varphi' = 2k\pi, k \in \mathbb{Z}$: Damit ergibt sich

$$c = \sin\varphi' = \sin(2k\pi - \varphi) = -\sin\varphi = -b,$$
$$d = \cos\varphi' = \cos(2k\pi - \varphi) = \cos(-\varphi) = \cos\varphi = a.$$

(ii) $\varphi + \varphi' = (2k+1)\pi, k \in \mathbb{Z}$: Damit ergibt sich:

$$c = \sin\varphi' = \sin((2k+1)\pi - \varphi) = \sin\varphi = b,$$
$$d = \cos\varphi' = \cos((2k+1)\pi - \varphi) = \cos(-\varphi) = -\cos\varphi = -a.$$

Anmerkung Die Bedingung (4) aus der vorherigen Aufgabe wurde hier am konkreten Beispiel berechnet.

Lösung 4.93

a) Es gilt

$$R^T R = U^{-T} F^T F U^{-1} = U^{-1} U U U^{-1} = E,$$

also ist R orthogonal.

b) Weiter gilt mit $U^{-1} = U^{-T}$, dass

$$\begin{aligned} V^T &= (FR^T)^T = RF^T = FU^{-1}F^T = FU^{-T}F^T \\ &= F(FU^{-1})^T = FR^T = V, \end{aligned}$$

also ist V symmetrisch.

c) Schließlich ist

$$\begin{aligned} V^2 &= FR^T FR^T = FU^{-T}F^T FU^{-T}F^T \\ &= FU^{-T}UUU^{-T}F^T = FU^{-1}UUU^{-1}F^T = FF^T. \end{aligned}$$

Lösung 4.94

a) Bekanntlich gilt

$$D_\alpha = \begin{pmatrix} 1 & 0 & 0 \\ 0 & \cos\alpha & -\sin\alpha \\ 0 & \sin\alpha & \cos\alpha \end{pmatrix} \quad \text{und} \quad R_\alpha = \begin{pmatrix} \cos\alpha & -\sin\alpha & 0 \\ \sin\alpha & \cos\alpha & 0 \\ 0 & 0 & 1 \end{pmatrix}.$$

b) Weiter ist

$$D_\alpha D_\beta =$$
$$= \begin{pmatrix} 1 & 0 & 0 \\ 0 & \cos\alpha\cos\beta - \sin\alpha\sin\beta & -\sin\alpha\cos\beta - \cos\alpha\sin\beta \\ 0 & \sin\alpha\cos\beta + \cos\alpha\sin\beta & \cos\alpha\cos\beta - \sin\alpha\sin\beta \end{pmatrix}$$

$$\stackrel{!}{=} \begin{pmatrix} 1 & 0 & 0 \\ 0 & \cos(\alpha + \beta) & -\sin(\alpha + \beta) \\ 0 & \sin(\alpha + \beta) & \cos(\alpha + \beta) \end{pmatrix} = D_{\alpha+\beta}.$$

Daraus resultieren durch Koeffizientenvergleich die Additionstheoreme

$$\cos(\alpha + \beta) = \cos\alpha\cos\beta - \sin\alpha\sin\beta,$$
$$\sin(\alpha + \beta) = \sin\alpha\cos\beta + \cos\alpha\sin\beta.$$

c) Schließlich gelten

$$D_\alpha R_\beta = \begin{pmatrix} \cos\beta & -\sin\beta & 0 \\ \cos\alpha\sin\beta & \cos\alpha\cos\beta & -\sin\alpha \\ \sin\alpha\sin\beta & \sin\alpha\cos\beta & \cos\alpha \end{pmatrix}$$

und

$$R_\beta D_\alpha = \begin{pmatrix} \cos\beta & -\cos\alpha\sin\beta & \sin\alpha\sin\beta \\ \sin\beta & \cos\alpha\cos\beta & -\sin\alpha\cos\beta \\ 0 & \sin\alpha & \cos\alpha \end{pmatrix}.$$

Durch Koeffizientenvergleich ist nun zu erkennen, dass

$$D_\alpha R_\beta = R_\beta D_\alpha \quad \Longleftrightarrow \quad \begin{cases} \sin\alpha\sin\beta = 0, \\ \sin\alpha = \sin\alpha\cos\beta, \\ \sin\beta = \cos\alpha\sin\beta. \end{cases}$$

Die Bedingungen ergeben Folgendes:
entweder

$$\sin\alpha \neq 0 \quad \Longrightarrow \quad \sin\beta = 0 \wedge \cos\beta = 0 \quad \Longrightarrow \quad \beta = 0$$

oder

$$\sin\alpha = 0 \quad \Longrightarrow \quad \begin{cases} \alpha = 0 \quad \Longrightarrow \quad \beta \text{ beliebig}, \\ \alpha = \pi \quad \Longrightarrow \quad \sin\beta = 0, \end{cases}$$

insgesamt also

$$D_\alpha R_\beta = R_\beta D_\alpha \quad \Longleftrightarrow \quad \alpha = 0 \vee \beta = 0 \vee \alpha = \beta = \pi.$$

Lösung 4.95

Die Spalten der gesuchten Matrix $A : \mathbb{R}^3 \to \mathbb{R}^3$ sind die Bilder der Basisvektoren

$$e_1 = \begin{pmatrix} 1 \\ 0 \\ 0 \end{pmatrix}, \quad e_2 = \begin{pmatrix} 0 \\ 1 \\ 0 \end{pmatrix} \quad \text{und} \quad e_3 = \begin{pmatrix} 0 \\ 0 \\ 1 \end{pmatrix}.$$

Die Drehungsmatrix lautet

$$D_{\frac{\pi}{4}} = \begin{pmatrix} \cos\frac{\pi}{4} & -\sin\frac{\pi}{4} & 0 \\ \sin\frac{\pi}{4} & \cos\frac{\pi}{4} & 0 \\ 0 & 0 & 1 \end{pmatrix} = \begin{pmatrix} \frac{\sqrt{2}}{2} & \frac{-\sqrt{2}}{2} & 0 \\ \frac{\sqrt{2}}{2} & \frac{\sqrt{2}}{2} & 0 \\ 0 & 0 & 1 \end{pmatrix}.$$

Damit lauten die Bilder der gedrehten Einheitsvektoren mit anschließender Spiegelung

$$\begin{pmatrix} 1 \\ 0 \\ 0 \end{pmatrix} \xrightarrow{\text{Drehung}} \begin{pmatrix} \frac{\sqrt{2}}{2} \\ \frac{\sqrt{2}}{2} \\ 0 \end{pmatrix} \xrightarrow{\text{Spiegelung}} \begin{pmatrix} \frac{\sqrt{2}}{2} \\ \frac{\sqrt{2}}{2} \\ 0 \end{pmatrix},$$

$$\begin{pmatrix} 0 \\ 1 \\ 0 \end{pmatrix} \xrightarrow{\text{Drehung}} \begin{pmatrix} \frac{-\sqrt{2}}{2} \\ \frac{\sqrt{2}}{2} \\ 0 \end{pmatrix} \xrightarrow{\text{Spiegelung}} \begin{pmatrix} \frac{-\sqrt{2}}{2} \\ \frac{\sqrt{2}}{2} \\ 0 \end{pmatrix},$$

$$\begin{pmatrix} 0 \\ 0 \\ 1 \end{pmatrix} \xrightarrow{\text{Drehung}} \begin{pmatrix} 0 \\ 0 \\ 1 \end{pmatrix} \xrightarrow{\text{Spiegelung}} \begin{pmatrix} 0 \\ 0 \\ -1 \end{pmatrix},$$

insgesamt also

$$A = \begin{pmatrix} \frac{\sqrt{2}}{2} & \frac{-\sqrt{2}}{2} & 0 \\ \frac{\sqrt{2}}{2} & \frac{\sqrt{2}}{2} & 0 \\ 0 & 0 & -1 \end{pmatrix}.$$

Lösung 4.96

Wir *bemerken* zunächst, dass jedem Vektor $x \in \mathbb{R}^2$ ein Vektor $y \in \mathbb{R}^2$ vermöge $y = Ax$ zugeordnet wird. Schreiben wir

$$x = r(\cos\alpha, \sin\alpha)^T, \quad r > 0,$$

dann ergibt sich mithilfe der Additionstheoreme die Darstellung

$$y = r\begin{pmatrix} \cos\varphi\cos\alpha - \sin\varphi\sin\alpha \\ \sin\varphi\cos\alpha + \cos\varphi\sin\alpha \end{pmatrix} = r\begin{pmatrix} \cos(\varphi + \alpha) \\ \sin(\varphi + \alpha) \end{pmatrix}.$$

Daran erkennen Sie, dass y der um φ gedrehte Vektor x ist. Wir kommen zur Aufgabenstellung.

a) Mithilfe der Additionstheoreme ermitteln wir

$$A^2 = \begin{pmatrix} \cos 2\varphi & -\sin 2\varphi \\ \sin 2\varphi & \cos 2\varphi \end{pmatrix} \quad \text{und} \quad A^T = A^{-1} = \begin{pmatrix} \cos \varphi & \sin \varphi \\ -\sin \varphi & \cos \varphi \end{pmatrix}.$$

Es liegt die Vermutung nahe, dass

$$A^n = \begin{pmatrix} \cos n\varphi & -\sin n\varphi \\ \sin n\varphi & \cos n\varphi \end{pmatrix}$$

gilt. Vermutungen lassen sich durch eine vollständige Induktion verifizieren, jedoch nicht berechnen.

b) Für $n = 1$ ist die Formel richtig. Beim nachfolgenden Induktionsschritt gehen wir davon aus, dass die obige Formel für $n \geq 1$ nach Induktionsvoraussetzung (IV) richtig ist, und schließen daraus, dass sie auch für $n+1$ richtig ist. Mithilfe der Additionstheoreme (AT) gilt

$$A^{n+1} = A^n A \overset{\text{IV}}{=} \begin{pmatrix} \cos n\varphi & -\sin n\varphi \\ \sin n\varphi & \cos n\varphi \end{pmatrix} \begin{pmatrix} \cos \varphi & -\sin \varphi \\ \sin \varphi & \cos \varphi \end{pmatrix}$$

$$= \begin{pmatrix} \cos n\varphi \cos \varphi - \sin n\varphi \sin \varphi & -\cos n\varphi \sin \varphi - \sin n\varphi \cos \varphi \\ \sin n\varphi \cos \varphi + \cos n\varphi \sin \varphi & -\sin n\varphi \sin \varphi + \cos n\varphi \cos \varphi \end{pmatrix}$$

$$\overset{\text{AT}}{=} \begin{pmatrix} \cos(n+1)\varphi & -\sin(n+1)\varphi \\ \sin(n+1)\varphi & \cos(n+1)\varphi \end{pmatrix}.$$

Dies bestätigt die Vermutung.

Anmerkung Auch für $n = 0$ ist noch alles „richtig", denn

$$E = A^0 = \begin{pmatrix} \cos 0 & -\sin 0 \\ \sin 0 & \cos 0 \end{pmatrix} = \begin{pmatrix} 1 & 0 \\ 0 & 1 \end{pmatrix}$$

ist eine orthogonale Matrix.

Lösung 4.97

a) Die Matrix A ist unitär, falls $A^{-1} = A^* = \bar{A}^T$. Es gilt

$$\begin{pmatrix} \frac{1}{2}(1-i) & -\frac{1}{2} & \frac{1}{2} \\ -\frac{i}{\sqrt{3}} & \frac{1}{\sqrt{3}} & \frac{i}{\sqrt{3}} \\ \frac{3-i}{2\sqrt{15}} & \frac{4-3i}{2\sqrt{15}} & -\frac{5i}{2\sqrt{15}} \end{pmatrix}.$$

Damit ergibt sich

$$
\bar{A}^T A = \begin{pmatrix} \frac{1}{2} + \frac{1}{4} + \frac{1}{4} & \frac{1+i}{2\sqrt{3}} - \frac{1}{2\sqrt{3}} - \frac{i}{2\sqrt{3}} & 0 \\[2mm] \frac{1-i}{2\sqrt{3}} - \frac{1}{2\sqrt{3}} + \frac{i}{2\sqrt{3}} & \frac{1}{3} + \frac{1}{3} + \frac{1}{3} & 0 \\[2mm] \frac{4+2i}{2\sqrt{15}} - \frac{4-3i}{2\sqrt{15}} - \frac{5i}{2\sqrt{15}} & \frac{1+3i}{6\sqrt{5}} + \frac{4-3i}{6\sqrt{5}} - \frac{5}{6\sqrt{5}} & 1 \end{pmatrix}
$$

$$
= \begin{pmatrix} 1 & 0 & 0 \\ 0 & 1 & 0 \\ 0 & 0 & 1 \end{pmatrix} = E.
$$

Damit ist A unitär.

b) Die Matrix P ist regulär, d. h., es existiert die inverse Matrix P^{-1}. Sei nun $B = AP$, dann ist zu zeigen, dass

$$
\left(PB^{-1}\right)^{-1} = \left(PB^{-1}\right)^*.
$$

Es gilt

$$
\left(PB^{-1}\right)^{-1} = \left(B^{-1}\right)^{-1} P^{-1} = BP^{-1} = A.
$$

$$
\left(PB^{-1}\right)^* = \left(PP^{-1}A^{-1}\right)^* = \left(A^{-1}\right)^* = \left(A^*\right)^* = A.
$$

Damit ist auch PB^{-1} eine unitäre Matrix.

4.14 Lineare Ausgleichsprobleme

Aufgabe 4.98

Gegeben seien

$$
A = \begin{pmatrix} 1 & 0 & 0 \\ 1 & 1 & 1 \\ 1 & 2 & 4 \\ 1 & -1 & 1 \end{pmatrix} \quad \text{und} \quad b = 10 \begin{pmatrix} 1 \\ 0 \\ -1 \\ 0 \end{pmatrix}.
$$

Bestimmen Sie die „günstigste Lösung" der Gleichung $Ax = b$ derart, dass $\|Ax - b\| \rightarrow$ minimal.

Aufgabe 4.99

Gegeben seien

$$A = \begin{pmatrix} 1 & 0 & 0 \\ 1 & 1 & 1 \\ 1 & -1 & -1 \\ 0 & 1 & -2 \end{pmatrix} \quad \text{und} \quad b = \begin{pmatrix} 1 \\ 1 \\ -1 \\ 1 \end{pmatrix}.$$

Bestimmen Sie $x \in \mathbb{R}^3$ auf zwei Arten derart, dass $\|Ax - b\| \to$ minimal.

Lösungsvorschläge

Lösung 4.98

Das Gleichungssystem ist nicht lösbar. Wir berechnen ersatzweise die GAUSS'schen Normalengleichungen $A^T A x = A^T b$ und erhalten nach einigen GAUSS-Schritten

$$(A^T A | A^T b) = \begin{pmatrix} 4 & 2 & 6 & | & 0 \\ 2 & 6 & 8 & | & -20 \\ 6 & 8 & 18 & | & -40 \end{pmatrix} \longrightarrow \begin{pmatrix} 2 & 1 & 3 & | & 0 \\ 0 & 1 & 1 & | & -4 \\ 0 & 0 & 1 & | & -5 \end{pmatrix},$$

also ist $x = \begin{pmatrix} 7 \\ 1 \\ -5 \end{pmatrix}$ die bestmögliche Lösung.

Lösung 4.99

Das Gleichungssystem ist unlösbar. Wir bestimmen somit eine bestmögliche Lösung.

Die *erste* Methode besteht darin, eine Projektionsmatrix P zu bestimmen, derart, dass

$$Pb \in \text{Bild } A.$$

Die Spalten von A sind bereits orthogonal, durch Normierung erhalten wir die ON-Basis

$$v_1 = \frac{1}{\sqrt{3}} \begin{pmatrix} 1 \\ 1 \\ 1 \\ 0 \end{pmatrix}, \quad v_2 = \frac{1}{\sqrt{3}} \begin{pmatrix} 0 \\ 1 \\ -1 \\ 1 \end{pmatrix} \quad \text{und} \quad v_3 = \frac{1}{\sqrt{6}} \begin{pmatrix} 0 \\ 1 \\ -1 \\ -2 \end{pmatrix}.$$

Damit lautet die gesuchte Matrix

$$P = \sum_{i=1}^{3} v_i \otimes v_i$$

$$= \frac{1}{3} \begin{pmatrix} 1 & 1 & 1 & 0 \\ 1 & 1 & 1 & 0 \\ 1 & 1 & 1 & 0 \\ 0 & 0 & 0 & 0 \end{pmatrix} + \frac{1}{3} \begin{pmatrix} 0 & 0 & 0 & 0 \\ 0 & 1 & -1 & 1 \\ 0 & -1 & 1 & -1 \\ 0 & 1 & -1 & 1 \end{pmatrix} + \frac{1}{6} \begin{pmatrix} 0 & 0 & 0 & 0 \\ 0 & 1 & -1 & -2 \\ 0 & -1 & 1 & 2 \\ 0 & -2 & 2 & 4 \end{pmatrix}$$

$$= \frac{1}{6} \begin{pmatrix} 2 & 2 & 2 & 0 \\ 2 & 5 & -1 & 0 \\ 2 & -1 & 5 & 0 \\ 0 & 0 & 0 & 6 \end{pmatrix}.$$

Wir lösen jetzt das Gleichungssystem $Ax = Pb$, d. h.

$$\begin{pmatrix} 1 & 0 & 0 \\ 1 & 1 & 1 \\ 1 & -1 & -1 \\ 0 & 1 & -2 \end{pmatrix} x = \frac{1}{3} \begin{pmatrix} 1 \\ 4 \\ -2 \\ 3 \end{pmatrix}.$$

Das GAUSS-Verfahren liefert nach wenigen Schritten

$$x = \frac{1}{3} \begin{pmatrix} 1 \\ 3 \\ 0 \end{pmatrix}.$$

Alternativ berechnen wir jetzt die GAUSS'schen Normalengleichungen $A^T A x = A^T b$. Wir erhalten

$$\begin{pmatrix} 3 & 0 & 0 \\ 0 & 3 & 0 \\ 0 & 0 & 6 \end{pmatrix} x = \begin{pmatrix} 1 \\ 3 \\ 0 \end{pmatrix}.$$

Die Lösung lässt sich hier direkt ablesen, und wir erhalten wie vorher

$$x = \frac{1}{3} \begin{pmatrix} 1 \\ 3 \\ 0 \end{pmatrix}.$$

4.15 Determinanten

Aufgabe 4.100

Berechnen Sie die Determinanten von

$$A = \begin{pmatrix} -5 & 0 & 2 \\ 6 & 1 & 2 \\ 2 & 3 & 1 \end{pmatrix}, \quad B = \begin{pmatrix} 2 & 0 & 3 & 0 \\ 2 & 1 & 1 & 2 \\ 3 & -1 & 1 & -2 \\ 2 & 1 & -2 & 1 \end{pmatrix}, \quad C = \begin{pmatrix} 1 & 0 & 0 & 3 \\ 2 & 7 & 0 & 6 \\ 0 & 6 & 3 & 0 \\ 7 & 3 & 1 & -5 \end{pmatrix}.$$

Aufgabe 4.101

Berechnen Sie die Determinante der Matrix

$$A = \begin{pmatrix} -1 & 2 & 5 & -6 \\ 3 & 3 & 3 & 0 \\ 7 & 1 & -5 & -3 \\ 4 & 6 & 1 & 4 \end{pmatrix}$$

a) durch Entwicklung nach der letzten Spalte,
b) durch elementare Umformungen.

Aufgabe 4.102

Berechnen Sie (für jedes $b \in \mathbb{R}$) die Determinanten der Matrizen

$$A = \begin{pmatrix} 1 & 2 & 1 \\ 2 & 2 & 3 \\ 1 & 0 & 2 \end{pmatrix} \quad \text{und} \quad B = \begin{pmatrix} b & 0 & 0 & 1 \\ 0 & b & 1 & 0 \\ 0 & 1 & b & 0 \\ 1 & 0 & 0 & b \end{pmatrix}$$

a) durch Spalten- und Zeilenumformungen,
b) durch Entwicklung nach der zweiten Zeile,
c) mit der Regel von SARRUS (falls möglich).

Aufgabe 4.103

Bestimmen Sie die Determinanten der Matrizen

$$A = \begin{pmatrix} 3 & 2 \\ 5 & 7 \end{pmatrix}, \quad B = \begin{pmatrix} 3 & 7 & -4 \\ 2 & 5 & 3 \\ 9 & 2 & 0 \end{pmatrix} \quad \text{und} \quad C = \begin{pmatrix} 3 & 7 & 8 & 9 \\ 4 & 3 & 1 & 4 \\ 6 & 8 & 8 & 9 \end{pmatrix}.$$

Aufgabe 4.104

Die $n \times n$-Matrix $A_n = (a_{ij})_{i,j=1,\dots,n}$, $n \in \mathbb{N}$, ist wie folgt definiert:

$$a_{ij} := \begin{cases} 2 : i = j, \\ -1 : |i - j| = 1, \\ 0 : \text{sonst.} \end{cases}$$

Zeigen Sie mittels vollständiger Induktion, dass $\det A_n = n + 1$ gilt.

Lösungsvorschläge

Lösung 4.100

Mit der Regel von SARRUS ergibt sich

$$
\det A = \begin{vmatrix} -5 & 0 & 2 & | & -5 & 0 \\ & & & & & \\ 6 & 1 & 2 & | & 6 & 1 \\ & & & & & \\ 2 & 3 & 1 & | & 2 & 3 \end{vmatrix}
$$

$$
= -5 + 0 + 36 - 0 + 30 - 4 = 57.
$$

Alternativ ergibt die Entwicklung nach der 1. Zeile

$$
\det A = \begin{vmatrix} -5 & 0 & 2 \\ 6 & 1 & 2 \\ 2 & 3 & 1 \end{vmatrix} = -5 \cdot \begin{vmatrix} 1 & 2 \\ 3 & 1 \end{vmatrix} + 2 \cdot \begin{vmatrix} 6 & 1 \\ 2 & 3 \end{vmatrix} = 57.
$$

Wir entwickeln die nächste Matrix nach der 1. Zeile und erhalten

$$
\det B = \begin{vmatrix} 2 & 0 & 3 & 0 \\ 2 & 1 & 1 & 2 \\ 3 & -1 & 1 & -2 \\ 2 & 1 & -2 & 1 \end{vmatrix} = 2 \cdot \begin{vmatrix} 1 & 1 & 2 \\ -1 & 1 & -2 \\ 1 & -2 & 1 \end{vmatrix} + 3 \cdot \begin{vmatrix} 2 & 1 & 2 \\ 3 & -1 & -2 \\ 2 & 1 & 1 \end{vmatrix}
$$

$$
= 2(1 - 2 + 4 + 1 - 4 - 2) + 3(-2 - 4 + 6 - 3 + 4 + 4)
$$

$$
= 11,
$$

wobei auf die letzten beiden 3×3-Matrizen wieder die Regel von SARRUS anwenden lässt. Die letzte Matrix entwickeln wir wieder nach der 1. Zeile und erhalten entsprechend

$$
\det C = \begin{vmatrix} 1 & 0 & 0 & 3 \\ 2 & 7 & 0 & 6 \\ 0 & 6 & 3 & 0 \\ 7 & 3 & 1 & -5 \end{vmatrix} = 1 \cdot \begin{vmatrix} 7 & 0 & 6 \\ 6 & 3 & 0 \\ 3 & 1 & -5 \end{vmatrix} - 3 \cdot \begin{vmatrix} 2 & 7 & 0 \\ 0 & 6 & 3 \\ 7 & 3 & 1 \end{vmatrix}
$$

$$
= -105 + 36 - 54 - 3(12 + 147 - 18)
$$

$$
= -546.
$$

Lösung 4.101

a) Die Entwicklung nach der 4. Spalte führt wieder auf die Berechnung von Determinanten von 3×3-Matrizen, auf welche wir wieder die Regel von SARRUS anwenden. Es gilt

$$\det A = \begin{vmatrix} -1 & 2 & 5 & -6 \\ 3 & 3 & 3 & 0 \\ 7 & 1 & -5 & -3 \\ 4 & 6 & 1 & 4 \end{vmatrix} = 6 \cdot \begin{vmatrix} 3 & 3 & 3 \\ 7 & 1 & -5 \\ 4 & 6 & 1 \end{vmatrix} + 3 \cdot \begin{vmatrix} -1 & 2 & 5 \\ 3 & 3 & 3 \\ 4 & 6 & 1 \end{vmatrix} + 4 \cdot \begin{vmatrix} -1 & 2 & 5 \\ 3 & 3 & 3 \\ 7 & 1 & -5 \end{vmatrix}$$

$$= 6(3 - 60 + 126 - 21 + 90 - 12)$$

$$= 3(-3 + 24 + 90 - 6 + 18 - 60)$$

$$= 4(15 + 42 + 15 + 30 + 3 - 165) = 945.$$

b) Wir führen jetzt eine Reihe von GAUSS-Umformungen durch:

$$\det A = \begin{vmatrix} -1 & 2 & 5 & -6 \\ 3 & 3 & 3 & 0 \\ 7 & 1 & -5 & -3 \\ 4 & 6 & 1 & 4 \end{vmatrix} \begin{array}{l} II + 3 \cdot I \\ III + 7 \cdot I \\ IV + 4 \cdot I \\ = \end{array} \begin{vmatrix} -1 & 2 & 5 & -6 \\ 0 & 9 & 18 & -18 \\ 0 & 15 & 30 & -45 \\ 0 & 14 & 21 & -20 \end{vmatrix}$$

$$\begin{array}{l} II : 9 \\ III : 15 \\ = \end{array} 9 \cdot 15 \cdot \begin{vmatrix} -1 & 2 & 5 & -6 \\ 0 & 1 & 2 & -2 \\ 0 & 1 & 2 & -3 \\ 0 & 14 & 21 & -20 \end{vmatrix} \begin{array}{l} III - II \\ IV - 14 \cdot II \\ III \leftrightarrow IV \\ = \end{array} (-1) \cdot 135 \cdot \begin{vmatrix} -1 & 2 & 5 & -6 \\ 0 & 1 & 2 & -2 \\ 0 & 0 & -7 & 8 \\ 0 & 0 & 0 & -1 \end{vmatrix}$$

$$= -135 \cdot (-1) \cdot 1 \cdot (-7) \cdot (-1) = 945.$$

Anmerkung Wir haben hier Zeilenumformungen, also GAUSS-Schritte wie gewohnt durchgeführt! Spaltenumformungen bzw. eine Mischung aus Spalten- und Zeilenumformungen wären auch möglich gewesen. Probieren Sie dies doch einfach einmal aus.

Lösung 4.102

a) Wir führen Zeilenumformungen durch:

$$\det A = \begin{vmatrix} 1 & 2 & 1 \\ 2 & 2 & 3 \\ 1 & 0 & 2 \end{vmatrix} \overset{\substack{II-2\cdot I \\ III-II}}{=} \begin{vmatrix} 1 & 2 & 1 \\ 0 & -2 & 1 \\ 0 & -2 & 1 \end{vmatrix} \overset{III-II}{=} \begin{vmatrix} 1 & 2 & 1 \\ 0 & -2 & 1 \\ 0 & 0 & 0 \end{vmatrix} = 0.$$

$$\det B = \begin{vmatrix} b & 0 & 0 & 1 \\ 0 & b & 1 & 0 \\ 0 & 1 & b & 0 \\ 1 & 0 & 0 & b \end{vmatrix} = - \begin{vmatrix} 1 & 0 & 0 & b \\ 0 & b & 1 & 0 \\ 0 & 1 & b & 0 \\ b & 0 & 0 & 1 \end{vmatrix} \overset{IV-b\cdot I}{=} - \begin{vmatrix} 1 & 0 & 0 & b \\ 0 & b & 1 & 0 \\ 0 & 1 & b & 0 \\ 0 & 0 & 0 & 1-b^2 \end{vmatrix}$$

$$= \begin{vmatrix} 1 & 0 & 0 & b \\ 0 & 1 & b & 0 \\ 0 & b & 1 & 0 \\ 0 & 0 & 0 & 1-b^2 \end{vmatrix} \overset{IV-b\cdot II}{=} \begin{vmatrix} 1 & 0 & 0 & b \\ 0 & 1 & b & 0 \\ 0 & b & 1-b^2 & 0 \\ 0 & 0 & 0 & 1-b^2 \end{vmatrix} = (1-b^2)^2.$$

b) Jetzt wird nach der 2. Zeile entwickelt:

$$\det A = \begin{vmatrix} 1 & 2 & 1 \\ 2 & 2 & 3 \\ 1 & 0 & 2 \end{vmatrix} = -2 \cdot \begin{vmatrix} 2 & 1 \\ 0 & 2 \end{vmatrix} + 2 \cdot \begin{vmatrix} 1 & 1 \\ 1 & 2 \end{vmatrix} - 3 \cdot \begin{vmatrix} 1 & 2 \\ 1 & 0 \end{vmatrix} = 0.$$

$$\det B = \begin{vmatrix} b & 0 & 0 & 1 \\ 0 & b & 1 & 0 \\ 0 & 1 & b & 0 \\ 1 & 0 & 0 & b \end{vmatrix} = b \cdot \begin{vmatrix} b & 0 & 1 \\ 01 & b & 0 \\ 1 & 0 & b \end{vmatrix} - 1 \cdot \begin{vmatrix} b & 0 & 1 \\ 0 & 1 & 0 \\ 1 & 0 & b \end{vmatrix}$$

$$= b((b^3 - b) - (b^2 - 1)) = (b^2 - 1)^2.$$

c) Die Regel von Sarrus funktioniert nur bei 3×3-Matrizen. Also gilt

$$\det A = \begin{vmatrix} 1 & 2 & 1 \\ 2 & 2 & 3 \\ 1 & 0 & 2 \end{vmatrix} = 4 + 6 + 0 - 8 - 0 - 2 = 0.$$

Lösung 4.103

Die Matrix $C \in \mathbb{R}^{3,4}$ ist nicht quadratisch, also existiert keine Determinante dazu. Für die restlichen Matrizen ist

$$\det A = \begin{vmatrix} 3 & 2 \\ 5 & 7 \end{vmatrix} = 3 \cdot 7 - 5 \cdot 2 = 11,$$

$$\det B = \begin{vmatrix} 3 & 7 & -4 \\ 2 & 5 & 3 \\ 9 & 2 & 0 \end{vmatrix} = 0 + 7 \cdot 3 \cdot 9 - 16 + 9 \cdot 5 \cdot 4 - 18 - 0 = 335.$$

Lösung 4.104

Ausgeschrieben lautet die Matrix

$$A_n = \begin{pmatrix} 2 & -1 & 0 & \cdots & 0 \\ -1 & 2 & \ddots & & \vdots \\ 0 & \ddots & \ddots & \ddots & 0 \\ \vdots & & \ddots & 2 & -1 \\ 0 & \cdots & 0 & -1 & 2 \end{pmatrix}.$$

Wir entwickeln diese Matrix nach der 1. Zeile. Anschließend entwickeln wir die zweite der entstandenen Unterdeterminanten nach der 1. Spalte und erhalten insgesamt folgende Rekursionsformel:

$$\det A_n = 2 \underbrace{\begin{vmatrix} 2 & -1 & 0 & \cdots & 0 \\ -1 & 2 & \ddots & & \vdots \\ 0 & \ddots & \ddots & \ddots & 0 \\ \vdots & & \ddots & 2 & -1 \\ 0 & \cdots & 0 & -1 & 2 \end{vmatrix}}_{(n-1)\times(n-1)} + (-1) \underbrace{\begin{vmatrix} -1 & -1 & 0 & \cdots & 0 \\ 0 & 2 & -1 & & \vdots \\ 0 & -1 & \ddots & \ddots & 0 \\ \vdots & & \ddots & 2 & -1 \\ 0 & \cdots & 0 & -1 & 2 \end{vmatrix}}_{(n-1)\times(n-1)}$$

$$= 2 \underbrace{\begin{vmatrix} 2 & -1 & 0 & \cdots & 0 \\ -1 & 2 & \ddots & & \vdots \\ 0 & \ddots & \ddots & \ddots & 0 \\ \vdots & & \ddots & 2 & -1 \\ 0 & \cdots & 0 & -1 & 2 \end{vmatrix}}_{(n-1)\times(n-1)} - (-1)^2 \underbrace{\begin{vmatrix} 2 & -1 & 0 & \cdots & 0 \\ -1 & 2 & \ddots & & \vdots \\ 0 & \ddots & \ddots & \ddots & 0 \\ \vdots & & \ddots & 2 & -1 \\ 0 & \cdots & 0 & -1 & 2 \end{vmatrix}}_{(n-2)\times(n-2)}$$

$$= 2 \det A_{n-1} - \det A_{n-2}, \quad n > 2.$$

Wir kommen zum Induktionsbeweis. Der Induktionsanfang lautet:

$$n = 1 \implies \det A_1 = 2,$$

$$n = 2 \implies \det A_1 = \begin{vmatrix} 2 & -1 \\ -1 & 2 \end{vmatrix} = 3.$$

Beim Induktionsschritt nehmen wir an, dass die Aussage gemäß Induktionsvoraussetzung (IV) bis zum Index $n \in \mathbb{N}$ richtig ist, und folgern damit die Aussage für $n + 1$. Mit der oben hergeleiteten Rekursionsformel gilt die Gleichheitskette

$$\det A_{n+1} = 2 \det A_n - \det A_{n-1} \overset{\text{IV}}{=} 2(n + 1) - n = n + 2.$$

Damit ist die Behauptung für alle $n \in \mathbb{N}$ richtig.

Anmerkung Induktionsbeweise bei Rekursionen sind i. Allg. recht einfach. Dies liegt daran, dass eine Seite bei rekursiven Formeln bereits die Induktionsannahme enthält, d. h. nur Ausdrücke *bis zum Index n* auftreten. Denken Sie dabei auch an die einfachen Induktionsbeweise bei rekursiv definierten Zahlenfolgen.

4.16   Determinanten zur Volumenberechnung

Aufgabe 4.105
Bestimmen Sie alle Vektoren in Richtung $v = (0, 2, 1)^T$, die zusammen mit den Vektoren $v_1 = (1, 2, 0)^T$ und $v_2 = (-2, -1, 1)^T$ einen Spat mit Volumen 3 aufspannen.

Aufgabe 4.106
Gegeben seien folgende Eckpunkte einer Pyramide P:

$$P_0 = (2, 4, 6), \; P_1 = (1, 3, 2), \; P_2 = (1, 5, 0), \; P_3 = (-1, 0, 2).$$

a) Berechnen Sie das Volumen von P.

b) Berechnen Sie den Inhalt der Pyramidenseitenflächen. Dabei sei S_i die Seite, die P_i nicht enthält.

c) Sei $A = \begin{pmatrix} 2 & 5 & 2 \\ 1 & 1 & 4 \\ 3 & 0 & 2 \end{pmatrix}$ gegeben. P werde mittels A in eine Pyramide P' abgebildet. Wie lautet das Volumen der neuen Pyramide?

Aufgabe 4.107
Bestätigen Sie, dass für die HERON-Formel

$$F = \frac{1}{4}\sqrt{(a + b + c)(-a + b + c)(a - b + c)(a + b - c)}$$

zur Berechnung der Dreiecksfläche F des Dreiecks mit den Seitenlängen a, b, c folgende Darstellung gilt:

$$F^2 = -\frac{1}{16} \det \begin{pmatrix} 0 & a^2 & b^2 & 1 \\ a^2 & 0 & c^2 & 1 \\ b^2 & c^2 & 0 & 1 \\ 1 & 1 & 1 & 0 \end{pmatrix}.$$

Lösungsvorschläge

Lösung 4.105

Es muss $|\det(w, v_1, v_2)| = 3$ gelten, wobei $w = \lambda v$, $\lambda \in \mathbb{R}$. Es gilt

$$\det(w, v_1, v_2) = \lambda \det(v, v_1, v_2) = \lambda \cdot 1,$$

wie Sie leicht nachrechnen. Also ist $\lambda = \pm 3$ und somit $v = \pm(0, 6, 3)^T$.

Lösung 4.106

a) Wir setzen

$$p_1 := \begin{pmatrix} 1 \\ 3 \\ 2 \end{pmatrix} - \begin{pmatrix} 2 \\ 4 \\ 6 \end{pmatrix} = \begin{pmatrix} -1 \\ -1 \\ -4 \end{pmatrix},$$

$$p_2 := \begin{pmatrix} 1 \\ 5 \\ 0 \end{pmatrix} - \begin{pmatrix} 2 \\ 4 \\ 6 \end{pmatrix} = \begin{pmatrix} -1 \\ -1 \\ -6 \end{pmatrix},$$

$$p_3 := \begin{pmatrix} -1 \\ 0 \\ 2 \end{pmatrix} - \begin{pmatrix} 2 \\ 4 \\ 6 \end{pmatrix} = \begin{pmatrix} -3 \\ -4 \\ -4 \end{pmatrix}.$$

Das Volumen V des von diesen Vektoren aufgespannten Spates lautet

$$V = \frac{1}{6} \left| \det \begin{pmatrix} -1 & -1 & -3 \\ -1 & 1 & -4 \\ -4 & -6 & -4 \end{pmatrix} \right| = \frac{1}{6} \left| \det \begin{pmatrix} 1 & 1 & 3 \\ 1 & -1 & 4 \\ 4 & 6 & 4 \end{pmatrix} \right|$$

$$= \frac{1}{6} |(-4 + 16 + 18 - 4 - 24 + 12)| = \frac{7}{3}.$$

b) Es gilt

$$|S_0| = \frac{1}{2}\|(P_2 - P_1) \times (P_3 - P_1)\| = \frac{1}{2}\left\|\begin{pmatrix} -6 \\ 4 \\ 4 \end{pmatrix}\right\| = \sqrt{17}.$$

Die weiteren benötigten Vektoren wurden bereits in Teilaufgabe a) berechnet. Wir erhalten

$$|S_1| = \frac{1}{2}\|\boldsymbol{p}_2 \times \boldsymbol{p}_3\| = \frac{1}{2}\left\|\begin{pmatrix} -28 \\ 14 \\ 7 \end{pmatrix}\right\| = \frac{7}{2}\sqrt{21},$$

$$|S_2| = \frac{1}{2}\|\boldsymbol{p}_3 \times \boldsymbol{p}_1\| = \frac{1}{2}\left\|\begin{pmatrix} 12 \\ -8 \\ -1 \end{pmatrix}\right\| = \frac{1}{2}\sqrt{209},$$

$$|S_3| = \frac{1}{2}\|\boldsymbol{p}_1 \times \boldsymbol{p}_2\| = \frac{1}{2}\left\|\begin{pmatrix} 10 \\ -2 \\ -2 \end{pmatrix}\right\| = \frac{1}{2}\sqrt{108}.$$

c) Das Volumen der von den Punkten

$$\{AP_0, AP_1, AP_2, AP_3\}$$

beschriebenen Pyramide berechnet sich wie folgt:

$$AP_1 - AP_0 = \boldsymbol{p}_1' = A(P_1 - P_0) = A\boldsymbol{p}_1,$$
$$AP_2 - AP_0 = \boldsymbol{p}_2' = A(P_2 - P_0) = A\boldsymbol{p}_2,$$
$$AP_3 - AP_0 = \boldsymbol{p}_3' = A(P_3 - P_0) = A\boldsymbol{p}_3$$

und

$$\begin{aligned} V' &= \frac{1}{6}|\det(\boldsymbol{p}_1', \boldsymbol{p}_2', \boldsymbol{p}_3')| = \frac{1}{6}|\det(A\boldsymbol{p}_1, A\boldsymbol{p}_2, A\boldsymbol{p}_3)| \\ &= \frac{1}{6}|\det A \cdot \det(\boldsymbol{p}_1, \boldsymbol{p}_2, \boldsymbol{p}_3)| = |\det A| \cdot V. \end{aligned}$$

Zahlenmäßig ergibt sich schließlich

$$\det A = \begin{vmatrix} 2 & 5 & 2 \\ 1 & 1 & 4 \\ 3 & 0 & 2 \end{vmatrix} = 4 + 60 - 10 - 6 = 48$$

und damit

$$V' = 48 \cdot \frac{7}{4} = 112.$$

Lösung 4.107

Wir entwickeln die Determinante der vorgegebenen Matrix nach der 4. Zeile und wenden dann die Regel von SARRUS an. Es ergibt sich

$$
\begin{vmatrix} 0 & a^2 & b^2 & 1 \\ a^2 & 0 & c^2 & 1 \\ b^2 & c^2 & 0 & 1 \\ 1 & 1 & 1 & 0 \end{vmatrix} = - \begin{vmatrix} a^2 & b^2 & 1 \\ 0 & c^2 & 1 \\ c^2 & 0 & 1 \end{vmatrix} + \begin{vmatrix} 0 & b^2 & 1 \\ a^2 & c^2 & 1 \\ b^2 & 0 & 1 \end{vmatrix} - \begin{vmatrix} 0 & a^2 & 1 \\ a^2 & 0 & 1 \\ b^2 & c^2 & 1 \end{vmatrix}
$$

$$
= -c^2 \left(a^2 + b^2 - c^2 \right) + b^2 \left(b^2 - c^2 - a^2 \right) - a^2 \left(b^2 + c^2 - a^2 \right)
$$

$$
= \boxed{a^4 + b^4 + c^4 - 2(a^2 b^2 + a^2 c^2 + b^2 c^2)}.
$$

Die Formel von HERON zur Berechnung des Flächeninhaltes eines Dreiecks mithilfe der Seitenlängen $a, b, c \in \mathbb{R}$ lautet

$$
16 \cdot F^2 = \underbrace{(a + b + c)(-a + b + c)}_{=}\underbrace{(a - b + c)(a + b - c)}_{=}
$$

$$
= \underbrace{\overbrace{(b + c)^2 - a^2}\ \overbrace{a^2 - (c - b)^2}}_{}
$$

$$
= \underbrace{\left(-a^2 + b^2 + 2bc + c^2 \right)\left(a^2 - c^2 + 2bc - b^2 \right)}_{=}
$$

$$
= \overbrace{(2bc)^2 - (-a^2 + b^2 + c^2)^2}
$$

$$
= \boxed{-a^4 - b^4 - c^4 + 2(a^2 b^2 + a^2 c^2 + b^2 c^2)}.
$$

Ein Vergleich mit dem oben berechneten Wert der Determinante bestätigt die in der Aufgabe (*beachten* Sie das Minuszeichen) vorgegebene Darstellung.

4.17 Determinanten und die Cramer'sche Regel

Aufgabe 4.108

a) Berechnen Sie für $A = \begin{pmatrix} 1 & 0 & -1 \\ 0 & 2 & 2 \\ 1 & 1 & -1 \end{pmatrix}$ die Inverse A^{-1} mithilfe der Kofaktoren.

b) Lösen Sie das lineare Gleichungssystem $A\boldsymbol{x} = \boldsymbol{b}$ mit der CRAMER'schen Regel, wobei

$$
A = \begin{pmatrix} -2 & 3 & -1 \\ 1 & 2 & -1 \\ -2 & -1 & 1 \end{pmatrix} \quad \text{und} \quad \boldsymbol{b} = \begin{pmatrix} 1 \\ 4 \\ -3 \end{pmatrix}.
$$

Aufgabe 4.109

Es seien $A = \begin{pmatrix} 1 & 2 & 0 \\ 2 & -2 & 1 \\ 0 & 2 & 1 \end{pmatrix}$ und $B = \begin{pmatrix} 1 & 0 & -2 \\ 2 & 2 & 4 \\ 0 & 0 & 2 \end{pmatrix}$.

a) Verifizieren Sie, dass $\det(AB) = \det(A) \cdot \det(B) = \det(BA)$.
b) Bestätigen Sie für dieses Beispiel, dass $\det(A + B) \neq \det(A) + \det(B)$.

Aufgabe 4.110

Seien $v, w \in \mathbb{R}^n$, $n \in \mathbb{N}$. Zeigen Sie die Identität

$$\det(E + vw^T) = 1 + v^T w.$$

Aufgabe 4.111

Bestätigen oder widerlegen Sie folgende Aussagen für reelle quadratische Matrizen:

a) Es existieren Matrizen $A, B, C \neq E$ mit der Eigenschaft $\det(A + B + C) = \det(A) + \det(B) + \det(C)$.
b) Es gilt $\det(A(B + C)) = \det(A) \det(B) + \det(A) \det(C)$.
c) Es gilt $\det(A^T) = \det(A) \iff A$ ist symmetrisch.
d) Es gilt $\det(A^T B A) = \det(B) \iff A$ ist orthogonal.

Lösungsvorschläge

Lösung 4.108

a) Es gilt

$$A^T = \begin{pmatrix} 1 & 0 & 1 \\ 0 & 2 & 1 \\ -1 & 2 & -1 \end{pmatrix},$$

also lautet die Adjunkte

$$A_{adj} = \begin{pmatrix} +\det\begin{pmatrix} 2 & 1 \\ 2 & -1 \end{pmatrix} & -\det\begin{pmatrix} 0 & 1 \\ -1 & -1 \end{pmatrix} & +\det\begin{pmatrix} 0 & 2 \\ -1 & 2 \end{pmatrix} \\ -\det\begin{pmatrix} 0 & 1 \\ 2 & -1 \end{pmatrix} & +\det\begin{pmatrix} 1 & 1 \\ -1 & -1 \end{pmatrix} & -\det\begin{pmatrix} 1 & 0 \\ -1 & 2 \end{pmatrix} \\ +\det\begin{pmatrix} 0 & 1 \\ 2 & 1 \end{pmatrix} & -\det\begin{pmatrix} 1 & 1 \\ 0 & 1 \end{pmatrix} & +\det\begin{pmatrix} 1 & 0 \\ 0 & 2 \end{pmatrix} \end{pmatrix}$$

$$= \begin{pmatrix} -4 & -1 & 2 \\ 2 & 0 & -2 \\ -2 & -1 & 2 \end{pmatrix}.$$

Nun ist $\det A = -2$, also ist

$$A^{-1} = -\frac{1}{2} A_{adj} = \begin{pmatrix} 2 & \frac{1}{2} & -1 \\ -1 & 0 & 1 \\ 1 & \frac{1}{2} & -1 \end{pmatrix}.$$

b) Es gilt $\det A = -2$, $\det A(1) = -4$, $\det A(2) = -6$ und $\det A(3) = -8$, wobei $A(i)$ bedeutet, dass die i-te Spalte von A durch b ersetzt wurde. Damit ist dann

$$x_1 = \frac{-4}{-2} = 2, \quad x_2 = \frac{-6}{-2} = 3, \quad x_3 = \frac{-8}{-2} = 4.$$

Da $\det A \neq 0$, ist dies auch die einzige Lösung.

Lösung 4.109

a) Mit der Regel von SARRUS ergibt sich

$$\det A = \begin{vmatrix} 1 & 2 & 0 \\ 2 & -2 & 1 \\ 0 & 2 & 1 \end{vmatrix} \begin{matrix} 1 & 2 \\ 2 & -2 \\ 0 & 2 \end{matrix}$$

$$= -2 + 0 + 0 - 0 - 2 - 4 = -8.$$

Die Entwicklung nach der letzten Zeile liefert

$$\det B = \begin{vmatrix} 1 & 0 & -2 \\ 2 & 2 & 4 \\ 0 & 0 & 2 \end{vmatrix} = 2 \begin{vmatrix} 1 & 0 \\ 2 & 2 \end{vmatrix} = 4.$$

Damit ist $\det A \cdot \det B = -32$.
Die Produkte lauten

$$AB = \begin{pmatrix} 5 & 4 & 6 \\ -2 & -4 & -10 \\ 4 & 4 & 10 \end{pmatrix} \quad \text{und} \quad BA = \begin{pmatrix} 1 & -2 & -2 \\ 6 & 8 & 6 \\ 0 & 4 & 2 \end{pmatrix}.$$

Daraus resultieren die Determinanten mit den gewünschten Werten

$$\det(AB) = 5 \begin{vmatrix} -4 & -10 \\ 4 & 10 \end{vmatrix} - 4 \begin{vmatrix} -2 & -10 \\ 4 & 10 \end{vmatrix} + 6 \begin{vmatrix} -2 & -4 \\ 4 & 4 \end{vmatrix}$$

$$= 5 \cdot 0 - 4 \cdot 20 + 6 \cdot 8 = -32,$$

$$\det(BA) = \begin{vmatrix} 8 & 6 \\ 4 & 2 \end{vmatrix} - 6 \begin{vmatrix} -2 & -2 \\ 4 & 2 \end{vmatrix}$$

$$= -8 - 6 \cdot 4 = -32.$$

b) Schließlich gilt

$$\det(A + B) = \begin{vmatrix} 2 & 2 & -2 \\ 4 & 0 & 5 \\ 0 & 2 & 3 \end{vmatrix} = 2 \cdot (-10) - 4 \begin{vmatrix} 2 & -2 \\ 2 & 3 \end{vmatrix}$$

$$= -20 - 40 = -60$$
$$\neq -4 = \det A + \det B.$$

Zugabe Für invertierbare Matrizen $A \in \mathbb{R}^{n,n}$ gilt

$$\det(A^{-1}) = (\det A)^{-1},$$

denn

$$1 = \det E = \det(A^{-1}A) = \det(A^{-1}) \det A.$$

Wir überprüfen dies am konkreten Beispiel. Es gilt

$$A^{-1} = \frac{1}{8} \begin{pmatrix} 4 & 2 & -2 \\ 2 & -1 & 1 \\ -4 & 2 & 6 \end{pmatrix}.$$

Nach einer Rechenregel zur Berechnung von Determinanten gilt

$$\det(A^{-1}) = \det \left[\frac{1}{8} \begin{pmatrix} 4 & 2 & -2 \\ 2 & -1 & 1 \\ -4 & 2 & 6 \end{pmatrix} \right] = \frac{1}{8^3} \underbrace{\begin{vmatrix} 4 & 2 & -2 \\ 2 & -1 & 1 \\ -4 & 2 & 6 \end{vmatrix}}_{= -64} = -\frac{1}{8} = (\det A)^{-1}.$$

Lösung 4.110

Um eine Regelmäßigkeit in den nachfolgenden Ausführungen zu erkennen, betrachten wir zunächst die Fälle $n = 2$ und $n = 3$. Seien dazu $v = (v_1, \cdots, v_n)^T$ und $w = (w_1, \cdots, w_n)^T$.

$\boxed{n = 2:}$ Es gilt

$$\left(E_2 + vw^T\right) = \begin{pmatrix} 1 & 0 \\ 0 & 1 \end{pmatrix} + \begin{pmatrix} v_1 w_1 & v_1 w_2 \\ v_2 w_1 & v_2 w_2 \end{pmatrix} = \begin{pmatrix} 1 + v_1 w_1 & v_1 w_2 \\ v_2 w_1 & 1 + v_2 w_2 \end{pmatrix}.$$

Die Lösung lässt sich hier schon ablesen. Dennoch führen wir jetzt in einem ersten Schritt Zeilenumformungen, anschließend Spaltenumformungen durch:

Zeilen:

$$\begin{pmatrix} 1 + v_1 w_1 & v_1 w_2 \\ v_2 w_1 & 1 + v_2 w_2 \end{pmatrix} \xrightarrow{I - \frac{v_1}{v_2} II} \begin{pmatrix} 1 & -\frac{v_1}{v_2} \\ v_2 w_1 & 1 + v_2 w_2 \end{pmatrix}$$

Spalten:

$$\xrightarrow{II + \frac{v_1}{v_2} I} \begin{pmatrix} 1 & 0 \\ v_2 w_1 & 1 + v_1 w_1 + v_2 w_2 \end{pmatrix}.$$

Daran erkennen Sie, dass die Entwicklung nach der 1. Zeile die gewünschte Darstellung

$$\det\left(E_2 + vw^T\right) = 1 + v_1 w_1 + v_2 w_2 = 1 + v^T w$$

liefert.

$\boxed{n = 3:}$ Entsprechend gilt hier

$$\left(E_3 + vw^T\right) = \begin{pmatrix} 1 + v_1 w_1 & v_1 w_2 & v_1 w_3 \\ v_2 w_1 & 1 + v_2 w_2 & v_2 w_3 \\ v_3 w_1 & v_3 w_2 & 1 + v_3 w_3 \end{pmatrix}.$$

Ist $v_i = 0$ (oder $w_i = 0$) für ein $i \in \{1, 2, 3\}$, dann hat die entsprechende Zeile (oder Spalte) von $E_3 + vw^T$ den Eintrag wie die Einheitsmatrix. Die Entwicklung nach dieser Zeile (oder Spalte) führt wieder zurück auf den Fall $n = 2$. Sei also ohne Einschränkung $v_3 \neq 0$.

Wir führen im ersten Schritt wieder Zeilenumformungen, anschließend Spaltenumformungen durch. Es ergibt sich

$$\begin{pmatrix} 1 + v_1 w_1 & v_1 w_2 & v_1 w_3 \\ v_2 w_1 & 1 + v_2 w_2 & v_2 w_3 \\ v_3 w_1 & v_3 w_2 & 1 + v_3 w_3 \end{pmatrix}$$

Zeilen:

$$I - \frac{v_1}{v_3}III$$
$$II - \frac{v_2}{v_3}III$$
$$\xrightarrow{\hspace{1cm}} \begin{pmatrix} 1 & 0 & -\frac{v_1}{v_3} \\ 0 & 1 & -\frac{v_2}{v_3} \\ v_3 w_1 & v_3 w_2 & 1 + v_3 w_3 \end{pmatrix}$$

Spalten:

$$III + \frac{v_1}{v_3}I$$
$$III + \frac{v_2}{v_3}II$$
$$\xrightarrow{\hspace{1cm}} \begin{pmatrix} 1 & 0 & 0 \\ 0 & 1 & 0 \\ v_3 w_1 & v_3 w_2 & 1 + \sum_{i=1}^{3} v_i w_i \end{pmatrix}.$$

Damit gilt auch hier

$$\det(E_3 + v w^T) = 1 + v_1 w_1 + v_2 w_2 = 1 + v^T w.$$

$\boxed{n > 3:}$ Hier ist die Vorgehensweise völlig analog. Die entsprechenden Zeilen- bzw. Spaltenumformungen liefern die Matrix

$$\left(E_n + v w^T\right) \longrightarrow \begin{pmatrix} 1 & 0 & 0 & \cdots & 0 & 0 \\ 0 & 1 & 0 & \cdots & 0 & 0 \\ & & & \vdots & & \\ 0 & 0 & 0 & \cdots & 1 & 0 \\ v_n w_1 & v_n w_2 & v_n w_3 & \cdots & v_n w_{n-1} & 1 + \sum_{i=1}^{n} v_i w_i \end{pmatrix}.$$

Die sukzessive Entwicklung nach den ersten $n - 1$ Zeilen führt schließlich auf

$$\det(E_n + v w^T) = 1 + \sum_{i=1}^{n} v_i w_i = 1 + v^T w.$$

Lösung 4.111

a) Diese Aussage ist richtig. Sie ist z. B. für $A = B = C = O$ erfüllt oder für Matrizen, die alle dieselbe Nullzeile bzw. Nullspalte haben.

b) Diese Aussage ist falsch. Beispielsweise ergibt sich für $A = B = C = E_3$

$$\det(A(B + C)) = 8 \neq 2 = \det(A)\det(B) + \det(A)\det(C).$$

c) Diese Aussage ist falsch, denn $\det(A^T) = \det(A)$ gilt für alle quadratischen Matrizen und nicht nur für symmetrische.

d) Diese Aussage ist ebenfalls falsch. Für $B = O$ ist die Gleichung unabhängig von A erfüllt.

4.18   Das Vektorprodukt

Aufgabe 4.112
Schaffen Sie es, eine Formulierung des Vektorprodukts für Vektoren des $\mathbb{R}^2$ zu finden und diese Darstellung geometrisch zu deuten?

Aufgabe 4.113
Zeigen Sie für Vektoren $a, b, c \in \mathbb{R}^3$:

a) $\langle a, b + c \rangle = \langle a, b \rangle + \langle a, c \rangle$,
b) $a \times (b + c) = a \times b + a \times c$.

Aufgabe 4.114
Im $\mathbb{R}^3$ seien zwei linear unabhängige Vektoren a und b gegeben. Weiter sei $k \in \mathbb{R}$, $k \neq 0$. Bestimmen Sie den Vektor $x \in \mathbb{R}^3$ derart, dass

$$kx + x \times a = b$$

gilt.

Aufgabe 4.115

a) Gegeben sei $a = (a_1, a_2, a_3)^T \in \mathbb{R}^3$. Bestimmen Sie eine Matrix A mit $Ax = a \times x$.
b) Gegeben sei eine schiefsymmetrische Matrix durch

$$\begin{pmatrix} 0 & a & b \\ -a & 0 & c \\ -b & -c & 0 \end{pmatrix}.$$

Bestimmen Sie einen Vektor a, sodass $Ax = a \times x$ (polarer Vektor).
c) Zeigen Sie, dass für alle schiefsymmetrischen Matrizen $A \in \mathbb{R}^{n,n}$ die Eigenschaft $Ax \perp x$ gilt.

Aufgabe 4.116
Gegeben seien $a, b \in \mathbb{R}^3$.

a) Mithilfe des Entwicklungssatzes für Vektorprodukte bestimmen Sie komponentenfrei die Matrizen A und B, für die gilt

$$Ax = a \times (b \times x) \quad \text{und} \quad Bx = x \times (a \times b).$$

b) Überprüfen Sie das Ergebnis mit

$$a = (1, 2, 3)^T, \quad b = (3, 2, 1)^T, \quad x = (1, -1, 2)^T.$$

Lösungsvorschläge

Lösung 4.112

Das von den zwei Vektoren $v = (v_1, v_2)^T$ und $w = (w_1, w_2)^T$ im $\mathbb{R}^2$ aufgespannte Parallelogramm hat den Flächeninhalt

$$F = \left\| \begin{pmatrix} v_1 \\ v_2 \\ 0 \end{pmatrix} \times \begin{pmatrix} w_1 \\ w_2 \\ 0 \end{pmatrix} \right\| = |v_1 w_2 - v_2 w_1|.$$

Wir setzen also für Vektoren $v, w \in \mathbb{R}^2$:

$$\begin{pmatrix} v_1 \\ v_2 \end{pmatrix} \times \begin{pmatrix} w_1 \\ w_2 \end{pmatrix} := \begin{pmatrix} v_1 \\ v_2 \\ 0 \end{pmatrix} \times \begin{pmatrix} w_1 \\ w_2 \\ 0 \end{pmatrix} = v_1 w_2 - v_2 w_1.$$

Dies ist gerade die Determinante

$$\det \begin{pmatrix} v_1 & w_1 \\ v_2 & w_2 \end{pmatrix} = v_1 w_2 - v_2 w_1.$$

Lösung 4.113

a) Hier handelt es sich um das Distributivgesetz beim Skalarprodukt.

Sei $a \neq 0$ gegeben und $v_1 := \dfrac{a}{\|a\|}$. Dann lässt sich $v_1 \in \mathbb{R}^3$ zu einer Orthonormalbasis $\{v_1, v_2, v_3\}$ im $\mathbb{R}^3$ ergänzen. Für Vektoren gilt damit die Darstellung

$$b + c = \sum_{i=1}^{3} v_i \langle b, v_i \rangle + \sum_{i=1}^{3} v_i \langle b, v_i \rangle = \sum_{i=1}^{3} v_i \left(\langle b, v_i \rangle + \langle b, v_i \rangle \right),$$

$$b + c = \sum_{i=1}^{3} v_i \langle b + c, v_i \rangle.$$

Ein Koeffizientenvergleich liefert z. B. die Gleichung

$$\langle v_1, b + c \rangle = \langle v_1, b \rangle + \langle v_1, c \rangle.$$

Multiplizieren wir diese Gleichung mit $\|a\| \neq 0$, so erhalten wir das Distributivgesetz.

Anmerkung Der Nachweis des Distributivgesetzes lässt sich auch elementarer durch Ausschreiben und Ausmultiplizieren der Gleichungen gewinnen.

Ebenso gilt natürlich $\langle a, b + c \rangle = \langle b + c, a \rangle$. Dagegen ist $\langle a, b + c \rangle \neq \langle a + b, c \rangle$.

b) Dies lässt sich elementar berechnen. Es gilt

$$a \times (b + c) = \begin{pmatrix} a_2(b_3 + c_3) - a_3(b_2 + c_2) \\ a_3(b_1 + c_1) - a_1(b_3 + c_3) \\ a_1(b_2 + c_2) - a_2(b_1 + c_1) \end{pmatrix}$$

$$= \begin{pmatrix} a_2 b_3 - a_3 b_2 \\ a_3 b_1 - a_1 b_3 \\ a_1 b_2 - a_2 b_1 \end{pmatrix} + \begin{pmatrix} a_2 c_3 - a_3 c_2 \\ a_3 c_1 - a_1 c_3 \\ a_1 c_2 - a_2 c_1 \end{pmatrix} = a \times b + a \times c.$$

Lösung 4.114

Da der Vektor $a \times b$ senkrecht auf der von den Vektoren a und b aufgespannten Ebene steht, sind die Vektoren a, b und $a \times b$ linear unabhängig. Damit existieren eindeutige Zahlen $\lambda, \mu, \nu \in \mathbb{R}$ derart, dass

$$x = \lambda a + \mu b + \nu (a \times b)$$

gilt. Wir setzen diese Gleichung in die gegebene Gleichung ein und bestimmen $\lambda, \mu, \nu \in \mathbb{R}$, sodass $x \in \mathbb{R}^3$ die vorgegebene Gleichung erfüllt.

Wir erhalten mit $a \times a = 0$ die Darstellung

$$k(\lambda a + \mu b + \nu (a \times b)) + \mu(b \times a) + \nu(a \times b) \times a = b.$$

Aus

$$(a \times b) \times a = \langle a, a \rangle b - \langle b, a \rangle a = \|a\|^2 \cdot b - \langle a, b \rangle a$$

folgt

$$[\lambda k - \nu \langle a, b \rangle] a + [\mu k + \nu \|a\|^2] b + [\nu k - \mu](a \times b) = b.$$

Jetzt kommt die lineare Unabhängigkeit der Vektoren a, b und $a \times b$ ins Spiel. Es gilt

$$\left. \begin{aligned} \lambda k - \nu \langle a, b \rangle &= 0, \\ \mu k + \nu \|a\|^2 &= 1, \\ \nu k - \mu &= 0. \end{aligned} \right\} \implies \begin{cases} \lambda = \dfrac{\langle a, b \rangle}{k} \cdot \dfrac{1}{k^2 + \|a\|^2}, \\ \mu = \dfrac{k}{k^2 + \|a\|^2}, \\ \nu = \dfrac{1}{k^2 + \|a\|^2}. \end{cases}$$

Damit ergibt sich

$$x = \frac{1}{k^2 + \|a\|^2} \left(\frac{\langle a, b \rangle}{k} a + k b + a \times b \right).$$

Lösung 4.115

Es gelten $a = (a_1, a_2, a_3)^T$ und $x = (x_1, x_2, x_3)^T$.

a) $Ax = a \times x = (a_2 x_3 - a_3 x_2, a_3 x_1 - a_1 x_3, a_1 x_2 - a_2 x_1)^T$. Damit ergibt sich sofort

$$A = \begin{pmatrix} 0 & -a_3 & a_2 \\ a_3 & 0 & -a_1 \\ -a_2 & a_1 & 0 \end{pmatrix}.$$

b) Ebenso ist aus $Ax = a \times x$ wie oben zu sehen, dass

$$a = (-c, b, -a)^T$$

gilt.

c) Wir haben $A^T = -A$, also

$$x \cdot Ax = A^T x \cdot x = -Ax \cdot x = -x \cdot Ax.$$

Das geht nur, wenn $x \cdot Ax = 0$ gilt.

Lösung 4.116

a) Es gilt

$$Ax = a \times (b \times x) = (a \cdot x)b - (a \cdot b)x = [b \otimes a - (a \cdot b)E]x,$$

also $A = b \otimes a - (a \cdot b)E$.
Weiter gilt

$$Bx = x \times (a \times b) = (x \cdot b)a - (x \cdot a)b = (a \otimes b - b \otimes a)x,$$

also gilt entsprechend $B = a \otimes b - b \otimes a$.

b) Die vorgegebenen Vektoren liefern

$$a \times (b \times x) = a \times (5, -5, -5)^T = (5, 20, -15)^T$$

und

$$A = \begin{pmatrix} -7 & 6 & 9 \\ 2 & -6 & 6 \\ 1 & 2 & -7 \end{pmatrix},$$

womit ebenfalls $Ax = (5, 20, -15)^T$ gilt.

Entsprechend gelten

$$x \times (a \times b) = x \times (-4, 8, -4)^T = (-12, -4, 4)^T$$

und

$$B = \begin{pmatrix} 0 & -4 & -8 \\ 4 & 0 & -4 \\ 8 & 4 & 0 \end{pmatrix},$$

womit $Bx = (-12, -4, 4)^T$ gilt.

4.19 Das Eigenwertproblem

Aufgabe 4.117
Von einer Matrix $A \in \mathbb{R}^{(5,5)}$ ist bekannt, dass $\lambda = 1 + i$ doppelter Eigenwert ist und $\mathrm{Sp}(A) = 5$. Wie lauten die restlichen Eigenwerte?

Aufgabe 4.118
Gegeben seien folgende Aussagen:

a) Die symmetrische Matrix $A = \begin{pmatrix} 1 & i \\ i & -1 \end{pmatrix}$ ist diagonalisierbar.

b) Eine Matrix $A \in \mathbb{R}^{n,n}$ mit der Eigenschaft $A^2 = E$ und $A \neq E$ hat ausschließlich die Eigenwerte ± 1.

c) Sei λ Eigenwert von $A \in \mathbb{C}^{n,n}$. Dann ist λ^2 Eigenwert der quadratischen Matrix $A^T A$.

Entscheiden Sie, welche der Aussagen richtig oder falsch sind und begründen Sie Ihre Entscheidung.

Aufgabe 4.119
Gegeben sei die Matrix

$$A = \begin{pmatrix} -7 & -2 & 4 \\ -2 & -7 & -4 \\ 4 & -4 & -1 \end{pmatrix}.$$

a) Berechnen Sie die Eigenwerte dieser Matrix.
b) Bestimmen Sie die dazugehörigen Eigenvektoren.
c) Berechnen Sie die Determinante von A mithilfe der Eigenwerte und mithilfe des Entwicklungssatzes.

Aufgabe 4.120

Gegeben seien die Matrizen

$$A_1 = \begin{pmatrix} 1 & 0 & 0 \\ 0 & 1 & 1 \\ 1 & 0 & 2 \end{pmatrix}, \qquad A_2 = \begin{pmatrix} 2+i & \sqrt{5}+2i \\ -\sqrt{5}+2i & 2+i \end{pmatrix}.$$

Berechnen Sie von diesen Matrizen alle Eigenwerte und Eigenvektoren.

Aufgabe 4.121

Ermitteln Sie für die Eigenräume der Matrix

$$A = \begin{pmatrix} 1 & -4 & -8 \\ -4 & 7 & -4 \\ -8 & -4 & 1 \end{pmatrix}$$

jeweils eine Orthonormalbasis.

Aufgabe 4.122

Berechnen Sie die inverse Modalmatrix M^{-1} zu

$$A = \begin{pmatrix} 2 & 0 & 0 & 0 \\ 0 & 2 & 0 & 0 \\ 1 & -2 & 0 & -1 \\ 2 & -4 & 1 & 0 \end{pmatrix}$$

und verifizieren Sie damit die Diagonalisierbarkeit von A.

Aufgabe 4.123

Sei wieder

$$A = \begin{pmatrix} 2 & 0 & 0 & 0 \\ 0 & 2 & 0 & 0 \\ 1 & -2 & 0 & -1 \\ 2 & -4 & 1 & 0 \end{pmatrix}.$$

a) Bestimmen Sie die Eigenwerte und Eigenvektoren von A^4.
b) Bestimmen Sie die Eigenwerte und Eigenvektoren von $A^3 - E$.

Aufgabe 4.124

Wir betrachten die Matrizen

$$A_1 = \begin{pmatrix} 1 & 5 & 7 \\ 0 & 4 & 3 \\ 0 & 0 & 1 \end{pmatrix}, \quad A_2 = \begin{pmatrix} 1 & 0 & -1 \\ 1 & 2 & 1 \\ 2 & 2 & 3 \end{pmatrix}, \quad A_3 = \begin{pmatrix} 2 & 1 & 1 \\ 1 & 2 & 1 \\ 0 & 0 & 1 \end{pmatrix}.$$

a) Bestimmen Sie die Eigenvektoren und die zugehörigen Eigenräume obiger Matrizen.

b) Welche der Matrizen sind ähnlich zu einer Diagonalmatrix?

Aufgabe 4.125

Gegeben seien die symmetrische Matrix

$$A = \begin{pmatrix} 2 & 0 & 4 \\ 0 & 6 & 0 \\ 4 & 0 & 2 \end{pmatrix}$$

und die Vektoren $a = (1, a, -1)^T$, $b = (b, -b, 1)^T$.

a) Bestimmen Sie – wenn möglich – a und b derart, dass sie Eigenvektoren von A sind.

b) Berechnen Sie einen weiteren linear unabhängigen Eigenvektor und den zugehörigen Eigenwert.

c) Bestimmen Sie eine orthogonale Matrix Q und eine Diagonalmatrix D, sodass

$$D = Q^T B Q$$

für die folgenden Fälle gilt:

$$i)\ B = A, \quad ii)\ B = A^{-1}, \quad iii)\ B = A^3.$$

Aufgabe 4.126

Sei $A \in \mathbb{R}^{(n,n)}$. Was lässt sich über die reellen Eigenwerte von A aussagen, falls

a) $A = -A^T$,

b) $A^{-1} = A^T$,

c) $A = B^T B, \quad B \in \mathbb{R}^{(m,n)}$?

Bestimmen Sie die Eigenwerte von $A = B^T B$ für den konkreten Fall

$$B^T = \begin{pmatrix} 1 & 2 & 1 \\ 2 & 1 & 0 \end{pmatrix}.$$

Aufgabe 4.127

Es sei $P \in \mathbb{R}^{(n,n)}$ eine idempotente Matrix, d. h. $P^2 = P$. Zeigen Sie, dass die Matrix $A = \alpha^2 P + \beta^2 (E - P)$ für beliebige Zahlen $\alpha, \beta \neq 0$ lediglich positive Eigenwerte haben kann.

Hinweis Schreiben Sie die Eigenwertgleichung auf und wenden Sie P darauf an.

Aufgabe 4.128

Sei $A = \begin{pmatrix} 4 & 0 & 1 \\ 0 & 4 & 0 \\ 1 & 0 & 4 \end{pmatrix}$.

a) Diagonalisieren Sie A.

b) Zeigen Sie ohne explizite Berechnung von A^2 und A^3, dass nachfolgende Gleichung gilt:

$$A^3 - 60E = 12A^2 - 47A.$$

Lösungsvorschläge

Lösung 4.117

Da eine reelle Matrix vorliegt, ist das resultierende charakteristische Polynom zur Berechnung der Eigenwerte auch reell. Nun ist $\lambda_{1,2} = 1 + i$ doppelter Eigenwert, womit auch die konjugiert komplexe Zahl $\lambda_{3,4} = 1 - i$ ebenfalls doppelter Eigenwert ist. Es gilt

$$\sum_{i=1}^{5} \lambda_i = \text{Sp}(A) = 5 \quad \Longrightarrow \quad \lambda_5 = 1.$$

Anmerkung Polynome ungeraden Grades mit reellen Koeffizienten besitzen mindestens eine reelle Nullstelle, was diese Aufgabe wiederspiegelt. Zudem wird auch hier wieder deutlich, dass die Summe der Nullstellen bei reellen Polynomen stets reell ist.

Lösung 4.118

a) Die Aussage ist falsch. Denn das charakteristische Polynom lautet $P(\lambda) = \lambda^2$, womit $\lambda_{1,2} = 0$. Der *einzige* Eigenvektor lautet $v = (i, -1)^T$ (jedes Vielfache ist natürlich auch zugelassen), womit keine Basis des $\mathbb{C}^2$ durch Eigenvektoren zustande kommt.

Merkregel Reelle symmetrische Matrizen sind stets diagonalisierbar, komplexe symmetrische Matrizen i. Allg. nicht! *Unterscheiden* Sie bitte hermitische (komplexe) Matrizen $(A = A^* = \bar{A}^T)$ von den eben erwähnten (komplexen) symmetrischen Matrizen $(A = A^T)$!

b) Die Aussage ist richtig. Sei λ Eigenwert von A. Dann gilt

$$A^2 v = \lambda^2 v = E v = 1 \cdot v.$$

Also gilt $\lambda = \pm 1$. Bei einer symmetrischen und orthogonalen Matrix ist dies auch erfüllt.

c) Die Aussage ist falsch. Wählen Sie als Gegenbeispiel $A = \begin{pmatrix} 2 & 1 \\ 0 & 2 \end{pmatrix}$.

Lösung 4.119

a) Mit der Regel von SARRUS ergibt sich das Polynom

$$\det(A - \lambda E) = -\lambda^3 - 15\lambda^2 - 27\lambda + 243.$$

Wir berechnen davon die Nullstellen. Ganzzahlige Nullstellen teilen $243 = 3^5$. Wir testen $\lambda = -3$ und scheitern. Wir probieren $\lambda = 3$ und erhalten mit dem HORNER-Schema die Bestätigung, dass dies eine Nullstelle ist. Dies liefert die Faktorisierung

$$P(\lambda) = (\lambda - 3)(-\lambda^2 - 18\lambda - 81),$$

also $\lambda_{2,3} = -9$. Fassen wir zusammen:

$\lambda_1 = 3$ ist einfacher Eigenwert, und $\lambda_{2,3} = -9$ ist zweifacher Eigenwert.

b) Wir berechnen die entsprechenden homogenen Systeme

$$(A - 3E)x = 0 \quad \text{und} \quad (A - (-9)E)x = 0.$$

Es gilt

$$(A - 3E)x = 0 \Longleftrightarrow \begin{pmatrix} -10 & -2 & 4 \\ -2 & -10 & -4 \\ 4 & -4 & -4 \end{pmatrix} x = 0 \Longleftrightarrow \begin{pmatrix} 1 & -1 & -1 \\ 0 & 2 & 1 \\ 0 & 0 & 0 \end{pmatrix} x = 0.$$

Demnach ist

$$x_1 = \mu_1 \begin{pmatrix} -1 \\ 1 \\ -2 \end{pmatrix}$$

Eigenvektor zum Eigenwert $\lambda_1 = 3$ und $\mu_1 \in \mathbb{R}$ beliebig.
Weiter ist

$$(A + 9E)x = 0 \Longleftrightarrow \begin{pmatrix} 2 & -2 & 4 \\ -2 & 2 & -4 \\ 4 & -4 & 8 \end{pmatrix} x = 0 \Longleftrightarrow \begin{pmatrix} 1 & -1 & 2 \\ 0 & 0 & 0 \\ 0 & 0 & 0 \end{pmatrix} x = 0,$$

also ist der Kern ein zweidimensionaler Unterraum des $\mathbb{R}^3$, nämlich

$$< x_2, x_3 > = \mu_2 \begin{pmatrix} 1 \\ 1 \\ 0 \end{pmatrix} + \mu_3 \begin{pmatrix} 2 \\ 0 \\ -1 \end{pmatrix}$$

mit $\mu_2, \mu_3 \in \mathbb{R}$ beliebig.

Der doppelte Eigenwert $\lambda_{2,3} = -9$ hat die beiden Eigenwerte x_2, x_3.

Nun existieren bei symmetrischen Matrizen $A \in \mathbb{R}^{n,n}$ bekanntlich n paarweise senkrecht aufeinanderstehende Eigenvektoren, also eine orthogonale Basis des $\mathbb{R}^n$. Die obige Standardberechnung hat dies zunächst nicht ergeben. Sie sehen, dass zwar $x_1 \perp x_2, x_3$, aber $x_2 \not\perp x_3$ gilt. Dennoch dürfen wir anstelle des Vektors $x_3 \in \mathbb{R}^3$ (oder $x_2 \in \mathbb{R}^3$) den Vektor $x_1 \times x_2$ wählen, womit sich insgesamt eine orthogonale Basis des Kerns zum Eigenwert $\lambda_{2,3}$, also

$$< x_2, x_1 \times x_2 >= \mu_2 \begin{pmatrix} 1 \\ 1 \\ 0 \end{pmatrix} + \mu_3 \begin{pmatrix} 2 \\ -2 \\ -2 \end{pmatrix}.$$

ergibt. Wir fassen zusammen:

$$x_1 = \begin{pmatrix} -1 \\ 1 \\ 2 \end{pmatrix} \quad \text{erfüllt} \quad Ax_1 = 3x_1,$$

$$x_2 = \begin{pmatrix} 1 \\ 1 \\ 0 \end{pmatrix} \quad \text{erfüllt} \quad Ax_2 = -9x_2,$$

$$x_3 = \begin{pmatrix} 2 \\ -2 \\ -2 \end{pmatrix} \quad \text{erfüllt} \quad Ax_3 = -9x_3.$$

Selbstverständlich dürfen Sie diese 3 Vektoren normieren, um insgesamt zu einer Orthonormalbasis des $\mathbb{R}^3$ zu gelangen.

Fazit Symmetrische reelle (n,n)-Matrizen besitzen stets **reelle** Eigenwerte und n verschiedene Eigenvektoren.

Eigenvektoren zu verschiedenen Eigenwerten sind orthogonal zueinander. Hat ein Eigenwert eine bestimmte algebraische Vielfachheit, so ist die geometrische Vielfachheit, also die Anzahl der zugehörigen Eigenvektoren identisch, jedoch sind diese Vektoren nicht notwendigerweise orthogonal zueinander. Die vorliegende Aufgabe hat dies bestätigt.

c) Es gilt $\det A = \lambda_1 \lambda_2 \lambda_3 = 243 = P(0)$. Der Entwicklungssatz liefert dasselbe Ergebnis.

Lösung 4.120

Wir entwickeln nach der 1. Zeile und ermitteln aus dem charakteristischen Polynom zu A_1 die Eigenwerte

$$\det(A_1 - \lambda E) = \begin{vmatrix} 1-\lambda & 0 & 0 \\ 0 & 1-\lambda & 1 \\ 1 & 0 & 2-\lambda \end{vmatrix} = (1-\lambda)^2(2-\lambda) \overset{!}{=} 0$$

$$\Longleftrightarrow \lambda_1 = 2, \ \lambda_{2,3} = 1.$$

Der Eigenvektor v_1 zu $\lambda_1 = 2$ berechnet sich aus dem homogenen Gleichungssystem mit der Koeffizientenmatrix

$$(A_1 - 2 \cdot E) = \begin{pmatrix} -1 & 0 & 0 \\ 0 & -1 & 1 \\ 1 & 0 & 0 \end{pmatrix} \longrightarrow \begin{pmatrix} -1 & 0 & 0 \\ 0 & -1 & 1 \\ 0 & 0 & 0 \end{pmatrix}.$$

Die 3. Variable ist frei wählbar, woraus der Lösungsvektor

$$x = \mu_1 \begin{pmatrix} 0 \\ 1 \\ 1 \end{pmatrix}, \quad \mu_1 \in \mathbb{R} \text{ beliebig,}$$

resultiert. Als Eigenvektor zu $\lambda_1 = 2$ wählen wir z. B.

$$v_1 = \begin{pmatrix} 0 \\ 1 \\ 1 \end{pmatrix}.$$

Zum doppelten Eigenwert $\lambda_{2,3} = 1$ bekommen wir nur einen Eigenvektor. Es gilt

$$(A_1 - 1 \cdot E) = \begin{pmatrix} -1 & 0 & 0 \\ 0 & -1 & 1 \\ 1 & 0 & 0 \end{pmatrix}.$$

Die 2. Variable ist frei wählbar, woraus der Lösungsvektor

$$x = \mu_2 \begin{pmatrix} 0 \\ 1 \\ 0 \end{pmatrix}, \quad \mu_2 \in \mathbb{R} \text{ beliebig,}$$

resultiert. Als Eigenvektor zu $\lambda_{2,3} = 1$ wählen wir z. B.

$$v_2 = \begin{pmatrix} 0 \\ 1 \\ 0 \end{pmatrix}.$$

Damit ist für diesen Eigenwert die algebraische Vielfachheit $k_{2,3} = 2$, die geometrische Vielfachheit dagegen nur $\rho(\lambda_{2,3}) = 1$.

Wir kommen zu $A_2 \in \mathbb{C}^{2,2}$. Das charakteristische Polynom lautet

$$\det(A_2 - \lambda E) = \begin{vmatrix} 2 + i - \lambda & \sqrt{5} + 2i \\ -\sqrt{5} + 2i & 2 + i - \lambda \end{vmatrix} = (2 + i - \lambda)^2 + 9 \overset{!}{=} 0$$

$$\iff \quad 2 + i - \lambda_{1,2} = \pm 3i \quad \iff \quad \lambda_1 = 2 - 2i, \ \lambda_2 = 2 + 4i.$$

Den Eigenvektor zu $\lambda_1 = 2 - 2i$ ermitteln wir aus der homogenen Gleichung mit der Koeffizientenmatrix

$$\begin{pmatrix} 3i & \sqrt{5} + 2i \\ -\sqrt{5} + 2i & 3i \end{pmatrix} \overset{II - \frac{-\sqrt{5}+2i}{3i} \cdot I}{\longrightarrow} \begin{pmatrix} 3i & \sqrt{5} + 2i \\ 0 & 0 \end{pmatrix}.$$

Die 2. Variable ist frei wählbar, woraus der Lösungsvektor

$$x = \mu_1 \begin{pmatrix} -\frac{\sqrt{5}+2i}{3i} \\ 1 \end{pmatrix}, \quad \mu_1 \in \mathbb{R} \text{ beliebig,}$$

resultiert. Die Wahl $\mu_1 = 3$ führt nach Erweiterung des resultierenden Bruches mit i zu dem Eigenvektor

$$v_1 = \begin{pmatrix} -2 + \sqrt{5}i \\ 3 \end{pmatrix}.$$

Entsprechend erhalten wir für $\lambda_2 = 2 + 4i$ die homogene Gleichung

$$\begin{pmatrix} -3i & \sqrt{5} + 2i \\ -\sqrt{5} + 2i & -3i \end{pmatrix} \overset{II - \frac{-\sqrt{5}+2i}{-3i} \cdot I}{\longrightarrow} \begin{pmatrix} -3i & \sqrt{5} + 2i \\ 0 & 0 \end{pmatrix}.$$

Entsprechend zum vorherigen Eigenvektor erhalten wir hier z. B.

$$v_2 = \begin{pmatrix} 2 - \sqrt{5}i \\ 3 \end{pmatrix}.$$

Anmerkung Um das Rechnen mit komplexen Zahlen zu üben, empfehlen wir, die Probe $A_2 v_k = \lambda_k v_k$, $k = 1, 2$, mit den berechneten Größen durchzuführen.

Weitere Anmerkung Hat ein Polynom mit komplexen Koeffizienten eine komplexe Nullstellen, ist i. Allg. die konjugiert Komplexe keine Nullstelle!

Lösung 4.121

Das charakteristische Polynom lautet

$$\det(A - \lambda E) = \begin{vmatrix} 1-\lambda & -4 & -8 \\ -4 & 7-\lambda & -4 \\ -8 & -4 & 1-\lambda \end{vmatrix} = \dots = -(\lambda+9)(\lambda-9)^2 \stackrel{!}{=} 0$$

$$\Longleftrightarrow \quad \lambda_{1,2} = 9, \; \lambda_3 = -9.$$

Die Eigenvektoren zu $\lambda_{1,2} = 9$ ergeben sich wiederum als Lösung des homogenen Gleichungssystems $(A - 9 \cdot E)x = 0$ mit der Koeffizientenmatrix

$$A = \begin{pmatrix} -8 & -4 & -8 \\ -4 & -2 & -4 \\ -8 & -4 & -8 \end{pmatrix} \longrightarrow \begin{pmatrix} -8 & -4 & -8 \\ 0 & 0 & 0 \\ 0 & 0 & 0 \end{pmatrix}.$$

Daran erkennen Sie, dass $x_2, x_3 \in \mathbb{R}$ frei wählbar sind, also lautet der Lösungsvektor

$$x = x_2 \begin{pmatrix} 1 \\ -2 \\ 0 \end{pmatrix} + x_3 \begin{pmatrix} 0 \\ -2 \\ 1 \end{pmatrix}.$$

Als Eigenvektoren wählen wir z. B.

$$v_1 = \begin{pmatrix} 1 \\ -2 \\ 0 \end{pmatrix} \quad \text{und} \quad v_2 = \begin{pmatrix} 0 \\ -2 \\ 1 \end{pmatrix}.$$

Diese bilden eine Basis des Eigenraums zu $\lambda_{1,2} = 9$, jedoch keine Orthogonal- bzw. Orthonormalbasis. Bei reellen symmetrischen Matrizen existiert jedoch eine solche, wenn sich dies auch nicht aus der direkten Berechnung ergibt! Das Orthonormalisierungsverfahren nach SCHMIDT wäre eine Möglichkeit, die berechneten Eigenvektoren entsprechend hinzubiegen. Eine alternative, im Prinzip ähnliche Herangehensweise ist die folgende Methode:

Wir wählen in der obigen Darstellung $x_2 = 1$ und bestimmen $x_3 \in \mathbb{R}$, sodass der Vektor $\tilde{v}_2 = v_1 + x_3 v_2$ senkrecht zu v_1 steht. Das Skalarprodukt liefert

$$0 \stackrel{!}{=} \langle v_1, v_1 + x_3 v_2 \rangle \quad \Longleftrightarrow \quad x_3 = \frac{\langle v_1, v_1 \rangle}{\langle v_1, v_2 \rangle} \quad \Longleftrightarrow \quad x_3 = -\frac{4}{5}.$$

Damit ist

$$\tilde{v}_2 = \begin{pmatrix} 1 \\ -2 \\ 0 \end{pmatrix} - \frac{5}{4} \begin{pmatrix} 0 \\ -2 \\ 1 \end{pmatrix} = \frac{1}{4} \begin{pmatrix} 4 \\ 2 \\ -5 \end{pmatrix}.$$

Jetzt bleibt nur noch die Normierung übrig. Sie lautet

$$w_1 := \frac{v_1}{\|v_1\|} = \frac{1}{\sqrt{5}} \begin{pmatrix} 1 \\ -2 \\ 0 \end{pmatrix}, \quad w_2 := \frac{\tilde{v}_2}{\|\tilde{v}_2\|} = \frac{1}{3\sqrt{5}} \begin{pmatrix} 4 \\ 2 \\ -5 \end{pmatrix}.$$

Nun fehlt noch der Eigenvektor zu $\lambda_3 = 9$. Wenige GAUSS-Schritte, angewandt auf das entsprechende homogene Gleichungssystem, liefern

$$A = \begin{pmatrix} 10 & -4 & -8 \\ -4 & 16 & -4 \\ -8 & -4 & 10 \end{pmatrix} \longrightarrow \begin{pmatrix} 5 & -2 & -4 \\ 0 & 2 & -1 \\ 0 & 0 & 0 \end{pmatrix}$$

Darin ist $x_2 \in \mathbb{R}$ frei wählbar, und Rückwärtssubstitution ergibt den Lösungsvektor

$$x = x_2 \begin{pmatrix} 2 \\ 1 \\ 2 \end{pmatrix}.$$

Die Wahl $x_2 = 1$ mit anschließender Normierung ergibt den letzten Basisvektor des Orthonormalsystems

$$w_3 = \frac{1}{3} \begin{pmatrix} 2 \\ 1 \\ 2 \end{pmatrix}.$$

Fazit Symmetrische reelle (n, n)-Matrizen besitzen stets **reelle** Eigenwerte und n verschiedene Eigenvektoren. Eigenvektoren zu verschiedenen Eigenwerten sind orthogonal zueinander. Hat ein Eigenwert eine bestimmte algebraische Vielfachheit, so ist die geometrische Vielfachheit, also die Anzahl der zugehörigen Eigenvektoren identisch, jedoch sind diese Vektoren nicht notwendigerweise orthogonal zueinander. Die vorliegende Aufgabe hat dies bestätigt.

Lösung 4.122

Wir benötigen die Eigenvektoren von A. Das charakteristische Polynom lautet

$$P(\lambda) = (2 - \lambda)^2(\lambda^2 + 1) = 0.$$

Daraus ergeben sich die Eigenwerte

$$\lambda_{1,2} = 2, \quad \lambda_{3,4} = \pm i.$$

Wir berechnen exemplarisch den Eigenvektor zu $\lambda_4 = -i$. Es gilt

$$(A + iE) = \begin{pmatrix} 2+i & 0 & 0 & 0 \\ 0 & 2+i & 0 & 0 \\ 1 & -2 & i & -1 \\ 2 & -4 & 1 & i \end{pmatrix} \longrightarrow \begin{pmatrix} 2+i & 0 & 0 & 0 \\ 0 & 2+i & 0 & 0 \\ 1-2i & -2+4i & 0 & 0 \\ 2 & -4 & 1 & i \end{pmatrix},$$

wobei wir das i-Fache der 4. Zeile von der 3. subtrahiert haben. Ohne weiter umzuformen, erkennen wir, dass

$$v_4 = (0,0,1,i)^T$$

ein Eigenvektor zu $\lambda_4 = -i$ (jedes Vielfache natürlich auch) ist.

Entsprechend berechnen wir

$$v_3 = (0,0,1,-i)^T$$

als Eigenvektor zu $\lambda_3 = i$.

Für den doppelten Eigenwert $\lambda_{1,2} = 2$ ermitteln wir aus

$$(A - 2E) = \begin{pmatrix} 0 & 0 & 0 & 0 \\ 0 & 0 & 0 & 0 \\ 1 & -2 & -2 & -1 \\ 2 & -4 & 1 & -2 \end{pmatrix} \longrightarrow \begin{pmatrix} 0 & 0 & 0 & 0 \\ 0 & 0 & 0 & 0 \\ 1 & -2 & -2 & -1 \\ 0 & 0 & 5 & 0 \end{pmatrix}$$

z. B. (die 2. und 4. Komponente des Lösungsvektors ist frei wählbar) die beiden Eigenvektoren

$$v_1 = (2,1,0,0)^T \quad \text{und} \quad v_2 = (0,1,0,-2)^T.$$

Die Modalmatrix zu A beinhaltet in den Spalten die Eigenvektoren, also

$$M = \begin{pmatrix} 2 & 0 & 0 & 0 \\ 1 & 1 & 0 & 0 \\ 0 & 0 & 1 & 1 \\ 0 & -2 & -i & i \end{pmatrix}.$$

Eine kurze Rechnung (bitte selbst durchführen, um das Rechnen mit komplexen Zahlen zu üben!) liefert

$$M^{-1} = \frac{1}{2} \begin{pmatrix} 1 & 0 & 0 & 0 \\ -1 & 2 & 0 & 0 \\ -i & 2i & 1 & i \\ i & -2i & 1 & -i \end{pmatrix}.$$

Damit ergibt sich dann

$$\Lambda = M^{-1}AM = \begin{pmatrix} 2 & 0 & 0 & 0 \\ 0 & 2 & 0 & 0 \\ 0 & 0 & i & 0 \\ 0 & 0 & 0 & -i \end{pmatrix}.$$

Lösung 4.123

a) Die oben berechneten Eigenwerte λ_k gehen über in λ_k^4, $k = 1, 2, 3, 4$. Die Eigenvektoren bleiben. Es gilt also

$$\lambda_{1,2}^4 = 16 \quad \text{und} \quad \lambda_{3,4}^4 = 1.$$

Denn es gilt: Sei $\lambda \in \mathbb{C}$ Eigenwert von $A \in \mathbb{R}^{n,n}$ mit Eigenvektor $v \in \mathbb{C}^n$. Dann ergibt sich

$$A^4 v = A^3 A v = A^3 \lambda v = \lambda A^3 v = \lambda A^2 A v = \lambda A^2 \lambda v = \cdots = \lambda^4 v.$$

b) Sei wieder $\lambda \in \mathbb{C}$ Eigenwert von $A \in \mathbb{R}^{n,n}$ mit Eigenvektor $v \in \mathbb{C}^n$. Entsprechend gilt

$$(A^3 - E)v = A^3 v - v = \lambda^3 v - v = (\lambda^3 - 1)v.$$

Die oben berechneten Eigenwerte λ_k gehen also über in $\lambda_k^3 - 1$, $i = 1, 2, 3, 4$. Die Eigenvektoren bleiben. Das heißt in Zahlen

$$\lambda_{1,2}^3 - 1 = 7, \quad \lambda_3^3 - 1 = -i - 1 \quad \text{und} \quad \lambda_4^3 - 1 = i - 1.$$

Zusätzliche Information Zu Aufgabe 4.123 ist bei der Online-Version dieses Kapitels (doi:10.1007/978-3-642-29980-3_4) ein Video enthalten.

Lösung 4.124

a) Die Matrix A_1 ist eine Dreiecksmatrix, damit stehen die Eigenwerte auf der Hauptdiagonalen. Wir haben den doppelten Eigenwert $\lambda_{1,2} = 1$ und $\lambda_3 = 4$.
   Der zu $\lambda_{1,2} = 1$ gehörige Eigenraum ist Kern $(A_1 - \lambda_{1,2}E)$. Es gilt also wieder das homogene Gleichungssystem mit der Koeffizientenmatrix

$$(A_1 - \lambda_{1,2}E) = \begin{pmatrix} 0 & 5 & 7 \\ 0 & 3 & 3 \\ 0 & 0 & 0 \end{pmatrix}$$

zu lösen. GAUSS-Schritte sind nicht nötig. Die 1. Variable ist frei wählbar, also lautet der Lösungs- bzw. der Eigenraum von $\lambda_{1,2} = 1$

$$\mathbb{L}_{1,2} = \text{Span}\left\{\begin{pmatrix} 1 \\ 0 \\ 0 \end{pmatrix}\right\}.$$

Damit gilt $\dim \mathbb{L}_{1,2} = 1$.
Weiter ist

$$(A_1 - \lambda_3 E) = \begin{pmatrix} -3 & 5 & 7 \\ 0 & 0 & 3 \\ 0 & 0 & -3 \end{pmatrix}$$

zu lösen. Hier liegt die Lösung

$$\mathbb{L}_3 = \text{Span}\left\{\begin{pmatrix} 5 \\ 3 \\ 0 \end{pmatrix}\right\}$$

vor, also stimmt die algebraische Vielfachheit mit der geometrischen überein. Es gilt $\dim \mathbb{L}_3 = 1$.
Das charakteristische Polynom zu A_2 lautet

$$\det(A_2 - \lambda E) = \begin{vmatrix} 1-\lambda & 0 & -1 \\ 1 & 2-\lambda & 1 \\ 2 & 2 & 3-\lambda \end{vmatrix} = (1-\lambda)(2-\lambda)(3-\lambda) \stackrel{!}{=} 0.$$

Die einfachen Eigenwerte sind $\lambda_1 = 1$, $\lambda_2 = 2$ und $\lambda_3 = 3$.
Die Koeffizientenmatrizen der zugehörigen homogenen Gleichungssysteme $(A_2 - \lambda_i E)\mathbf{x} = \mathbf{0}$, $i = 1, 2, 3$, liefern folgende Eigenräume:

$$\begin{pmatrix} 0 & 0 & -1 \\ 1 & 1 & 1 \\ 2 & 2 & 2 \end{pmatrix} \implies \mathbb{L}_1 = \text{Span}\left\{\begin{pmatrix} 1 \\ -1 \\ 0 \end{pmatrix}\right\},$$

$$\begin{pmatrix} -1 & 0 & -1 \\ 1 & 0 & 1 \\ 2 & 2 & 1 \end{pmatrix} \implies \mathbb{L}_2 = \text{Span}\left\{\begin{pmatrix} 2 \\ -1 \\ -2 \end{pmatrix}\right\},$$

$$\begin{pmatrix} -2 & 0 & -1 \\ 1 & -1 & 1 \\ 2 & 2 & 0 \end{pmatrix} \implies \mathbb{L}_3 = \text{Span}\left\{\begin{pmatrix} 1 \\ -1 \\ -2 \end{pmatrix}\right\}.$$

Damit stimmen algebraische und geometrische Vielfachheiten überein, und es gilt $\mathbb{L}_i = 1$ für $i = 1, 2, 3$.

Das charakteristische Polynom zu A_3 lautet

$$\begin{vmatrix} 2-\lambda & 1 & 1 \\ 1 & 2-\lambda & 1 \\ 0 & 0 & 1-\lambda \end{vmatrix} = (1-\lambda)\left[(2-\lambda)^2 - 1\right] = (1-\lambda)^2(3-\lambda) \stackrel{!}{=} 0.$$

Die Koeffizientenmatrizen der zugehörigen homogenen Gleichungssysteme $(A_3 - \lambda_{1,2}E)x = 0$ bzw. $(A_3 - \lambda_3 E)x = 0$ liefern folgende Eigenräume:

$$\begin{pmatrix} 1 & 1 & 1 \\ 1 & 1 & 1 \\ 0 & 0 & 0 \end{pmatrix} \implies \mathbb{L}_{1,2} = \text{Span}\left\{ \begin{pmatrix} 1 \\ 0 \\ -1 \end{pmatrix}, \begin{pmatrix} 0 \\ 1 \\ -1 \end{pmatrix} \right\},$$

also sind auch $\dim \mathbb{L}_{1,2} = 2$, bzw.

$$\begin{pmatrix} -1 & 1 & 1 \\ 1 & -1 & 1 \\ 0 & 0 & -2 \end{pmatrix} \implies \mathbb{L}_3 = \text{Span}\left\{ \begin{pmatrix} 1 \\ 1 \\ 0 \end{pmatrix} \right\},$$

und $\dim \mathbb{L}_3 = 1$.

b) Die Matrizen A_2 und A_3 sind ähnlich zu einer Diagonalmatrix, da bei diesen jeweils die algebraischen und geometrischen Vielfachheiten übereinstimmen. Dagegen ist A_1 nicht diagonalisierbar.

Lösung 4.125

a) Es gilt

$$A\boldsymbol{a} = \begin{pmatrix} 2 & 0 & 4 \\ 0 & 6 & 0 \\ 4 & 0 & 2 \end{pmatrix} \begin{pmatrix} 1 \\ a \\ -1 \end{pmatrix} = \begin{pmatrix} -2 \\ 6a \\ 2 \end{pmatrix} = (-2)\begin{pmatrix} 1 \\ -3a \\ -1 \end{pmatrix}.$$

Mit $a = 0$ ergibt sich damit der Eigenvektor $\boldsymbol{a} = \begin{pmatrix} 1 \\ 0 \\ -1 \end{pmatrix}$ zum Eigenwert $\lambda_1 = -2$.

Entsprechend ergibt sich

$$A\boldsymbol{b} = \begin{pmatrix} 2 & 0 & 4 \\ 0 & 6 & 0 \\ 4 & 0 & 2 \end{pmatrix} \begin{pmatrix} b \\ -b \\ 1 \end{pmatrix} = \begin{pmatrix} 2b+4 \\ -6b \\ 4b+2 \end{pmatrix} = 6\begin{pmatrix} \frac{2b+4}{6} \\ -b \\ \frac{4b+2}{6} \end{pmatrix}.$$

Aus den Gleichungen

$$\left.\begin{array}{r} \dfrac{2b+4}{6} = b \\[2mm] \dfrac{4b+2}{6} = 1 \end{array}\right\} \quad\Longleftrightarrow\quad b = 1$$

ergibt sich der Eigenvektor $\boldsymbol{b} = \begin{pmatrix} 1 \\ -1 \\ 1 \end{pmatrix}$ zum Eigenwert $\lambda_2 = 6$.

b) Die Summe der Diagonalelemente ist 10, und dies ist auch die Summe aller Eigenwerte. Demnach ist 6 doppelter Eigenwert, also $\lambda_{2,3} = 6$.

Wir lösen das entsprechende homogene Gleichungssystem $(A - 6E)\boldsymbol{x} = \boldsymbol{0}$ mit der Koeffizientenmatrix

$$(A - 6E) = \begin{pmatrix} -4 & 0 & 4 \\ 0 & 0 & 0 \\ 4 & 0 & -4 \end{pmatrix}.$$

Daran lesen wir ab, dass $x_2 \in \mathbb{R}$ beliebig gewählt werden darf und dass $x_1 = x_3 \in \mathbb{R}$ gilt. Dies reproduziert den Vektor $\boldsymbol{b}$ und liefert den weiteren linear unabhängigen Eigenvektor

$$\boldsymbol{c} = \begin{pmatrix} 1 \\ 0 \\ 1 \end{pmatrix}.$$

c) i) Mithilfe des Orthonormalisierungsverfahrens nach SCHMIDT ergibt sich aus den oben berechneten Eigenvektoren folgende Orthonormalbasis $\{\boldsymbol{v}_1, \boldsymbol{v}_2, \boldsymbol{v}_3\}$:

$$\boldsymbol{v}_1 = \frac{1}{\sqrt{2}} \begin{pmatrix} 1 \\ 0 \\ -1 \end{pmatrix}, \quad \boldsymbol{v}_2 = \frac{1}{\sqrt{2}} \begin{pmatrix} 1 \\ -1 \\ 1 \end{pmatrix}, \quad \boldsymbol{v}_2 = \frac{1}{\sqrt{6}} \begin{pmatrix} 1 \\ 2 \\ 1 \end{pmatrix}.$$

Damit gilt $D = Q^T A Q$ mit

$$Q = \begin{pmatrix} \frac{1}{\sqrt{2}} & \frac{1}{\sqrt{3}} & \frac{1}{\sqrt{6}} \\ 0 & \frac{-1}{\sqrt{3}} & \frac{2}{\sqrt{6}} \\ \frac{-1}{\sqrt{2}} & \frac{1}{\sqrt{3}} & \frac{1}{\sqrt{6}} \end{pmatrix}, \quad D = \begin{pmatrix} -2 & 0 & 0 \\ 0 & 6 & 0 \\ 0 & 0 & 6 \end{pmatrix}.$$

ii) Es gilt

$$D = Q^T A Q \quad\Longrightarrow\quad D^{-1} = Q^{-1} A^{-1} (Q^T)^{-1} = Q^T A^{-1} Q,$$

da Q orthogonal ist, also $Q^{-1} = Q^T$. Demnach bleibt Q wie oben und

$$D^{-1} = \begin{pmatrix} -\frac{1}{2} & 0 & 0 \\ 0 & \frac{1}{6} & 0 \\ 0 & 0 & \frac{1}{6} \end{pmatrix}.$$

iii) Entsprechend ergibt sich

$$\begin{aligned} D = Q^T A Q &\implies D^3 = (Q^T A Q)^3 = (Q^T A Q)(Q^T A Q)(Q^T A Q) \\ &= Q^T A^3 Q, \end{aligned}$$

da Q orthogonal ist, also $QQ^T = E$. Demnach bleibt Q wieder wie oben und

$$D^3 = \begin{pmatrix} -8 & 0 & 0 \\ 0 & 216 & 0 \\ 0 & 0 & 216 \end{pmatrix}.$$

Lösung 4.126

Sei im Folgenden $\lambda \in \mathbb{K}$ Eigenwert von $A \in \mathbb{R}^{(n,n)}$ zum Eigenvektor $v \in \mathbb{K}^n$, also $Av = \lambda v$.

a) Es gelten die Umformungen

$$\begin{aligned} \lambda \langle v, v \rangle = \langle \lambda v, v \rangle = \langle Av, v \rangle = \langle v, A^T v \rangle &= \langle v, -Av \rangle \\ = \langle v, -\lambda v \rangle &= -\lambda \langle v, -\lambda v \rangle. \end{aligned}$$

Diese Gleichungskette ist nur für $\lambda = 0$ richtig.

b) Hier liegt eine orthogonale Matrix vor mit den bekannten Eigenschaften $A^{-1} = A^T$ und damit $A^T A = E$. Daraus ermitteln wir

$$\lambda^2 \langle v, v \rangle = \langle \lambda v, \lambda v \rangle = \langle Av, Av \rangle = \langle A^T A v, v \rangle = \langle v, v \rangle.$$

Das bedeutet $\lambda^2 = 1 \implies \lambda = \pm 1$.

c) Wir erhalten mit einem entsprechenden Ansatz die Umformungen

$$\lambda \langle v, v \rangle = \langle \lambda v, v \rangle = \langle Av, v \rangle = \langle B^T B v, v \rangle = \langle Bv, Bv \rangle \geq 0.$$

Daraus resultiert $\lambda \geq 0$.

Anmerkung Ist die Abbildung $B : \mathbb{R}^n \to \mathbb{R}^m$ injektiv, dann gilt die Implikationskette

$$v \neq 0 \implies Bv \neq 0 \implies \langle Bv, Bv \rangle > 0 \implies \lambda > 0.$$

Als konkretes Zahlenbeispiel haben wir

$$A = B^T B = \begin{pmatrix} 1 & 2 & 1 \\ 2 & 1 & 0 \end{pmatrix} \begin{pmatrix} 1 & 2 \\ 2 & 1 \\ 1 & 0 \end{pmatrix} = \begin{pmatrix} 6 & 4 \\ 4 & 5 \end{pmatrix}.$$

Das charakteristische Polynom von A lautet

$$P(\lambda) = \lambda^2 - 11\lambda + 14.$$

Daraus ergeben sich wie erwartet die positiven Eigenwerte

$$\lambda_{1,2} = \frac{1}{2}\left(11 \pm \sqrt{65}\right) > 0.$$

Anmerkung Die vorgelegte Matrix $B \in \mathbb{R}^{(3,2)}$ als Abbildung $B : \mathbb{R}^2 \to \mathbb{R}^3$ ist injektiv, da Rang $B = 2$ gilt. Wenige GAUSS-Schritte bestätigen dies, denn

$$B \longrightarrow \begin{pmatrix} 1 & 2 \\ 0 & 1 \\ 0 & 0 \end{pmatrix}.$$

Lösung 4.127
Die Eigenwertgleichung mit Eigenwert $\lambda \in \mathbb{R}$ und Eigenvektor $x \in \mathbb{R}^n$ lautet

$$\alpha^2 P x + \beta^2 (E - P)x = \lambda x.$$

Darauf wenden wir jetzt P an und erhalten

$$\alpha^2 P^2 x + \beta^2 (P - P^2)x = \alpha^2 P x = \lambda P x,$$

da $P^2 = P$.

Ist $Px \neq 0$, dann folgt $\lambda = \alpha^2 > 0$. Ist dagegen $Px = 0$, also $x \in$ Kern P, dann folgt aus der Eigenwertgleichung, dass $\lambda x = \beta^2 x$. Also gilt wegen $x \neq 0$ (x ist ja Eigenvektor) auch $\lambda = \beta^2 > 0$. Damit sind alle Eigenwerte von A strikt positiv.

Lösung 4.128
Die Matrix $A \in \mathbb{R}^{(3,3)}$ ist symmetrisch, d. h., es existieren nur reelle (nicht unbedingt verschiedene) Eigenwerte von A, und es existiert zudem eine Orthonormalbasis $\{v_1, v_2, v_3\}$ von Eigenvektoren in $\mathbb{R}^3$.

Dabei ist $Q = (v_1, v_2, v_3)$ eine orthogonale Matrix mit der Eigenschaft

$$A = QDQ^T = QAQ^{-1},$$

wobei $D \in \mathbb{R}^{(3,3)}$ eine Diagonalmatrix mit den Eigenwerten auf der Hauptdiagonale ist.

a) Im vorliegenden Fall lautet das charakteristische Polynom

$$P(\lambda) = (4 - \lambda)^3 - (4 - \lambda) = (4 - \lambda)[(4 - \lambda)^2 - 1]$$
$$= (4 - \lambda)(\lambda - 3)(\lambda - 5) \overset{!}{=} 0.$$

Damit lauten die drei (verschiedenen) reellen Eigenwerte

$$\lambda_1 = 4, \ \lambda_2 = 3, \ \lambda_3 = 5.$$

Den Eigenvektor zu $\lambda_1 = 4$ ermitteln wir aus dem homogenen Gleichungssystem

$$\begin{pmatrix} 0 & 0 & 1 \\ 0 & 0 & 0 \\ 1 & 0 & 0 \end{pmatrix} x = 0 \quad \Longleftrightarrow \quad x = \begin{pmatrix} 0 \\ r \\ 0 \end{pmatrix},$$

wobei $r \in \mathbb{R}$ beliebig gewählt werden darf. Also ergibt sich der Eigenraum

$$\mathbb{L}_1 = \text{Span} \left\{ \begin{pmatrix} 0 \\ 1 \\ 0 \end{pmatrix} \right\}.$$

Den Eigenvektor zu $\lambda_1 = 3$ ermitteln wir aus

$$\begin{pmatrix} 1 & 0 & 1 \\ 0 & 1 & 0 \\ 1 & 0 & 1 \end{pmatrix} x = 0 \quad \Longleftrightarrow \quad \begin{pmatrix} 1 & 0 & 1 \\ 0 & 1 & 0 \\ 0 & 0 & 0 \end{pmatrix} x = 0 \quad \Longleftrightarrow \quad x = \begin{pmatrix} -r \\ 0 \\ r \end{pmatrix},$$

wobei $r \in \mathbb{R}$ wieder beliebig ist. Also ergibt sich der Eigenraum

$$\mathbb{L}_2 = \text{Span} \left\{ \begin{pmatrix} -1 \\ 0 \\ 1 \end{pmatrix} \right\}.$$

Die im Spann stehenden Vektoren sind bereits orthogonal zueinander, also **muss** auch der Eigenvektor zu $\lambda = 5$ senkrecht zu diesen stehen (warum?). In $\mathbb{R}^3$ ist ein solcher leicht zu finden, wir bilden einfach das Vektorprodukt und erhalten den noch fehlenden Eigenvektor als

$$\begin{pmatrix} 0 \\ 1 \\ 0 \end{pmatrix} \times \begin{pmatrix} -1 \\ 0 \\ 1 \end{pmatrix} = \begin{pmatrix} -1 \\ 0 \\ -1 \end{pmatrix}.$$

Die Normierung der berechneten Vektoren bildet das gesuchte Orthonormalsystem, gegeben durch

$$\{v_1, v_2, v_3\} = \left\{ \begin{pmatrix} 0 \\ 1 \\ 0 \end{pmatrix}, \frac{1}{\sqrt{2}} \begin{pmatrix} -1 \\ 0 \\ 1 \end{pmatrix}, \frac{1}{\sqrt{2}} \begin{pmatrix} -1 \\ 0 \\ -1 \end{pmatrix} \right\}.$$

Die Diagonalisierung von A lautet nun

$$A = QDQ^T = \begin{pmatrix} 0 & \frac{-1}{\sqrt{2}} & \frac{-1}{\sqrt{2}} \\ 1 & 0 & 0 \\ 0 & \frac{1}{\sqrt{2}} & \frac{-1}{\sqrt{2}} \end{pmatrix} \begin{pmatrix} 4 & 0 & 0 \\ 0 & 3 & 0 \\ 0 & 0 & 5 \end{pmatrix} \begin{pmatrix} 0 & 1 & 0 \\ \frac{-1}{\sqrt{2}} & 0 & \frac{1}{\sqrt{2}} \\ \frac{-1}{\sqrt{2}} & 0 & \frac{-1}{\sqrt{2}} \end{pmatrix}.$$

b) Zum Abschluss verwenden wir den Satz von CAYLEY-HAMILTON. Dieser besagt, dass die Matrix A ihr eigenes charakteristisches Polynom erfüllt. Wir hatten

$$P(\lambda) = (4 - \lambda)(\lambda - 3)(\lambda - 5) = -\lambda^3 + 12\lambda^2 - 47\lambda + 60.$$

Daraus resultiert die gewünschte Gleichung

$$P(A) = -A^3 + 12A^2 - 47A + 60E = O \iff A^3 - 60E = 12A^2 - 47A.$$

Reelle Funktionen einer reellen Veränderlichen

5.1 Elementare Funktionen

Aufgabe 5.1

Seien $f_1, f_2 \in \text{Abb}(\mathbb{R}, \mathbb{R})$, gegeben durch

$$f_1(x) = \frac{1}{x^2} - \frac{\sqrt{1-x^2}}{x^2} \quad \text{und} \quad f_2(x) = x - \frac{x}{|x|}.$$

a) Geben Sie die maximalen Definitionsbereiche $D_{\max} \subset \mathbb{R}$ von f_1 und f_2 an.
b) Bestimmen Sie die jeweiligen Wertebereiche Bild f_1 und Bild f_2.
c) Skizzieren Sie die beiden Graphen $G(f_1)$ und $G(f_2)$.

Aufgabe 5.2

Seien $f_1, f_2 \in \text{Abb}(\mathbb{R}, \mathbb{R})$, gegeben durch

$$f_1(x) = \sqrt{2x + 5} \quad \text{und} \quad f_2(x) = 4 - x^2.$$

a) Geben Sie die maximalen Definitionsbereiche $D_{\max} \subset \mathbb{R}$ von f_1 und f_2 an.
b) Bestimmen Sie die jeweiligen Wertebereiche Bild f_1 und Bild f_2.
c) Skizzieren Sie die beiden Graphen $G(f_1)$ und $G(f_2)$.
d) Finden Sie alle $x_0 \in \mathbb{R}$ mit $f_1(x_0) = f_2(x_0)$.

Aufgabe 5.3

Sind durch die folgenden Zuordnungen $y = f(x)$ Abbildungen $f \in \text{Abb}(\mathbb{R}, \mathbb{R})$ erklärt?

a) $y^2 = x$,

b) $y = \begin{cases} 2 & : x \neq 0, \\ x & : x^2 = x, \end{cases}$

c) $y = \begin{cases} x^2 + 1,04 & : x \leq 1,6, \\ x - 1,2 & : x \geq 1,6. \end{cases}$

W. Merz, P. Knabner, *Endlich gelöst! Aufgaben zur Mathematik für Ingenieure und Naturwissenschaftler*, Springer-Lehrbuch, DOI 10.1007/978-3-642-54529-0_5, © Springer-Verlag Berlin Heidelberg 2014

Aufgabe 5.4

Skizzieren Sie die Graphen $G(f)$ nachfolgender Funktionen $f \in \mathrm{Abb}\,(\mathbb{R}, \mathbb{R})$:

a) $f(x) = x + |x|$,

b) $f(x) = x|x| + \sqrt{x^2}$,

c) $f(x) = |x - 2| + 4x^2$,

d) $f(x) = \left|\sin\left(2x + \frac{1}{2}\right)\right|$,

e) $f(x) = \left|\dfrac{\sin x}{x}\right|$.

Aufgabe 5.5

Gegeben seien die Funktionen $f(x) = x^3 - x$ und $g(x) = \sin(2x)$, $x \in \mathbb{R}$. Bestimmen Sie folgende Verknüpfungen:

a) $f\left(g\left(\dfrac{\pi}{2}\right)\right)$,

b) $g\,(f(2))$,

c) $f\,(g(x))$,

d) $f\,(f(x))$,

e) $f\,(f\,(f(1)))$.

Aufgabe 5.6

Bestimmen Sie den maximalen Definitionsbereich und skizzieren Sie die Funktionen

$$y = f(x),\ |f(x)|,\ f(|x|),\ f(x^2),\ f^2(x),\ f\left(\frac{1}{x}\right),\ \frac{1}{f(x)},$$

wenn

a) $f(x) = x$,

b) $f(x) = 1/x$,

c) $f(x) = \sin x$,

d) $f(x) = \sqrt{x}$.

Aufgabe 5.7

Sei $f(x) = x^{2012} - x - 1$, $x \in \mathbb{R}$. Wie viele Nullstellen hat f?

Lösungsvorschläge

Lösung 5.1

a) Es gelten $D_{f_1} = [-1,1] \smallsetminus \{0\}$ und $D_{f_2} = \mathbb{R} \smallsetminus \{0\}$.

b) Weiter gilt Bild $f_1 = (\frac{1}{2}, 1]$ und Bild $f_2 = \mathbb{R}$.

c) Die dazugehörigen Graphen sehen wie folgt aus:

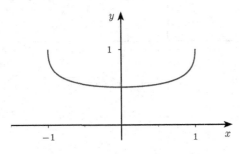

Graph von $f(x) = \dfrac{1}{x^2} - \dfrac{\sqrt{1-x^2}}{x^2}$

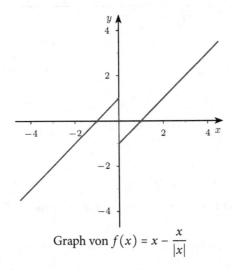

Graph von $f(x) = x - \dfrac{x}{|x|}$

Anmerkung Im nächsten Abschnitt begegnen Ihnen diese beiden Funktionen im Rahmen der Grenzwertbetrachtungen wieder.

Lösung 5.2

a) Da $2x + 5 \geq 0 \iff x \geq \frac{5}{2}$, gilt $D_{f_1} = \{x \in \mathbb{R} \mid x \geq \frac{5}{2}\}$. Weiter ist $D_{f_2} = \mathbb{R}$.

b) Bild $f_1 = [0, \infty)$ und Bild $f_2 = (-\infty, 4]$.

c) Die dazugehörigen Graphen sehen wie folgt aus:

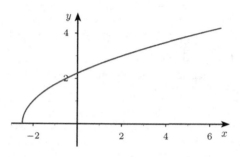

Graph von $f(x) = \sqrt{2x + 5}$

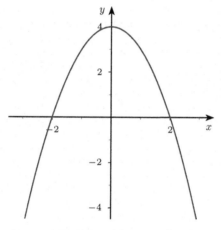

Graph von $f(x) = 4 - x^2$

d) Es gilt

$$\sqrt{2x + 5} \overset{!}{=} 4 - x^2 \implies x^4 - 8x^2 - 2x + 11 = 0.$$

Der Computer liefert für das durch Quadrieren entstandene Polynom 4. Grades die Nullstellen

$$x_{01} \approx -2{,}18846, \quad x_{02} \approx -1{,}63957, \quad x_{03} \approx 1{,}14085, \quad x_{04} \approx 2{,}68718.$$

Wir haben 2 Nullstellen zu viel. Durch Quadrieren auf beiden Seiten sind wir die Wurzel zwar losgeworden, haben jedoch im Vergleich zum Ausgangspolynom ein Polynom vom doppelten Grade erschaffen. Quadrieren ist demnach keine Äquivalenzumformung. Deswegen müssen die 4 berechneten Werte in die Ausgangsgleichung eingesetzt werden, um die beiden wahren Nullstellen zu ermitteln. Wir bekommen damit die Werte

$$x_{02} \approx -1{,}63957 \quad \text{und} \quad x_{03} \approx 1{,}14085.$$

Zu Wurzelgleichungen lohnen sich einige *Anmerkungen*.

a. Werden Ausdrücke mit Wurzeln quadriert, können diese wieder Wurzeln enthalten, und Sie haben dabei nichts gewonnen. Deswegen ist stets darauf zu achten, dass nach Möglichkeit auf einer Seite nur Wurzeln, auf der anderen Seite Ausdrücke ohne Wurzeln stehen. So hätte uns das Quadrieren der zu oben äquivalenten Gleichung

$$\sqrt{2x + 5} - 4 + x^2 = 0$$

nicht wirklich weitergebracht, weil einige Mittelterme wieder die Wurzel enthalten.

b. Durch Quadrieren von Wurzelgleichungen entstehen neue Gleichungen mit i. Allg. mehr Lösungen als die ursprüngliche Gleichung hat. Durch Einsetzen in die Ausgangsgleichung werden aus dieser Anzahl die richtigen Werte aussortiert.

c. Bei Wurzelgleichungen mit ungeraden Wurzeln müssen die Lösungen nach der Potenzierung nicht unbedingt überprüft werden. Betrachten Sie dazu beispielsweise

   i. $\sqrt[3]{x^3 + x^2 - 4} = x \implies x^3 + x^2 - 4 = x^3 \iff x^2 - 4 = 0.$

   ii. $\sqrt[5]{z^3} = \sqrt[5]{z} \implies z^3 - z = 0.$

   Wie Sie sofort nachrechnen, erfüllen *alle* Lösungen $x_{1,2} = \pm 2$ bzw. $z_1 = 0, z_{2,3} = \pm 1$ aus den potenzierten Gleichungen auch die entsprechenden Ausgangsgleichungen. Dies liegt daran, dass ungerade Potenzen das Vorzeichen erhalten.

d. An dieser Stelle sei daran erinnert, dass z. B. der Ausdruck $\sqrt[5]{-1} = -1$ so nicht definiert ist. Richtig ist $-\sqrt[5]{|-1|} = -1$. Dazu verweisen wir nochmals auf die Inhalte des Kapitels „Reelle Zahlen" im Lehrbuch.

Lösung 5.3

a) Hier ist keine Abbildung definiert, denn

$$y^2 = x \iff y = \pm\sqrt{x}.$$

Damit werden einem $x \geq 0$ zwei y-Werte zugeordnet, z. B. $y = f(1) = \pm 1$.

b) Auch dies ist keine Abbildung, denn

$$x^2 = x \iff x = 0 \vee x = 1.$$

Das bedeutet, dass $y = f(1) = \{1, 2\}$, also wieder zwei y-Werte bei $x = 1$.

c) Dies ist eine Abbildung, weil glücklicherweise an der Nahtstelle

$$x^2 + 1{,}04 = 3x - 1{,}2$$

für $x = 1{,}6$ gilt.

Lösung 5.4

In den nachfolgenden Darstellungen wird in den Grafiken die Bezeichnung $y := f(x)$ verwendet.

a) Der Definitionsbereich lautet $D_f = \mathbb{R}$.

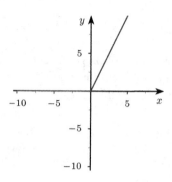

Graph von $f(x) = x + |x|$

b) Der Definitionsbereich lautet $D_f = \mathbb{R}$. Eine alternative Formulierung ist $f(x) = |x|(x + 1)$, da $\sqrt{x^2} = |x|$.

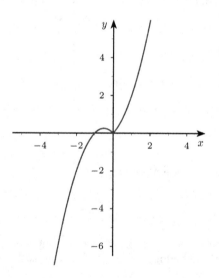

Graph von $f(x) = x|x| + \sqrt{x^2}$

c) Der Definitionsbereich lautet $D_f = \mathbb{R}$.

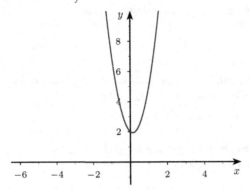

Graph von $f(x) = |x - 2| + 4x^2$

d) Der Definitionsbereich lautet $D_f = \mathbb{R}$.

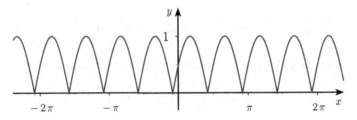

Graph von $f(x) = |\sin(2x + 1/2)|$

Im Vergleich dazu siehe die Darstellung

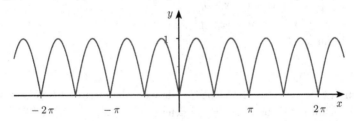

Graph von $f(x) = |\sin(2x)|$

e) Der Definitionsbereich lautet $D_f = \mathbb{R} \setminus \{0\}$.

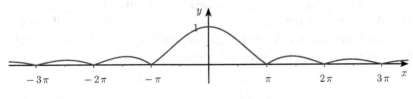

Graph von $f(x) = \left|\dfrac{\sin x}{x}\right|$

Lösung 5.5

Wir erhalten folgende Ergebnisse bzw. Darstellungen:

a) $f\left(g\left(\frac{\pi}{2}\right)\right) = f\left(\frac{1}{2}\right) = \frac{1}{8} - \frac{1}{2} = -\frac{3}{8}$,

b) $g\left(f(2)\right) = g(6) = \sin 12$,

c) $f\left(g(x)\right) = \sin^3 2x - \sin 2x = -\cos^2 2x \sin 2x = -\frac{1}{2}\cos 2x \sin 4x$,

d) $f\left(f(x)\right) = (x^3 - x)^3 - x^3 + x = x^9 - 3x^7 + 3x^5 - 2x^3 + x$,

e) $f\left(f\left(f(1)\right)\right) = f\left(f(0)\right) = f(0) = 0$.

Vorschlag Teilaufgabe c) bietet Ihnen die Möglichkeit, gewisse Eigenschaften der trigonometrischen Funktionen zu wiederholen.

Lösung 5.6

Wenn bei den nachfolgenden Darstellungen nichts erwähnt wird, sind die entsprechenden Funktionen auf ganz $\mathbb{R}$ definiert.

a) $f(x) = x$, $|f(x)| = |x| = f(|x|)$, $f(x^2) = x^2 = f^2(x)$, $f\left(\frac{1}{x}\right) = \frac{1}{x} = \frac{1}{f(x)}$ für $x \neq 0$.

b) $f\left(\frac{1}{x}\right) = x$. Für die restlichen Funktionen gilt die Einschränkung $x \neq 0$, und sie lauten:

$$f(x) = \frac{1}{x}, \quad |f(x)| = \frac{1}{|x|} = f(|x|), \quad f(x^2) = \frac{1}{x^2} = f^2(x).$$

c) $f(x) = \sin x$, $|f(x)| = |\sin x|$, $f(|x|) = \sin |x|$, $f(x^2) = \sin x^2$,
   $f^2(x) = \sin^2 x$, $f\left(\frac{1}{x}\right) = \sin \frac{1}{x}$ für $x \neq 0$, $\frac{1}{f(x)} = \frac{1}{\sin x}$ für $x \neq k\pi, k \in \mathbb{Z}$.

d) $f(x) = \sqrt{x} = \left|\sqrt{x}\right| = |f(x)|$ für $x \geq 0$,
   $f(|x|) = \sqrt{|x|}$, $f(x^2) = \sqrt{x^2} = |x|$, $f^2(x) = x$,
   $f\left(\frac{1}{x}\right) = \frac{1}{\sqrt{x}}$ für $x > 0$.

Lösung 5.7

Die Funktion $f(x) = x^{2012} - x - 1$, welche für alle $x \in \mathbb{R}$ definiert ist, hat zwei verschiedene Nullstellen. Die mit dem Computer berechneten Werte lauten $x_1 \approx -0{,}99710$ und $x_2 \approx 1{,}00034$. Wie lässt sich dies mit den bisher gelernten Möglichkeiten erklären?

Wir gehen von $f_1(x) := x^{2012}$ aus. Die einzige Nullstelle von f_1 ist $x = 0$. Da $f_1(\pm 1) = 1$ (gerader Exponent), folgt, dass die beiden Nullstellen von $f_2(x) := x^{2012} - 1$ an den beiden Stellen $x_{1,2} = \pm 1$ sind. Des Weiteren gibt es zwei Schnittpunkte der Graphen von f_2 und $f_3(x) := x$, d. h. wiederum, dass $f(x) = x^{2012} - 1 - x$ zwei verschiedene Nullstellen hat.

Salopp gesprochen, entsteht der Graph der Funktion f durch eine leichte „Neigung" von f_2 nach rechts, was die oben berechneten Werte widerspiegeln.

5.2 Grenzwerte von Funktionen einer reellen Veränderlichen

Aufgabe 5.8

Existieren die beiden Grenzwerte

$$\text{a) } \lim_{x \to 0} \frac{1}{3 + 2^{\frac{1}{x}}} \quad \text{und} \quad \text{b) } \lim_{x \to 0} \frac{1 + 2^{\frac{1}{x}}}{3 + 2^{\frac{1}{x}}}?$$

Hinweis Bilden Sie jeweils die links- und rechtsseitigen Grenzwerte.

Aufgabe 5.9

Bestimmen Sie

$$\text{a) } \lim_{x \to 0} \frac{(\sqrt{x+1} - 1)\sin x}{x^2 (x - 5)^2}, \quad \text{b) } \lim_{x \to 0} \frac{\cos x - 1}{x}, \quad \text{c) } \lim_{x \to 1} \frac{x^n - 1}{x - 1}.$$

Aufgabe 5.10

Berechnen Sie die Grenzwerte

$$\text{a) } \lim_{x \to 0} \frac{a \sin(bx)}{cx}, \ a, b, c \neq 0, \quad \text{b) } \lim_{x \to 0} \frac{x}{\sin x}.$$

Aufgabe 5.11

Berechnen Sie die Grenzwerte

$$\text{a) } \lim_{x \to 0} \left(\frac{1}{x^2} - \frac{\sqrt{1 - x^2}}{x^2} \right), \quad \text{b) } \lim_{x \to 0\pm} \left(x - \frac{x}{|x|} \right).$$

Aufgabe 5.12

Zeigen Sie per vollständiger Induktion, dass

$$\lim_{x \to a} x^n = a^n \ \forall \, n \in \mathbb{N}.$$

Aufgabe 5.13

Berechnen Sie $\lim\limits_{h \to 0} \dfrac{f(x + h) - f(x)}{h}$ für die Funktionen

$$\text{a) } f(x) = x, \quad \text{b) } f(x) = x^2, \quad \text{c) } f(x) = x^3.$$

Aufgabe 5.14

Sei $f(x) = 5x - 6$. Bestimmen Sie ein $\delta > 0$ derart, dass $|f(x) - 14| < \varepsilon$ für $0 < |x - 4| < \delta$, wenn

$$\text{a) } \varepsilon = \frac{1}{2}, \quad \text{b) } \varepsilon = 0{,}0001.$$

Aufgabe 5.15

Beweisen Sie die folgende Aussage: Gilt $f(x) \le M$ für alle $x \in D_f$ und $\lim\limits_{x \to x_0} f(x) = A$, dann folgt $A \le M$.

Aufgabe 5.16

Wo ist $f(x) = \dfrac{1 - \sqrt{\cos x}}{1 - \cos \sqrt{x}}$ nicht definiert? Wie lautet $\lim\limits_{x \to 0} f(x)$?

Aufgabe 5.17

Beim Anlegen einer Messlatte L der Länge l liegt nur ihr Mittelpunkt exakt auf der zu messenden Strecke S, während die Randpunkte von L jeweils den senkrechten Abstand x von S haben. Wenn also für S der Wert l gemessen wird, so ist die wahre Länge von S gleich der Projektion $f = f(x)$ von L auf S.

a) Bestimmen Sie f.
b) Berechnen Sie G aus $\lim\limits_{x \to 0+} f(x) = G$.
c) Bestimmen Sie zu jedem $\varepsilon > 0$ ein $\delta = \delta(\varepsilon)$, sodass $|f(x) - G| < \varepsilon$ für alle x mit $0 < x < \delta$ gilt. Verwenden Sie die Zahlenwerte $l = 2\,\mathrm{m}$, $\varepsilon = \varepsilon_r l$ mit $\varepsilon_r = 0{,}1\%$ (ε_r ist die relative Genauigkeit).

Lösungsvorschläge

Lösung 5.8

Wir verwenden in beiden Teilaufgaben die Grenzwerte

$$\lim_{x \to 0-} \tfrac{1}{x} = -\infty \quad \Longrightarrow \quad \lim_{x \to 0-} 2^{\frac{1}{x}} = 0,$$
$$\lim_{x \to 0+} \tfrac{1}{x} = +\infty \quad \Longrightarrow \quad \lim_{x \to 0+} 2^{\frac{1}{x}} = +\infty.$$

Damit ergibt sich dann

a) $\lim\limits_{x \to 0-} \dfrac{1}{3 + 2^{\frac{1}{x}}} = \tfrac{1}{3}$ und $\lim\limits_{x \to 0+} \dfrac{1}{3 + 2^{\frac{1}{x}}} = 0.$

b) $\lim\limits_{x \to 0-} \dfrac{1 + 2^{\frac{1}{x}}}{3 + 2^{\frac{1}{x}}} = \tfrac{1}{3}$ und $\lim\limits_{x \to 0+} \dfrac{1 + 2^{\frac{1}{x}}}{3 + 2^{\frac{1}{x}}} = \lim\limits_{x \to 0+} \dfrac{\overbrace{2^{-\frac{1}{x}}}^{\to 0} + 1}{3 \cdot \underbrace{2^{-\frac{1}{x}}}_{\to 0} + 1} = 1.$

Lösung 5.9

a) Eine kleine Umsortierung ergibt

$$\frac{(\sqrt{x+1}-1)\sin x}{x^2(x-5)^2} = \frac{\sin x}{x} \cdot \frac{\sqrt{x+1}-1}{x} \cdot \frac{1}{(x-5)^2}.$$

Nun gilt

$$\lim_{x\to 0} \frac{\sin x}{x} = 1 \quad \text{und} \quad \lim_{x\to 0} \frac{1}{(x-5)^2} = \frac{1}{25}.$$

Weiter ist

$$\lim_{x\to 0} \frac{\sqrt{x+1}-1}{x} = \lim_{x\to 0} \frac{(\sqrt{x+1}-1)(\sqrt{x+1}+1)}{x(\sqrt{x+1}+1)}$$

$$= \lim_{x\to 0} \frac{1}{(\sqrt{x+1}+1)} = \frac{1}{2}.$$

Insgesamt resultiert dann aufgrund der Grenzwertsätze bzw. Rechenregeln für Grenzwerte

$$\lim_{x\to 0} \frac{(\sqrt{x+1}-1)\sin x}{x^2(x-5)^2} = 1 \cdot \frac{1}{2} \cdot \frac{1}{25} = \frac{1}{50}.$$

b) Entsprechend erhalten wir auch hier

$$\lim_{x\to 0} \frac{\cos x - 1}{x} = \lim_{x\to 0} \frac{(\cos x - 1)(\cos x + 1)}{x(\cos x + 1)} = -\lim_{x\to 0} \frac{\sin^2 x}{x(\cos x + 1)}$$

$$= -\lim_{x\to 0} \frac{\sin x}{x} \cdot \frac{1}{\cos x + 1} \cdot \sin x = -1 \cdot \frac{1}{2} \cdot 0 = 0.$$

c) Eine Polynomdivision liefert

$$\lim_{x\to 1} \frac{x^n - 1}{x - 1} = \lim_{x\to 1} \left(x^{n-1} + x^{n-2} + \cdots + x + 1 \right) = n.$$

Lösung 5.10

Wir verwenden in beiden Teilaufgaben den bekannten Grenzwert

$$\lim_{x\to 0} \frac{\sin x}{x} = 1.$$

a) Wir setzen $y := bx$. Damit ergibt sich

$$\lim_{x\to 0} \frac{a\sin(bx)}{cx} = \lim_{y\to 0} \frac{ab\sin y}{cy} = \frac{ab}{c} \lim_{y\to 0} \frac{\sin y}{y} = \frac{ab}{c} \cdot 1 = \frac{ab}{c}.$$

b) Eine kleine Umstellung liefert

$$\lim_{x \to 0} \frac{x}{\sin x} = \lim_{x \to 0} \frac{1}{\frac{\sin x}{x}} = \frac{1}{\lim_{x \to 0} \frac{\sin x}{x}} = \frac{1}{1} = 1.$$

Lösung 5.11

a) Eine Erweiterung mit $1 + \sqrt{1 + x^2}$ ergibt

$$\lim_{x \to 0} \frac{1 - \sqrt{1 - x^2}}{x^2} = \lim_{x \to 0} \frac{1 - 1 + x^2}{x^2 \left(1 + \sqrt{1 - x^2}\right)} = \lim_{x \to 0} \frac{1}{\left(1 + \sqrt{1 - x^2}\right)} = \frac{1}{2}.$$

b) Die beiden Grenzwerte sind

$$\lim_{x \to 0+} \left(x - \frac{x}{|x|} \right) = -\lim_{x \to 0+} \frac{x}{|x|} = -\lim_{x \to 0+} 1 = -1,$$

$$\lim_{x \to 0-} \left(x - \frac{x}{|x|} \right) = -\lim_{x \to 0-} \frac{x}{|x|} = -\lim_{x \to 0-} (-1) = 1.$$

Lösung 5.12

Für $n = 1$ ist $\lim_{x \to a} x = a$. Sei nun die Aussage für $n \in \mathbb{N}$ richtig, dann ergibt sich unter dieser Annahme, dass

$$\lim_{x \to a} x^{n+1} = \lim_{x \to a} x^n \lim_{x \to a} x \overset{\text{Ann.}}{=} a^n \lim_{x \to a} x = a^n a = a^{n+1}.$$

Damit gilt die Aussage für alle $n \in \mathbb{N}$.

Lösung 5.13

a) $\lim_{h \to 0} \dfrac{f(x + h) - f(x)}{h} = \lim_{h \to 0} \dfrac{x + h - x}{h} = \lim_{h \to 0} 1 = 1,$

b) $\lim_{h \to 0} \dfrac{f(x + h) - f(x)}{h} = \lim_{h \to 0} \dfrac{(x + h)^2 - x^2}{h} = \lim_{h \to 0} \dfrac{2xh + h^2}{h}$

$$= \lim_{h \to 0} (2x + h) = 2x,$$

c) $\lim_{h \to 0} \dfrac{f(x + h) - f(x)}{h} = \lim_{h \to 0} \dfrac{(x + h)^3 - x^3}{h} = \lim_{h \to 0} \dfrac{3x^2 h + 3xh^2 + h^3}{h}$

$$= \lim_{h \to 0} (3x^2 + 3xh + h^2) = 3x^2.$$

Lösung 5.14

Es gilt

$$|f(x) - 14| = |5x - 6 - 14| = 5|x - 4| < \varepsilon \implies |x - 4| < \frac{\varepsilon}{5} =: \delta.$$

Das bedeutet konkret

a) $\delta = 0{,}1$,   b) $\delta = 0{,}00002$.

Lösung 5.15

Da $\lim\limits_{x \to x_0} f(x) = A$, existiert ein $\delta > 0$ derart, dass für alle $\varepsilon > 0$ die Beziehung

$$|f(x) - A| \leq \varepsilon \text{ für alle } x \in D_f \text{ mit } 0 < |x - x_0| \leq \delta$$

gilt. Das bedeutet mit den Betragseigenschaften

$$-\varepsilon \leq f(x) - A \leq \varepsilon.$$

Aus der ersten Ungleichung ergibt sich $A \leq f(x) + \varepsilon$ und kombiniert mit der Voraussetzung $f(x) \leq M$ die Ungleichungskette

$$A \leq f(x) + \varepsilon \leq M + \varepsilon.$$

Damit resultiert zusammenfassend

$$A \leq M + \varepsilon \text{ für alle } \varepsilon > 0 \implies A \leq M.$$

Anmerkung Die obige letzte und entscheidende Zeile finden Sie wieder unter den Rechenregeln 1.33 auf S. 35 im Lehrbuch.

Vorschlag Führen Sie jetzt unter der Annahme $A > M$ eine indirekte Beweisführung durch, und bringen Sie mit der speziellen Wahl $\varepsilon := \frac{1}{2}(A - M) > 0$ dies zum Widerspruch. Das ist ganz einfach!

Lösung 5.16

Aus dem Ausdruck $1 - \cos\sqrt{x}$ im Nenner ergibt sich, dass die x-Werte nicht negativ sein dürfen und dass alle x-Werte mit $\cos\sqrt{x} = 1$ ausgeschlossen werden müssen. Das bedeutet

$$x \neq \mathbb{R}^- \text{ und } x \neq (2k\pi)^2, \ k \in \mathbb{N}_0.$$

Der Ausdruck $\sqrt{\cos x}$ im Zähler lässt keine $x \in \mathbb{R}^+$ mit $\cos x < 0$ zu. Wir *vermeiden* demnach die Intervalle

$$I_k := \left(\frac{2k-1}{2}\pi, \frac{2k+1}{2}\pi\right), \ k = 1, 3, 5, \cdots.$$

Für welche $k \in \mathbb{N}$ die Beziehung $(2k\pi)^2 \in I_k$ gilt, soll nicht weiter untersucht werden.

Zur Berechnung des Grenzwertes genügt es, $x \in [0,1]$ zu beachten. Damit ergibt sich

$$0 \le \frac{1 - \sqrt{\cos x}}{1 - \cos \sqrt{x}} = \frac{1 - \cos x}{(1 + \sqrt{\cos x})(1 - \cos \sqrt{x})} \le \frac{1 - \cos x}{1 - \cos \sqrt{x}}.$$

Da für $0 \le x \le 1$ die Beziehung $\cos^2 x \le \cos x$ gilt, folgt aus $1 - \cos^2 x = \sin^2 x$ die Ungleichung

$$1 - \cos x \le \sin^2 x.$$

Weiter ergibt sich aus $1 - \cos^2 x = (1 - \cos x)(1 + \cos x) = \sin^2 x$ eine weitere Ungleichung

$$(1 - \cos x) = \frac{\sin^2 x}{1 + \cos x} \ge \frac{1}{2} \sin^2 x.$$

Insgesamt haben wir damit

$$1 - \cos x \quad \in \left[\tfrac{1}{2} \sin^2 x, \sin^2 x \right],$$
$$1 - \cos \sqrt{x} \in \left[\tfrac{1}{2} \sin^2 \sqrt{x}, \sin^2 \sqrt{x} \right].$$

Daraus resultieren bekannte Ausdrücke der Form

$$0 \le \frac{1 - \sqrt{\cos x}}{1 - \cos \sqrt{x}} \le 2 \frac{\sin^2 x}{\sin^2 \sqrt{x}} = 2x \frac{\frac{\sin^2 x}{x^2}}{\frac{\sin^2 \sqrt{x}}{x}} = 2x \frac{\left(\frac{\sin x}{x}\right)^2}{\left(\frac{\sin \sqrt{x}}{\sqrt{x}}\right)^2} \to 0$$

für $x \to 0$.

Lösung 5.17

a) Um sich die geometrische Situation zu veranschaulichen, legen Sie einfach die Messlatte L exakt auf die zu messende Strecke S. Danach drehen Sie L geringfügig um deren Mittelpunkt und verbinden die Endpunkte der Messlatte senkrecht mit der Strecke S. Damit liegen zwei rechtwinklige Dreiecke vor, und für jedes gilt nach dem Satz des PYTHAGORAS

$$\left(\tfrac{f(x)}{2}\right)^2 + x^2 = \left(\tfrac{l}{2}\right)^2,$$

wobei $\frac{l}{2}$ die Länge der Hypotenuse ist, $x > 0$ der vertikale Abstand zwischen L und S, und $\frac{f(x)}{2} > 0$ die halbe gemessene Länge von S. Insgesamt gilt für beide Dreiecke zusammen

$$f(x) = 2\sqrt{\left(\tfrac{l}{2}\right)^2 - x^2}.$$

b) Natürlich ist

$$\lim_{x \to 0+} f(x) = 2\sqrt{\left(\tfrac{l}{2}\right)^2} = l.$$

c) Die „Standarderweiterung" ergibt folgende Ungleichungskette:

$$\left| 2\sqrt{\left(\tfrac{l}{2}\right)^2 - x^2} - l \right| = \left| \frac{\left(2\sqrt{\left(\tfrac{l}{2}\right)^2 - x^2} - l\right)\left(2\sqrt{\left(\tfrac{l}{2}\right)^2 - x^2} + l\right)}{2\sqrt{\left(\tfrac{l}{2}\right)^2 - x^2} + l} \right|$$

$$= \left| \frac{l^2 - 4x^2 - l^2}{2\sqrt{\left(\tfrac{l}{2}\right)^2 - x^2} + l} \right| \leq \frac{4x^2}{2\sqrt{\left(\tfrac{l}{2}\right)^2} + l}$$

$$= \frac{2x^2}{l} \stackrel{!}{\leq} \varepsilon.$$

Aus der letzten Ungleichung folgt mit $\varepsilon := \varepsilon_r l$ die gesuchte Größe

$$0 \leq x \leq \sqrt{\frac{l\varepsilon}{2}} = l\sqrt{\frac{\varepsilon_r}{2}} =: \delta.$$

Anmerkung Es gibt ein besseres $\hat{\delta} > 0$. Aus $f(0) = l$ und $f\left(\tfrac{l}{2}\right) = 0$ folgt für $x \in \left[0, \tfrac{l}{2}\right]$, dass

$$|f(x) - l| = l - f(x) \leq \varepsilon \iff f(x) \geq l - \varepsilon \iff 0 \leq x \leq \hat{\delta},$$

wobei sich mit $f(\hat{\delta}) := l - \varepsilon$ und $\varepsilon := \varepsilon_r l$ das Folgende ergibt:

$$\left(\tfrac{l}{2}\right)^2 - \hat{\delta}^2 = (l - \varepsilon)^2 \iff \hat{\delta} = \sqrt{\frac{l\varepsilon}{2} - \left(\frac{\varepsilon}{2}\right)^2} = l\sqrt{\frac{\varepsilon_r}{2} - \left(\frac{\varepsilon_r}{2}\right)^2}.$$

Die konkreten Zahlenwerte $l = 2\,\text{m}$ und $\varepsilon_r = 0{,}1\,\%$ ergeben

$$\varepsilon = l\varepsilon_r = 2 \cdot 0{,}001\,\text{m} = 0{,}002\,\text{m} = 0{,}2\,\text{cm},$$

$$\delta = l\sqrt{\tfrac{\varepsilon_r}{2}} = 0{,}04472\,\text{m} = 4{,}472\,\text{cm},$$

$$\hat{\delta} = l\sqrt{\tfrac{\varepsilon_r}{2} - \left(\tfrac{\varepsilon_r}{2}\right)^2} = 0{,}04471\,\text{m} = 4{,}471\,\text{cm}.$$

Was bedeutet das geometrisch? Wenn sich der gemessene Wert $f(x)$ um $0{,}2\,\text{cm}$ von der wahren Länge $l = 2\,\text{m}$ unterscheidet, sind die Randpunkte der Messlatte höchstens $4{,}471\,\text{cm}$ von der zu messenden Strecke entfernt.

Anmerkung Bei der Herleitung der besseren Abschätzung für $\hat{\delta} > 0$, haben wir durch die Eigenschaften $f(0) = l$ und $f\left(\frac{l}{2}\right) = 0$ stillschweigend die strenge Monotonie der Funktion f verwendet. In Abschn. 5.6 wird dies ein Thema sein.

5.3   Uneigentliche Grenzwerte von Funktionen einer reellen Veränderlichen

Aufgabe 5.18

Zeigen Sie mithilfe der Grenzwertdefinition

$$\text{a)} \ \lim_{x \to \infty} \left(\sqrt{x^2 + 2} - \sqrt{x^2 + 1}\right) = 0, \qquad \text{b)} \ \lim_{x \to \infty} x \sin \frac{1}{x} = 1.$$

Aufgabe 5.19

Bestimmen Sie

$$\text{a)} \ \lim_{x \to +\infty} \frac{3^x - 3^{-x}}{3^x + 3^{-x}}, \qquad \text{b)} \ \lim_{x \to -\infty} \frac{3^x - 3^{-x}}{3^x + 3^{-x}}.$$

Aufgabe 5.20

Sie erkennen die folgenden Grenzwerte sicherlich auf den ersten Blick:

$$\text{a)} \ \lim_{x \to +\infty} \frac{2x + 3}{4x - 5}, \qquad \text{b)} \ \lim_{x \to +\infty} \frac{x}{x^2 + 5},$$

$$\text{c)} \ \lim_{x \to +\infty} \frac{2x^2}{x - 3x^2}, \qquad \text{d)} \ \lim_{x \to +\infty} \frac{x^5 + 55x}{55x}.$$

Aufgabe 5.21

Erkennen Sie auch die nächsten Grenzwerte sofort?

$$\text{a)} \ \lim_{x \to \pm\infty} \frac{e^x - e^{-x}}{e^x + e^{-x}}, \qquad \text{b)} \ \lim_{x \to \pm\infty} \frac{e^x + e^{-x}}{e^x - e^{-x}}.$$

Aufgabe 5.22

Berechnen Sie die beiden Grenzwerte

$$\text{a)} \ \lim_{x \to +\infty} \left(\sqrt[3]{x^3 + x^2} - x\right), \qquad \text{b)} \ \lim_{x \to +\infty} \left(\sqrt{4 + x} - \sqrt{x}\right) \sqrt{x}.$$

Aufgabe 5.23

Bestimmen Sie das Verhalten für $x \to \pm\infty$ für die beiden Funktionen

$$\text{a)} \ f(x) = \frac{x^4}{(x^2 - 1)|x|}, \qquad \text{b)} \ f(x) = |x^2 - 1| + |x| - 1.$$

Lösungsvorschläge

Lösung 5.18
In beiden Teilaufgaben geht es darum, geeignete Abschätzungen zu finden.

a) Wir erweitern mit $\sqrt{x^2 + 2} + \sqrt{x^2 + 1}$ und erhalten die Abschätzung

$$|f(x) - 0| = \frac{1}{\sqrt{x^2 + 2} + \sqrt{x^2 + 1}} < \frac{1}{2x} < \varepsilon$$

für $x > N(\varepsilon) := \frac{1}{2\varepsilon}$.

b) Es gilt

$$\lim_{x \to \infty} x \sin \frac{1}{x} = \lim_{x \to 0} \frac{1}{x} \sin x = 1.$$

Der Grenzwert $\lim_{x \to 0} \frac{1}{x} \sin x = 1$ wurde im Lehrbuch im Abschn. 5.2 mithilfe des Strahlensatzes und des Einschließkriteriums berechnet. Um dies mithilfe des $\varepsilon - \delta$-Kriteriums zu verifizieren, ist ein wenig Kreativität erforderlich.

Sei also $0 < \varepsilon < 1$ vorgegeben, dann ist ein $\delta > 0$ derart zu finden, dass für alle $x \in [0, \delta]$ die Beziehung

$$\left| \frac{\sin x}{x} - 1 \right| \leq \varepsilon \Leftrightarrow -\varepsilon \leq \frac{\sin x}{x} - 1 \leq \varepsilon \Leftrightarrow (1 - \varepsilon)x \leq \sin x \leq (1 + \varepsilon)x$$

gilt. Nun wissen wir, dass für $0 \leq x \leq \frac{\pi}{2}$ die Ungleichung

$$x \cos x \leq \sin x \leq x$$

richtig ist. Damit reicht es, wenn $(1 - \varepsilon)x \leq x \cos x$, also

$$\cos x \geq 1 - \varepsilon \text{ für } x \in [0, \delta]$$

erfüllt ist. Für $x \in [0, 1) \subset [0, \frac{\pi}{2}]$ gilt

$$\cos x = \sqrt{1 - \sin^2 x} \overset{0 \leq \sin x \leq x}{\geq} \sqrt{1 - x^2}$$

$$= \frac{1 - x^2}{\sqrt{1 - x^2}} \overset{\sqrt{1 - x^2} < 1}{\geq} 1 - x^2$$

$$\geq 1 - \varepsilon \text{ falls } x \leq \sqrt{\varepsilon}.$$

Damit ist mit $\delta := \sqrt{\varepsilon}$ die gesuchte Größe gefunden.

Lösung 5.19

In beiden Teilaufgaben erweitern wir für $x \to \pm\infty$ mit $3^{\mp x}$.

a) Wir erhalten

$$\lim_{x \to +\infty} \frac{3^x - 3^{-x}}{3^x + 3^{-x}} = \lim_{x \to +\infty} \frac{1 - 3^{-2x}}{1 + 3^{-2x}} = 1.$$

b) Wir erhalten entsprechend

$$\lim_{x \to -\infty} \frac{3^x - 3^{-x}}{3^x + 3^{-x}} = \lim_{x \to +\infty} \frac{3^{2x} - 1}{3^{2x} + 1} = -1.$$

Lösung 5.20

In allen Teilaufgaben dividieren wir sowohl Zähler als auch Nenner durch die höchste vorkommende x-Potenz:

a) $\displaystyle \lim_{x \to +\infty} \frac{2x + 3}{4x - 5} = \lim_{x \to +\infty} \frac{2 + \frac{3}{x}}{4 - \frac{5}{x}} = \frac{1}{2}$,

b) $\displaystyle \lim_{x \to +\infty} \frac{x}{x^2 + 5} = \lim_{x \to +\infty} \frac{\frac{1}{x}}{1 + \frac{5}{x^2}} = 0$,

c) $\displaystyle \lim_{x \to +\infty} \frac{2x^2}{x - 3x^2} = \lim_{x \to +\infty} \frac{2}{\frac{1}{x} - 3} = -\frac{2}{3}$,

d) $\displaystyle \lim_{x \to +\infty} \frac{x^5 + 55x}{55x} = \lim_{x \to +\infty} \frac{1 + \frac{55}{x^4}}{\frac{55}{x^4}} = +\infty$.

Zusammenfassung Die Grenzwerte lassen sich wie folgt erklären: Ist der Grad des Zählerpolynoms kleiner als der Grad des Nennerpolynoms, ergibt sich als Grenzwert immer 0. Im umgekehrten Fall resultieren die uneigentlichen Grenzwerte $+\infty$ oder $-\infty$. Das Vorzeichen stimmt mit dem des führenden Koeffizienten (der vor der höchsten Potenz) überein. Sind beide Grade gleich, resultiert als Grenzwert der Quotient aus den beiden führenden Koeffizienten. Diese Sachverhalte sind, wie es in der Aufgabenstellung formuliert wurde, auf den ersten Blick zu erkennen.

Lösung 5.21

In beiden Teilaufgaben erweitern wir für $x \to \pm\infty$ mit $e^{\mp x}$.

a) Wir erhalten jeweils

$$\lim_{x \to +\infty} \frac{e^x - e^{-x}}{e^x + e^{-x}} = \lim_{x \to +\infty} \frac{1 - e^{-2x}}{1 + e^{-2x}} = 1,$$

$$\lim_{x \to -\infty} \frac{e^x - e^{-x}}{e^x + e^{-x}} = \lim_{x \to +\infty} \frac{e^{2x} - 1}{e^{2x} + 1} = -1.$$

b) Wir erhalten analog

$$\lim_{x \to +\infty} \frac{e^x + e^{-x}}{e^x - e^{-x}} = \lim_{x \to +\infty} \frac{1 + e^{-2x}}{1 - e^{-2x}} = 1,$$

$$\lim_{x \to -\infty} \frac{e^x + e^{-x}}{e^x - e^{-x}} = \lim_{x \to +\infty} \frac{e^{2x} + 1}{e^{2x} - 1} = -1.$$

Lösung 5.22

a) Wir verwenden die in Aufgabe 1.35 bewiesene Formel

$$a^{n+1} - b^{n+1} = (a - b) \sum_{k=0}^{n} a^k b^{n-k} \quad \forall\, n \in \mathbb{N}_0, \ a \neq b.$$

Wir setzen $n := 2$, $a := \sqrt[3]{x^3 + x^2}$ und $b := x$. Damit ergibt sich dann

$$x^2 = x^3 + x^2 - x^3 = \left(\sqrt[3]{x^3 + x^2} - x \right) \sum_{k=0}^{2} \left(\sqrt[3]{x^3 + x^2} \right)^k x^{2-k}.$$

Das bedeutet

$$\sqrt[3]{x^3 + x^2} - x = \frac{x^2}{\displaystyle\sum_{k=0}^{2} \left(\sqrt[3]{x^3 + x^2} \right)^k x^{2-k}}$$

$$= \frac{x^2}{\left(x^3 + x^2 \right)^{\frac{2}{3}} + x \left(x^3 + x^2 \right)^{\frac{1}{3}} + x^2}$$

$$= \frac{1}{\left(1 + \frac{1}{x} \right)^{\frac{2}{3}} + \left(1 + \frac{1}{x} \right)^{\frac{1}{3}} + 1}$$

$$\to \frac{1}{3} \ \text{für } x \to \infty.$$

Anmerkung Zugegeben, die Lösung dieser Aufgabe ist sehr trickreich. Deutlich einfacher wird die Lösung, wenn Sie die im späteren Abschn. 6.8 formulierte Regel von L'HOSPITAL anwenden. Der gegebene Ausdruck lässt sich umschreiben in die Form

$$\sqrt[3]{x^3 + x^2} - x = x \sqrt[3]{1 + \frac{1}{x}} - x = \frac{\sqrt[3]{1 + \frac{1}{x}} - 1}{\frac{1}{x}}.$$

Damit liegt eine Form vor, welche mit der besagten Regel bewältigt werden kann. Wenn Sie jetzt schon differenzieren können und die Regel von L'HOSPITAL kennen, versuchen Sie es.

b) Wir erweitern mit $\left(\sqrt{4+x}+\sqrt{x}\right)\sqrt{x}$ und erhalten

$$\begin{aligned}
\lim_{x\to+\infty}\left(\sqrt{4+x}-\sqrt{x}\right)\sqrt{x} &= \lim_{x\to+\infty}\frac{4x}{\left(\sqrt{4+x}+\sqrt{x}\right)\sqrt{x}} \\
&= \lim_{x\to+\infty}\frac{4x}{\sqrt{4x+x^2}+x} \\
&= \lim_{x\to+\infty}\frac{4}{\sqrt{\frac{4}{x}+1}+1} = 2.
\end{aligned}$$

Lösung 5.23

Hier geht es lediglich darum, die Beträge richtig aufzulösen.

a) Es gilt

$$\begin{aligned}
\lim_{x\to+\infty} f(x) &= \lim_{x\to+\infty}\frac{x^4}{(x^2-1)x} = \lim_{x\to+\infty}\frac{1}{\frac{1}{x}-\frac{1}{x^3}} = +\infty, \\
\lim_{x\to-\infty} f(x) &= \lim_{x\to-\infty}\frac{x^4}{(1-x^2)x} = \lim_{x\to-\infty}\frac{1}{\frac{1}{x^3}-\frac{1}{x}} = +\infty.
\end{aligned}$$

b) Für $|x| > 1$ gilt

$$\begin{aligned}
\lim_{x\to+\infty} f(x) &= \lim_{x\to+\infty}\left(x^2-1+x-1\right) = \lim_{x\to+\infty}\left(x^2+x-2\right) = +\infty, \\
\lim_{x\to-\infty} f(x) &= \lim_{x\to-\infty}\left(x^2-1-x-1\right) = \lim_{x\to-\infty}\left(x^2-x-2\right) = +\infty.
\end{aligned}$$

5.4   Stetigkeit von Funktionen einer reellen Veränderlichen

Aufgabe 5.24

Sei $f(x) = \sqrt{x}$ für $x \in [0, \infty)$ gegeben.

a) Zeigen Sie mithilfe der Grenzwertdefinition die Stetigkeit von f.

b) Zeigen Sie, dass $\lim_{x\to\infty} f\left(\dfrac{x-1}{x+1}\right) = 1$ gilt.

Aufgabe 5.25

Zeigen Sie mithilfe der Grenzwertdefinition

a) $f(x) = \sqrt{x^2+2} - \sqrt{x^2+1}$ ist stetig.

b) $\lim_{x\to\infty} f(x) = 0$.

c) $\lim_{h\to 0}(\sin(x+h) - \sin x) = 0$.

d) $g(x) = x\sin\frac{1}{x}$, $x \neq 0$, ist in $x = 0$ stetig ergänzbar.

e) Bestimmen Sie $\lim_{x\to\infty} g(x)$.

Aufgabe 5.26

Gegeben sei die Funktion

$$f(x) = \begin{cases} x^4 - 6x^2 + 9 & : \quad x < 1, \\ 4\sqrt{x} & : \quad x \geq 1. \end{cases}$$

Zeigen Sie, dass f auf ganz $\mathbb{R}$ stetig ist und berechnen Sie die Nullstellen von f.

Aufgabe 5.27

Sei $f : D \to \mathbb{R}, D = (\frac{1}{2}, \infty)$ gegeben durch

$$f(x) = \begin{cases} 5 + \tan(\pi x) & : \quad x \in (\frac{1}{2}, 1), \\ x^2 + 2x + 2 & : \quad x \in [1, 3), \\ \frac{17}{x} & : \quad x \in [3, \infty). \end{cases}$$

Für welche $x \in D$ ist f stetig?

Aufgabe 5.28

Überprüfen Sie die nachfolgenden Funktionen auf Stetigkeit:

a) $f : (0, \infty) \to \mathbb{R}, \quad f(x) = \sqrt{2}\, x^4 - 25 + \dfrac{2 + 3x - x^2}{2x^3} \cdot \sqrt{x}.$

b) $g : (-13, 11) \to \mathbb{R}, \quad g(x) = \begin{cases} x - 1 & : \quad x < 1, \\ \frac{3}{2}(x - 1) & : \quad x \in [1, 3], \\ \tan^2\left(\frac{\pi}{3}\right) & : \quad x > 3. \end{cases}$

Aufgabe 5.29

Es sei

$$f(x) = \begin{cases} -2 \sin x & : \quad x \leq -\frac{\pi}{2}, \\ a \sin x + b & : \quad |x| < \frac{\pi}{2}, \\ \cos x & : \quad x \geq \frac{\pi}{2}. \end{cases}$$

Bestimmen Sie $a, b \in \mathbb{R}$, sodass f stetig ist. Skizzieren Sie das Bild von f.

Aufgabe 5.30

Wie groß darf $\delta > 0$ gewählt werden, damit aus $|x - x_0| < \delta$ die Beziehung

$$|\sin x - \sin x_0| < \varepsilon$$

folgt? Ist es möglich, $\delta > 0$ unabhängig von x_0 zu wählen?

Aufgabe 5.31

Untersuchen Sie, ob die nachfolgenden Funktionen im Nullpunkt stetig fortsetzbar sind:

$$a)\ f(x) = \frac{x}{|x|}, \quad b)\ f(x) = \frac{x^2}{|x|}.$$

Aufgabe 5.32

Ist die Summe der Funktionen $f(x) + g(x)$ der Funktionen $f, g : \mathbb{R} \to \mathbb{R}$ im Punkt $x_0 \in \mathbb{R}$ notwendigerweise unstetig, falls

a) f stetig und g in x_0 unstetig ist,
b) beide Funktionen in x_0 unstetig sind?

Aufgabe 5.33

Ist $f : [0, \infty) \to \mathbb{R}$, $f(x) = x^{5/2}$ auf dem angegebenen Definitionsbereich LIPSCHITZ-stetig?

Lösungsvorschläge

Lösung 5.24

a) Sei $x_0 > 0$, dann gilt

$$|f(x) - f(x_0)| = |\sqrt{x} - \sqrt{x_0}| = \frac{|x - x_0|}{\sqrt{x} + \sqrt{x_0}} \leq \frac{|x - x_0|}{\sqrt{x_0}} < \varepsilon,$$

und somit ist für $|x - x_0| < \sqrt{x_0}\,\varepsilon =: \delta(x_0, \varepsilon)$ sichergestellt, dass $|f(x) - f(x_0)| < \varepsilon$. Damit ist die Stetigkeit für alle $x_0 > 0$ gezeigt. Für $x_0 = 0$ gilt obige Überlegung nicht, wir prüfen deshalb gesondert. Für $x > 0$ gilt

$$|f(x) - f(0)| = \sqrt{x} - 0 = \sqrt{x} < \varepsilon \text{ für } x - 0 < \varepsilon^2 = \delta(\varepsilon).$$

Damit ist f stetig.

Beachten Sie, dass bei $x_0 = 0$ nur $\lim\limits_{x \to x_0^+} f(x)$ betrachtet werden kann, daher auch nur $0 < x - 0 < \varepsilon^2$ und nicht $|x - 0| < \varepsilon^2$).

Anmerkung Für $x_0 > 0$ ist folgende Abschätzung sinnlos:

$$|f(x) - f(x_0)| = |\sqrt{x} - \sqrt{x_0}| = \frac{|x - x_0|}{\sqrt{x} + \sqrt{x_0}} < \varepsilon$$

für $|x - x_0| < \underbrace{(\sqrt{x} + \sqrt{x_0})\varepsilon}_{=:\delta(x_0,\varepsilon)}$. Dieses $\delta > 0$ hängt noch von x ab, was nicht sein darf.

b) Sei $x > 2$ und $\varepsilon > 0$ beliebig, dann gelten die Abschätzungen

$$\left| \sqrt{\frac{x-1}{x+1}} - 1 \right| = \frac{\sqrt{x+1} - \sqrt{x-1}}{\sqrt{x+1}} = \frac{2}{\sqrt{x+1}\left(\sqrt{x+1} + \sqrt{x-1}\right)}$$

$$< \frac{2}{\sqrt{x+0}\left(\sqrt{x+0} + \sqrt{x - \frac{x}{2}}\right)}$$

$$= \frac{2}{\sqrt{x}\left(\sqrt{x} + \sqrt{\frac{1}{2}}\sqrt{x}\right)} = \frac{2}{\left(1 + \sqrt{\frac{1}{2}}\right)} \frac{1}{x} < \varepsilon$$

für $x > \dfrac{2}{\left(1 + \sqrt{\frac{1}{2}}\right)\varepsilon}$.

Lösung 5.25

a) Es gilt die Ungleichungskette

$$|f(x) - f(x_0)| = \left| \sqrt{x^2 + 2} - \sqrt{x^2 + 1} + \sqrt{x_0^2 + 1} - \sqrt{x_0^2 + 2} \right|$$

$$\leq \frac{|x^2 - x_0^2|}{\sqrt{x^2 + 2} + \sqrt{x_0^2 + 2}} + \frac{|x_0^2 - x^2|}{\sqrt{x_0^2 + 1} + \sqrt{x^2 + 1}}$$

$$\leq 2 \frac{|x - x_0|(|x| + |x_0|)}{|x| + |x_0|} = 2|x - x_0| < \varepsilon$$

für $|x - x_0| < \delta(\varepsilon) = \frac{\varepsilon}{2}$. Also ist f stetig.

b) $|f(x) - 0| = \dfrac{1}{\sqrt{x^2 + 2} + \sqrt{x^2 + 1}} < \dfrac{1}{2|x|} < \varepsilon$ für $|x| > N(\varepsilon) = \frac{1}{2\varepsilon}$.

c) Es gelten die Abschätzungen

$$|\sin(x + h) - \sin x| = |\sin x \cos h + \cos x \sin h - \sin x|$$

$$\leq |\sin x||\cos h - 1| + |\cos x||\sin h|$$

$$< |\cos h - 1| + |\sin h| < |h| + |h| = 2|h| < \varepsilon$$

für $|h| < \frac{\varepsilon}{2}$.

d) $g(x) = x \sin \frac{1}{x}$ ist stetig für $x \neq 0$. Nun gilt

$$|g(x) - 0| = |x|\left| \sin \frac{1}{x} \right| < |x| < \varepsilon$$

für $|x - 0| < \varepsilon =: \delta(\varepsilon)$. Es gilt also $\lim_{x \to 0} g(x) = 0$ und somit ist g durch $g(0) := 0$ stetig ergänzbar. Die „neue" stetige Funktion lautet also

$$\tilde{g}(x) = \begin{cases} x \sin \frac{1}{x}, & x \neq 0, \\ 0, & x = 0. \end{cases}$$

e) Es gilt $\lim_{x \to \infty} x \sin \frac{1}{x} = \lim_{y \to 0} \frac{1}{y} \sin y = 1$.

Lösung 5.26

Die beiden Teiläste von f sind stetig. Weiter gilt $f(1) = 4\sqrt{1} = 4$. Da auch

$$\lim_{x \to 1-} f(x) = \lim_{x \to 1-} (x^4 - 6x^2 + 9) = 4$$

gilt, ist $f : \mathbb{R} \to \mathbb{R}$ stetig.

Schließlich ergibt sich mit $y := x^2$, dass

$$x^4 - 6x^2 + 9 = 0 \iff y^2 - 6y + 9 = 0.$$

Daraus ermitteln wir $y = 3$, also $x = \pm\sqrt{3}$. Da dieser Ast von f nur für $x < 1$ definiert ist, gilt insgesamt

$$f(x) = 0 \iff x = -\sqrt{3}.$$

Lösung 5.27

Die vorgelegte Funktion ist in $x = 3$ unstetig, da

$$\lim_{x \to 3-} (x^2 + 2x + 2) = 17 \neq \frac{17}{3} = \frac{17}{x}\Big|_{x=3}.$$

An der Nahtstelle $x = 1$ ist f stetig, da

$$\lim_{x \to 1-} (5 + \tan(\pi x)) = 5 = (x^2 + 2x + 2)_{|x=1}.$$

Insgesamt ist f stetig in $D \setminus \{3\}$, da Summen, Produkte und Quotienten stetiger Funktionen wieder stetig sind.

Lösung 5.28

a) Die Funktion f ist stetig auf ihrem Definitionsbereich, da Summen, Produkte und Quotienten stetiger Funktionen wieder stetig sind.

b) Bei dieser zusammengesetzten Funktion betrachten wir an den Schnittstellen $x = 1$ und $x = 3$ die Grenzwerte bzw. die Funktionswerte. Es gilt

$$\lim_{x \to 1-} (x - 1) = 0 = \frac{3}{2}(x - 1)_{|x=1},$$

$$\frac{3}{2}(x - 1)_{|x=3} = 3 = \lim_{x \to 3+} \tan^2\left(\frac{\pi}{3}\right) = \tan^2\left(\frac{\pi}{3}\right).$$

Da $\tan x = \frac{\sin x}{\cos x}$, $\sin \frac{\pi}{3} = \frac{1}{2}\sqrt{3}$ und $\cos \frac{\pi}{3} = \frac{1}{2}$, ist obiger Funktionswert erklärt. Demnach stimmen Grenzwerte und Funktionswerte an den Schnittstellen überein, also ist g stetig.

Lösung 5.29

Wir berechnen an den beiden Schnittstellen $x = -\frac{\pi}{2}$ und $x = \frac{\pi}{2}$ die Grenzwerte. Diese lauten

$$-\lim_{x \to -\frac{\pi}{2}-} 2\sin x \;=\; 2 \;\overset{!}{=}\; -a + b \;=\; \lim_{x \to -\frac{\pi}{2}+} (a\sin x + b),$$

$$\lim_{x \to \frac{\pi}{2}-} (a\sin x + b) \;=\; a + b \;\overset{!}{=}\; 0 \;=\; \lim_{x \to \frac{\pi}{2}+} \cos x.$$

Aus dem linearen Gleichungssystem

$$-a + b = 2,$$
$$a + b = 0$$

resultieren die Werte $a = -1$ und $b = 1$. Die konkrete Funktion ist damit

$$f(x) = \begin{cases} -2\sin x & : \quad x \leq -\frac{\pi}{2}, \\ 1 - \sin x & : \quad |x| < \frac{\pi}{2}, \\ \cos x & : \quad x \geq \frac{\pi}{2}. \end{cases}$$

Lösung 5.30

Es gilt die folgende Ungleichungskette:

$$|\sin x - \sin x_0| = 2\left|\sin \frac{x - x_0}{2}\right|\left|\cos \frac{x - x_0}{2}\right|$$

$$\leq 2\left|\sin \frac{x - x_0}{2}\right| \leq |x - x_0| < \varepsilon =: \delta,$$

wobei $\delta > 0$ nicht von x_0 abhängt. In der ersten Ungleichung wurde $|\cos z| \leq 1$ verwendet, in der zweiten $|\sin z| \leq |z|$.

Lösung 5.31

Um die vorgegebenen Funktionen im Nullpunkt auf Stetigkeit zu untersuchen, betrachten wir jeweils die rechts- und linksseitigen Grenzwerte.

a) Es gilt

$$\lim_{x \to 0+} \frac{x}{|x|} = \lim_{x \to 0+} 1 = 1,$$

$$\lim_{x \to 0-} \frac{x}{|x|} = \lim_{x \to 0-} (-1) = -1.$$

Damit ist f im Nullpunkt nicht stetig fortsetzbar.

b) Es gilt

$$\lim_{x \to 0+} \frac{x^2}{|x|} = \lim_{x \to 0+} x = 0,$$

$$\lim_{x \to 0-} \frac{x}{|x|} = \lim_{x \to 0-} (-x) = 0.$$

Damit ist f im Nullpunkt stetig fortsetzbar.

Lösung 5.32

a) Unstetigkeit von g im Punkt $x_0 \in \mathbb{R}$ heißt, dass ein $\varepsilon^* > 0$ derart existiert, dass für alle $\delta > 0$ die Implikation

$$|x - x_0| < \delta \implies |g(x) - g(x_0)| \geq \varepsilon^*$$

gilt. Wir setzen nun $\varepsilon := \varepsilon^*/2$ in der Stetigkeitsdefinition von f und bekommen damit ein $\delta^* := \delta\left(\frac{\varepsilon^*}{2}, x_0\right)$, sodass die Implikation

$$|x - x_0| < \delta^* \implies |f(x) - f(x_0)| < \frac{\varepsilon^*}{2}$$

gilt. Aus der umgekehrten Dreiecksungleichung resultiert

$$|f(x) + g(x) - (f(x_0) + g(x_0))| = |f(x) - f(x_0) + g(x) - g(x_0)|$$
$$\geq \big||f(x) - f(x_0)| - |g(x) - g(x_0)|\big|$$
$$\geq \varepsilon^* - \frac{\varepsilon^*}{2} = \frac{\varepsilon^*}{2}.$$

Damit ist $f + g$ nicht stetig.

b) Die Summe ist in diesem Fall nicht unbedingt unstetig. Sei beispielsweise f eine Funktion, die in $x_0 \in \mathbb{R}$ unstetig ist, dann ist auch $g(x) = -f(x)$ in diesem Punkt unstetig. Dagegen ist die Summe $f(x) + g(x) \equiv 0$ für alle $x \in \mathbb{R}$ und damit überall stetig.

Lösung 5.33

Die gegebene Funktion ist auf $D_f := [0, \infty)$ nicht *gleichmäßig* LIPSCHITZ-stetig, d. h., es existiert *kein* $L > 0$ mit der Eigenschaft

$$|f(x) - f(x_0)| \leq L|x - x_0| \text{ für alle } x, x_0 \in D_f.$$

Die Funktion f ist jedoch *lokal* LIPSCHITZ-stetig, d. h., für jedes beschränkte Intervall $[0, M] \subset [0, \infty)$, $M < \infty$, existiert eine LIPSCHITZ-Konstante $L = L(x_0, M) > 0$. Wir betrachten also für jedes $0 < M < \infty$ die Abbildung

$$f : [0, M] \subset D_f \to \mathbb{R}, \quad f(x) = x^{5/2}.$$

Es gilt zunächst

$$x^{5/2} - x_0^{5/2} = x_0^{5/2}\left(\left(\frac{x}{x_0}\right)^{5/2} - 1\right).$$

Wir setzen $z := \frac{x}{x_0}$ und suchen zuerst eine Konstante $K = K(x_0, M) > 0$ den Eigenschaften

$$z^{5/2} - 1 \leq K(x_0, M)(z - 1) \quad \text{für} \quad 1 \leq z \leq \frac{M}{x_0}$$

$$1 - z^{5/2} \leq K(x_0, M)(1 - z) \quad \text{für} \quad 0 \leq z \leq 1.$$

Für $1 \leq z \leq \frac{M}{x_0}$ gilt die Abschätzung

$$z^{5/2} - 1 \leq z^4 - 1 = (z^2 - 1)(z^2 + 1) = (z - 1)(z + 1)(z^2 + 1)$$

$$\leq \left(\frac{M}{x_0} + 1\right)\left(\left(\frac{M}{x_0}\right)^2 + 1\right)(z - 1) =: K(x_0, M)(z - 1).$$

Für $0 \leq z \leq 1$ gilt die Abschätzung

$$1 - z^{5/2} \leq 1 - z^4 = (1 - z^2)(1 + z^2) = (1 - z)(1 + z)(1 + z^2)$$

$$\leq 4(1 - z) \leq K(x_0, M)(1 - z).$$

Insgesamt ergibt sich damit durch die Anwendung des Betrages

$$\left|x^{5/2} - x_0^{5/2}\right| \leq x_0^{5/2}K(x_0, M)|z - 1| = x_0^{3/2}K(x_0, M)|x - x_0|$$

$$=: L(x_0, M)|x - x_0|.$$

Anmerkung Die so ermittelte LIPSCHITZ-Konstante $L = L(x_0, M)$ ist nicht optimal, was auf die grobe Abschätzung $z^{5/2} - 1 \leq z^4 - 1$ zurückzuführen ist. Eine feinere Abschätzung der Form $z^{5/2} - 1 \leq z^{5/2 + \varepsilon} - 1$, $\varepsilon > 0$ klein, würde die Rechnung jedoch erheblich erschweren bzw. unmöglich machen. Mit dem in Abschn. 6.7 des Lehrbuchs besprochenen „Mittelwertsatz der Differentialrechnung" wird gezeigt, wie Sie einen optimalen Wert für die LIPSCHITZ-Konstante ermitteln können.

Anmerkung Betrachten wir dagegen auf $D_f := [0, \infty)$ die Funktion $f(x) = x^{2/5}$, dann ist diese bei $x_0 = 0$ nicht LIPSCHITZ-stetig, denn es gilt

$$\frac{|f(x) - f(0)|}{|x - 0|} = \frac{x^{2/5}}{x} = \frac{1}{x^{3/5}} \to \infty \text{ für } x \to 0.$$

Damit existiert keine Konstante $0 < L < \infty$ mit $x^{2/5}/x \le L$ für kleiner werdende $x > 0$. Dies gilt allgemein für $f(x) = x^{\alpha}$ mit $0 < \alpha < 1$.

5.5   Eigenschaften stetiger Funktionen

Aufgabe 5.34

Die Funktion f besitze in einer Umgebung des Punktes $x_0 \in \mathbb{R}$ folgende Eigenschaft:

Für eine beliebige, hinreichend kleine Zahl $\delta > 0$ existiert eine Zahl $\varepsilon = \varepsilon(\delta, x_0) > 0$ derart, dass sich aus $|x - x_0| < \delta$ die Beziehung $|f(x) - f(x_0)| < \varepsilon$ ergibt.

a) Ist f in x_0 stetig?
b) Welche Eigenschaft von f wird beschrieben?

Aufgabe 5.35

Sei $f : \mathbb{R} \to \mathbb{R}$. Darf aus der Existenz des Grenzwertes $\lim\limits_{h \to 0} \frac{f(x_0+h)-f(x_0)}{h}$ die Stetigkeit in $x_0 \in \mathbb{R}$ gefolgert werden? Was lässt sich über die umgekehrte Implikation aussagen?

Aufgabe 5.36

Sei $f : \mathbb{R} \to \mathbb{R}$. Darf aus $\lim\limits_{h \to 0}[f(x+h) - f(x-h)] = 0$ für alle $x \in \mathbb{R}$ die Stetigkeit auf ganz $\mathbb{R}$ gefolgert werden?

Aufgabe 5.37

Sei $f : [a, b] \to [a, b]$ eine stetige Funktion. Zeigen Sie, dass es dann ein $\xi \in [a, b]$ mit der Eigenschaft $\xi = f(\xi)$ gibt.

Aufgabe 5.38

Die Funktion $f : [0, 1] \to \mathbb{R}$ sei stetig mit der Eigenschaft $f(0) = f(1)$. Zeigen Sie, dass dann ein $\xi \in [0, \frac{1}{2}]$ mit $f(\xi) = f(\xi + \frac{1}{2})$ existiert.

Aufgabe 5.39

Gegeben sei das Polynom $P(x) = x^5 + 2x^3 - x^2 - 2$ auf dem abgeschlossenen Intervall $I = [-2, 2]$.

a) a. Ist P auf I stetig?
   b. Ist P auf I beschränkt?

    c. Hat P auf I ein Minimum bzw. ein Maximum?

b) Berechnen Sie zur Wiederholung $P(-2)$ und $P(2)$ mit dem HORNER-Schema.

c) a. Zeigen Sie, dass P in I mindestens eine Nullstelle hat.

    b. Begründen Sie, dass die Gleichung $P(x) = -1$ mindestens eine Lösung $x_0 \in [0, 2]$ hat.

Aufgabe 5.40

Zeigen Sie, dass $f(x) = \sqrt{x}$ auf dem Intervall $I = [0, \infty)$ gleichmäßig stetig ist.

Aufgabe 5.41

Sei $n \in \mathbb{N}$ mit $n \geq 2$. Zeigen Sie, dass die Funktion $f(x) = \sqrt[n]{x}$ gleichmäßig stetig, jedoch nicht LIPSCHITZ-stetig ist.

Aufgabe 5.42

Eine Schnecke kriecht eine Strecke von $S > 0$ Metern in einer Zeit von $T > 0$ Stunden. Zeigen Sie, dass es für jede natürliche Zahl n einen zusammenhängenden Zeitabschnitt von T/n Stunden gibt, in welchem die Schnecke genau S/n Meter zurücklegt. Zeigen Sie durch ein Gegenbeispiel, dass diese Behauptung für gebrochene Zahlen n i. Allg. falsch ist.

Lösungsvorschläge

Lösung 5.34

Aus den in der Aufgabenstellung beschriebenen Eigenschaften resultiert:

a) Eine solche Funktion ist nicht stetig, was die Funktion $f : \mathbb{R} \to \mathbb{R}$, gegeben durch

$$f(x) = \begin{cases} 1 & : \quad x = 0, \\ 0 & : \quad x \neq 0 \end{cases}$$

belegt. Denn in $x_0 = 0$ gilt immer

$$|f(x) - f(x_0)| \leq 1.$$

b) Die vorgelegte Eigenschaft besagt, dass f in einer δ-Umgebung von $x_0 \in \mathbb{R}$ beschränkt ist, denn

$$f(x_0) - \varepsilon < f(x) < f(x_0) + \varepsilon.$$

Vorschlag Diese Aufgabe legt nahe, die ε-δ-Definition der Stetigkeit nochmals genau zu studieren, um den Unterschied in der Sprechweise „für alle $\varepsilon > 0$ existiert ein $\delta > 0 \cdots$" zu erkennen.

Lösung 5.35

Ja, daraus darf die Stetigkeit in $x_0 \in \mathbb{R}$ gefolgert werden. Denn aus der Stetigkeit resultiert die Beziehung

$$\lim_{h \to 0}(f(x_0 + h) - f(x_0)) = \lim_{h \to 0}\frac{f(x_0 + h) - f(x_0)}{h}\, h$$

$$= \underbrace{\lim_{h \to 0}\frac{f(x_0 + h) - f(x_0)}{h}}_{=:\, \xi_0}\, \lim_{h \to 0} h = \xi_0 \cdot 0 = 0.$$

Die Umkehrung gilt nicht, denn die auf ganz $\mathbb{R}$ stetige Funktion $f(x) = |x|$ hat in $x_0 = 0$ keinen derartigen Grenzwert. Es gilt

$$\lim_{h \to 0+}\frac{f(h) - f(0)}{h} = \lim_{h \to 0}\frac{|h|}{h} = \lim_{h \to 0}\frac{h}{h} = +1,$$

$$\lim_{h \to 0-}\frac{f(h) - f(0)}{h} = \lim_{h \to 0}\frac{|h|}{h} = -\lim_{h \to 0}\frac{|h|}{|h|} = -1.$$

Rechts- und linksseitige Grenzwerte sind also verschieden, womit insgesamt gesehen kein Grenzwert existiert.

Anmerkung Sie haben sicherlich bemerkt, dass es sich beim gegebenen Grenzwert um den Differenzenquotienten handelt. In Kap. 6 werden Sie erfahren, dass im Falle der Existenz dieses Grenzwertes eine Funktion im Punkt $x_0 \in D_f$ differenzierbar ist. Der Inhalt dieser Aufgabe lautet dann, dass eine differenzierbare Funktion stetig ist, das Umgekehrte jedoch nicht gilt.

Lösung 5.36

Nein, Sie dürfen nicht die Stetigkeit aus der vorgegebenen Eigenschaft folgern. Die unstetige Funktion $f : \mathbb{R} \to \mathbb{R}$, gegeben durch

$$f(x) = \begin{cases} 1 & : \quad x \neq 0, \\ 0 & : \quad x = 0 \end{cases}$$

erfüllt diese Eigenschaft, denn

$$\lim_{h \to 0}[f(x + h) - f(x - h)] = 1 - 1 = 0 \text{ für alle } x \in \mathbb{R}.$$

Lösung 5.37

Wir setzen $g(x) := f(x) - x$, dann ist auch $g : [a, b] \to \mathbb{R}$ stetig und erfüllt wegen $f : [a, b] \to [a, b]$ folgende Eigenschaften:

(i) $g(a) = f(a) - a \geq 0$, da $f(a) \geq a$, und im Falle $g(a) = 0$ gilt $f(a) = a$, also $\xi = a$.
(ii) $g(b) = f(b) - b \leq 0$, da $f(b) \leq b$, und im Falle $g(b) = 0$ gilt $f(b) = b$, also $\xi = b$.

Sollte der Fall $g(a) > 0$ und $g(b) < 0$ vorliegen, dann sind die Voraussetzungen des Nullstellensatzes von BOLZANO erfüllt. Damit existiert ein $\xi \in [a, b]$ mit $g(\xi) = 0$, also $f(\xi) = \xi$.

Anmerkung Bei einem offenen Intervall $(a, b) \subset \mathbb{R}$ gilt die eben bewiesene Eigenschaft nicht unbedingt. Wählen Sie auf $(a, b) := (0, 1)$ die stetige Funktion $f(x) = x^2$.

Lösung 5.38
Sei $\xi \in [0, \frac{1}{2}]$. Wir setzen

$$g(\xi) := f(\xi) - f(\xi + \tfrac{1}{2}).$$

Die Funktion g ist stetig, weil f stetig ist.
   Weiter ist

$$g(0) = f(0) - f\left(\tfrac{1}{2}\right),$$
$$g\left(\tfrac{1}{2}\right) = f\left(\tfrac{1}{2}\right) - f(1) = -g(0),$$

da $f(0) = f(1)$. Nun tritt der Nullstellensatz von BOLZANO in Kraft, denn aus

$$g(0) \cdot g\left(\tfrac{1}{2}\right) < 0$$

resultiert:
   Es existiert ein $\xi \in [0, \frac{1}{2}]$ derart, dass $g(\xi) = 0$. Das ist gleichbedeutend mit der Aussage, dass

$$f(\xi) = f\left(\xi + \tfrac{1}{2}\right).$$

Lösung 5.39

a) a. P ist stetig auf I, da Summen und Produkte stetiger Funktionen wieder stetig sind.
   b. P ist auf I beschränkt, denn stetige Funktionen sind auf abgeschlossenen Intervallen stets beschränkt.
   c. P nimmt nach dem Extremalsatz auf I ein Minimum bzw. ein Maximum an.
b) Die Anwendung des HORNER-Schemas für $x = 2$ liefert 11.3

	1	0	2	-1	0	-2
+		2	4	12	22	44
	2	6	11	22	$\boxed{42}$,

also ist $P(2) = 42$. Für $x = -2$ ergibt sich

	1	0	2	-1	0	-2
+		-2	4	-12	26	-52
	-2	6	-13	26	$\boxed{-54}$,

also ist $P(-2) = -54$.

c) a. Da $P(-2) < 0$ und $P(2) > 0$, folgt nach dem Nullstellensatz von BOLZANO die Existenz von mindestens einer Nullstelle.

b. Da $P(0) = -2$ und $P(2) = 42$, folgt nach dem Zwischenwertsatz von BOLZANO, dass auf dem Intervall $[0, 2]$ jeder Wert zwischen -2 und 42 mindestens einmal angenommen wird. Also existiert ein $x_0 \in [0, 2]$ mit $P(x_0) = -1$.

Lösung 5.40

Wir zeigen zunächst die Gültigkeit der Ungleichung

$$|\sqrt{x} - \sqrt{y}| \leq \sqrt{|x - y|} \text{ für alle } x, y \in [0, \infty).$$

Wir quadrieren obige Ungleichung auf beiden Seiten und erhalten

$$x + y \leq |x - y| + 2\sqrt{xy}.$$

Dass diese Ungleichung richtig ist, ergibt sich aus der Fallunterscheidung

$$x \geq y: x + y \leq |x - y| + 2\sqrt{xy} \iff y \leq \sqrt{xy} \leq \sqrt{x^2} = |x| = x.$$
$$x \leq y: x + y \leq |x - y| + 2\sqrt{xy} \iff x \leq \sqrt{xy} \leq \sqrt{y^2} = |y| = y.$$

Damit ist der Rest ziemlich einfach. Es gilt

$$|f(x) - f(y)| = |\sqrt{x} - \sqrt{y}| \leq \sqrt{|x - y|} < \varepsilon.$$

Die von $x, y \in [0, \infty)$ unabhängige Wahl $\delta = \delta(\varepsilon) := \varepsilon^2$ für jedes $\varepsilon > 0$ bestätigt die gleichmäßige Stetigkeit.

Anmerkung Die obige Fallunterscheidung hat gezeigt, dass die Rollen von x und y lediglich vertauscht wurden und wir auf diese Unterscheidung auch hätten verzichten können. Stattdessen genügt es, die gleichmäßige Stetigkeit unter der Annahme $x \geq y$ durchzuführen. Sei also $\varepsilon > 0$ vorgegeben und $x \geq y$, dann gilt

$$|\sqrt{x} - \sqrt{y}| = \frac{x - y}{\sqrt{x} + \sqrt{y}} = \underbrace{\frac{\sqrt{x - y}}{\sqrt{x} + \sqrt{y}}}_{\leq 1} \sqrt{x - y} \leq \sqrt{x - y} < \varepsilon.$$

Mit $\delta = \delta(\varepsilon) := \varepsilon^2$ haben wir wiederum die gesuchte Größe gefunden.

Lösung 5.41

Wir verwenden die binomische Formel in der Form

$$\left(x^{\frac{1}{n}} + y^{\frac{1}{n}}\right)^m = \sum_{k=0}^{m} x^{\frac{m-k}{n}} y^{\frac{k}{n}}.$$

Entsprechend der Anmerkung aus der vorherigen Aufgabe seien $0 \leq y \leq x$ und $\varepsilon > 0$ vorgegeben. Es gilt die Ungleichung

$$x^{\frac{1}{n}} - y^{\frac{1}{n}} \leq (x-y)^{\frac{1}{n}},$$

denn

$$\left| x^{\frac{1}{n}} - y^{\frac{1}{n}} \right| = x^{\frac{1}{n}} - y^{\frac{1}{n}} = \frac{\left(x^{\frac{1}{n}} - y^{\frac{1}{n}} \right) \sum_{k=0}^{n-1} x^{\frac{n-1-k}{n}} y^{\frac{k}{n}}}{\sum_{k=0}^{n-1} x^{\frac{n-1-k}{n}} y^{\frac{k}{n}}}$$

$$= \frac{\left(x^{\frac{1}{n}} - y^{\frac{1}{n}} \right) \left(x^{\frac{n-1}{n}} + x^{\frac{n-2}{n}} y + \cdots + xy^{\frac{n-2}{n}} + y^{\frac{n-1}{n}} \right)}{\left(x^{\frac{n-1}{n}} + x^{\frac{n-2}{n}} y + \cdots + xy^{\frac{n-2}{n}} + y^{\frac{n-1}{n}} \right)}$$

$$= \frac{x-y}{\left(x^{\frac{n-1}{n}} + x^{\frac{n-2}{n}} y + \cdots + xy^{\frac{n-2}{n}} + y^{\frac{n-1}{n}} \right)}$$

$$\leq \frac{x-y}{x^{\frac{n-1}{n}}} \leq \frac{x-y}{(x-y)^{\frac{n-1}{n}}} = (x-y)^{\frac{1}{n}}.$$

Die beiden obigen Ungleichungen gelten, weil wir jeweils durch „weniger" teilen als in den Ausdrücken davor.

Der Rest ist einfach. Sei also $\varepsilon > 0$ vorgegeben, dann ist

$$x^{\frac{1}{n}} - y^{\frac{1}{n}} \leq (x-y)^{\frac{1}{n}} \overset{!}{<} \varepsilon$$

richtig für $x - y < \varepsilon^n =: \delta$, womit wir die gesuchte, von x und y unabhängige Größe $\delta > 0$ gefunden haben.

Vorschlag Führen Sie die Rechnung mit $n = 2$ nochmals durch und vergleichen Sie diesen Ansatz mit dem aus der Anmerkung der vorherigen Aufgabe. Eine hervorragende Übung ist es auch, das Produkt

$$\left(x^{\frac{1}{n}} - y^{\frac{1}{n}} \right) \sum_{k=0}^{n-1} x^{\frac{n-1-k}{n}} y^{\frac{k}{n}}$$

für $n = 3, 4$ nochmals explizit auszurechnen.

Anmerkung Wurzelfunktionen sind in $x = 0$ nicht LIPSCHITZ-stetig, denn

$$\frac{|f(x) - f(0)|}{|x - 0|} = \frac{x^{\frac{1}{n}}}{x} = \frac{1}{x^{\frac{n-1}{n}}} \to \infty,$$

für $x \to 0$.

Anschaulich gesprochen bedeutet dies, dass Wurzelfunktionen in der 0 eine unendliche Steigung haben, der Grenzwert

$$\lim_{x \to 0} \frac{|f(x) - f(0)|}{|x - 0|}$$

also nicht existiert.

Lösung 5.42

Hier findet der Nullstellensatz von BOLZANO Anwendung. Sei dazu $x = x(t)$ die zurückgelegte Strecke in der Zeit $0 \le t \le T$, also $x(0) = 0$ und $x(T) = S$. Da ja die Schnecke die Gesamtstrecke lückenlos hinter sich bringt, ist x für $t \in [0, T]$ stetig. Das bedeutet, dass auch

$$f(t) := \left(x\left(t + \tfrac{T}{n}\right) - x(t) \right) - \tfrac{S}{n}$$

für $t \in \left[0, \left(1 - \tfrac{1}{n}\right) T \right]$ stetig ist.

1. Im Falle $f(0) = 0$ ergibt sich $x(\tfrac{T}{n}) = \tfrac{S}{n}$, und die Behauptung ist schon gezeigt.
2. Im Falle $f(0) \ne 0$ benutzen wir die Teleskopsumme der Form

$$\sum_{k=0}^{n-1} f\left(\tfrac{kT}{n}\right) = \sum_{k=0}^{n-1} \left(x\left(\tfrac{(k+1)T}{n}\right) - x\left(\tfrac{kT}{n}\right) - \tfrac{S}{n} \right) = x(T) - x(0) - S = 0.$$

Die Beziehung $\sum_{k=0}^{n-1} f\left(\tfrac{kT}{n}\right) = 0$ kann nur dann gelten, wenn nicht alle Summanden dasselbe Vorzeichen haben, wenn also beispielsweise für zwei aufeinanderfolgende Summanden

$$f\left(\tfrac{k_0 T}{n}\right) \cdot f\left(\tfrac{(k_0+1)T}{n}\right) \le 0$$

für ein $k_0 \in [0, n-1]$ gilt.

Ist $f\left(\tfrac{k_0 T}{n}\right) \cdot f\left(\tfrac{(k_0+1)T}{n}\right) = 0$, dann verschwindet einer der Faktoren, beispielsweise

$$f\left(\tfrac{k_0 T}{n}\right) = 0,$$

und daraus ergibt sich

$$x\left(\tfrac{k_0 T}{n} + \tfrac{T}{n}\right) - x\left(\tfrac{k_0 T}{n}\right) = \tfrac{S}{n},$$

womit wir das Gewünschte erhalten.

Ist $f\left(\frac{k_0 T}{n}\right) \cdot f\left(\frac{(k_0+1)T}{n}\right) < 0$, dann existiert nach dem Nullstellensatz von BOLZANO ein $t_0 \in (k_0 T/n, (k_0+1)T/n)$ mit $f(t_0) = 0$. Auch daraus resultiert das Gewünschte:

$$x\left(t_0 + \frac{T}{n}\right) - x(t_0) = \frac{S}{n}.$$

Wir kommen zum Gegenbeispiel und setzen $n = 3/2$. Die Schnecke krieche $T/3$ der Zeit mit konstanter Geschwindigkeit die halbe Strecke, und im letzten $T/3$ der Zeit bewältigt sie den Rest der Strecke mit konstanter Geschwindigkeit. Damit legt sie in jedem Zeitintervall der Länge $2T/3$ eine Strecke von genau $S/2$ zurück und niemals eine Länge von $2S/3$.

5.6 Monotone Funktionen, Umkehrfunktionen

Aufgabe 5.43
Untersuchen Sie die Funktionen

$$\begin{array}{llll} f_1 & : & \mathbb{R} \to \mathbb{R}, \ x \mapsto 3x + 29, & f_2 \ : \ [0, \infty) \to \mathbb{R}, \ x \mapsto 3x + 29, \\ f_3 & : & \mathbb{Z} \to \mathbb{Z}, \ x \mapsto x^2, & f_4 \ : \ \mathbb{Z} \to \mathbb{N}_0, \ x \mapsto x^2 \end{array}$$

auf Surjektivität, Injektivität und Bijektivität. Formulieren Sie im Falle der Existenz auch die Umkehrfunktionen.

Aufgabe 5.44
Sei $f : A \to B$ gegeben durch $f(x) = \sin x$, $A, B \subseteq \mathbb{R}$. Wählen Sie die Mengen A und B derart, dass

a) f injektiv und nicht surjektiv,
b) f surjektiv und nicht injektiv,
c) f bijektiv ist.

Aufgabe 5.45
Seien $f : \mathbb{R} \to \mathbb{R}$ und $g : \mathbb{R} \to \mathbb{R}$ monoton wachsende Abbildungen und $h : \mathbb{R} \to \mathbb{R}$ eine monoton fallende Abbildung. Welches Monotonieverhalten haben die Funktionen

$$f \circ g, \ g \circ h \quad \text{und} \quad f \circ g \circ h?$$

Aufgabe 5.46
Wir betrachten die sog. *gebrochen lineare* Funktion

$$f(x) = \frac{ax+b}{cx+d}, \quad a, b, c, d \in \mathbb{R} \quad \text{mit} \quad ad - cd \neq 0.$$

a) Bestimmen Sie den Definitionsbereich $D \subset \mathbb{R}$ und den Wertebereich $W \subset \mathbb{R}$.
b) Zeigen Sie, dass f auf D eine Umkehrfunktion f^{-1} besitzt.
c) Zeigen Sie, dass f^{-1} ebenfalls eine gebrochen lineare Funktion ist.
d) Unter welchen Bedingungen stimmen f und f^{-1} überein?

Aufgabe 5.47

Sei $f : (0, \infty) \to \mathbb{R}$ gegeben durch $f(x) = x + \frac{1}{x}$.

a) Bestimmen Sie ein größtmögliches $a > 0$ derart, dass f auf $(0, a]$ invertierbar ist.

b) Geben Sie die Inverse f^{-1} an.

c) Ist f auf $[a, \infty)$ ebenfalls invertierbar? Falls ja, geben Sie auch hierfür die Inverse an.

Lösungsvorschläge

Lösung 5.43

Die Funktion f_1 ist *injektiv*, da für zwei beliebige $x_1, x_2 \in \mathbb{R}$ aus $f_1(x_1) = f(x_2)$, d. h., $3x_1 + 29 = 3x_2 + 29$, stets $x_1 = x_2$ folgt. Zudem ist diese Funktion *surjektiv*, da für beliebiges $y \in \mathbb{R}$ auch die Zahlen $(y - 29)/3 \in \mathbb{R}$ und $f_1\left(\frac{y-29}{3}\right) = y$ gelten. Damit ist f_1 *bijektiv*, und die Umkehrfunktion lautet

$$f_1^{-1} : \mathbb{R} \to \mathbb{R}, \quad y \to \frac{y - 29}{3} \qquad \text{bzw.} \qquad f_1^{-1}(x) = \frac{x - 29}{3}.$$

Die Funktion f_2 ist *injektiv* nach exakt derselben Argumentation wie für f_1. Dagegen ist sie *nicht surjektiv*, da die Funktion nur strikt positive Werte annimmt und der vorgegebene Wertebereich deswegen nicht ausgeschöpft wird. Damit ist f_2 *nicht bijektiv* und folglich auch nicht invertierbar. Invertierbarkeit läge vor, falls

$$f_2 : [0, \infty) \to [29, \infty)$$

vorgegeben wäre.

Die Funktion f_3 ist *nicht injektiv*, da beispielsweise für $-1, 1 \in \mathbb{Z}$ derselbe Funktionswert $f_3(-1) = 1 = f_3(1)$ angenommen wird. Sie ist auch *nicht surjektiv*, da kein $x \in \mathbb{Z}$ existiert, sodass $f(x) < 0$ gilt. Damit ist f_2 *nicht bijektiv* und folglich auch nicht invertierbar.

Die Funktion f_4 ist *injektiv* nach exakt derselben Argumentation wie für f_3. Sie ist auch *nicht surjektiv*, da kein $x \in \mathbb{Z}$ existiert, sodass beispielsweise $f_4(x) = 2$, da $x = \sqrt{2} \neq \mathbb{Z}$ gilt. Damit ist f_2 *nicht bijektiv* und folglich auch nicht invertierbar.

Anmerkung Bei Betrachtungen der obigen Art kommt es entscheidend auf die Vorgabe von Definitions- und Wertebereich einer Funktion an. Eine Änderung dieser Bereiche verändert auch die o. g. Eigenschaften einer vorgelegten Funktion.

Lösung 5.44

a) Seien $A := \left[-\frac{\pi}{2}, \frac{\pi}{2}\right]$ und $B := \mathbb{R}$, dann ist f *injektiv*, da f streng monoton wachsend und stetig ist. Die Funktion ist aber *nicht surjektiv*, da $|\sin x| \leq 1$ für alle $x \in \mathbb{R}$ gilt und somit der vorgegebene Wertebereich nicht ausgeschöpft wird.

b) Sei $A := \mathbb{R}$ und $B := [-1,1]$, dann ist f *nicht injektiv*, da beispielsweise für $0 \in A$ und $\pi \in A$ derselbe Funktionswert $f(0) = 0 = f(\pi)$ angenommen wird. Die Funktion ist *surjektiv*, da $|\sin x| \leq 1$ für alle $x \in \mathbb{R}$ gilt, der komplette Wertebereich also angenommen wird.

c) Sei $A := \left[-\frac{\pi}{2}, \frac{\pi}{2}\right]$ und $B := [-1,1]$. Bei diesen Vorgaben ist f *bijektiv*, da f streng monoton wachsend und stetig, also *injektiv* ist, und *surjektiv*, da $|\sin x| \leq 1$ für alle $x \in \mathbb{R}$ gilt, der komplette Wertebereich somit ausgeschöpft wird.

Lösung 5.45

Sei $x > y$, dann gilt nach Voraussetzung $g(x) \geq g(y)$. Weil auch f monoton wachsend ist, gilt damit $f(g(x)) \geq f(g(y))$. Demnach ist $f \circ g$ *monoton wachsend*.

Sei $x > y$, dann gilt nach Voraussetzung $h(x) \leq h(y)$. Weil g monoton wachsend ist, gilt $g(h(x)) \leq g(h(y))$. Demnach ist $g \circ h$ *monoton fallend*.

Da f eine monoton wachsende Funktion ist und $g \circ h$ (wie eben gezeigt) monoton fallend ist, ist auch $f \circ g \circ h$ *monoton fallend*.

Lösung 5.46

Funktionen des in der Aufgabenstellung vorliegenden Typs heißen gebrochen linear. Wenn der Bruch kürzbar ist, liegt der uninteressante Fall einer konstanten Funktion vor. Ausgeschlossen wird die Kürzbarkeit durch die Bedingung $ad - cd \neq 0$. Wir kommen nun zur Aufgabenstellung.

a) (i) Für $c \neq 0$ ist $D = \{x \in \mathbb{R} : cx + d \neq 0\} = \{x \in \mathbb{R} : x \neq \frac{d}{c}\}$.

(ii) Für $c = 0$ und $d \neq 0$ gilt $D = \mathbb{R}$.

Aus diesen beiden Fällen resultieren auch verschiedene Wertebereiche.

(i) Für $c \neq 0$ ist $W = \mathbb{R} \smallsetminus \{\frac{a}{c}\}$. Um das zu verifizieren, zeigen wir (und benutzen zur Abwechslung die Quantorenschreibweise)

$$\forall\, y \in \mathbb{R} \smallsetminus \left\{\tfrac{a}{c}\right\}\ \exists\, x \in \mathbb{R} \smallsetminus \left\{-\tfrac{d}{c}\right\} :$$

$$y = \frac{ax + b}{cx + d} \iff (cy - a)x = b - dy \iff x = \frac{b - dy}{cy - a}.$$

Wählen Sie jetzt ein beliebiges $y \in \mathbb{R} \smallsetminus \left\{\frac{a}{c}\right\}$ und ein x gemäß obiger Darstellung, dann gilt stets $y = f(x) = \frac{ax+b}{cx+d}$.

Wenn Sie dagegen $y = \frac{a}{c}$ wählen, ergibt sich

$$\frac{a}{c} \overset{!}{=} \frac{ax + b}{cx + d} \iff ad - bc = 0,$$

und dies widerspricht der Voraussetzung $ad - bc \neq 0$.

(ii) Für $c = 0$ und $d \neq 0$ gilt $W = \mathbb{R}$. Denn in diesem Fall lässt sich f in die affin lineare Funktion

$$f(x) = \frac{a}{d} x + \frac{b}{d}$$

umschreiben. Wegen der Voraussetzung $ad - bc \neq 0$ ist auch $a \neq 0$, und damit ist auch die Steigung $\frac{a}{d} \neq 0$, woraus der angegebene Wertebereich resultiert.

b) Wir behandeln im Folgenden den Fall $c \neq 0$, denn bei einer affin linearen Funktion im Falle $c = 0$ ist die Aufgabenstellung trivial. Seien also $x_1, x_2 \in D$ mit $x_1 < x_2$, dann ergibt sich

$$f(x_1) - f(x_2) = \frac{ax_1 + b}{cx_1 + d} - \frac{ax_2 + b}{cx_2 + d} = \frac{(ad - bc)(x_1 - x_2)}{(cx_1 + d)(cx_2 + d)}.$$

Sind $x_1, x_2 \in D_1 := \left(-\infty, -\frac{d}{c}\right)$, dann gilt:

$$\begin{aligned}
c > 0 &: \quad cx_1 + d < 0 \ \wedge \ cx_2 + d < 0 \implies (cx_1 + d)(cx_2 + d) > 0, \\
c < 0 &: \quad cx_1 + d > 0 \ \wedge \ cx_2 + d > 0 \implies (cx_1 + d)(cx_2 + d) > 0.
\end{aligned}$$

Wegen $x_1 - x_2 < 0$ ist also

$$f(x_1) - f(x_2) = \begin{cases} > 0 &: \quad ad - bc < 0, \\ < 0 &: \quad ad - bc > 0. \end{cases}$$

Damit ist f auf D_1 streng monoton fallend, falls $ad - bc < 0$, und streng monoton steigend, falls $ad - bc > 0$.

Entsprechende Überlegungen gelten für $D_2 := \left(-\frac{d}{c}, \infty\right)$.

Wir untersuchen noch das asymptotische Verhalten. Es gilt

$$\lim_{x \to \pm\infty} f(x) = \lim_{x \to \pm\infty} \frac{a + \frac{b}{x}}{c + \frac{d}{x}} = \frac{a}{c},$$

$$\lim_{x \to -\frac{d}{c}+} f(x) = \begin{cases} +\infty &: \quad ad - bc < 0, \\ -\infty &: \quad ad - bc > 0, \end{cases}$$

$$\lim_{x \to -\frac{d}{c}-} f(x) = \begin{cases} -\infty &: \quad ad - bc < 0, \\ +\infty &: \quad ad - bc > 0. \end{cases}$$

Aus all diesen Überlegungen ergibt sich nun, dass f auf D stetig und bijektiv ist, damit existiert auf D eine Umkehrfunktion $f^{-1} : W \to D$.

Erinnerung Die Bijektivität bedeutet:

$$\forall\, y \in W \; \exists_1\, x \in D : f(x) = y. \; (\exists_1 \text{ bedeutet „genau ein".})$$

c) In Teil a) der Aufgabe wurde

$$f^{-1}(x) = \frac{b - dy}{cy - a}$$

für $x \in \mathbb{R} \setminus \left\{\frac{a}{c}\right\}$ bereits berechnet. Diese Funktion ist ebenfalls gebrochen linear.

d) Es gilt

$$
\begin{aligned}
f(x) = f^{-1}(x) \;&\Longleftrightarrow\; \frac{ax + b}{cx + d} = \frac{b - dx}{cx - a}\\[2mm]
&\Longleftrightarrow\; (ax + b)(cx - a) = (cx + d)(b - dx)\\[2mm]
&\Longleftrightarrow\; acx^2 - a^2 x - ab = cdx^2 - d^2 x + bd.
\end{aligned}
$$

Ein Koeffizientenvergleich liefert die Bedingungen

$$ac = -cd \;\wedge\; a^2 = d^2 \;\wedge\; -ab = bd.$$

Daraus resultieren:

(i)   Für $c \neq 0$ ergibt sich $a = -d$, d. h. $f(x) = f^{-1}(x) = \dfrac{ax + b}{cx - a}$.

(ii) Für $c = 0$ und $b \neq 0$ ergibt sich $f(x) = f^{-1}(x) = -x - \dfrac{b}{a}$.

(iii) Für $b = c = 0$ ergibt sich $a = \pm d$,
      d. h. $f(x) = f^{-1}(x) = x$ oder $f(x) = f^{-1}(x) = -x$.

Nach diesen umfangreichen Ausführungen gestatten Sie uns dennoch eine

Anmerkung Jedes Zahlentupel (a, b, c, d) mit den vorausgesetzten Eigenschaften beschreibt eine gebrochen lineare Funktion. Diese wird jedoch nicht eindeutig bestimmt, denn jedes reelle Vielfache (ra, rb, rc, rd) liefert ein und dieselbe Funktion, da

$$\frac{rax + rb}{rcx + rd} = \frac{r(ax + b)}{r(cx + d)} = \frac{ax + b}{cx + d}.$$

Lösung 5.47

Die vorgegebene Funktion ist stetig auf dem gesamten Definitionsbereich.

a) Für $y > x > 0$ gilt die Ungleichungskette

$$f(y) - f(x) = (y - x) + \frac{x - y}{xy} = (y - x)\left(1 - \frac{1}{xy}\right)$$

$$< (y - x)\left(1 - \frac{1}{y^2}\right) < 0,$$

falls $y < 1$. Damit ist f für $0 < x \le 1 =: a$ invertierbar.

b) Es gilt

$$f^{-1}(x) = \frac{x}{2} - \frac{1}{2}\sqrt{x^2 - 4},$$

denn $f^{-1}(f(x)) = x = f(f^{-1}(x))$.

c) Für $x \in [1, \infty)$ ist f streng monoton steigend, denn für $y > x$ gilt

$$f(y) - f(x) = (y - x)\left(1 - \frac{1}{xy}\right) > (y - x)\left(1 - \frac{1}{x^2}\right) > 0.$$

Damit ist f auch dort invertierbar und

$$f^{-1}(x) = \frac{x}{2} + \frac{1}{2}\sqrt{x^2 - 4}.$$

5.7   Umkehrung der Exponentialfunktion – Logarithmus

Aufgabe 5.48

Bestimmen Sie $a, b \in \mathbb{R}$ derart, dass

$$f(x) = \begin{cases} e^{ax+b} & : \quad x \in [-1, 0), \\ 1 + \ln(1 + bx) & : \quad x \in [0, 1), \\ a + bx & : \quad x \in [1, 2] \end{cases}$$

auf $[-1, 2]$ stetig ist.

Aufgabe 5.49

Sei F eine stetige Funktion mit der Eigenschaft

$$F(x + y) = F(x)F(y) \quad \text{für alle} \ x, y \in \mathbb{R}.$$

Zeigen Sie: Entweder ist $F(x) \equiv 0$ für alle $x \in \mathbb{R}$ oder $F(1) =: a > 0$ und $F(x) = a^x$ für alle $x \in \mathbb{R}$.

Aufgabe 5.50

Untersuchen Sie, ob die durch

$$f(x) = \begin{cases} \sqrt{3x + 6} & : \quad x \in [-2, 1), \\ 3e^{x^2-1} & : \quad x \in [1, 2] \end{cases}$$

definierte Funktion eine Umkehrfunktion besitzt. Bestimmen Sie diese im Falle der Existenz.

Aufgabe 5.51

a) Zeigen Sie, dass die Gleichung $\sqrt{x+1} = 8^{-x} + 3$ für $x \geq 3$ mindestens eine Lösung besitzt.

b) Die Folge $(x_n)_{n \in \mathbb{N}_0}$ ist rekursiv definiert durch

$$x_0 := 1, \quad x_n := \left(8^{-x_{n-1}} + 3\right)^2 - 1.$$

Berechnen Sie x_4 und $\left| \sqrt{x_4 + 1} - 8^{-x_4} - 3 \right|$.

Aufgabe 5.52

Berechnen Sie den links- und rechtsseitigen Grenzwert der folgenden Funktionen an der Stelle $x = 0$:

$$\text{a)} \ f(x) \ = \ \frac{e^{1/x} - 1}{e^{1/x} + 1}, \qquad \text{b)} \ f(x) \ = \ xe^{1/x},$$

$$\text{c)} \ f(x) \ = \ \frac{x}{1 + e^{1/x}}, \qquad \text{d)} \ f(x) \ = \ \frac{2^{1/x} + 3}{3^{1/x} + 2}.$$

Aufgabe 5.53

Bestimmen Sie alle Funktionen, die die nachfolgenden Eigenschaften erfüllen:

a) $f : \mathbb{R} \to \mathbb{R}, \ f(x + y) = f(x) + f(y)$,
b) $g : (0, \infty) \to \mathbb{R}, \ g(xy) = g(x) + g(y)$,
c) $h : (0, \infty) \to \mathbb{R}, \ g(xy) = g(x)g(y)$.

Lösungsvorschläge

Lösung 5.48

Summen, Produkte und Kompositionen stetiger Funktionen sind wieder stetig. Damit ist die angegebene Funktion auf den offenen Intervallen $(-1, 0)$, $(0, 1)$ und $(1, 2)$ stetig. An den Nahtstellen ergibt sich das Folgende:

Bei $x = 0$ gilt

$$
\left.
\begin{aligned}
f(0) \quad &= 1 + \ln(1 + b \cdot 0) = 1 + \ln 1 = 1, \\
\lim_{x \to 0-} f(x) &= \lim_{x \to 0-} e^{ax+b} = e^b \overset{!}{=} 1
\end{aligned}
\right\} \implies b = 0.
$$

Bei $x = 1$ gilt

$$
\left.
\begin{aligned}
f(1) \quad &= a + b \cdot 1 = a + 0 \cdot 1 = a, \\
\lim_{x \to 1-} f(x) &= \lim_{x \to 1-} [1 + \ln(1 + 0 \cdot x)] = 1
\end{aligned}
\right\} \implies a = 1.
$$

Damit lautet die Funktion insgesamt

$$
f(x) = \begin{cases} e^x & : \quad x \in [-1, 0), \\ 1 & : \quad x \in [0, 2]. \end{cases}
$$

Lösung 5.49

Da $F(1) = F^2\left(\frac{1}{2}\right)$, gilt $F(1) \geq 0$.

Sei $F(1) = 0$, dann gilt

$$
F(x) = F((x-1) + 1) = F(x-1)F(1) = F(x-1) \cdot 0 = 0.
$$

Also gilt für diesen Fall $F(x) \equiv 0$ für alle $x \in \mathbb{R}$.

Sei jetzt $a := F(1) > 0$, dann ist

$$
a = F(1 + 0) = F(1)F(0) = aF(0) \implies F(0) = 1.
$$

Nun gelten für $n \in \mathbb{N}$ die Beziehungen

$$
F(n) = F(\underbrace{1 + \ldots + 1}_{n\text{-mal}}) = \underbrace{F(1) \cdot \ldots \cdot F(1)}_{n\text{-mal}} = a^n
$$

sowie

$$
1 = F(0) = F(n - n) = F(n)F(-n) = a^n F(-n),
$$

also $F(-n) = a^{-n}$. Insgesamt bedeutet dies

$$
F(n) = a^n \quad \text{für alle } n \in \mathbb{Z}.
$$

Daraus folgt, dass

$$
F\left(\frac{p}{q}\right) = \sqrt[q]{a^p} \quad \text{für alle } p \in \mathbb{Z}, \, 2 \leq q \in \mathbb{N},
$$

bzw.

$$F(x) = a^x \text{ für alle } x \in \mathbb{Q}.$$

Aus der Stetigkeit von f folgt, dass $f(x) = a^x$ für alle $x \in \mathbb{R}$. Denn sei $x \in \mathbb{R}$ und $(x_n)_{n\in\mathbb{N}}$ eine Folge in $\mathbb{Q}$, die gegen $x \in \mathbb{R}$ konvergiert, dann gilt

$$f(x) = \lim_{n\to\infty} f(x_n) \underbrace{=}_{\text{Stetigkeit}} f\left(\lim_{n\to\infty} x_n\right) = a^{\lim_{n\to\infty} x_n} = a^x.$$

Lösung 5.50
Die beiden Teiläste $f_1(x) := \sqrt{3x + 6}$ und $f_2(x) := 3e^{x^2-1}$ sind auf den angegebenen Teilintervallen wohldefiniert und dort streng monoton wachsend. Wegen

$$\lim_{x\to 1-} f_1(x) = \sqrt{9} = 3 = f_2(1)$$

ist f auf ganz $[-2, 2]$ streng monoton wachsend und stetig. Damit existiert eine Umkehrfunktion

$$f^{-1} : [0, 3e^3] \to [-2, 2].$$

Wir erhalten f^{-1} auf dem angegebenen Definitions- und Wertebereich, indem wir die einzelnen Funktionen f_1 und f_2 wie folgt umkehren:

$$x = \sqrt{3y + 6} \quad \Longleftrightarrow \quad y = \frac{1}{3}x^2 - 2,$$

$$x = 3e^{y^2-1} \quad \Longleftrightarrow \quad y = \sqrt{1 + \ln \tfrac{x}{3}}.$$

Da $f_1([-2, 1]) = [0, 3]$ und $f_2([1, 2]) = [3, 3e^3]$, gilt

$$f^{-1}(x) = \begin{cases} \dfrac{1}{3}x^2 - 2 & : \ x \in [0, 3), \\ \sqrt{1 + \ln \tfrac{x}{3}} & : \ x \in [3, 3e^3]. \end{cases}$$

Lösung 5.51

a) Sei $f(x) = \sqrt{x + 1} - 8^{-x} - 3$, $x > 0$. Dann gilt $f(3) = -1{,}002 < 0$ und $f(10) = 0{,}317 > 0$. Damit hat f nach dem Zwischenwertsatz mindestens eine Nullstelle auf dem Intervall $[3, 10]$, also hat $\sqrt{x + 1} = 8^{-x} + 3$ darin mindestens eine Lösung.

b) Mit dem Taschenrechner ergeben sich die Werte

$$x_0 = 1, \quad x_1 = 8{,}7656, \quad x_2 = 8{,}0000001, \quad x_3 = x_4 = 8{,}0000004$$

und damit lautet die Taschenrechnergenauigkeit

$$\left|\sqrt{x_4 + 1} - 8^{-x_4} - 3\right| = 8 \cdot 10^{-9}.$$

Lösung 5.52

a) Wir erhalten jeweils

$$\lim_{x \to 0-} e^{1/x} = 0 \quad \Longrightarrow \quad \lim_{x \to 0-} \frac{e^{1/x} - 1}{e^{1/x} + 1} = \frac{-1}{1} = -1,$$

$$\lim_{x \to 0+} e^{-1/x} = 0 \quad \Longrightarrow \quad \lim_{x \to 0+} \frac{e^{1/x} - 1}{e^{1/x} + 1} = \lim_{x \to 0+} \frac{1 - e^{-1/x}}{1 + e^{-1/x}} = \frac{1}{1} = 1.$$

b) Wir erhalten

$$\lim_{x \to 0-} e^{1/x} = 0 \quad \Longrightarrow \quad \lim_{x \to 0-} x e^{1/x} = 0.$$

Aus

$$x e^{1/x} = x \cdot \sum_{n=0}^{\infty} \frac{\frac{1}{x^n}}{n!} = x \cdot \sum_{n=0}^{\infty} \frac{1}{n! \, x^n}$$

$$= x \cdot \left(1 + \frac{1}{x} + \frac{1}{2x^2} + \frac{1}{6x^3} + \cdots \right) = x + 1 + \frac{1}{2x} + \frac{1}{6x^2} + \cdots$$

folgt, dass

$$\lim_{x \to 0+} x e^{1/x} = \infty.$$

c) Wir erhalten

$$\lim_{x \to 0-} e^{1/x} = 0 \quad \Longrightarrow \quad \lim_{x \to 0-} \frac{x}{1 + e^{1/x}} = \frac{0}{1} = 0.$$

Es gilt

$$1 + e^{1/x} = 1 + \sum_{n=0}^{\infty} \frac{1}{n! \, x^n} = 2 + \frac{1}{x} + \frac{1}{2x^2} + \frac{1}{6x^3} + \cdots$$

$$> 2 + \frac{1}{x} = \frac{2x + 1}{x}$$

für alle $x > 0$. Daraus ergibt sich

$$0 < \frac{x}{1 + e^{1/x}} < \frac{x}{\frac{2x+1}{x}} = \frac{x^2}{2x + 1}$$

für alle $x > 0$. Da $\lim\limits_{x \to 0+} \frac{x^2}{2x+1} = 0$, folgt auch

$$\lim_{x \to 0+} \frac{x}{1 + e^{1/x}} = 0.$$

Anmerkung Die gegebene Funktion darf also im Nullpunkt stetig durch 0 fortgesetzt werden.

d) Wir erhalten jeweils

$$\lim_{x \to 0-} 2^{1/x} = \lim_{x \to 0-} 3^{1/x} = 0 \implies \lim_{x \to 0-} \frac{2^{1/x} + 3}{3^{1/x} + 2} = \frac{3}{2}.$$

Weiter gilt

$$\lim_{x \to 0+} 2^{-1/x} = 0, \quad \lim_{x \to 0+} \left(\frac{3}{2}\right)^{1/x} = \infty$$

$$\implies \lim_{x \to 0+} \frac{2^{1/x} + 3}{3^{1/x} + 2} = \lim_{x \to 0+} \frac{1 + 3 \cdot 2^{-1/x}}{\left(\frac{3}{2}\right)^{1/x} + 2 \cdot 2^{-1/x}} = 0.$$

Lösung 5.53

In allen Teilaufgaben betrachten wir stetige Funktionen.

a) Funktionen der Form

$$f(x) := ax, \quad a \in \mathbb{R}$$

erfüllen die geforderte Gleichung, denn $f(x + y) = a(x + y) = ax + ay$.

b) Funktionen der Form

$$g(x) := a \ln x, \quad a \in \mathbb{R}$$

erfüllen die geforderte Gleichung, denn $g(xy) = a \ln(xy) = a \ln x + a \ln y$.

c) Funktionen der Form

$$h(x) := x^a, \quad a \in \mathbb{R}$$

erfüllen die geforderte Gleichung, denn $h(xy) = (xy)^a = x^a y^a$. Die Funktion $f(x) \equiv 0$ tut dies natürlich auch.

Wir zeigen nun, dass die oben angegebenen Funktionenscharen auch die einzigen sind, welche die formulierten Gleichungen erfüllen.[1]

a) Sei nun $f : \mathbb{R} \to \mathbb{R}$ eine stetige Funktion, die die obige Funktionalgleichung erfüllt. Wir setzen dazu

$$a := f(1).$$

---

[1] Dies entnehmen wir aus: FORSTER, O., WESSOLY, R.: *Übungsbuch zur Analysis 1*, Vieweg, 1995.

Für eine natürliche Zahl $n \geq 1$ ergibt sich aus der Funktionalgleichung die Beziehung

$$f(nx) = nf(x)$$

und speziell $f(n) = na$. Zudem ergeben sich

$$f(0) = 0$$

und

$$f(-x) = -f(x) \text{ für alle } x \in \mathbb{R}.$$

Daher gilt $f(nx) = nf(x)$ auch für alle $n \in \mathbb{Z}$. Sei also $p/q \in \mathbb{Q}$, wobei $p, q \in \mathbb{Z}$ mit $q \neq 0$. Damit ist

$$pa = f(p) = f\left(q \cdot \frac{p}{q}\right) = qf\left(\frac{p}{q}\right),$$

also

$$f\left(\frac{p}{q}\right) = a \cdot \frac{p}{q}.$$

Folglich gilt

$$f(x) = f(1)x \text{ für alle } x \in \mathbb{Q}.$$

Aus der Stetigkeit von f folgt, dass $f(x) = ax$ für alle $x \in \mathbb{R}$. Denn sei $x \in \mathbb{R}$ und $(x_n)_{n \in \mathbb{N}}$ eine Folge in $\mathbb{Q}$, die gegen $x \in \mathbb{R}$ konvergiert, dann gilt

$$f(x) = f\left(\lim_{n \to \infty} x_n\right) \underset{\text{Stetigkeit}}{=} \lim_{n \to \infty} f(x_n) = \lim_{n \to \infty} ax_n = a \lim_{n \to \infty} x_n = ax.$$

b) Betrachten Sie die zusammengesetzte Funktion

$$f := g \circ \exp, \quad \mathbb{R} \overset{\exp}{\to} (0, \infty) \overset{g}{\to} \mathbb{R}.$$

Diese Funktion genügt der Gleichung

$$f(x + y) = f(x) + f(y)$$

aus Teil a) der Aufgabe. Es gibt also ein $a \in \mathbb{R}$, sodass $f(y) = ay$ für alle $y \in \mathbb{R}$. Für $x > 0$ resultiert deshalb

$$g(x) = f(\ln x) = a \ln x.$$

c) Wegen $h(x) = h\left(\sqrt{x}\sqrt{x}\right) = h^2\left(\sqrt{x}\right)$ ist $h(x) \geq 0$ für alle $x \in (0, \infty)$. Falls ein $x_0 \in (0, \infty)$ existiert mit $h(x_0) = 0$, gilt

$$h(x) = h\left(\frac{x}{x_0}\right) h(x_0) \equiv 0 \text{ für alle } x \in (0, \infty).$$

Wir dürfen also annehmen, dass $h(x) > 0$ gilt. Betrachten Sie jetzt die zusammengesetzte Funktion

$$g := \ln \circ h, \ (0, \infty) \overset{h}{\to} (0, \infty) \overset{\ln}{\to} \mathbb{R}.$$

Diese Funktion genügt der Gleichung $g(xy) = g(x) + g(y)$ aus Teil b) der Aufgabe. Es gibt deshalb ein $a \in \mathbb{R}$ mit $g(x) = a \ln x$ für alle $x > 0$. Daraus folgt, dass

$$h(x) = e^{g(x)} = e^{a \ln x} = x^a.$$

Anmerkung Wie Sie gesehen haben, wurden die Teilaufgaben b) und c) auf Teilaufgabe a) zurückgeführt.

5.8   Umkehrung der x-Potenzen – n-te Wurzeln

Aufgabe 5.54
Sei $f : \mathbb{R} \to \mathbb{R}$ gegeben durch $f(x) = x^4 + 2$. Wie lautet die Umkehrfunktion?

Aufgabe 5.55
Sei $f : \mathbb{R} \to \mathbb{R}$ gegeben durch $f(x) = x^7 - 2$. Wie lautet die Umkehrfunktion?

Aufgabe 5.56
Sei $f : \mathbb{R} \to \mathbb{R}$ gegeben durch $f(x) = x^2 - 4x + 4$. Wie lautet die Umkehrfunktion?

Aufgabe 5.57
Bestimmen Sie Definitions- und Wertebereich von $f(x) = \sqrt{1 - \frac{1}{x}}$. Zeigen Sie, dass f streng monoton steigend ist und ermitteln Sie die Umkehrfunktion.

Aufgabe 5.58
Wie lauten die Definitionsbereiche von

$$\text{a) } f(x) = \sqrt[x]{x}, \qquad \text{b) } g(x) = \sqrt[x^2]{x}, \qquad \text{c) } h(x) = \sqrt[x]{x^2}?$$

Welche Monotonieaussagen lassen sich formulieren?

Lösungsvorschläge

Lösung 5.54
Die Umkehrfunktionen lauten

$$f_\pm^{-1}(x) = \pm\sqrt[4]{x-2}.$$

Definitions- und Wertebereiche der verschiedenen Zweige sind

$$D_{f_\pm^{-1}} = [2,\infty), \quad W_{f_-^{-1}} = (-\infty,0] \quad \text{und} \quad W_{f_+^{-1}} = [0,+\infty).$$

Lösung 5.55
Die Umkehrfunktion lautet

$$f^{-1}(x) = \text{sign}(x+2)\sqrt[7]{|x+2|} = \begin{cases} -\sqrt[7]{|x+2|} & : \quad x \in (-\infty,-2), \\ 0 & : \quad x = -2, \\ \sqrt[7]{x+2} & : \quad x \in (-2,+\infty). \end{cases}$$

Definitions- und Wertebereich sind also

$$D_{f^{-1}} = W_{f^{-1}} = \mathbb{R}.$$

Lösung 5.56
Es gilt

$$f(x) = x^2 - 4x + 4 = (x-2)^2.$$

Damit ergibt sich als Umkehrfunktion

$$f_\pm^{-1}(x) = 2 \pm \sqrt{x}.$$

Definitions- und Wertebereiche sind

$$D_{f^{-1}} = [0,\infty), \quad W_{f_-^{-1}} = (-\infty,2] \quad \text{und} \quad W_{f_+^{-1}} = [2,+\infty).$$

Lösung 5.57
Da $\lim_{x \to 0-} f(x) = +\infty$ und $1 - \frac{1}{x} < 0$ für $x \in (0,1)$, lautet der Definitionsbereich

$$D_f = \mathbb{R} \setminus [0,1) = \{x \in \mathbb{R} : x < 0 \ \text{oder} \ x \geq 1\}.$$

Weiter gelten $\lim_{x \to \pm\infty} f(x) = 1$ und $f(x) \geq 0$ für $x \in D_f$. Damit lautet der Wertebereich entsprechend

$$W_f = \mathbb{R}_+ \setminus \{1\} = \{y = f(x) \in \mathbb{R} : y > 1 \ \text{oder} \ y \in [0,1)\}.$$

Die Funktion ist streng monoton steigend auf $(-\infty, 0)$ oder $[1, +\infty)$, denn für $x_1, x_2 \in D_f$ mit $x_1 < x_2 < 0$ oder $1 \le x_1 < x_2$ ergeben sich aus den Eigenschaften von $x \mapsto \frac{1}{x}$ (streng monoton fallend in den o. g. Intervallen) und $x \mapsto \sqrt{x}$ (streng monoton steigend auf $\mathbb{R}_+$) folgende Äquivalenzen:

$$x_1 < x_2 \iff \frac{1}{x_1} > \frac{1}{x_2} \iff 1 - \frac{1}{x_1} < 1 - \frac{1}{x_2}$$

$$\iff \sqrt{1 - \frac{1}{x_1}} < \sqrt{1 - \frac{1}{x_2}}.$$

Wir lösen $x = \sqrt{1 - \frac{1}{y}}$ nach y auf und erhalten die Umkehrfunktion

$$f^{-1}(x) = \frac{1}{1 - x^2}$$

mit $D_{f^{-1}} = W_f$ und $W_{f^{-1}} = D_f$.

Alternative zum Nachweis der strengen Monotonie Die Funktion ist in jedem Teilstück ihres Definitionsbereiches streng monoton steigend. Denn für $x, y \in [1, +\infty)$ gilt mit $x - y > 0$:

$$f(x) - f(y) = \sqrt{1 - \frac{1}{x}} - \sqrt{1 - \frac{1}{y}} = \frac{\frac{1}{y} - \frac{1}{x}}{\sqrt{1 - \frac{1}{x}} + \sqrt{1 - \frac{1}{y}}}$$

$$> \frac{1}{2}\left(\frac{1}{y} - \frac{1}{x}\right) = \frac{x - y}{2xy} > 0.$$

Entsprechend gilt für $x, y \in (-\infty, 0)$ mit $x - y > 0$:

$$f(x) - f(y) = \frac{\frac{1}{y} - \frac{1}{x}}{\sqrt{1 - \frac{1}{x}} + \sqrt{1 - \frac{1}{y}}} > 0,$$

da aus $x - y > 0$ die Ungleichung $\frac{1}{y} - \frac{1}{x} > 0$ resultiert.

Lösung 5.58

Es liegen folgende Definitionsbereiche vor:

a) $D_f = \{x \in \mathbb{R} : x > 0\}$,
b) $D_g = \{x \in \mathbb{R} : x > 0\}$,
c) $D_h = \{x \in \mathbb{R} : x \neq 0\}$.

Eine strenge Monotonie liegt bei *keiner* der drei Funktionen auf den entsprechenden Definitionsbereichen vor. Dies lässt sich aus den folgenden Eigenschaften – welche wir im Anschluss nachweisen – ableiten:

a) $\lim\limits_{x\to 0+} f(x) = 0$, $\lim\limits_{x\to +\infty} f(x) = 1$ und $f(e) = \underbrace{e^{1/e}}_{>1} = \max\limits_{x\in D_f} f(x)$. Damit ergibt sich aufgrund der Stetigkeit

$$W_f = \{y \in \mathbb{R} : 0 < y \le e^{1/e}\}.$$

b) $\lim\limits_{x\to 0+} g(x) = 0$, $\lim\limits_{x\to +\infty} g(x) = 1$ und $g(e) = \underbrace{e^{1/2e}}_{>1} = \max\limits_{x\in D_g} g(x)$. Damit ergibt sich aufgrund der Stetigkeit

$$W_g = \{y \in \mathbb{R} : 0 < y \le e^{1/2e}\}.$$

c) $\lim\limits_{x\to 0+} h(x) = 0$, $\lim\limits_{x\to 0-} h(x) = +\infty$, $\lim\limits_{x\to \pm\infty} h(x) = 1$, $h(e) = e^{2/e} = \max\limits_{x\in D_h} h(x)$ und $h(-e) = e^{-2/e} = \min\limits_{x\in D_h} h(x)$. Damit ergibt sich aufgrund der Stetigkeit in den beiden Teilbereichen $\mathbb{R}_-$ und $\mathbb{R}_+$ insgesamt

$$W_h = \{y \in \mathbb{R} : e^{-2/e} \le y < +\infty \text{ oder } 0 < y \le e^{2/e}\} = \{y \in \mathbb{R} : y > 0\}.$$

Wir erklären jetzt die Grenzwerte. Es gilt

$$\lim_{x\to +\infty} \frac{\ln x}{x^n} = 0 \text{ für alle } n \in \mathbb{N}.$$

Damit ist

$$\lim_{x\to +\infty} x^{1/x^n} = \lim_{x\to +\infty} e^{\frac{\ln x}{x^n}} = e^0 = 1,$$

wobei in a) $n = 1$ und in b) $n = 2$ zu wählen ist. Die Funktion h aus Teil c) lässt sich schreiben als

$$h(x) = x^{2/x} = e^{\frac{2\ln x}{x}} \text{ für } x > 0,$$

also folgt auch daraus entsprechend $\lim_{x\to +\infty} h(x) = 1$. Für $x < 0$ schreiben wir

$$\lim_{x\to -\infty} e^{\frac{\ln x^2}{x}} = \lim_{x\to -\infty} e^{\frac{2\ln|x|}{x}} = \lim_{x\to +\infty} e^{\frac{2\ln x}{-x}} = e^0 = 1.$$

Für die restlichen Grenzwerte verwenden wir

$$\lim_{x\to +0} \frac{\ln x}{x^n} = -\infty \text{ für alle } n \in \mathbb{N}.$$

Es gilt nun

$$\lim_{x \to 0+} x^{1/x^n} = \lim_{x \to 0+} e^{\frac{\ln x}{x^n}} = e^{-\infty} = 0,$$

wobei in a) $n = 1$ und in b) $n = 2$ zu wählen ist. Die Funktion h aus Teil c) lässt sich wieder schreiben als

$$h(x) = x^{2/x} = e^{\frac{2\ln x}{x}} \quad \text{für } x > 0,$$

also folgt auch daraus entsprechend $\lim_{x \to 0+} h(x) = 0$. Für $x < 0$ schreiben wir

$$\lim_{x \to 0-} e^{\frac{\ln x^2}{x}} = \lim_{x \to 0-} e^{\frac{2\ln |x|}{x}} = \lim_{x \to 0+} e^{\frac{2\ln x}{-x}} = e^{+\infty} = +\infty.$$

Wir zeigen jetzt, dass $f(x) \le f(e)$ gilt und folgern daraus die entsprechenden Eigenschaften für g und h. Bekanntlich gilt $x \le e^{x-1}$. Dies ist äquivalent zu

$$\ln x \le x - 1. \tag{5.1}$$

Damit ergibt sich

$$\frac{\ln x}{x} - \frac{\ln e}{e} \le 1 - \frac{1}{x} - \frac{1}{e} = 1 - \left(\frac{1}{x} + \frac{1}{e} \right).$$

Falls $\frac{1}{x} + \frac{1}{e} \ge 1$, also $x \le \frac{e}{e-1}$ gilt, ergibt sich

$$\frac{\ln x}{x} \le \frac{\ln e}{e},$$

und wegen der strengen Monotonie der Exponentialfunktion folgt die gewünschte Ungleichung

$$f(x) \le f(e).$$

Wegen $g(x) = \sqrt{f(x)}$, folgt aus der strengen Monotonie der Wurzel

$$g(x) \le g(e).$$

Entsprechend ist $h(x) = (f(x))^2$ für $x > 0$, also gilt auch hier

$$h(x) \le h(e).$$

Weiter ist $h(x) = \frac{1}{(f(-x))^2}$ für $x < 0$, somit gilt in diesem Bereich

$$h(x) \ge h(-e).$$

Alternative Wir formulieren jetzt eine andere Erklärung dafür, dass $f(e) = \max_{x \in D_f} f(x)$.
Sei dazu $a > 0$ und $x > 0$. Dann gilt mit (5.1) folgende Ungleichung:

$$e \ln x - x = e \ln a + e \ln \left(\frac{x}{a} \right) - x$$

$$\leq e \ln a + e \left(\frac{x}{a} - 1 \right) - x \qquad (5.2)$$

$$\leq \left(\frac{e}{a} - 1 \right) x + e \ln a - e.$$

Für $\boxed{1 < a < e}$ ergibt sich $\ln a < \ln e = 1$, also $e \ln a - e < 0$ und $\frac{e}{a} - 1 > 0$. Aus (5.2) resultiert
damit

$$e \ln x - x < 0 \ \text{ für } \ x < \underbrace{\frac{e - e \ln a}{e/a - 1}}_{> 0} = ea \frac{\ln a - \ln e}{a - e}.$$

Da

$$e \ln x - x < 0 \ \Longleftrightarrow \ \frac{\ln x}{x} - \frac{\ln e}{e} < 0,$$

bedeutet dies aufgrund der strengen Monotonie der Exponentialfunktion, dass

$$f(x) < f(e) \ \text{ für } \ x < ea \frac{\ln a - \ln e}{a - e} \ \forall \, a \in (1, e). \qquad (5.3)$$

Für $\boxed{e < a < \infty}$ ergibt sich $\ln a > \ln e = 1$, also $e \ln a - e > 0$ und $\frac{e}{a} - 1 < 0$. Damit gilt

$$e \ln x - x < 0 \ \text{ für } \ x > \underbrace{\frac{e \ln a - e}{1 - e/a}}_{> 0} = ea \frac{\ln a - \ln e}{a - e}.$$

Das bedeutet wiederum

$$f(x) < f(e) \ \text{ für } \ x > ea \frac{\ln a - \ln e}{a - e} \ \forall \, a \in (e, \infty). \qquad (5.4)$$

Nun gilt

$$\lim_{a \to e} \frac{\ln a - \ln e}{a - e} = \lim_{h \to 0} \frac{\ln(e + h) - \ln e}{h}.$$

Wir setzen $1 + \varepsilon := \ln(e + h), \varepsilon > 0$, also $e + h = e^{1 + \varepsilon}$. Wir setzen dies in den obigen Grenzwert
ein und erhalten

$$\lim_{h \to 0} \frac{\ln(e + h) - \ln e}{h} = \lim_{\varepsilon \to 0} \frac{\varepsilon}{e^{1 + \varepsilon} - e} = \frac{1}{e} \underbrace{\lim_{\varepsilon \to 0} \frac{\varepsilon}{e^\varepsilon - 1}}_{= 1} = \frac{1}{e}.$$

Damit ergibt sich jeweils in (5.3) und (5.4) der Grenzwert

$$\lim_{a \to e} e a \frac{\ln a - \ln e}{a - e} = e \left(\lim_{a \to e} a \right) \left(\lim_{a \to e} \frac{\ln a - \ln e}{a - e} \right) = e,$$

woraus die Behauptung $f(e) = \max_{x \in D_f} f(x)$ folgt.

Wegen $g(x) = \sqrt{f(x)}$, folgt aus der strengen Monotonie der Wurzel

$$g(x) < g(e).$$

Entsprechend ist $h(x) = (f(x))^2$ für $x > 0$, also gilt auch hier

$$h(x) < h(e).$$

Weiter ist $h(x) = \frac{1}{(f(-x))^2}$ für $x < 0$, somit gilt in diesem Bereich

$$h(x) > h(-e).$$

Wir zeigen zum Schluss, dass die Funktionen f, g, h für $x \in (0, e)$ streng monoton steigend und für $x \in (e, \infty)$ streng monoton fallend sind. Zudem ist h für $x \in (-\infty, -e)$ streng monoton fallend und in $(-e, 0)$ streng monoton steigend. Es genügt, dies für f zu bewerkstelligen.

Seien $x, y > 0$. Dann gilt mit (5.1) nachstehende Ungleichung:

$$y \ln x - x \ln y = y \ln y + y \ln \left(\frac{x}{y} \right) - x \ln y$$
$$\leq (y - x) \ln y + e \left(\frac{x}{y} - 1 \right) \tag{5.5}$$
$$\leq (y - x)(\ln y - 1).$$

Für $\boxed{0 < x < y < e}$ gilt:

$$y - x > 0 \text{ und } \ln y - 1 < 0.$$

Mit (5.5) folgt daraus

$$y \ln x - x \ln y < 0 \iff \frac{\ln x}{x} - \frac{\ln y}{y} < 0 \iff f(x) < f(y).$$

Für $\boxed{e < y < x < \infty}$ gilt:

$$y - x < 0 \text{ und } \ln y - 1 > 0.$$

Mit (5.5) folgt daraus wieder

$$y \ln x - x \ln y < 0 \iff \frac{\ln x}{x} - \frac{\ln y}{y} < 0 \iff f(x) < f(y).$$

Wegen $g(x) = \sqrt{f(x)}$, $h(x) = (f(x))^2$ für $x > 0$ und $h(x) = 1/(f(-x))^2$ für $x < 0$ ergeben sich die behaupteten Monotonieeigenschaften auch für die Funktionen g und h.

Anmerkung Die soeben aufwändig diskutierten Eigenschaften der Funktionen f, g, h, lassen sich mithilfe der Ableitung einer Funktion im Rahmen der Kurvendiskussion mit wenigen Zeilen abhandeln. Dies wird Inhalt von Abschn. 6.10 sein.

So sehen die Graphen der drei Funktionen aus:

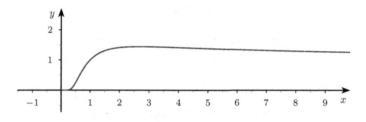

Graph von $f(x) = x^{1/x}$

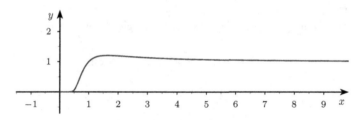

Graph von $g(x) = x^{1/x^2}$

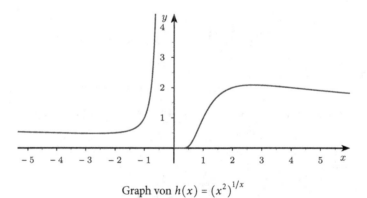

Graph von $h(x) = (x^2)^{1/x}$

5.9   Umkehrung der Winkelfunktionen – zyklometrische Funktionen

Aufgabe 5.59
Wo liegen die Unstetigkeitsstellen von

$$f(x) = \tan\left[\pi x(x^2 - 1)^{-1}\right]?$$

Aufgabe 5.60
Bestimmen Sie die Grenzwerte

$$\text{a) } \lim_{x \to 0} \frac{\tan(3x)}{\sin(2x)}, \qquad \text{b) } \lim_{x \to 0\pm} \frac{1}{1 + \exp(\cot(x))}.$$

Aufgabe 5.61
Skizzieren Sie die folgenden Funktionen $f : \mathbb{R} \to \mathbb{R}$ und stellen Sie diese ohne trigonometrische bzw. Arcus-Funktionen dar:

a) $f(x) = x - \arctan(\tan x)$,
b) $f(x) = \arcsin(\sin x)$,
c) $f(x) = x\arcsin(\sin x)$,
d) $f(x) = \arccos(\cos x) - \arcsin(\sin x)$.

Aufgabe 5.62
Stellen Sie die Funktionen

a) $f(x) = \sin(2\arcsin x)$,   b) $f(x) = \sin(2\arctan x)$,   c) $f(x) = \sin(\arccos x)$

in Form rein algebraischer Ausdrücke in Abhängigkeit von x dar.

Aufgabe 5.63
Auf welchen Intervallen sind nachfolgende Funktionen f definiert:

a) $f(x) = \arcsin[(x + 1)(x - 1)^{-1}]$,
b) $f(x) = \arctan x + \arctan \frac{1}{x}$?

Lösungsvorschläge

Lösung 5.59
Die Unstetigkeitsstellen des tan sind dessen Polstellen, also bei $x = \left(k + \frac{1}{2}\right)\pi$ für $k \in \mathbb{Z}$. Demnach gilt es, die quadratische Gleichung

$$\frac{\pi x}{x^2 - 1} = \left(k + \frac{1}{2}\right)\pi \iff x^2 - \frac{2x}{2k + 1} - 1 = 0$$

zu lösen. Die Mitternachtsformel liefert

$$x = \frac{1}{2k+1} \pm \sqrt{\frac{1}{(2k+1)^2} + 1}, \quad k \in \mathbb{Z}.$$

Lösung 5.60

a) Wir formen den gegebenen Ausdruck wie folgt um:

$$\frac{\tan(3x)}{\sin(2x)} = \frac{\tan(2x) + \tan x}{[1 - \tan(2x)\tan x]\sin(2x)}$$

$$= \frac{1}{\cos(2x)[1 - \tan(2x)\tan x]} + \frac{\sin x}{\cos x[1 - \tan(2x)\tan x]\sin(2x)}$$

$$= \frac{1}{\cos(2x)[1 - \tan(2x)\tan x]} + \frac{\sin x}{\cos x[1 - \tan(2x)\tan x]2\sin x\cos x}$$

$$= \frac{1}{\cos(2x)[1 - \tan(2x)\tan x]} + \frac{1}{2\cos^2 x[1 - \tan(2x)\tan x]}.$$

An dieser Darstellung erkennen Sie sofort, dass

$$\lim_{x\to 0} \frac{\tan(3x)}{\sin(2x)} = 1 + \frac{1}{2} = \frac{3}{2}.$$

b) Da $\lim\limits_{x\to 0-} \cot x = -\infty$ und $\lim\limits_{x\to -\infty} e^x = 0$, resultiert

$$\lim_{x\to 0-} \frac{1}{1 + \exp(\cot(x))} = 1.$$

Entsprechend ist $\lim\limits_{x\to 0+} \cot x = +\infty$ und $\lim\limits_{x\to +\infty} e^x = +\infty$, also gilt

$$\lim_{x\to 0+} \frac{1}{1 + \exp(\cot(x))} = 0.$$

Lösung 5.61

Bei den nachfolgenden Teilaufgaben darf $n \in \mathbb{Z}$ gewählt werden.

a) Es gilt

$$\arctan(\tan x) = x - n\pi \quad \text{für } x \in \left(\left(n - \tfrac{1}{2}\right)\pi, \left(n + \tfrac{1}{2}\right)\pi\right).$$

Damit ist dann

$$f(x) = n\pi \quad \text{für } x \in \left(\left(n - \tfrac{1}{2}\right)\pi, \left(n + \tfrac{1}{2}\right)\pi\right),$$

und das sieht so aus:

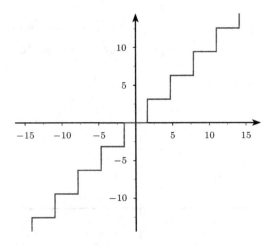

Graph von $f(x) = x - \arctan(\tan x)$

b) Für $-\frac{\pi}{2} \le x \le \frac{\pi}{2}$ ist nach Definition der Umkehrfunktion

$$\arcsin(\sin x) = x.$$

Für $\frac{\pi}{2} \le x \le \frac{3\pi}{2}$ setzen wir $z := x - \pi$, also ist $x = \pi + z$ mit $-\frac{\pi}{2} \le z \le \frac{\pi}{2}$. Dann gilt

$$y = \arcsin(\sin x) = \arcsin(\sin(z + \pi)) = -\arcsin(\sin z) = -z = \pi - x.$$

Allgemein ergibt sich die π-periodische Funktion

$$f(x) = \begin{cases} x - 2n\pi & : \; x \in \left(\left(2n - \tfrac{1}{2}\right)\pi, \left(2n + \tfrac{1}{2}\right)\pi\right), \\ (2n+1)\pi - x & : \; x \in \left(\left(2n + \tfrac{1}{2}\right)\pi, \left(2n + \tfrac{3}{2}\right)\pi\right) \end{cases}$$

mit der geometrischen Darstellung

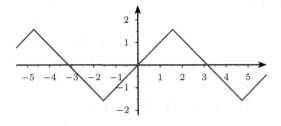

Graph von $f(x) = \arcsin(\sin x)$

c) Aus der vorherigen Teilaufgabe ergibt sich

$$f(x) = \begin{cases} (x - 2n\pi)^2 & : \quad x \in \left(\left(2n - \tfrac{1}{2}\right)\pi, \left(2n + \tfrac{1}{2}\right)\pi\right), \\ \left((2n+1)\pi - x\right)^2 & : \quad x \in \left(\left(2n + \tfrac{1}{2}\right)\pi, \left(2n + \tfrac{3}{2}\right)\pi\right), \end{cases}$$

und die Funktion sieht so aus:

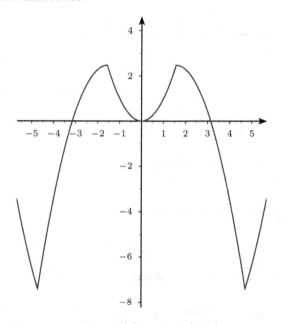

Graph von $f(x) = x \arcsin(\sin x)$

d) Da

$$\arccos(\cos x) = \begin{cases} x - \left(2n - \tfrac{1}{2}\right)\pi & : \quad x \in (2n\pi, (2n+1)\pi), \\ \left(2n + \tfrac{3}{2}\right)\pi - x & : \quad x \in ((2n+1)\pi, (2n+2)\pi), \end{cases}$$

ergibt sich dann insgesamt

$$f(x) = \begin{cases} -\tfrac{\pi}{2} & : \quad x \in \left(2n\pi, \left(2n + \tfrac{1}{2}\right)\pi\right), \\ 2x - 4n\pi - \tfrac{3\pi}{2} & : \quad x \in \left(\left(2n + \tfrac{1}{2}\right)\pi, (2n+1)\pi\right), \\ +\tfrac{\pi}{2} & : \quad x \in \left((2n+1)\pi, \left(2n + \tfrac{3}{2}\right)\pi\right), \\ \tfrac{7\pi}{2} + 4n\pi - 2x & : \quad x \in \left(\left(2n + \tfrac{3}{2}\right)\pi, (2n+2)\pi\right) \end{cases}$$

mit der geometrischen Darstellung

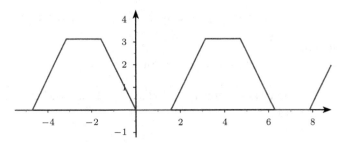

Graph von $f(x) = \arccos(\cos x) - \arcsin(\sin x)$

Lösung 5.62

a) Der Hauptzweig von $y = \arcsin x$ liegt für $x \in [-1,1]$ im Intervall $\left[-\frac{\pi}{2}, \frac{\pi}{2}\right]$. Dort existiert die Umkehrfunktion $x = \sin y$. Damit gilt

$$\sin(2\arcsin x) = \sin(2y) = 2\sin y \cos y$$
$$= 2\sin y\sqrt{1 - \sin^2 y}$$
$$= 2\sin(\arcsin x)\sqrt{1 - \sin^2(\arcsin x)}$$
$$= 2x\sqrt{1 - x^2}.$$

b) Der Hauptzweig von $y = \arctan x$ liegt für $x \in \mathbb{R}$ im Intervall $\left[-\frac{\pi}{2}, \frac{\pi}{2}\right]$. Dort existiert die Umkehrfunktion $x = \tan y$. Damit gilt

$$\sin(2\arctan x) = \sin(2y) = 2\sin y \cos y$$
$$= 2\tan y\,\frac{\cos^2 y}{\sin^2 y + \cos^2 y} = 2\frac{\tan y}{1 + \tan^2 y}$$
$$= 2\frac{\tan(\arctan x)}{1 + \tan^2(\arctan x)} = \frac{2x}{1 + x^2}.$$

c) Der Hauptzweig von $y = \arccos x$ liegt für $x \in [-1,1]$ im Intervall $[0, \pi]$. Dort existiert die Umkehrfunktion $x = \cos y$. Damit gilt

$$\sin(\arccos x) = \sin y = \sqrt{1 - \cos^2 y}$$
$$= \sqrt{1 - \cos^2(\arccos x)} = \sqrt{1 - x^2}.$$

Lösung 5.63

a) $D_f = (-\infty, 0]$, denn sei $g(x) := (x+1)/(x-1)$, dann gelten $g(0) = -1$ und $\lim_{x \to -\infty} = 1$. Da g stetig ist, ist $g : (-\infty, 0] \to [-1, 1]$. Also gilt $W_g = [-1, 1] = D_{\arcsin}$, und die

Verkettung

$$f(x) = (\arcsin \circ g)(x) = \arcsin[(x+1)(x-1)^{-1}] \text{ für } x \in D_f$$

ist wohldefiniert.

b) $D_f = \mathbb{R} \smallsetminus \{0\}$, da arctan auf ganz $\mathbb{R}$ definiert ist.

Anmerkung Die Funktion $f(x) = \arctan x + \arctan \frac{1}{x}$ ist stückweise konstant, wie Sie in Aufgabe 6.13 sehen werden.

5.10   Umkehrung der Hyperbelfunktionen – Area-Funktionen

Aufgabe 5.64
Zeigen Sie mithilfe der Definitionen der Hyperbelfunktionen sinh und cosh folgende Identitäten:

a) $\tanh(x+y) = \dfrac{\tanh x + \tanh y}{1 + \tanh x \cdot \tanh y}$,

b) $\sinh(x+y) = \sinh x \cosh y + \cosh x \sinh y$.

Aufgabe 5.65
Welche der nachfolgenden Funktionen sind periodisch? Geben Sie im Falle der Periodizität die Periode P an. Untersuchen Sie zudem die Funktionen auf Beschränktheit und geben Sie in diesem Fall eine obere und untere Schranke an.

a) $f(x) = \dfrac{4}{3} \sin(x+3)$,

b) $f(x) = \sinh(x + \sin x)$,

c) $f(x) = -e^{\cos 4x}$,

d) $f(x) = \ln(2 \sin^2 x + 1)$.

Aufgabe 5.66
Sei $c \in \mathbb{R}$. Lösen Sie die Gleichung $\tanh x = c$ unter Verwendung der ln-Funktion. Gibt es dabei Einschränkungen für $c \in \mathbb{R}$?

Aufgabe 5.67
Sei i die imaginäre Einheit. Zeigen Sie für $x \in \mathbb{R}$ die Beziehungen

$$\cosh x = \cos(ix), \quad \sinh x = -i \sin(ix) \quad \text{und} \quad \tanh x = -i \tan(ix).$$

Aufgabe 5.68
Berechnen Sie die Darstellung

$$\text{Ar} \cosh_{\pm} x = \pm \ln\left(x + \sqrt{x^2 - 1}\right) \quad \forall\, x \geq 1.$$

Aufgabe 5.69

Leiten Sie der Vollständigkeit halber auch noch folgende Darstellungen her:

a) $\operatorname{Ar} \tanh x = \dfrac{1}{2} \ln \left(\dfrac{1+x}{1-x} \right) \quad \forall\, x \in (-1, +1),$

b) $\operatorname{Ar} \coth x = \dfrac{1}{2} \ln \left(\dfrac{x+1}{x-1} \right) \quad \forall\, x \in \mathbb{R} \setminus [-1, +1].$

Lösungsvorschläge

Lösung 5.64

a) Wir vergleichen die beiden Terme, indem wir die Definition von sinh und cosh verwenden. Es gilt

$$\tanh(x+y) \quad = \frac{\sinh(x+y)}{\cosh(x+y)} = \boxed{\frac{e^{x+y} - e^{-(x+y)}}{e^{x+y} + e^{-(x+y)}}},$$

$$\frac{\tanh x + \tanh y}{1 + \tanh x \cdot \tanh y} = \frac{\frac{e^x - e^{-x}}{e^x + e^{-x}} + \frac{e^y - e^{-y}}{e^y + e^{-y}}}{1 + \frac{(e^x - e^{-x})(e^y - e^{-y})}{(e^x + e^{-x})(e^y + e^{-y})}}$$

$$= \frac{(e^x - e^{-x})(e^y + e^{-y}) + (e^y - e^{-y})(e^x + e^{-x})}{(e^x + e^{-x})(e^y + e^{-y}) + (e^x - e^{-x})(e^y - e^{-y})}$$

$$= \frac{e^x e^y - e^{-x} e^{-y}}{e^x e^y + e^{-x} e^{-y}} = \boxed{\frac{e^{(x+y)} - e^{-(x+y)}}{e^{x+y} + e^{-(x+y)}}}.$$

b) Entsprechend gehen wir auch hier vor. Es gilt

$$\sinh(x+y) = \boxed{\frac{1}{2}\left(e^{x+y} - e^{-x-y}\right)} \overset{?}{=} \sinh x \cosh y + \cosh x \sinh y$$

$$= \frac{1}{4}\left(e^x - e^{-x}\right)\left(e^y + e^{-y}\right) + \frac{1}{4}\left(e^x + e^{-x}\right)\left(e^y - e^{-y}\right)$$

$$= \boxed{\frac{1}{2}\left(e^x e^y - e^{-x} e^{-y}\right)}.$$

Lösung 5.65

Alle nachfolgenden Funktionen $y = f(x)$ sind auf ganz $\mathbb{R}$ definiert. Wir verwenden:

$$\sin x \text{ ist } 2\pi\text{-periodisch} \implies \sin(nx) \text{ ist } \frac{2\pi}{n}\text{-periodisch}.$$

Ist $g : \mathbb{R} \to \mathbb{R}$, dann ist $g \circ \sin$ ebenfalls 2π periodisch. Entsprechendes gilt für den cos.

a) Es gilt $P = 2\pi$ und $-\dfrac{4}{3} \le y \le \dfrac{4}{3}$.

b) Es gilt $\sinh(x + \sin x) = \frac{1}{2}\left(e^x e^{\sin x} - e^{-x} e^{-\sin x}\right)$. Die Anteile $e^{\pm \sin x}$ sind zwar insgesamt 2π-periodisch, bedingt durch die Anteile $e^{\pm x}$ ist f jedoch nicht periodisch und unbeschränkt.

c) Es gilt $P = \dfrac{\pi}{2}$ und $-e \le y \le -\dfrac{1}{e}$, da $-1 \le \cos(4x) \le 1$.

d) Es gilt $\ln(2\sin^2 x + 1) = \ln(2 - \cos(2x))$. Daran erkennen Sie, dass $P = \pi$ und $0 \le y \le \ln 3$, da $1 \le 2 - \cos(2x) \le 3$.

Lösung 5.66

Es gilt

$$c = \tanh x = \frac{e^x - e^{-x}}{e^x + e^{-x}} = \frac{e^{2x} - 1}{e^{2x} + 1}.$$

Daraus ergibt sich

$$ce^{2x} + c = e^{2x} - 1 \quad \Longleftrightarrow \quad c + 1 = e^{2x} - ce^{2x} \quad \Longleftrightarrow \quad e^{2x} = \frac{1 + c}{1 - c}$$

$$\Longleftrightarrow \quad x = \frac{1}{2}\ln\frac{1 + c}{1 - c}.$$

Damit der ln wohldefiniert ist, muss

$$\frac{1 + c}{1 - c} > 0 \quad \Longleftrightarrow \quad \left\{ \begin{array}{lll} 1 + c > 0 & \text{und} & 1 - c > 0 \\ & \text{oder} & \\ 1 + c < 0 & \text{und} & 1 - c < 0 \end{array} \right\}$$

$$\Longleftrightarrow \quad \left\{ \begin{array}{lll} c > -1 & \text{und} & c < 1 \\ & \text{oder} & \\ c < -1 & \text{und} & c > 1 \end{array} \right\}$$

gelten. Da die Bedingungen $c < -1$ und $c > 1$ nicht gleichzeitig zu erfüllen sind, gilt insgesamt $|c| < 1$.

Lösung 5.67

Die nachfolgenden Darstellungen gelten für alle $x \in \mathbb{R}$.

a) Es gilt

$$\cosh x = \frac{1}{2}\left(e^x + e^{-x}\right) = \frac{1}{2}\left(e^{-x} + e^x\right) = \frac{1}{2}\left(e^{i(ix)} + e^{-i(ix)}\right)$$

$$= \frac{1}{2}\left(\cos(ix) + i\sin(ix) + \cos(ix) - i\sin(ix)\right)$$

$$= \cos(ix).$$

b) Es gilt

$$i \sinh x = \frac{i}{2}\left(e^x - e^{-x}\right) = -\frac{i}{2}\left(e^{-x} - e^x\right) = \frac{1}{2i}\left(e^{i(ix)} - e^{-i(ix)}\right)$$

$$= \frac{1}{2i}\left(\cos(ix) + i\sin(ix) - \cos(ix) + i\sin(ix)\right)$$

$$= \sin(ix).$$

c) Es gilt

$$i \tanh x = \frac{i \sinh x}{\cosh x} = \frac{\sin(ix)}{\cos(ix)} = \tan(ix).$$

Lösung 5.68

Sei $y := \text{Ar} \cosh x$. Aus $x = \cosh y = \frac{e^y + e^{-y}}{2}$ folgt $2x = e^y + e^{-y}$, also

$$e^{2y} - 2xe^y + 1 = 0 \implies e^y = x \pm \sqrt{x^2 - 1},$$

und das bedeutet

$$y = \ln(x \pm \sqrt{x^2 - 1}).$$

Damit der ln wohldefiniert ist, müssen

$$x \pm \sqrt{x^2 - 1} > 0 \text{ und } x^2 - 1 \geq 0$$

gelten. Um beide Bedingungen zu erfüllen, resultiert daraus die Darstellung

$$\text{Ar} \cosh x = \ln(x + \sqrt{x^2 - 1}) \text{ für } x \geq 1.$$

Lösung 5.69

a) Sei $y := \text{Ar} \tanh x$. Aus $\tanh y = \frac{e^y - e^{-y}}{e^y + e^{-y}}$ folgt $(1 - x)e^{2y} = x + 1$, also

$$e^{2y} = \frac{x + 1}{1 - x} \implies e^y = \sqrt{\frac{x + 1}{1 - x}},$$

und das bedeutet

$$y = \text{Ar} \tanh x = \ln \sqrt{\frac{x + 1}{1 - x}} = \frac{1}{2} \ln\left(\frac{1 + x}{1 - x}\right).$$

Damit der ln wohldefiniert ist, muss

$$\frac{x+1}{1-x} > 0 \quad \Longleftrightarrow \quad \left\{ \begin{array}{ccc} 1+x > 0 & \text{und} & 1-x > 0 \\ & \text{oder} & \\ 1+x < 0 & \text{und} & 1-x < 0 \end{array} \right\}$$

$$\Longleftrightarrow \quad \left\{ \begin{array}{ccc} x > -1 & \text{und} & x < 1 \\ & \text{oder} & \\ x < -1 & \text{und} & x > 1 \end{array} \right\}$$

gelten. Da die Bedingungen $x < -1$ und $x > 1$ nicht gleichzeitig zu erfüllen sind, gilt insgesamt

$$\operatorname{Ar} \tanh x = \frac{1}{2} \ln \left(\frac{1+x}{1-x} \right) \quad \text{für } |x| < 1.$$

1. Sei $y := \operatorname{Ar} \coth x$. Aus $\coth y = \frac{e^y + e^{-y}}{e^y - e^{-y}}$ folgt $(x-1)e^{2y} = x+1$, also

$$e^{2y} = \frac{x+1}{x-1} \quad \Longrightarrow \quad e^y = \sqrt{\frac{x+1}{x-1}},$$

und das bedeutet

$$y = \operatorname{Ar} \tanh x = \ln \sqrt{\frac{x+1}{x-1}} = \frac{1}{2} \ln \left(\frac{x+1}{x-1} \right).$$

Damit der ln wohldefiniert ist, muss

$$\frac{x+1}{x-1} > 0 \quad \Longleftrightarrow \quad \left\{ \begin{array}{ccc} x+1 > 0 & \text{und} & x-1 > 0 \\ & \text{oder} & \\ x+1 < 0 & \text{und} & x-1 < 0 \end{array} \right\}$$

$$\Longleftrightarrow \quad \left\{ \begin{array}{ccc} x > -1 & \text{und} & x > 1 \\ & \text{oder} & \\ x < -1 & \text{und} & x < 1 \end{array} \right\}$$

gelten. Das bedeutet $x > 1$ oder $x < -1$, also insgesamt

$$\operatorname{Ar} \coth x = \frac{1}{2} \ln \left(\frac{x+1}{x-1} \right) \quad \text{für } x \in \mathbb{R} \setminus [-1, +1].$$

Differentialrechnung in $\mathbb{R}$

6.1 Der Ableitungsbegriff

Aufgabe 6.1
Überprüfen Sie, ob der Grenzwert $G := \lim_{h \to 0} \frac{f(x_0+h)-f(x_0)}{h}$ für folgende Funktionen existiert:

$\quad$ a) $f(x) = x^2$, $\qquad$ b) $f(x) = x^3$, $\qquad$ c) $f(x) = x^{\frac{1}{2}}$, $\qquad$ d) $f(x) = x^{\frac{1}{3}}$.

Aufgabe 6.2
Berechnen Sie für die Funktionen aus der vorherigen Aufgabe die Tangenten jeweils im Punkt $x_0 = 1$.

Aufgabe 6.3
Gegeben sei $f : [0, \infty) \to \mathbb{R}$ mit $f(x) = \sqrt{x+1} - \sqrt{|x-1|}$.

a) Wo ist f differenzierbar?

b) Bestimmen Sie dort, wo f' nicht existiert, die rechts- und linksseitige Ableitung von f.

Aufgabe 6.4
Untersuchen Sie die Funktion

$$f(x) := \begin{cases} -x^2 & : x \le 0, \\ \cosh x - 1 & : x > 0 \end{cases}$$

in $x_0 = 0$ auf Stetigkeit und Differenzierbarkeit.

Aufgabe 6.5
Untersuchen Sie die Funktion

$$f(x) := \begin{cases} |x| \ln |x| & : x \ne 0, \\ 0 & : x = 0 \end{cases}$$

auf Stetigkeit und Differenzierbarkeit in $\mathbb{R}$.

W. Merz, P. Knabner, *Endlich gelöst! Aufgaben zur Mathematik für Ingenieure und Naturwissenschaftler*, Springer-Lehrbuch, DOI 10.1007/978-3-642-54529-0_6, © Springer-Verlag Berlin Heidelberg 2014

Aufgabe 6.6

Sei $D \subset \mathbb{R}$ und $a \in D$ ein Punkt derart, dass mindestens eine Folge $(x_n)_{n \in \mathbb{N}} \in D \setminus \{a\}$ existiert mit $\lim_{n \to \infty} = a$. Zeigen Sie:

Eine Funktion $f : D \to \mathbb{R}$ ist genau dann in $x_0 = a$ differenzierbar, wenn es eine Konstante $c \in \mathbb{R}$ gibt, sodass

$$f(x) = f(a) + c(x - a) + \varphi(x),$$

wobei $x \in D$ und φ eine Funktion ist, für die

$$\lim_{x \to a} \frac{\varphi(x)}{x - a} = 0$$

gilt. In diesem Fall ist $c = f'(a)$.

Lösungsvorschläge

Lösung 6.1

Bei allen vorgegebenen Funktionen existiert der Grenzwert G, womit diese Funktionen auf den angegebenen Definitionsbereichen differenzierbar sind.

a) Für $x_0 \in \mathbb{R}$ gilt

$$\lim_{h \to 0} \frac{(x_0 + h)^2 - x_0^2}{h} = \lim_{h \to 0} \frac{x_0^2 + 2x_0 h + h^2 - x_0^2}{h} = \lim_{h \to 0} (2x_0 + h) = 2x_0.$$

b) Für $x_0 \in \mathbb{R}$ gilt

$$\lim_{h \to 0} \frac{(x_0 + h)^3 - x_0^3}{h} = \lim_{h \to 0} \frac{x_0^3 + 3x_0^2 h + 3x_0 h^2 + h^3 - x_0^3}{h}$$

$$= \lim_{h \to 0} 3x_0^2 + 3x_0 h + h^2 = 3x_0^2.$$

c) Für $x_0 \in [0, \infty)$ gilt

$$\lim_{h \to 0} \frac{(x_0 + h)^{1/2} - x_0^{1/2}}{h} = \lim_{h \to 0} \frac{\left((x_0 + h)^{1/2} - x_0^{1/2} \right) \left((x_0 + h)^{1/2} + x_0^{1/2} \right)}{h \left((x_0 + h)^{1/2} + x_0^{1/2} \right)}$$

$$= \lim_{h \to 0} \frac{1}{(x_0 + h)^{1/2} + x_0^{1/2}} = \frac{1}{2x_0^{1/2}}.$$

d) Für $x_0 \in \mathbb{R}$ gilt

$$\lim_{h \to 0} \frac{(x_0 + h)^{1/3} - x_0^{1/3}}{h}$$

$$= \lim_{h \to 0} \frac{\left((x_0 + h)^{1/3} - x_0^{1/3}\right) \sum_{k=0}^{2} (x_0 + h)^{(2-k)/3} x_0^{k/3}}{h \sum_{k=0}^{2} (x_0 + h)^{(2-k)/3} x_0^{k/3}}$$

$$= \lim_{h \to 0} \frac{\left((x_0 + h)^{1/3} - x_0^{1/3}\right) \left((x_0 + h)^{2/3} + (x_0 + h)^{1/3} x_0^{1/3} + x_0^{2/3}\right)}{h \left((x_0 + h)^{2/3} + (x_0 + h)^{1/3} x_0^{1/3} + x_0^{2/3}\right)}$$

$$= \lim_{h \to 0} \frac{1}{(x_0 + h)^{2/3} + (x_0 + h)^{1/3} x_0^{1/3} + x_0^{2/3}} = \frac{1}{3} x_0^{-2/3}.$$

Anmerkung Siehe dazu auch die Lösung zu Aufgabe 5.41.

Lösung 6.2

Die Gleichung für die Tangente im Punkt $x_0 \in D_f$ lautet

$$T(x) = (x - x_0) \lim_{h \to 0} \frac{f(x_0 + h) - f(x_0)}{h} + f(x_0).$$

Für $x_0 = 1$ resultieren daraus

a) $T(x) = 2(x - 1) + 1 = 2x - 1,$
b) $T(x) = 3(x - 1) + 1 = 3x - 2,$
c) $T(x) = \dfrac{1}{2}(x - 1) + 1 = \dfrac{x + 1}{2},$
d) $T(x) = \dfrac{1}{3}(x - 1) + 1 = \dfrac{x + 2}{3}.$

Lösung 6.3

a) Die Funktion ist auf $[0, +\infty) \setminus \{1\}$ differenzierbar. An der Stelle $x = 1$ existiert weder der links- noch der rechtsseitige Grenzwert, wie Sie in der nächsten Teilaufgabe sehen werden. Der Funktionswert an dieser Stelle lautet $f(1) = \sqrt{2}$.

b) Für den links- und rechtsseitigen Grenzwert von f ergibt sich

$$\lim_{x\to 1-}\frac{f(x)-f(1)}{x-1}=\lim_{x\to 1-}\frac{\sqrt{x+1}-\sqrt{1-x}-\sqrt{2}}{x-1}$$

$$=\lim_{x\to 1-}\frac{\sqrt{x+1}-\sqrt{2}}{x-1}-\lim_{x\to 1-}\frac{\sqrt{1-x}}{x-1}$$

$$=\lim_{x\to 1-}\frac{x-1}{(x-1)(\sqrt{x+1}+\sqrt{2})}+\lim_{x\to 1-}\frac{1}{\sqrt{x-1}}$$

$$=\frac{1}{2\sqrt{2}}+\lim_{x\to 1-}\frac{1}{\sqrt{x-1}}=+\infty,$$

$$\lim_{x\to 1+}\frac{f(x)-f(1)}{x-1}=\lim_{x\to 1+}\frac{\sqrt{x+1}-\sqrt{x-1}-\sqrt{2}}{x-1}$$

$$=\lim_{x\to 1+}\frac{\sqrt{x+1}-\sqrt{2}}{x-1}-\lim_{x\to 1+}\frac{\sqrt{x-1}}{x-1}$$

$$=\lim_{x\to 1+}\frac{x-1}{(x-1)(\sqrt{x+1}+\sqrt{2})}-\lim_{x\to 1+}\frac{1}{\sqrt{x-1}}$$

$$=\frac{1}{2\sqrt{2}}-\lim_{x\to 1+}\frac{1}{\sqrt{x-1}}=-\infty.$$

Anmerkung In Abschn. 6.3 wird eine derartige Stelle eine *Spitze* genannt: Die Funktion ist stetig an dieser Stelle, es existieren verschiedene uneigentliche links- und rechtsseitige Ableitungen, womit die Funktion dort nicht differenzierbar ist.

Lösung 6.4

Als Komposition stetiger Funktionen ist f auf $\mathbb{R}_- = \{x \in \mathbb{R} : x < 0\}$ und auf $\mathbb{R}_+ = \{x \in \mathbb{R} : x > 0\}$ stetig. An der Stelle $x_0 = 0$ gilt

$$\lim_{x\to 0-} f(x) = f(0) = 0,$$

$$\lim_{x\to 0+} f(x) = \lim_{x\to 0+}\left[\frac{e^x + e^{-x}}{2} - 1\right] = 0.$$

Damit ist f an der Stelle $x_0 = 0$ stetig. Um eine Aussage über die Differenzierbarkeit an dieser Stelle zu machen, formulieren wir zunächst den Differenzenquotienten:

$$\frac{f(x)-f(x_0)}{x-x_0}=\frac{f(x)}{x}=\begin{cases} -x & : x \le 0, \\ \dfrac{\cosh x - 1}{x} & : x > 0. \end{cases}$$

Nun gilt

$$\cosh x - 1 = \frac{e^x + e^{-x}}{2} = \frac{1}{2}\left(\sum_{n=0}^{\infty} \frac{x^n}{n!} + \sum_{n=0}^{\infty} \frac{(-x)^n}{n!}\right) - 1$$

$$= \frac{1}{2} \sum_{n=0}^{\infty} \frac{1 + (-1)^n}{n!} x^n - 1 = \frac{1}{2} \sum_{n=0}^{\infty} \frac{2}{(2n)!} x^{2n} - 1$$

$$= \sum_{n=0}^{\infty} \frac{1}{(2n)!} x^{2n} - 1 = 1 + \frac{x^2}{2!} + \frac{x^4}{4!} + \frac{x^6}{6!} + \cdots - 1$$

$$= x^2 \left(\frac{1}{2!} + \frac{x^2}{4!} + \frac{x^4}{6!} + \cdots\right).$$

Damit ist

$$\frac{\cosh x - 1}{x} = x^2 \left(\frac{1}{2!} + \frac{x^2}{4!} + \frac{x^4}{6!} + \cdots\right).$$

Insgesamt ergibt sich sofort

$$\lim_{x \to 0-} \frac{f(x)}{x} = \lim_{x \to 0-} (-x) = 0,$$

$$\lim_{x \to 0+} \frac{f(x)}{x} = \lim_{x \to 0+} \left[\frac{\cosh x - 1}{x}\right] = 0.$$

Link- und rechtsseitiger Grenzwert des Differenzenquotienten sind gleich, damit ist f in $x_0 = 0$ differenzierbar.

Anmerkung Ohne Reihenentwicklung wären wir momentan noch nicht in der Lage, den Grenzwert zu bestimmen. Dies wäre mit der Regel von L'Hospital zu bewerkstelligen, welche im späteren Abschn. 6.8 besprochen wird.

Die gegebene Funktion ist natürlich auf ganz $\mathbb{R}$ differenzierbar, weil an jeder beliebigen Stelle der entsprechende Differenzenquotient existiert.

Lösung 6.5

Lassen Sie uns zunächst den Betrag der gegebenen Funktion auflösen. Es ergibt sich

$$f(x) := \begin{cases} -x\ln(-x) & : x < 0, \\ 0 & : x = 0, \\ x\ln x & : x > 0. \end{cases}$$

Als Komposition stetiger Funktionen ist f auf $\mathbb{R}_- = \{x \in \mathbb{R} : x < 0\}$ und auf $\mathbb{R}_+ = \{x \in \mathbb{R} : x > 0\}$ stetig. Im Lehrbuch wurde in Abschn. 5.7 festgestellt, dass $\lim_{x \to 0+} (x^n \ln x) = 0$ für alle $n \in \mathbb{N}$ gilt, somit ergibt sich an der Stelle $x_0 = 0$:

$$\lim_{x \to 0-} f(x) = \lim_{x \to 0-} ((-x)\ln(-x)),$$
$$= \lim_{x \to 0+} f(x) = \lim_{x \to 0+} (x \ln x) = 0.$$

Daraus resultiert die Stetigkeit in $x_0 = 0$ und damit insgesamt die Stetigkeit auf ganz $\mathbb{R}$. Um eine Aussage über die Differenzierbarkeit an dieser Stelle zu treffen, formulieren wir zunächst den Differenzenquotienten:

$$\frac{f(x) - f(x_0)}{x - x_0} = \frac{f(x)}{x} = \begin{cases} -\ln(-x) & : \; x < 0, \\ \ln x & : \; x > 0. \end{cases}$$

An dieser Darstellung erkennen Sie sofort, dass

$$\lim_{x \to 0\pm} \frac{f(x)}{x} = \pm \infty$$

gilt und somit keine Differenzierbarkeit in $x_0 = 0$ vorliegt.

Lösung 6.6

Es sind beide Richtungen zu zeigen:

a) Sei f in a differenzierbar, und es gelte $c = f'(a)$:
   Wir definieren die Funktion φ durch

$$\varphi(x) := f(x) - f(a) - c(x - a).$$

Dann gilt nach der o. g. Voraussetzung $c = f'(a)$, dass

$$\frac{\varphi(x)}{x - a} = \frac{f(x) - f(a)}{x - a} - \underbrace{f'(a)}_{= c} .$$

Da f als differenzierbar vorausgesetzt wurde, gilt

$$\lim_{x \to a} \frac{\varphi(x)}{x - a} = \lim_{x \to a} \left\{ \frac{f(x) - f(a)}{x - a} - f'(a) \right\} = 0.$$

b) Es gelte $f(x) = f(a) + c(x - a) + \varphi(x)$ mit $\lim_{x \to a} \frac{\varphi(x)}{x - a} = 0$:
   Dann gilt mit diesen Voraussetzungen, dass

$$\lim_{x \to a} \frac{\varphi(x)}{x - a} = \lim_{x \to a} \left\{ \frac{f(x) - f(a)}{x - a} - c \right\} = 0,$$

also

$$\lim_{x \to a} \frac{f(x) - f(a)}{x - a} = c.$$

Das bedeutet, dass f differenzierbar ist und $c = f'(a)$.

Anmerkung Hinter dieser Aufgabenstellung verbirgt sich das im Lehrbuch formulierte LEIBNIZ'sche Tangentenproblem. Demnach ist

$$T(x) = f(a) + c((x - a)$$

die Tangente an den Graphen von f im Punkt $(a, f(a))$.

6.2 Ableitungen elementarer Funktionen

Aufgabe 6.7

Berechnen Sie mithilfe des Differenzenquotienten die Ableitung von

$$a)\ f(x) = x^2 + e^{-x}, \quad b)\ f(x) = x^{\frac{p}{q}}, \ p, q \in \mathbb{R}.$$

Hinweis In Teilaufgabe b) genügt es, $x_0 = 1$ zu wählen. Begründen Sie dies!

Aufgabe 6.8

Berechnen Sie in $x_0 \in \mathbb{R}$ mithilfe des Differenzenquotienten die Ableitung von

a) $f(x) = \dfrac{ax + b}{cx + d}, \ ad - bc \neq 0, \ x \neq -\dfrac{d}{c}$ falls $c \neq 0$,

b) $g(x) = (ax + b)^{\frac{3}{2}}, \ a, b \in \mathbb{R}$,

c) $h(x) = (ax - b)^n, \ a, b \in \mathbb{R}, \ n \in \mathbb{N}$.

Aufgabe 6.9

Versuchen Sie, die Differenzierbarkeit von $f(x) = \ln x$ mithilfe des Differenzenquotienten zu zeigen.

Lösungsvorschläge

Lösung 6.7

a) Wir verwenden die Exponentialreihe. Es gilt

$$f'(x_0) = \lim_{h \to 0} \frac{f(x_0 + h) - f(x_0)}{h} = \lim_{h \to 0} \frac{(x_0 + h)^2 - x_0^2 + e^{-x_0 - h} - e^{-x_0}}{h}$$

$$= \lim_{h \to 0} (2x_0 + h) + \lim_{h \to 0} e^{-x_0} \frac{e^{-h} - 1}{h}.$$

Nun gilt

$$\frac{e^{-h} - 1}{h} = \frac{1}{h} \left(\sum_{k=0}^{\infty} \frac{(-h)^k}{k!} - 1 \right) = \frac{1}{h} \sum_{k=1}^{\infty} \frac{(-h)^k}{k!}$$

$$= \frac{1}{h} \left(-h + \frac{h^2}{2} - \frac{h^3}{6} \pm \cdots \right) = \underbrace{-1 + \frac{h}{2} - \frac{h^2}{6} \pm \cdots}_{\to -1 \text{ für } h \to 0}.$$

Daraus resultiert insgesamt

$$f'(x_0) = 2x_0 - e^{-x_0}.$$

b) Sei $\beta := \frac{p}{q} \in \mathbb{R}$, dann ist $f(x) = x^{\beta}$ für $x > 0$ differenzierbar und $f'(x) = \beta x^{\beta - 1}$. Es genügt, dies mithilfe des Differenzenquotienten an der Stelle $x_0 = 1$ zu zeigen, denn für $a > 0$ gilt

$$f'(a) = \lim_{x \to a} \frac{x^{\beta} - a^{\beta}}{x - a} = a^{\beta - 1} \lim_{x \to a} \frac{(x/a)^{\beta} - 1}{x/a - 1} =: a^{\beta - 1} \lim_{y \to 1} \frac{y^{\beta} - 1}{y - 1}$$

$$= \beta a^{\beta - 1}.$$

Wir erklären jetzt, dass $\lim_{y \to 1} \frac{y^{\beta} - 1}{y - 1} = \beta$ gilt, und unterscheiden dazu einige Fälle:

1. Sei $\beta \in \mathbb{N}$. Eine Polynomdivision ergibt

$$f'(1) = \lim_{x \to 1} \frac{x^{\beta} - 1}{x - 1} = \lim_{x \to 1} \underbrace{\left(1 + x + x^2 + \cdots + x^{\beta - 1} \right)}_{\beta \text{ Summanden}} = \beta.$$

2. Sei $\beta = \frac{p}{q} \in \mathbb{Q}$. Dann ergibt sich mit $y = x^q$ die Darstellung

$$f'(1) = \lim_{x \to 1} \frac{x^{p/q} - 1}{x - 1} = \lim_{x \to 1} \frac{y^p - 1}{y^q - 1} = \lim_{x \to 1} \frac{\frac{y^p - 1}{y - 1}}{\frac{y^q - 1}{y - 1}} = \frac{p}{q} = \beta.$$

3. Sei $\beta > 0$. Wir wählen $\varepsilon > 0$ und $r, s \in \mathbb{Q}$ derart, dass

$$\beta - \frac{\varepsilon}{2} < r < \beta < s < \beta + \frac{\varepsilon}{2}.$$

Wir wählen zudem $\delta > 0$, sodass

$$r - \frac{\varepsilon}{2} < \frac{x^r - 1}{x - 1} < \frac{x^s - 1}{x - 1} < s + \frac{\varepsilon}{2}$$

für alle $x > 0$ mit $|x - 1| < \delta$. Dann gilt

$$\beta - \varepsilon < r - \frac{\varepsilon}{2} < \frac{x^\beta - 1}{x - 1} < s + \frac{\varepsilon}{2} < \beta + \varepsilon.$$

Das bedeutet $f'(1) = \beta$.

4. Sei $\beta < 0$. Dann gilt

$$\lim_{x \to 1} \frac{x^\beta - 1}{x - 1} = \lim_{x \to 1} x^\beta \lim_{x \to 1} \frac{1 - x^{-\beta}}{x - 1} = \beta.$$

Lösung 6.8

a) Wir formen zuerst um:

$$\frac{f(x) - f(x_0)}{x - x_0} = \left(\frac{ax + b}{cx + d} - \frac{ax_0 + b}{cx_0 + d} \right) \cdot \frac{1}{x - x_0}$$

$$= \frac{(ax + b)(cx_0 + d) - (cx + d)(ax_0 + b)}{(cx + d)(cx_0 + d)} \cdot \frac{1}{x - x_0}$$

$$= \frac{acx_0 + adx + bcx_0 + bd - acx_0 - bcx - adx_0 + bd}{(cx + d)(cx_0 + d)(x - x_0)}$$

$$= \frac{(ad - bc)x - (ad - bc)x_0}{(cx + d)(cx_0 + d)(x - x_0)} = \frac{ad - bc}{(cx + d)(cx_0 + d)}.$$

Der Grenzübergang ergibt

$$f'(x_0) = \lim_{x \to x_0} \frac{f(x) - f(x_0)}{x - x_0} = \frac{ad - bc}{(cx_0 + d)^2}.$$

b) Wir formen zuerst um:

$$\frac{g(x) - g(x_0)}{x - x_0} = \frac{(ax + b)^{3/2} - (ax_0 + b)^{3/2}}{x - x_0}$$

$$= \frac{\left[(ax + b)^{3/2} - (ax_0 + b)^{3/2}\right]\left[(ax + b)^{3/2} + (ax_0 + b)^{3/2}\right]}{(x - x_0)\left[(ax + b)^{3/2} + (ax_0 + b)^{3/2}\right]}$$

$$= \frac{(ax + b)^3 - (ax_0 + b)^3}{(x - x_0)\left[(ax + b)^{3/2} + (ax_0 + b)^{3/2}\right]}$$

$$= \frac{\left[(ax + b) - (ax_0 + b)\right]\left[(ax + b)^2 + (ax + b)(ax_0 + b) + (ax_0 + b)^2\right]}{(x - x_0)\left[(ax + b)^{3/2} + (ax_0 + b)^{3/2}\right]}$$

$$= \frac{a\left[(ax + b)^2 + (ax + b)(ax_0 + b) + (ax_0 + b)^2\right]}{(ax + b)^{3/2} + (ax_0 + b)^{3/2}}.$$

Der Grenzübergang ergibt

$$g'(x_0) = \lim_{x \to x_0} \frac{g(x) - g(x_0)}{x - x_0} = \frac{3a(ax_0 + b)^2}{2(ax_0 + b)^{3/2}} = \frac{3}{2}a\sqrt{ax_0 + b}.$$

c) Die binomische Formel darf in der folgenden Form geschrieben werden:

$$a^n - b^n = (a - b)\sum_{k=0}^{n-1} a^k b^{n-1-k}$$

$$= (a - b)\left(a^{n-1} + a^{n-2}b + \cdots + ab^{n-2} + b^{n-1}\right).$$

Dies wurde in Aufgabe 1.35 per vollständiger Induktion bestätigt. Damit ergibt sich für $a := ax - b$ und $b := ax_0 - b$ die Darstellung

$$\frac{h(x) - h(x_0)}{x - x_0} = \frac{(ax - b)^n - (ax_0 - b)^n}{x - x_0}$$

$$= \frac{\left[(ax - b) - (ax_0 - b)\right]\sum_{k=0}^{n-1}(ax - b)^k(ax_0 - b)^{n-1-k}}{x - x_0}$$

$$= a\sum_{k=0}^{n-1}(ax - b)^k(ax_0 - b)^{n-1-k}.$$

Der Grenzübergang ergibt

$$h'(x_0) = \lim_{x \to x_0} \frac{h(x) - h(x_0)}{x - x_0} = a \sum_{k=0}^{n-1} (ax_0 - b)^{n-1}$$

$$= a(ax_0 - b)^{n-1} \sum_{k=0}^{n-1} 1 = a(ax_0 - b)^{n-1} n.$$

Lösung 6.9

In Aufgabe 5.58 wurde dies bereits als Teilschritt einer anderen Aufgabenstellung durchgeführt, ohne darauf einzugehen, dass es sich hierbei um den Differenzenquotienten und um die Ableitung des ln an der speziellen Stelle $x_0 = e$ handelte. Wir verallgemeinern die damaligen Betrachtungen für ein beliebiges $x \in (0, \infty)$ wie folgt:

Wir setzen

$$y + \varepsilon := \ln(x + h) \quad \Longrightarrow \quad x + h = e^{y+\varepsilon}, \ \varepsilon > 0,$$

$$y := \ln x \quad \Longrightarrow \quad x = e^y.$$

Damit ergibt sich nun

$$(\ln x)' = \lim_{h \to 0} \frac{\ln(x + h) - \ln x}{h} = \lim_{h \to 0} \frac{\ln(x + h) - \ln x}{(x + h) - x} = \lim_{\varepsilon \to 0} \frac{(y + \varepsilon) - y}{e^{y+\varepsilon} - e^y}$$

$$= \frac{1}{e^y} \underbrace{\lim_{\varepsilon \to 0} \frac{\varepsilon}{e^\varepsilon - 1}}_{= 1} = \frac{1}{e^y} = \frac{1}{e^{\ln x}} = \frac{1}{x}.$$

Anmerkung Im nächsten Abschnitt werden Sie die eben vorgestellte Vorgehensweise im Beweis zum Satz über die Ableitung der Umkehrfunktion in allgemeinerer Form wiedererkennen. Die Aussage darin wird sein: Ist die Ableitung einer Funktion f bekannt, so kann damit gemäß der Formel

$$(f^{-1})'(x) = \frac{1}{f'(f^{-1}(x))}$$

die Ableitung der Umkehrfunktion f^{-1} berechnet werden. Im vorliegenden Fall entspricht $f(x) = e^x$.

6.3 Ableitungsregeln

Aufgabe 6.10

Sei $f(x) = \arctan x + \arctan \dfrac{1 - x}{1 + x}$, $x \neq -1$. Vereinfachen und skizzieren Sie f. Bestimmen Sie f'.

Aufgabe 6.11

Bestimmen Sie den maximalen Definitionsbereich und die Ableitung der folgenden Funktionen:

a) $f(x) = \dfrac{1 - \sqrt[3]{2x}}{1 + \sqrt[3]{2x}}$,

b) $f(x) = \sin(\sin(\ln x))$,

c) $f(x) = \arctan(1 - \ln(\ln x))$,

d) $f(x) = \sqrt{1 + \tan^2 x + \tan^4 x}$,

e) $f(x) = \sqrt{x}^{\sqrt{\sin x}}$,

f) $f(x) = \arctan\left(\dfrac{2x}{1 - x^2}\right) - 2 \arctan x$.

Aufgabe 6.12

Gegeben sei die Funktion

$$f(x) = \frac{e^{|x-5|}}{x - 1}.$$

Wo ist f definiert, stetig bzw. differenzierbar?

Aufgabe 6.13

Auf welchen Intervallen sind nachfolgende Funktionen f definiert, wo sind sie differenzierbar und wie lauten deren Ableitungen?

a) $f(x) = \ln|\tan x|$,

b) $f(x) = x^{-2}(2 \sin x + \cos x)$,

c) $f(x) = (x + a)(x + b)x^{-n}$, $n \in \mathbb{N}$, $a, b \in \mathbb{R}$,

d) $f(x) = \arctan\left[(e^x - e^{-x})(e^x + e^{-x})\right]$.

Aufgabe 6.14

Auf welchen Intervallen sind nachfolgende Funktionen f definiert, wo sind sie differenzierbar und wie lauten deren Ableitungen?

a) $f(x) = \sqrt{x\sqrt{x\sqrt{x}}}$,

b) $f(x) = \cos(\sin(\cos x))$,

c) $f(x) = \dfrac{A}{\sqrt[3]{x^2}}$.

Aufgabe 6.15

Zeigen Sie, dass die Ableitung einer geraden Funktion ungerade und die Ableitung einer ungeraden Funktion gerade ist.

Aufgabe 6.16

Die Funktion $f(x) = x + e^{2x}$ ist auf ganz $\mathbb{R}$ streng monoton wachsend, also existiert die Umkehrfunktion $g := f^{-1}$. Bestimmen Sie $g(1)$ und $g'(1)$.

Aufgabe 6.17

Verwenden Sie den Satz über die Ableitung der Umkehrfunktion, und berechnen Sie damit die Ableitung von $f(x) = \ln(\sqrt{x})$, $x > 0$.

Aufgabe 6.18

Auf welchen Intervallen sind nachfolgende Funktionen f definiert, wo sind sie differenzierbar und wie lauten deren Ableitungen?

a) $f(x) = \arcsin\left[(x+1)(x-1)^{-1}\right]$,
b) $f(x) = \exp(x^3) - (\exp x)^3$,
c) $f(x) = \arctan x + \arctan \frac{1}{x}$.

Aufgabe 6.19

Auf welchen Intervallen sind nachfolgende Funktionen f definiert, wo sind sie differenzierbar und wie lauten deren Ableitungen?

a) $f(x) = x^n a^x$, $a > 0$,
b) $f(x) = (x \sin x + \cos x)(x \cos x - \sin x)^{-1}$,
c) $f(x) = \left[\arctan(x^2)\right]^{1/2}$.

Aufgabe 6.20

Berechnen Sie die Ableitungen folgender Funktionen $f_k : \mathbb{R} \to \mathbb{R}$, $k = 1, \ldots, 5$:

$$f_1(x) = x^{(x^x)}, \quad f_2(x) = (x^x)^x, \quad f_3(x) = x^{(x^a)},$$
$$f_4(x) = x^{(a^x)}, \quad f_5(x) = a^{(x^x)}.$$

Aufgabe 6.21

Berechnen Sie die Ableitungen nachstehender Funktionen:

a) $f(x) = \log_a(x)$,
b) $f(x) = x^{\ln x}$,
c) $\sqrt{x}^{\sqrt{\sin x}}$,
d) $\dfrac{de^x}{de} = ?$.

Aufgabe 6.22

Bestimmen Sie annähernd die Volumenänderung eines Würfels mit der Kantenlänge x cm, wenn diese um 1 % zunimmt.

Lösungsvorschläge

Lösung 6.10

Wir verwenden die Darstellung

$$\tan(x + y) = \frac{\tan x + \tan y}{1 - \tan x \cdot \tan y}.$$

Damit ergibt sich

$$\tan\left(\arctan x + \arctan \tfrac{1-x}{1+x}\right) = \frac{\tan(\arctan x) + \tan\left(\arctan \tfrac{1-x}{1+x}\right)}{1 - \tan(\arctan x) \cdot \tan\left(\arctan \tfrac{1-x}{1+x}\right)}$$

$$= \frac{x + \tfrac{1-x}{1+x}}{1 - x \cdot \tfrac{1-x}{1+x}} = \frac{x(1+x) + (1-x)}{1+x - x(1-x)} = 1.$$

Da $\tan x = 1$ für $x = \pi/4 + k\pi$, $k \in \mathbb{Z}$, gilt

$$f(x) = \pi/4 + k\pi, \quad k \in \mathbb{Z}.$$

Da weiter $f(0) = \arctan 0 + \arctan 1 = \pi/4$, ergibt sich

$$f(x) \equiv \frac{\pi}{4} \ \text{ für } \ x > -1.$$

Aus $\lim_{x \to -\infty} f(x) = -\pi/2 + \arctan(-1) = -\pi/2 - \pi/4 = -(3\pi)/4$ resultiert dann insgesamt die Treppenfunktion

$$f(x) := \begin{cases} \frac{\pi}{4} & : \ x > -1, \\ -\frac{3\pi}{4} & : \ x < -1. \end{cases}$$

Diese stückweise konstante Funktion ist auf den beiden Ästen $(-\infty, -1)$ und $(-1, +\infty)$ differenzierbar, und es gilt natürlich $f'(x) = 0$. Mithilfe der Differentiationsregeln wird dies auch bestätigt, denn

$$f'(x) = \frac{1}{1 + x^2} + \frac{1}{1 + \tfrac{1-x}{1+x}} \cdot \frac{-(1+x) - (1-x)}{(1+x)^2}$$

$$= \frac{1}{1 + x^2} - \frac{2}{(1+x)^2 + (1-x)^2} = 0$$

$$= \frac{1}{1 + x^2} - \frac{2}{2 + 2x^2} = 0.$$

Lösung 6.11

a) Es gilt $D_f = \{x \in \mathbb{R} : x \geq 0\}$. Mit der Quotientenregel ergibt sich

$$f'(x) = \frac{-\frac{2}{3}(2x)^{-2/3}(1+\sqrt[3]{2x}) - \frac{2}{3}(2x)^{-2/3}(1+\sqrt[3]{2x})}{(1+\sqrt[3]{2x})^2}$$

$$= \frac{-2(1+\sqrt[3]{2x}) - 2(1+\sqrt[3]{2x})}{\sqrt[3]{(2x)^2}(1+\sqrt[3]{2x})^2} = \frac{-4}{\sqrt[3]{(2x)^2}(1+\sqrt[3]{2x})^2}$$

für alle $x > 0$.

Anmerkung Die Versuchung, für *ungerade* Wurzeln auch negative Werte im Definitionsbereich zuzulassen, ist groß. Nehmen Sie beispielsweise $x = -4$, dann taucht in der gegebenen Funktion der verlockende Ausdruck $\sqrt[3]{-8}$ auf. Dieser ist so nicht definiert, wie Sie im Lehrbuch auf S. 41 nochmals nachlesen dürfen. Für alle $x \in \mathbb{R}$ ist dagegen der Ausdruck $\operatorname{sgn}(x)\sqrt[3]{|x|}$ sinnvoll, den Sie ebenfalls auf der angegebenen Seite unter Folgerung 1.48 finden.

b) Es gilt $D_f = \{x \in \mathbb{R} : x > 0\}$. Mit der Kettenregel ergibt sich

$$f'(x) = \cos(\sin(\ln x)) \cdot \cos(\ln x) \cdot \frac{1}{x} \quad \text{für } x > 0.$$

c) Es gilt $D_f = \{x \in \mathbb{R} : x > 1\}$. Mit der Kettenregel ergibt sich

$$f'(x) = \frac{1}{1 + (1 - \ln(\ln x))^2} \cdot \frac{-1}{\ln x} \cdot \frac{1}{x}.$$

d) Es gilt $D_f = \mathbb{R} \setminus \{(2k+1)\frac{\pi}{2} : k \in \mathbb{Z}\}$. Die Kettenregel liefert

$$f'(x) = \frac{\frac{2\tan x}{\cos^2 x} + \frac{4\tan^3 x}{\cos^2 x}}{2\sqrt{1 + \tan^2 x + \tan^4 x}} = \frac{\frac{\tan x}{\cos^2 x} + \frac{2\tan^3 x}{\cos^2 x}}{\sqrt{1 + \tan^2 x + \tan^4 x}}.$$

e) Es gelten die Darstellungen $f(x) = \sqrt{x}^{\sqrt{\sin x}} = e^{\sqrt{\sin x}\ln\sqrt{x}}$ und $D_f = \{x \in \mathbb{R} : x \geq 0 \text{ und } x \in [2n\pi, (2n+1)\pi] \text{ für } n \in \mathbb{N}_0\}$. Es ergibt sich mit der Produkt- und Kettenregel

$$f'(x) = f(x)\left(\frac{\cos x}{2\sqrt{\sin x}}\ln\sqrt{x} + \frac{1}{\sqrt{x}}\frac{1}{2\sqrt{x}}\sqrt{\sin x}\right)$$

$$= f(x)\left(\frac{\cos x}{2\sqrt{\sin x}}\ln\sqrt{x} + \frac{1}{2x}\sqrt{\sin x}\right)$$

für alle $\{x \in \mathbb{R} : x > 0 \text{ und } x \in (2n\pi, (2n+1)\pi) \text{ für } n \in \mathbb{N}_0\}$.

Anmerkung Eine alternative Schreibweise für die Definitionsbereiche ist

$$D_f = \bigcup_{n=0}^{\infty} \left[2n\pi, (2n+1)\pi \right],$$
$$D_{f'} = \bigcup_{n=0}^{\infty} \left(2n\pi, (2n+1)\pi \right).$$

f) Es gilt $D_f = \mathbb{R} \setminus \{-1, 1\}$. Mit der Kettenregel ergibt sich

$$\left[\arctan\left(\frac{2x}{1-x^2} \right) \right]' = \frac{1}{1 + \frac{4x^2}{(1-x^2)^2}} \cdot \frac{2\left(1-x^2\right) + 4x^2}{\left(1-x^2\right)^2}$$

$$= \frac{1}{\frac{(1-x^2)^2 + 4x}{(1-x^2)^2}} \cdot \frac{2\left(1+x^2\right)}{\left(1-x^2\right)^2}$$

$$= \frac{2}{1+x^2} = 2\left[\arctan x \right]'.$$

Damit ergibt sich $f'(x) = 0$. Demnach ist f eine stückweise konstante Funktion mit der konkreten Darstellung

$$f(x) := \begin{cases} \pi & : \ x < -1, \\ 0 & : \ -1 < x < 1, \\ -\pi & : \ x > 1. \end{cases}$$

Lösung 6.12

Wegen der Nennernullstelle ist $D_f = \mathbb{R} \setminus \{1\}$. Als Komposition stetiger Funktionen ist f in D_f ebenfalls stetig. Die Funktion ist auf $D_f \setminus \{5\}$ differenzierbar, denn aufgrund des Betrages im Argument der Exponentialfunktion gilt

$$f'(x) := \begin{cases} \dfrac{-(x-1)e^{5-x} - e^{5-x}}{(x-1)^2} = \dfrac{-xe^{5-x}}{(x-1)^2} & : \ (x < 5) \wedge (x \neq 1), \\[3mm] \dfrac{(x-1)e^{x-5} - e^{x-5}}{(x-1)^2} = \dfrac{(x-2)e^{x-5}}{(x-1)^2} & : \ x > 5. \end{cases}$$

Der links- und rechtsseitige Grenzwert der Ableitung lautet jeweils

$$\lim_{x \to 5-} f'(x) = \frac{-5e^{5-5}}{(5-1)^2} = -\frac{5}{16},$$

$$\lim_{x \to 5-} f'(x) = \frac{(5-2)e^{5-5}}{(5-1)^2} = \frac{3}{16}.$$

Da diese verschieden sind, ist f, wie behauptet, in $x = 5$ nicht differenzierbar.

Lösung 6.13

a) Wir schließen die Null- und Polstellen des tan aus und erhalten damit

$$D_f = \mathbb{R} \smallsetminus \left\{ k\pi, \left(k + \tfrac{1}{2}\right)\pi : k \in \mathbb{Z} \right\}$$
$$= \bigcup_{k \in \mathbb{Z}} \left\{ \left(k\pi, \left(k + \tfrac{1}{2}\right)\pi\right) \cup \left(\left(k + \tfrac{1}{2}\right)\pi, (k+1)\pi\right) \right\}.$$

Mit der Kettenregel erhalten wir auf jedem der o. g. Teilintervalle

$$f'(x) = \frac{\cos x}{\sin x} \cdot \frac{1}{\cos^2 x} = \frac{1}{\sin x \cos x}.$$

b) Es gilt $D_f = \mathbb{R} \smallsetminus \{0\}$, und die Quotientenregel liefert

$$f'(x) = \frac{2x \cos x - x \sin x - 4 \sin x - 2 \cos x}{x^3} \quad \text{für alle } x \in \mathbb{R} \smallsetminus \{0\}.$$

c) Es gilt $D_f = \mathbb{R} \smallsetminus \{0\}$, und die Quotientenregel liefert

$$f'(x) = \frac{[(x+b) + (x+a)]x^n - (x+a)(x+b)nx^{n-1}}{x^{2n}}$$
$$= \frac{x^{n-1}[(x+b)x + (x+a)x - n(x+a)(x+b)]}{x^{2n}}$$
$$= \frac{(2-n)x^2 + (a+b)(1-n)x - nab}{x^{n+1}} \quad \text{für alle } x \in \mathbb{R} \smallsetminus \{0\}.$$

d) Es gilt $D_f = \mathbb{R}$. Da $(e^x - e^{-x})(e^x + e^{-x}) = e^{2x} - e^{-2x}$, folgt aus der Kettenregel

$$f'(x) = \frac{2\left(e^{2x} + e^{-2x}\right)}{1 + \left(e^{2x} - e^{-2x}\right)^2} \quad \text{für alle } x \in \mathbb{R}.$$

Lösung 6.14

a) Aus den Potenzregeln ergibt sich die übersichtlichere Darstellung

$$f(x) = \sqrt{x\sqrt{x\sqrt{x}}} = \left[x\left(x\,x^{1/2}\right)^{1/2}\right]^{1/2} = x^{1/2}x^{1/4}x^{1/8} = x^{7/8}.$$

Somit gilt $f'(x) = \dfrac{7}{8}x^{-1/8}$ für $x > 0$.

b) Mehrfache Anwendung der Kettenregel liefert

$$f'(x) = \sin(\sin(\cos x)) \cdot \cos(\cos x) \cdot \sin x \quad \text{für alle } x \in \mathbb{R}.$$

c) Mit der Darstellung

$$f(x) = \frac{A}{\sqrt[3]{x^2}} = A\left(x^2\right)^{-\frac{1}{3}}$$

liefert die Kettenregel

$$f'(x) = -\frac{1}{3}A\left(x^2\right)^{-\frac{4}{3}} \cdot 2x = -\frac{2}{3}Ax\left(x^2\right)^{-\frac{4}{3}} \quad \text{für alle } x \in \mathbb{R} \setminus \{0\}.$$

Unter Beachtung der Rechenregeln für Wurzeln darf die Ableitung auch in der Form

$$f'(x) = -\text{sgn}(x)\,\frac{2A}{3}\,|x|^{-\frac{5}{3}} \quad \text{für alle } x \in \mathbb{R} \setminus \{0\}$$

geschrieben werden.

Vorschlag Genehmigen Sie sich einige Minuten zur Herleitung der letztgenannten Darstellung. Eine Fallunterscheidung $x > 0$ bzw. $x < 0$ ist dabei hilfreich.

Lösung 6.15
Eine gerade Funktion f ist durch $f(-x) = f(x)$ charakterisiert. Wir differenzieren diese Gleichung und erhalten mit der Kettenregel

$$-f'(-x) = f'(x).$$

Dies charakterisiert eine ungerade Funktion.

Eine ungerade Funktion g genügt der Eigenschaft $g(-x) = -g(x)$ und somit

$$-g'(-x) = -g'(x).$$

Dies charakterisiert eine gerade Funktion.

Lösung 6.16
Die Umkehrfunktion $g := f^{-1}$ von $f(x) = x + e^{2x}$ lässt sich nicht explizit angeben, und damit auch nicht deren Ableitung. Mithilfe der Formel für die Ableitung der Umkehrfunktion sind wir jedoch in der Lage, die Ableitung dieser unbekannten Funktion an einer beliebigen Stelle $x_0 \in D_g$ wie folgt auszuwerten:

Zunächst gilt der Zusammenhang $f(0) = 1$, d. h. $g(1) = 0$. Weiter ist $f'(x) = 1 + 2e^{2x}$, also $f'(0) = 3$. Die Ableitung von g lautet

$$g'(x) = \frac{1}{f'(g(x))} \implies g'(1) = \frac{1}{f'(g(1))} = \frac{1}{f'(0)} = \frac{1}{3}.$$

Lösung 6.17

Die gegebene Funktion lässt sich schreiben als

$$f(x) = \ln \sqrt{x} = \frac{1}{2} \ln x.$$

Die Ableitung lautet natürlich $f'(x) = \frac{1}{2x}$. Wir bestätigen dies mit der Formel zur Ableitung der Umkehrfunktion, in der jetzt die Rollen von f und f^{-1} vertauscht sind, die also die Form

$$f'(x) = \frac{1}{(f^{-1})'(y)} = \frac{1}{(f^{-1})'(f(x))}$$

hat. Aus $y = \frac{1}{2} \ln x$ folgt $x = e^{2y} = f^{-1}(y)$. Damit gilt

$$f'(x) = \frac{1}{2e^{2y}} = \frac{1}{2 \cdot \frac{1}{2} \ln x} = \frac{1}{2x}.$$

Lösung 6.18

a) Da $D_{\arcsin} = [-1, 1]$, ergibt sich aus

$$\lim_{x \to 0} \frac{x+1}{x-1} = -1 \quad \text{und} \quad \lim_{x \to -\infty} \frac{x+1}{x-1} = 1$$

der Definitionsbereich $D_f = (-\infty, 0]$. Die Ketten- in Verbindung mit der Produktregel liefert

$$f'(x) = \frac{1}{\sqrt{1 - \left(\frac{x+1}{x-1}\right)^2}} \cdot \frac{1 \cdot (x-1) - (x+1) \cdot 1}{(x-1)^2}$$

$$= \frac{1}{\sqrt{\frac{-4x}{(x-1)^2}}} \cdot \frac{-2}{(x-1)^2} = \frac{-1}{(x-1)\sqrt{-x}} \quad \text{für alle } x < 0.$$

b) Die Funktion f ist auf ganz $\mathbb{R}$ definiert, und die Kettenregel liefert

$$f'(x) = 3(x^2 \exp(x^3) - \exp(3x)) \quad \text{für alle } x \in \mathbb{R}.$$

Beachten Sie $(\exp x)^3 = \exp(3x)$!

c) Es gilt $D_f = \mathbb{R} \setminus \{0\}$. Mit der Kettenregel ergibt sich

$$f'(x) = \frac{1}{1+x^2} - \frac{1}{1+1/x^2} \cdot \frac{1}{x^2} = 0 \quad \text{für } x \neq 0,$$

d. h., f ist stückweise konstant und hat die Form

$$f(x) = \begin{cases} -\frac{\pi}{2} & : \quad x < 0, \\ \frac{\pi}{2} & : \quad x > 0. \end{cases}$$

Frage Ist die Identität

$$f(x) = \arctan x + \arctan \tfrac{1}{x} = \arctan x + \operatorname{arccot} x$$

richtig?

Lösung 6.19

a) Es gelten die Darstellungen $f(x) = x^n e^{x \ln a}$ und $D_f = \mathbb{R}$. Es resultiert aus der Produkt-kombiniert mit der Kettenregel

$$f'(x) = nx^{n-1}a^x + x^n a^x \ln a = x^{n-1}a^x (n + x \ln a) \ \text{für alle}\ x \in \mathbb{R}.$$

b) Aus der Forderung $x \cos x - \sin x \neq 0$ für den Nenner resultiert

$$D_f = \{x \in \mathbb{R} : x \cos x \neq \sin x\} = \{x \in \mathbb{R} : x \neq \tan x\}.$$

Die Quotienten- kombiniert mit der Produktregel liefert

$$f'(x) = x^2 (x \cos x - \sin x)^{-2} \ \text{für}\ x \neq \tan x.$$

c) Hier gilt $D_f = \mathbb{R}$. Mit der Kettenregel ergibt sich

$$f'(x) = (\arctan x^2)^{-1/2} x (1 + x^4)^{-1} \ \text{für alle}\ x \in \mathbb{R} \smallsetminus \{0\},$$

da bei $x = 0$ die einseitigen Ableitungen verschieden sind, denn

$$\lim_{x \to 0-} f'(x) = \lim_{x \to 0+} f'(-x) = - \lim_{x \to 0+} f'(x) \neq 0.$$

Dass die links- bzw. rechtsseitigen Grenzwerte der Ableitung tatsächlich von 0 verschieden sind, sehen Sie so:
In einer kleinen Umgebung von 0 gilt die Ungleichung $\arctan x^2 \leq x^2$. Damit ergibt sich die Abschätzung

$$\lim_{x \to 0\pm} \frac{x}{\sqrt{\arctan x^2}\,(1 + x^4)} = \lim_{x \to 0\pm} \frac{1}{1 + x^4} \lim_{x \to 0\pm} \frac{x}{\sqrt{\arctan x^2}}$$

$$= \lim_{x \to 0\pm} \frac{x}{\sqrt{\arctan x^2}} \geq \lim_{x \to 0\pm} \frac{x}{\sqrt{x^2}}$$

$$\geq \lim_{x \to 0\pm} \frac{x}{|x|} = \pm 1.$$

Anmerkung Tatsächlich gilt

$$\lim_{x \to 0\pm} \frac{x}{\sqrt{\arctan x^2 \,(1 + x^4)}} = \pm 1,$$

was Sie in Abschn. 6.8 leicht mit der Regel von L'HOSPITAL nachvollziehen werden.

Lösung 6.20

a) Es gilt $f_1(x) = x^{(x^x)} = e^{x^x \ln x}$. Wir berechnen zunächst die Ableitung von $g(x) := x^x = e^{x \ln x}$. Die aus dem Lehrbuch bereits bekannte Ableitung lautet

$$g'(x) = e^{x \ln x}(\ln x + 1) = x^x(\ln x + 1).$$

Damit resultiert aus der Produktregel

$$f_1'(x) = e^{x^x \ln x}\left(x^x(\ln x + 1)\ln x + x^x\frac{1}{x}\right)$$

$$= x^{(x^x)}x^x\left(\ln^2 x + \ln x + \frac{1}{x}\right).$$

Auf diese Funktion (bei den restlichen Funktionen dieser Aufgabe verläuft diese Vorgehensweise entsprechend) wenden wir übungshalber den Formalismus des logarithmischen Differenzierens gemäß Satz 6.14 aus dem Lehrbuch an. Danach gilt für eine Funktion $f : D_f \to (0, \infty)$ mit der Kettenregel

$$(\ln f(x))' = \frac{f'(x)}{f(x)} \implies f'(x) = f(x)(\ln f(x))'.$$

Angewandt auf $g(x) = x^x = e^{x \ln x}$, bedeutet dies mit $\ln g(x) = x \ln x$, dass

$$g'(x) = g(x)(x \ln x)' = g(x)(\ln x + 1).$$

Entsprechend gilt jetzt für $f_1(x) = x^{g(x)} = e^{g(x) \ln x}$ mit $\ln f_1(x) = g(x) \ln x$ und der Produktregel

$$f_1'(x) = f_1(x)\,(g(x)\ln x)' = f_1(x)\left(g'(x)\ln x + \frac{g(x)}{x}\right)$$

$$= f_1(x)\left(g(x)(\ln x + 1)\ln x + \frac{g(x)}{x}\right)$$

$$= f_1(x)g(x)\left(\ln^2 x + \ln x + \frac{1}{x}\right)$$

$$= x^{(x^x)}x^x\left(\ln^2 x + \ln x + \frac{1}{x}\right).$$

b) Es gilt $f_2(x) = (x^x)^x = e^{x^2 \ln x}$. Damit resultiert aus der Produktregel

$$f_2'(x) = e^{x^2 \ln x} \left(2x \ln x + \frac{x^2}{x} \right) = (x^x)^x \, x \left(\ln x^2 + 1 \right).$$

c) Es gilt $f_3(x) = x^{(x^a)} = e^{x^a \ln x}$. Damit resultiert aus der Produktregel

$$f_3'(x) = x^{(x^a)} \left(ax^{a-1} \ln x + \frac{x^a}{x} \right) = x^{(x^a)} x^{a-1} \left(a \ln x + 1 \right).$$

d) Es gilt $f_4(x) = x^{(a^x)} = e^{a^x \ln x}$, wobei $(a^x)' = a^x \ln a$. Die Produktregel liefert wieder

$$f_4'(x) = x^{(a^x)} \left(a^x \ln a \ln x + \frac{a^x}{x} \right) = x^{(a^x)} a^x \left(\ln a \ln x + \frac{1}{x} \right).$$

e) Schließlich gilt $f_5(x) = a^{(x^x)} = e^{x^x \ln a}$ und damit

$$f_5'(x) = a^{(x^x)} x^x \ln a \, (\ln x + 1).$$

Lösung 6.21

Wir geben zusätzlich zur Aufgabenstellung die Definitionsbereiche der gegebenen Funktionen und deren Ableitungen an.

a) Es gilt der Zusammenhang $f(x) = \log_a x = \frac{\ln x}{\ln a}$ und $D_f = \{x \in \mathbb{R} : x > 0\}$. Daraus ergibt sich

$$f'(x) = \frac{1}{x \ln a} \quad \text{für alle } x > 0.$$

b) Es gelten $f(x) = x^{\ln x} = e^{\ln(x^{\ln x})} = e^{(\ln x)^2}$ und $D_f = \{x \in \mathbb{R} : x > 0\}$. Mit der Kettenregel folgt

$$f'(x) = e^{(\ln x)^2} \cdot 2 \cdot \ln x \cdot \frac{1}{x} = \frac{2 \ln x}{x} x^{\ln x} \quad \text{für alle } x > 0.$$

c) In Aufgabe 6.11e) wurden Sie bereits mit dieser Funktion konfrontiert, und Sie haben deren Ableitung berechnet. Der Definitionsbereich lautet nach wie vor

$$D_f = \bigcup_{n=0}^{\infty} \left[2n\pi, (2n+1)\pi \right].$$

Auf diese Funktion wenden wir jetzt übungshalber den Formalismus des logarithmischen Differenzierens gemäß Satz 6.14 aus dem Lehrbuch an. Danach gilt für eine Funktion $h : D_h \to (0, \infty)$ mit der Kettenregel

$$(\ln h(x))' = \frac{h'(x)}{h(x)} \implies h'(x) = h(x)(\ln h(x))'.$$

Angewandt auf $f(x) = \sqrt{x}^{\sqrt{\sin x}} = e^{\sqrt{\sin x}\,\ln\sqrt{x}}$, bedeutet dies mit $\ln f(x) = \sqrt{\sin x}\,\ln\sqrt{x}$ und der Produkt- kombiniert mit der Quotientenregel, dass

$$f'(x) = f(x)\left(\sqrt{\sin x}\,\ln\sqrt{x}\right)'$$

$$= f(x)\left(\frac{\cos x}{2\sqrt{\sin x}}\ln\sqrt{x} + \frac{1}{\sqrt{x}}\frac{1}{2\sqrt{x}}\sqrt{\sin x}\right)$$

$$= f(x)\left(\frac{\cos x}{2\sqrt{\sin x}}\ln\sqrt{x} + \frac{1}{2x}\sqrt{\sin x}\right).$$

d) Da $f(e) = e^x$ als Potenzfunktion anzusehen ist (e bezeichnet die Variable und nicht x), gelten $D_f = \mathbb{R}$ und

$$f'(e) = xe^{x-1} \text{ für alle } e \in \mathbb{R}.$$

Lösung 6.22
Es gelten

$$V = x^3 \text{ und } \frac{dV}{dx} = 3x^2 \text{ bzw. } dV = 3x^2 dx.$$

Mit $dx = 0{,}01x$ folgt, dass $dV = 3x^2(0{,}01x)$, also

$$dV = 0{,}03x^3 \text{cm}^3.$$

6.4 Ableitungen komplexwertiger Funktionen

Aufgabe 6.23
Differenzieren Sie die Funktion $f(x) = x^{\alpha+i\beta}$.

Aufgabe 6.24
Bilden Sie die Ableitung von $f(x) = \dfrac{x^{\alpha+i\beta}}{e^{(\alpha+i\beta)x}}$.

Lösungsvorschläge

Lösung 6.23
Wir setzen $\lambda := \alpha + i\beta$. Damit ergibt sich dann für $f(x) = x^\lambda$ die Ableitung

$$f'(x) = \left(x^\lambda\right)' = \lambda x^{\lambda-1}.$$

Lösung 6.24

Auch hier setzen wir zur Abkürzung $\lambda := \alpha + i\beta$. Die Quotientenregel liefert

$$f'(x) = \left(\frac{x^\lambda}{e^{\lambda x}}\right)' = \frac{\lambda x^{\lambda-1}e^{\lambda x} - x^\lambda e^{\lambda x}\lambda}{e^{2\lambda x}} = \frac{\lambda e^{\lambda x}\left(x^{\lambda-1} - x^\lambda\right)}{e^{2\lambda x}}$$

$$= \frac{\lambda\left(x^{\lambda-1} - x^\lambda\right)}{e^{\lambda x}} = \lambda e^{-\lambda}\left(x^{\lambda-1} - x^\lambda\right)$$

$$= (1-x)\lambda e^{-\lambda}x^{\lambda-1}.$$

Fazit Bei Funktionen mit einer komplexen Zahl im Argument wird diese beim Differenzieren wie gewohnt als eine Konstante angesehen.

6.5   Höhere Ableitungen

Aufgabe 6.25

Beweisen Sie die verallgemeinerte Produktregel nach LEIBNIZ.

Aufgabe 6.26

Die Funktion $f(x) = x + e^{2x}$ ist auf ganz $\mathbb{R}$ streng monoton wachsend, also existiert die Umkehrfunktion $g := f^{-1}$. Bestimmen Sie $g''(1)$.

Aufgabe 6.27

Wie lautet die n-te Ableitung folgender Funktionen:

$$\text{a) } f(x) = \sqrt{1+x}, \qquad \text{b) } f(x) = \ln(1+x)\,?$$

Aufgabe 6.28

Berechnen Sie die n-te Ableitung der Funktionen:

$$\text{a) } f(x) = \frac{1+x}{1-x}, \qquad \text{b) } f(x) = x^3\ln x.$$

Lösungsvorschläge

Lösung 6.25

Die Regel von LEIBNIZ wird mithilfe vollständiger Induktion bestätigt. Dazu verwenden wir die Schreibweise $f^{(k)} = D^k f$ und verzichten auf das Argument x in den nachfolgenden Ausführungen.

Induktionsanfang: Sei $k = 0$, dann gilt

$$(fg)^{(0)} = fg = f^{(0)}g^{(0)}.$$

Induktionsschritt: Es gelte die Aussage für k, woraus wir schließen, dass die Aussage auch für $k + 1$ richtig ist. Es gilt

$$(fg)^{(k+1)} = \left((fg)^{(k)}\right)' = \underbrace{\left(\sum_{j=0}^{k}\binom{k}{j}f^{(j)}g^{(k-j)}\right)'}_{\text{Induktionsannahme}}$$

$$= \sum_{j=0}^{k}\binom{k}{j}\left(f^{(j)}g^{(k-j)}\right)'$$

$$= \sum_{j=0}^{k}\binom{k}{j}\left(f^{(j+1)}g^{(k-j)} + f^{(j)}g^{(k+1-j)}\right)$$

$$= \sum_{j=0}^{k}\binom{k}{j}f^{(j+1)}g^{(k-j)} + \sum_{j=0}^{k}\binom{k}{j}f^{(j)}g^{(k+1-j)}$$

$$= \sum_{j=1}^{k+1}\binom{k}{j-1}f^{(j)}g^{(k+1-j)} + \sum_{j=0}^{k+1}\binom{k}{j}f^{(j)}g^{(k+1-j)}$$
$$\underbrace{\qquad\qquad\qquad\qquad\qquad}_{\binom{k}{k+1}=0}$$

$$= \sum_{j=1}^{k+1}\binom{k}{j-1}f^{(j)}g^{(k+1-j)} + \sum_{j=1}^{k+1}\binom{k}{j}f^{(j)}g^{(k+1-j)}$$
$$+ \underbrace{\binom{k}{0}}_{=1}f^{(0)}g^{(k+1)}$$

$$= \sum_{j=1}^{k+1}\binom{k}{j-1}f^{(j)}(x)g^{(k+1-j)}(x) + \sum_{j=1}^{k+1}\binom{k}{j}f^{(j)}g^{(k+1-j)}$$
$$+ \underbrace{\binom{k+1}{0}}_{=1}f^{(0)}g^{(k+1)}$$

$$= \sum_{j=1}^{k+1}\underbrace{\left(\binom{k}{j-1} + \binom{k}{j}\right)}_{=\binom{k+1}{j}}f^{(j)}g^{(k+1-j)} + \binom{k+1}{0}f^{(0)}g^{(k+1)}$$

$$= \sum_{j=0}^{k+1}\binom{k+1}{j}f^{(j)}g^{(k+1-j)}.$$

Vorschlag Vergleichen Sie diesen Induktionsbeweis mit dem zur Bestätigung der allgemeinen binomischen Formel aus dem Lehrbuch in Abschn. 1.7. Beide sind identisch!

Lösung 6.26

Die Umkehrfunktion $g := f^{-1}$ von $f(x) = x + e^{2x}$ lässt sich nicht explizit angeben und damit auch nicht deren Ableitung. Mithilfe der Formel für die Ableitung der Umkehrfunktion sind wir glücklicherweise in der Lage, die Ableitung dieser unbekannten Funktion an einer beliebigen Stelle $x_0 \in D_g$ wie folgt zu berechnen:

Zunächst gilt der Zusammenhang $f(0) = 1$, d. h. $g(1) = 0$. Weiter ist $f'(x) = 1 + 2e^{2x}$, also $f'(0) = 3$, und $f''(x) = 4e^{2x}$, also $f''(0) = 4$. Die ersten beiden Ableitungen von g lauten

$$g'(x) = \frac{1}{f'(g(x))} \overset{\text{Kettenregel}}{\Longrightarrow} g''(x) = \frac{-f''(g(x)) \cdot g'(x)}{(f'(g(x)))^2} = \frac{-f''(g(x))}{(f'(g(x)))^3}.$$

Jetzt werden die konkreten Zahlenwerte eingesetzt, und wir erhalten

$$g'(1) = \frac{1}{f'(g(1))} = \frac{1}{f'(0)} = \frac{1}{3},$$

$$g''(1) = \frac{-f''(g(1))}{(f'(g(1)))^3} = \frac{-f''(0)}{(f'(0))^3} = \frac{-4}{27}.$$

Vorschlag Berechnen Sie noch $g^{(3)}(1)$.

Lösung 6.27

In beiden Teilaufgaben verwenden wir das Prinzip der vollständigen Induktion.

a) Wir bilden zunächst einige Ableitungen, um eine Regelmäßigkeit zu erkennen:

$$f(x) = \sqrt{1+x},$$

$$f'(x) = \frac{1}{2}(1+x)^{-\frac{1}{2}},$$

$$f''(x) = -\frac{1}{4}(1+x)^{-\frac{3}{2}},$$

$$f'''(x) = \frac{3}{8}(1+x)^{-\frac{5}{2}},$$

$$f^{(4)}(x) = -\frac{15}{16}(1+x)^{-\frac{7}{2}},$$

$$\vdots$$

Dies legt die Vermutung

$$f^{(n)}(x) = (-1)^{n+1} \frac{1 \cdot 3 \cdot 5 \cdot \ldots \cdot (2 \cdot n - 3)}{2^n} (1 + x)^{-\frac{2n-1}{2}} \quad \text{für } n \geq 2$$

nahe. Wir bestätigen dies mit vollständiger Induktion.

Induktionsanfang $n = 2$: Mit

$$f^{(2)}(x) = (-1)^{2+1} \frac{2 \cdot 2 - 3}{2^2} (1 + x)^{-\frac{2 \cdot 2-1}{2}} = -\frac{1}{4} (1 + x)^{-\frac{3}{2}}$$

ist der Anfang richtig. Um die o. g. Formel besser zu verstehen, überprüfen wir diese noch für $n = 3$: Es gilt

$$f^{(2)}(x) = (-1)^{3+1} \frac{1 \cdot (2 \cdot 3 - 3)}{2^3} (1 + x)^{-\frac{2 \cdot 3-1}{2}} = \frac{3}{8} (1 + x)^{-\frac{5}{2}}.$$

Induktionsschritt $n \to n + 1$: Es gilt

$$f^{(n+1)}(x) = \frac{d}{dx} f^{(n)}(x) = \frac{d}{dx} \left((-1)^{n+1} \frac{1 \cdot 3 \cdot 5 \cdot \ldots \cdot (2 \cdot n - 3)}{2^n (1 + x)^{\frac{2n-1}{2}}} \right)$$

$$= -\frac{2n - 1}{2} (-1)^{n+1} \frac{1 \cdot 3 \cdot 5 \cdot \ldots \cdot (2 \cdot n - 3)}{2^n} (1 + x)^{-\frac{2n-1}{2}-1}$$

$$= (-1)^{n+2} (2n - 1) \frac{1 \cdot 3 \cdot 5 \cdot \ldots \cdot (2 \cdot n - 3)}{2^{n+1}} (1 + x)^{-\frac{2(n+1)-1}{2}}$$

$$= (-1)^{n+2} \frac{1 \cdot 3 \cdot 5 \cdot \ldots \cdot (2 \cdot (n + 1) - 3)}{2^{n+1}} (1 + x)^{-\frac{2(n+1)-1}{2}},$$

da $(2n - 1) = (2(n + 1) - 3)$. Damit ist unsere Vermutung richtig.

b) Wir bilden zunächst einige Ableitungen, um eine Regelmäßigkeit zu erkennen:

$$f(x) = \ln(1 + x),$$

$$f'(x) = \frac{1}{1 + x},$$

$$f''(x) = -\frac{1}{(1 + x)^2},$$

$$f'''(x) = \frac{1 \cdot 2}{(1 + x)^3},$$

$$f^{(4)}(x) = -\frac{1 \cdot 2 \cdot 3}{(1 + x)^4},$$

$$\vdots$$

Dies legt die Vermutung

$$f^{(n)}(x) = (-1)^{n+1} \frac{1 \cdot 2 \cdot \ldots \cdot (n-1)}{(1+x)^n}$$

nahe. Wir bestätigen dies mit vollständiger Induktion.

Induktionsanfang $n = 1$: Mit

$$f^{(1)}(x) = (-1)^{1+1} \frac{(1-1)!}{(1+x)} = \frac{1}{(1+x)}$$

ist der Anfang richtig.

Induktionsschritt $n \to n + 1$: Es gilt

$$f^{(n+1)}(x) = \frac{d}{dx} f^{(n)}(x) = \frac{d}{dx} \left((-1)^{n+1} \frac{1 \cdot 2 \cdot \ldots \cdot (n-1)}{(1+x)^n} \right)$$

$$= -n(-1)^{n+1} \frac{1 \cdot 2 \cdot \ldots \cdot (n-1)}{(1+x)^n}$$

$$= (-1)^{n+2} \frac{1 \cdot 2 \cdot \ldots \cdot n}{(1+x)^{n+1}}.$$

Damit liegen wir mit unserer Vermutung wieder richtig.

Lösung 6.28

In beiden Teilaufgaben verwenden wir das Prinzip der vollständigen Induktion.

a) Wir bilden zunächst einige Ableitungen, um eine Regelmäßigkeit zu erkennen:

$$f(x) = \frac{1+x}{1-x},$$

$$f'(x) = \frac{(1-x) - (1+x) \cdot (-1)}{(1-x)^2} = \frac{2}{(1-x)^2},$$

$$f''(x) = \frac{-2 \cdot 2 \cdot (1-x) \cdot (-1)}{(1-x)^4} = \frac{2 \cdot 2}{(1-x)^3},$$

$$f'''(x) = \frac{(-4) \cdot 3 \cdot (1-x)^2 \cdot (-1)}{(1-x)^6} = \frac{2 \cdot 4}{(1-x)^4},$$

$$\vdots$$

Dies legt die Vermutung

$$f^{(n)}(x) = \frac{2n!}{(1-x)^{n+1}}$$

nahe. Wir bestätigen dies mit vollständiger Induktion.

Induktionsanfang $n = 1$: Mit

$$f^{(1)}(x) = \frac{2 \cdot 1!}{(1-x)^{1+1}} = \frac{2}{(1-x)^2}$$

ist der Anfang richtig.

Induktionsschritt $n \to n + 1$: Es gilt

$$f^{(n+1)}(x) = \frac{d}{dx} f^{(n)}(x) = \frac{d}{dx} \left(\frac{2n!}{(1-x)^{n+1}} \right)$$

$$= \frac{(-2)n!(n+1)(1-x)^n(-1)}{(1-x)^{2(n+1)}} = \frac{2n!(n+1)}{(1-x)^{(n+2)}}$$

$$= \frac{2(n+1)!}{(1-x)^{n+2}}.$$

Damit liegen wir mit unserer Vermutung richtig.

b) Wir bilden auch hier einige Ableitungen, um eine Regelmäßigkeit zu erkennen:

$$f(x) \ = x^3 \ln x,$$

$$f'(x) \ = 3x^2 \ln x + \frac{x^3}{x} = 3x^2 \ln x + x^2,$$

$$f''(x) \ = 6x \ln x + \frac{3x^2}{x} + 2x = 6x \ln x + 5x,$$

$$f'''(x) \ = 6 \ln x + \frac{6x}{x} + 5 = 6 \ln x + 5,$$

$$f^{(4)}(x) = \frac{6}{x},$$

$$f^{(5)}(x) = \frac{(-1) \cdot 6}{x^2},$$

$$f^{(6)}(x) = \frac{(-1) \cdot (-2) \cdot 6}{x^3},$$

$$\vdots$$

Dies legt die Vermutung

$$f^{(n)}(x) = (-1)^n \cdot (n-4)! \cdot 6 \cdot x^{3-n} \ \text{ für } \ n \geq 4$$

nahe. Wir bestätigen dies mit vollständiger Induktion.

Induktionsanfang n = 4: Mit

$$f^{(4)}(x) = \frac{6}{x} = (-1)^4 \cdot (4-4)! \cdot 6 \cdot x^{3-4}$$

ist der Anfang richtig.

Induktionsschritt n → n + 1: Es gilt

$$f^{(n+1)}(x) = \frac{d}{dx} f^{(n)}(x) = \frac{d}{dx}\left((-1)^n \cdot (n-4)! \cdot 6 \cdot x^{3-n}\right)$$

$$= (-1)^n \cdot (n-4)! \cdot 6 \cdot (3-n) \cdot x^{3-(n+1)}$$

$$= (-1)^{(n+1)} \cdot ((n+1)-4)! \cdot 6 \cdot x^{3-(n+1)}.$$

Damit liegen wir auch hier mit unserer Vermutung richtig.

Eine *alternative Lösungsmöglichkeit* ist eine Anwendung der verallgemeinerten Produktregel nach LEIBNIZ, d. h.

$$(g(x) \cdot h(x))^{(n)} = \sum_{k=0}^{n} \binom{n}{k} g^{(k)}(x) h^{(n-k)}(x)$$

mit $g(x) := x^3$ und $h(x) := \ln x$. Die Reihe bricht ab dem 4. Summanden ab, da $g^{(k)}(x) \equiv 0$ für $k \geq 4$. Somit gilt

$$\left(x^3 \ln x\right)^{(n)} = \sum_{k=0}^{n} \binom{n}{k} \left(x^3\right)^{(k)} (\ln x)^{(n-k)}$$

$$= \binom{n}{0} \cdot x^3 \cdot (\ln x)^{(n)} + \binom{n}{1} \cdot 3x^2 \cdot (\ln x)^{(n-1)}$$

$$+ \binom{n}{2} \cdot 6x \cdot (\ln x)^{(n-2)} + \binom{n}{3} \cdot 6 \cdot (\ln x)^{(n-3)}.$$

Die *n*-te Ableitung des ln lautet

$$(\ln x)^{(n)} = (-1)^{n+1} \cdot (n-1)! \cdot x^{-n}.$$

Auch dies lässt sich mit einer einfachen Induktion bestätigen.

Induktionsanfang n = 1: Mit

$$(\ln x)^{(1)} = (-1)^{1+1} \cdot (1-1)! \cdot x^{-1} = x^{-1}$$

ist der Anfang richtig.

Induktionsschritt $n \to n + 1$: Es gilt

$$(\ln x)^{(n+1)} = \frac{d}{dx}(\ln x)^{(n)} = \frac{d}{dx}\left((-1)^{n+1} \cdot (n-1)! \cdot x^{-n}\right)$$

$$= (-n) \cdot (-1)^{n+1} \cdot (n-1)! \cdot x^{-n-1}$$

$$= (-1) \cdot (-1)^{n+1} \cdot n \cdot (n-1)! \cdot x^{-n-1}$$

$$= (-1)^{n+2} \cdot n! \cdot x^{-(n+1)},$$

woraus die Richtigkeit der angegebenen Formel folgt. Wir setzen nun die n-te Ableitung des ln in die obige Summe ein, vereinfachen diese und erhalten

$$\left(x^3 \ln x\right)^{(n)} = \binom{n}{0}\frac{x^3 \cdot (-1)^{n+1} \cdot (n-1)!}{x^n} + \binom{n}{1}\frac{3x^2 \cdot (-1)^n \cdot (n-2)!}{x^{n-1}}$$

$$+ \binom{n}{2}\frac{6x \cdot (-1)^{n-1} \cdot (n-3)!}{x^{n-2}} + \binom{n}{3}\frac{6 \cdot (-1)^{n-2} \cdot (n-4)!}{x^{n-3}}$$

$$= 1 \cdot \frac{x^3 \cdot (-1)^{n+1} \cdot (n-1)!}{x^n}$$

$$+ \frac{n!}{(n-1)!} \cdot \frac{3x^2 \cdot (-1)^n \cdot (n-2)!}{x^{n-1}}$$

$$+ \frac{n!}{2!(n-2)!} \cdot \frac{6x \cdot (-1)^{n-1} \cdot (n-3)!}{x^{n-2}}$$

$$+ \frac{n!}{3!(n-3)!} \cdot \frac{6 \cdot (-1)^{n-2} \cdot (n-4)!}{x^{n-3}}$$

$$\overset{(*)}{=} \frac{(-1)^n \cdot (n-4)!}{x^{n-3}}\left\{-(n-1)(n-2)(n-3)\right.$$

$$+ 3n(n-2)(n-3) - 3n(n-1)(n-3)$$

$$\left. + n(n-1)(n-2)\right\} = 6 \cdot \frac{(-1)^n \cdot (n-4)!}{x^{n-3}}.$$

Empfehlung Überprüfen Sie die mit $(*)$ versehene Gleichheit, um das Rechnen mit Fakultäten zu üben.

6.6   Ableitungen von vektorwertigen Funktionen

Aufgabe 6.29

Wir betrachten die Zykloide

$$\boldsymbol{f} : \mathbb{R} \to \mathbb{R}^2, \ \ \boldsymbol{f}(t) = (t - \sin t, 1 - \cos t)^T.$$

Berechnen Sie den Tangenteneinheitsvektor und den Einheitsnormalenvektor. Berechnen Sie weiter den Betrag der Geschwindigkeit und der Beschleunigung.

Aufgabe 6.30

Ein Massepunkt befinde sich zum Zeitpunkt $t > 0$ in einem Bahnpunkt der Kurve

$$\boldsymbol{f}(t) = e^t (2 \sin t, \ 2 \cos t, \ \sqrt{24})^T \in \mathbb{R}^3.$$

a) Berechnen Sie den Geschwindigkeitsvektor $\boldsymbol{v}(t) = \dot{\boldsymbol{f}}(t)$ und den Beschleunigungsvektor $\boldsymbol{b}(t) = \ddot{\boldsymbol{f}}(t)$ sowie die Beträge beider Größen.
b) Berechnen Sie weiter den Tangenteneinheitsvektor $\boldsymbol{T}(t)$ und den Normaleneinheitsvektor $\boldsymbol{N}(t)$ sowie die Schmiegebene $E(t) = \boldsymbol{f}(t) + U(t)$ der Bahnkurve, wobei $U(t) := \operatorname{span}\{\boldsymbol{T}(t), \boldsymbol{N}(t)\}$.
c) Zeigen Sie, dass $\boldsymbol{b}(t) \in U(t)$, und berechnen Sie die Tangential- und die Normalkomponente von $\boldsymbol{b}(t)$.

Aufgabe 6.31

Gegeben seien eine orthogonale Matrix $B \in \mathbb{R}^{3,3}$ mit $\det B = 1$ sowie die Matrix

$$A(t) := \begin{pmatrix} \cos t & \sin t & 0 \\ -\sin t & \cos t & 0 \\ 0 & 0 & 1 \end{pmatrix}, \ \ t \geq 0.$$

a) Zeigen Sie, dass $Q(t) := A(t)B$ eine orthogonale Matrix ist.
b) Zeigen Sie, dass $\boldsymbol{f}(t) := Q(t)\boldsymbol{x}_0, \ \boldsymbol{0} \neq \boldsymbol{x}_0 \in \mathbb{R}^3$, eine Raumdrehung beschreibt.
c) Berechnen Sie die Spin-Matrix $S(t)$ mit $(d/dt)\boldsymbol{f}(t) = S(t)\boldsymbol{f}(t)$, und zeigen Sie, dass $S(t)$ schiefsymmetrisch ist.
d) Berechnen Sie den unorientierten Winkel $\alpha := \sphericalangle (\boldsymbol{f}(t), (d/dt)\boldsymbol{f}(t))$.
e) Bestimmen Sie in Abhängigkeit von $S(t)$ die Winkelgeschwindigkeit $\boldsymbol{\omega}(t)$ mit (d/dt) $\boldsymbol{f}(t) = \boldsymbol{\omega}(t) \times \boldsymbol{f}(t)$.

Lösungsvorschläge

Lösung 6.29

Der Geschwindigkeits- und Beschleunigungsvektor lautet

$$\dot{\boldsymbol{f}}(t) = (1 - \cos t, \sin t)^T \ \text{ und } \ \ddot{\boldsymbol{f}}(t) = (\sin t, \cos t)^T.$$

Die Beträge obiger Vektoren sind

$$\|\dot{f}(t)\| = \sqrt{(1 - \cos t)^2 + (\sin t)^2} = \sqrt{1 - 2\cos t + \cos^2 t + \sin^2 t}$$
$$= \sqrt{2 - 2\cos t} = \sqrt{2}\sqrt{1 - \cos t},$$
$$\|\ddot{f}(t)\| = \sqrt{\sin^2 t + \cos^2 t} = 1.$$

Der Tangenteneinheitsvektor hat die Darstellung

$$T(t) = \frac{\dot{f}(t)}{\|\dot{f}(t)\|} = \frac{1}{\sqrt{2}\sqrt{1 - \cos t}}\begin{pmatrix} 1 - \cos t \\ \sin t \end{pmatrix} \quad \text{für } t \neq 2k\pi, \ k \in \mathbb{Z}.$$

Dessen Ableitung ergibt sich mit der Produktregel

$$\dot{T}(t) = \left(\frac{1}{\sqrt{2}}(1 - \cos t)^{-\frac{1}{2}} \dot{f}(t) \right)'$$

$$= -\left(\frac{1}{2}\frac{1}{\sqrt{2}}(1 - \cos t)^{-\frac{3}{2}} \sin t \right) \dot{f}(t) + \left(\frac{1}{\sqrt{2}}(1 - \cos t)^{-\frac{1}{2}} \right) \ddot{f}(t)$$

$$= \frac{1}{\sqrt{2}\sqrt{1 - \cos t}} \left(\ddot{f}(t) - \frac{1}{2} \cdot \frac{\sin t}{1 - \cos t} \dot{f}(t) \right)$$

$$= \frac{1}{\sqrt{2}\sqrt{1 - \cos t}} \left(\begin{pmatrix} \sin t \\ \cos t \end{pmatrix} - \frac{1}{2} \cdot \frac{\sin t}{1 - \cos t} \begin{pmatrix} 1 - \cos t \\ \sin t \end{pmatrix} \right)$$

$$= \frac{1}{\sqrt{2}\sqrt{1 - \cos t}} \left(\begin{pmatrix} \sin t \\ \cos t \end{pmatrix} - \frac{1}{2} \cdot \begin{pmatrix} \sin t \\ \frac{1 - \cos^2 t}{1 - \cos t} \end{pmatrix} \right)$$

$$= \frac{1}{\sqrt{2}\sqrt{1 - \cos t}} \left(\begin{pmatrix} \sin t \\ \cos t \end{pmatrix} - \frac{1}{2} \cdot \begin{pmatrix} \sin t \\ 1 + \cos t \end{pmatrix} \right)$$

$$= \frac{1}{2\sqrt{2}\sqrt{1 - \cos t}} \begin{pmatrix} \sin t \\ \cos t - 1 \end{pmatrix} \quad \text{für } t \neq 2k\pi, \ k \in \mathbb{Z}.$$

Der Betrag von $\dot{T}$ lautet nun

$$\|\dot{T}(t)\| = \sqrt{\frac{\sin^2 t}{4 \cdot 2(1 - \cos t)} + \frac{(\cos t - 1)^2}{4 \cdot 2(1 - \cos t)}} = \sqrt{\frac{2 - 2\cos t}{4 \cdot 2(1 - \cos t)}} = \frac{1}{2}.$$

Der Normaleneinheitsvektor hat damit die Darstellung

$$N(t) = \frac{\dot{T}(t)}{\|\dot{T}(t)\|}$$

$$= \frac{1}{\sqrt{2}\sqrt{1-\cos t}}\begin{pmatrix} \sin t \\ \cos t - 1 \end{pmatrix} \quad \text{für } t \neq 2k\pi, \ k \in \mathbb{Z}.$$

Für den Betrag von N ergibt sich wie erwartet

$$\|N(t)\| = \sqrt{\frac{\sin^2 t}{2(1-\cos t)} + \frac{(\cos t - 1)^2}{2(1-\cos t)}} = \sqrt{\frac{2 - 2\cos t}{2(1-\cos t)}} = 1.$$

Lösung 6.30

a) Mit der Produktregel erhalten wir

$$v(t) = 2e^t\begin{pmatrix} \sin t + \cos t \\ \cos t - \sin t \\ \sqrt{6} \end{pmatrix}, \quad b(t) = \dot{v}(t) = 2e^t\begin{pmatrix} 2\cos t \\ -2\sin t \\ \sqrt{6} \end{pmatrix}.$$

Damit ergibt sich

$$\|v(t)\| = 2e^t\sqrt{(\sin t + \cos t)^2 + (\cos t - \sin t)^2 + 6} = 4\sqrt{2}\, e^t.$$

b) Der Tangenteneinheitsvektor hat die Darstellung

$$T(t) = \frac{v(t)}{\|v(t)\|} = \frac{\sqrt{2}}{4}\begin{pmatrix} \sin t + \cos t \\ \cos t - \sin t \\ \sqrt{6} \end{pmatrix}$$

und dessen Ableitung

$$\dot{T}(t) = \frac{\sqrt{2}}{4}\begin{pmatrix} \cos t - \sin t \\ -\cos t - \sin t \\ 0 \end{pmatrix} \quad \text{mit } \|\dot{T}(t)\| = \frac{1}{2}.$$

Der Normaleneinheitsvektor ist damit

$$N(t) = \frac{\dot{T}(t)}{\|\dot{T}(t)\|} = \frac{\sqrt{2}}{2}\begin{pmatrix} \cos t - \sin t \\ -\cos t - \sin t \\ 0 \end{pmatrix} \quad \text{mit } \|N(t)\| = 1.$$

Die Schmiegebene lässt sich formulieren als

$$E(t) : x = f(t) + \lambda T(t) + \mu N(t), \quad \lambda, \mu \in \mathbb{R},$$

wobei $U(t) = \lambda T(t) + \mu N(t)$.

Vorschlag Überprüfen Sie, dass $T(t) \perp N(t)$ gilt.

c) Es gilt

$$b(t) \in U(t) \iff b(t), T(t), N(t) \text{ sind linear abhängig.}$$

Wir überprüfen dies mit dem GAUSS-Verfahren:

$$\begin{pmatrix} b^T(t) \\ T^T(t) \\ N^T(t) \end{pmatrix} = \begin{pmatrix} 4e^t \cos t & -4e^t \sin t & \sqrt{24}\, e^t \\ \frac{\sqrt{2}}{4}(\sin t + \cos t) & \frac{\sqrt{2}}{4}(\cos t - \sin t) & \frac{\sqrt{12}}{4} \\ \frac{\sqrt{2}}{2}(\cos t - \sin t) & -\frac{\sqrt{2}}{2}(\cos t + \sin t) & 0 \end{pmatrix}$$

$$\xrightarrow{III + 2II - \frac{\sqrt{2}}{4}I} \begin{pmatrix} 4e^t \cos t & -4e^t \sin t & \sqrt{24}\, e^t \\ \frac{\sqrt{2}}{4}(\sin t + \cos t) & \frac{\sqrt{2}}{4}(\cos t - \sin t) & \frac{\sqrt{12}}{4} \\ 0 & 0 & 0 \end{pmatrix}.$$

Damit sind die Vektoren $b(t), T(t), N(t)$ linear abhängig. Da $T(t) \perp N(t)$, folgt $b(t) \in U(t)$. Dies sehen Sie auch so:

Aus $v(t) = \|v(t)\| T(t)$ folgt mit der Produktregel

$$b(t) = \dot{v}(t) = \frac{d}{dt}\big[\|v(t)\| T(t)\big] = \frac{d}{dt}\|v(t)\| T(t) + \|v(t)\| \dot{T}(t)$$

$$= \frac{d}{dt}\|v(t)\| T(t) + \|v(t)\| \|\dot{T}(t)\| N(t)$$

$$:= \tilde{\lambda}(t) T(t) + \tilde{\mu}(t) N(t) \in U(t), \quad \tilde{\lambda}(t), \tilde{\mu}(t) \in \mathbb{R}.$$

Aus der Darstellung $b(t) = \tilde{\lambda}(t) T(t) + \tilde{\mu}(t) N(t)$ erkennen Sie, dass

$$\tilde{\lambda}(t) = \frac{d}{dt}\|v(t)\| = 4\sqrt{2}e^t,$$

$$\tilde{\mu}(t) = \|v(t)\| \|\dot{T}(t)\| = 4\sqrt{2}e^t.$$

Damit ergibt sich schließlich

$$b_{\text{tang}}(t) = \frac{d}{dt}\|v(t)\| T(t) = 4\sqrt{2}e^t\, T(t) = 2e^t \begin{pmatrix} \cos t + \sin t \\ \cos t - \sin t \\ \sqrt{6} \end{pmatrix},$$

$$b_{\text{tang}}(t) = \|v(t)\| \|\dot{T}(t)\| N(t) = 4\sqrt{2}e^t\, N(t) = 2e^t \begin{pmatrix} \cos t - \sin t \\ -\cos t - \sin t \\ 0 \end{pmatrix}.$$

Lösung 6.31

a) Die Spaltenvektoren der Matrix $A(t)$ bilden eine Orthonormalbasis des $\mathbb{R}^3$, sodass $A(t)$ für jedes feste $t \geq 0$ eine orthogonale Matrix ist, also $A^{-1}(t) = A^T(t)$ gilt. Mit $B^{-1} = B^T$, $B \in \mathbb{R}^{3,3}$, folgt dann

$$Q^T(t) = B^T A^T(t) = B^{-1} A^{-1}(t) = (A(t)B)^{-1} = Q^{-1}(t).$$

b) Die Spaltenvektoren einer orthogonalen Matrix $Q = (q_1, q_2, q_3)$ bilden eine Orthonormalbasis des $\mathbb{R}^3$, die wegen $q_j = Q e_j$, $j = 1, 2, 3$, aus der Standardbasis $\{e_1, e_2, e_3\}$ hervorgeht. Da der Ursprung $0 = Q0$ ein Fixpunkt der Abbildung $Q : \mathbb{R}^3 \to \mathbb{R}^3$ ist und da im vorliegenden Fall

$$\det Q(t) = \det A(t) \cdot \det B = 1$$

gilt, haben beide Orthonormalbasen $\{e_1, e_2, e_3\}$ und $\{q_1, q_2, q_3\}$ dieselbe Orientierung und denselben Ursprung. Demnach gehen sie nur durch eine Raumdrehung auseinander hervor.

c) Aus $f(t) = Q(t)x_0$ folgt

$$\dot{f}(t) = \dot{Q}(t)x_0 = \dot{Q}(t)Q^T(t)Q(t)x_0 = \underbrace{\dot{Q}(t)Q^T(t)}_{=:\, S(t)} f(t).$$

Die konkrete Darstellung von S lautet nun

$$S(t) = \dot{A}(t)BB^T A^T(t) = \dot{A}(t)A^T(t)$$

$$= \begin{pmatrix} -\sin t & \cos t & 0 \\ -\cos t & -\sin t & 0 \\ 0 & 0 & 0 \end{pmatrix} \begin{pmatrix} \cos t & \sin t & 0 \\ -\sin t & \cos t & 0 \\ 0 & 0 & 1 \end{pmatrix} = \begin{pmatrix} 0 & 1 & 0 \\ -1 & 0 & 0 \\ 0 & 0 & 0 \end{pmatrix}.$$

An dieser Darstellung erkennen Sie die Antisymmetrie

$$S(t) = -S^T(t).$$

Allgemein folgt aus $E = Q(t)Q^T(t)$ mit der Produktregel

$$O = \dot{Q}(t)Q^T(t) + Q(t)\dot{Q}^T(t) = S(t) + S^T(t),$$

also stets $S(t) = -S^T(t)$.

d) Aus den Eigenschaften des Skalarproduktes $\langle \cdot, \cdot \rangle$ resultiert

$$\cos \alpha = \frac{\langle f(t), \dot{f}(t) \rangle}{\|f(t)\| \|\dot{f}(t)\|}$$

mit

$$\|f(t)\|^2 = \|Q(t)x_0\|^2 = \langle Q(t)x_0, Q(t)x_0 \rangle = \|x_0\|^2,$$

also

$$0 = \frac{d}{dt}\|f(t)\|^2 = \frac{d}{dt}\langle f(t), f(t) \rangle = 2\langle f(t), \dot{f}(t) \rangle.$$

Das bedeutet, dass

$$f(t) \perp \dot{f}(t) \implies \alpha = \frac{\pi}{2}.$$

e) Es muss die Identität $\boldsymbol{\omega}(t) \times \boldsymbol{x} = S(t)\boldsymbol{x}$ für alle $\boldsymbol{x} \in \mathbb{R}^3$ gelten. Wir setzen $\boldsymbol{x} := \boldsymbol{e}_j$, $j = 1, 2, 3$. Damit ergibt sich der j-te Spaltenvektor von S als

$$\boldsymbol{\omega}(t) \times \boldsymbol{e}_j = \boldsymbol{s}_j(t).$$

Daraus folgt mit dem Entwicklungssatz von GRASSMANN, dass

$$\boldsymbol{e}_j \times \boldsymbol{s}_j(t) = \boldsymbol{e}_j \times (\boldsymbol{\omega}(t) \times \boldsymbol{e}_j) = \boldsymbol{\omega}(t) \underbrace{\langle \boldsymbol{e}_j, \boldsymbol{e}_j \rangle}_{= 1} - \boldsymbol{e}_j \underbrace{\langle \boldsymbol{e}_j, \boldsymbol{\omega}(t) \rangle}_{= \omega_j}, \quad j = 1, 2, 3.$$

Daraus ergibt sich nach Summation

$$\sum_{j=1}^{3}(\boldsymbol{e}_j \times \boldsymbol{s}_j(t)) = 3\boldsymbol{\omega}(t) - \sum_{j=1}^{3} \boldsymbol{e}_j \omega_j(t) = 2\boldsymbol{\omega}(t),$$

also

$$\boldsymbol{\omega}(t) = \frac{1}{2}\sum_{j=1}^{3}(\boldsymbol{e}_j \times \boldsymbol{s}_j(t)).$$

Nach Teilaufgabe c) hat S die Darstellung $S(t) = (-\boldsymbol{e}_2, \boldsymbol{e}_1, \boldsymbol{0})$, damit ergibt sich schließlich

$$\boldsymbol{\omega}(t) = \frac{1}{2}\{-\boldsymbol{e}_1 \times \boldsymbol{e}_2 + \boldsymbol{e}_2 \times \boldsymbol{e}_1 + \boldsymbol{e}_3 \times \boldsymbol{0}\} = -\boldsymbol{e}_1 \times \boldsymbol{e}_2 = -\boldsymbol{e}_3 = -\begin{pmatrix} 0 \\ 0 \\ 1 \end{pmatrix}.$$

Anmerkung Die Spinmatrix S ordnet jedem Punkt auf der Bewegungskurve f den Geschwindigkeitsvektor $\dot{f}$ zu, denn es gilt

$$\dot{f}(t) = \dot{Q}(t)Q^T(t)f(t) = S(t)f(t).$$

6.7   Der Mittelwertsatz der Differentialrechnung

Aufgabe 6.32

Sei $f : \mathbb{R} \to \mathbb{R}$ eine Funktion mit der Eigenschaft $|f(x) - f(y)| \leq |x - y|^2$ für alle $x, y \in \mathbb{R}$.

a) Zeigen Sie, dass f differenzierbar ist.
b) Zeigen Sie, dass f konstant ist.

Aufgabe 6.33

Berechnen Sie eine „gute" Lipschitz-Konstante $L > 0$ von

$$F(x) = \frac{\pi}{4} \cdot \frac{1}{\sqrt{1 + \sin^2 x}}.$$

Aufgabe 6.34

a) Sei $k : [0,1] \to \mathbb{R}$, gegeben durch

$$k(t) := \sqrt{(1 - \varepsilon^2)t + \varepsilon^2} \ \text{ mit } \ 0 \leq \varepsilon < 1.$$

    Für welche ε ist k stetig, gleichmäßig stetig bzw. Lipschitz-stetig?

b) Untersuchen Sie die Funktion $h : (0,1] \to \mathbb{R}$, gegeben durch

$$h(t) := \sin \frac{1}{t}$$

    auf Stetigkeit und gleichmäßige Stetigkeit. Ist h Lipschitz-stetig?

Aufgabe 6.35

Gegeben sei $f(x) = \dfrac{x}{1 + \sqrt{|x|}}$, $x \in \mathbb{R}$.

a) Ist f auf ganz $\mathbb{R}$ stetig? Wie lautet $\lim\limits_{x \to \pm\infty} f(x)$?
b) Ist f für alle $x \in \mathbb{R}$ differenzierbar?
c) Warum ist f invertierbar? Wie lautet die Inverse für $x > 0$?

Aufgabe 6.36

Ein Fahrzeug soll in möglichst kurzer Zeit vom Punkt $(0\,\mathrm{km},\, 0\,\mathrm{km})$ zum Punkt $(30\,\mathrm{km},\, 10\,\mathrm{km})$ fahren. Auf der Straße (im Modell die x-Achse) kann es $50\,\mathrm{km\,h^{-1}}$ fahren, im Gelände (außerhalb der x-Achse) nur $20\,\mathrm{km\,h^{-1}}$. An welcher Stelle auf der x-Achse muss das Auto abbiegen?

Aufgabe 6.37

Gegeben sei die Funktion

$$f(x) = (x^2 - 7x + 12) \cdot \ln(x^2 + 1) \cdot \sqrt{\sin \frac{(x+1)\pi}{8}}$$

für $x \in [-1, 7]$. Zeigen Sie, dass f' im Intervall $(-1, 7)$ mindestens 4 Nullstellen hat.

Lösungsvorschläge

Lösung 6.32

Aus der gegebenen Eigenschaft resultieren:

a) Die gegebene Ungleichung ist äquivalent zu der Darstellung

$$\frac{|f(x) - f(y)|}{|x - y|} \leq |x - y| \quad \text{bzw.} \quad \frac{|f(x) - f(x+h)|}{|h|} \leq |h|$$

mit $y := x + h$, $h \in \mathbb{R}$.
Daraus resultiert

$$\lim_{h \to 0} \left| \frac{f(x) - f(x+h)}{h} \right| = \left| \lim_{h \to 0} \frac{f(x) - f(x+h)}{h} \right| \leq \left| \lim_{h \to 0} h \right| = 0.$$

Das bedeutet, dass

$$|f'(x)| = 0 \quad \Longleftrightarrow \quad f'(x) = 0.$$

Anmerkung Wegen der Stetigkeit der Betragsfunktion dürfen Grenzwert- und Betragsbildung vertauscht werden.

b) Nach Satz 6.61 aus dem Lehrbuch gilt hier für alle $x \in \mathbb{R}$:

$$f(x) = \text{const} \quad \Longleftrightarrow \quad f'(x) = 0.$$

Lösung 6.33

Die Ableitung von F lautet

$$F'(x) = \frac{\pi}{4} \left(-\frac{1}{2} \right) \frac{2 \cos x \sin x}{(1 + \sin^2 x)^{\frac{3}{2}}} = -\frac{\pi}{4} \frac{\sin 2x}{(1 + \sin^2 x)^{\frac{3}{2}}}.$$

Da $|\sin 2x| \leq 1$ und $1 + \sin^2 x \geq 1$, gilt

$$|F'(x)| \leq \frac{\pi}{4} < 1.$$

Nach dem Mittelwertsatz der Differentialrechnung existiert ein $\zeta \in (x, y)$ mit der Eigenschaft

$$F(x) - F(y) = F'(\zeta)(x - y).$$

Damit erhalten wir die gewünschte Abschätzung

$$|F(x) - F(y)| = |F'(\zeta)||x - y| \le \frac{\pi}{4}|x - y|.$$

Wir treffen daher die Wahl $L := \dfrac{\pi}{4}$.

Lösung 6.34

a) Sei $\varepsilon = 0$: Dann ist die Funktion $k(t) = \sqrt{t}$ stetig und damit auf dem kompakten (beschränkten und abgeschlossenen) Intervall $D_k = [0, 1]$ auch gleichmäßig stetig (für unbeschränkte Intervalle s. Aufgabe 5.40). Die Funktion k ist jedoch in $t = 0$ nicht LIPSCHITZ-stetig, denn

$$\frac{|k(t) - k(0)|}{|t - 0|} = \frac{\sqrt{t}}{t} = \frac{1}{\sqrt{t}} \to \infty, \quad \text{für } t \to 0.$$

Der Differenzenquotient lässt sich also in einer Umgebung von Null nicht durch eine Konstante beschränken.

Sei $0 < \varepsilon < 1$: Dann ist die Funktion $k(t) = \sqrt{(1 - \varepsilon^2)t + \varepsilon^2}$ als Summe, Produkt und Komposition stetiger Funktionen ebenfalls stetig und damit auf dem kompakten Intervall $D_k = [0, 1]$ gleichmäßig stetig. Die Funktion ist zudem LIPSCHITZ-stetig, denn für $t_0, t_1 \in D_k$ gilt

$$|k(t_0) - k(t_1)| = \left|\sqrt{(1 - \varepsilon^2)t_0 + \varepsilon^2} - \sqrt{(1 - \varepsilon^2)t_1 + \varepsilon^2}\right|$$

$$= \frac{1 - \varepsilon^2}{\sqrt{(1 - \varepsilon^2)t_0 + \varepsilon^2} + \sqrt{(1 - \varepsilon^2)t_1 + \varepsilon^2}} \, |t_0 - t_1|$$

$$\le \frac{1 - \varepsilon^2}{2\varepsilon} \, |t_0 - t_1|,$$

da $\sqrt{(1 - \varepsilon^2)t + \varepsilon^2} \ge \sqrt{\varepsilon^2} = \varepsilon$. Mit $L := \frac{1 - \varepsilon^2}{2\varepsilon} > 0$ ist dies die gewünschte Darstellung

$$|k(t_0) - k(t_1)| \le L \, |t_0 - t_1| \quad \text{für alle } t_0, t_1 \in D_k.$$

b) Die Funktion h ist auf dem gegebenen Definitionsbereich stetig. Betrachten Sie jetzt die Folgen $\{x_n\}_{n \in \mathbb{N}}$ und $\{y_n\}_{n \in \mathbb{N}}$ gegeben durch

$$x_n := \frac{1}{2n\pi} \quad \text{und} \quad y_n := \frac{1}{(2n + 1/2)\pi}.$$

Damit gelten

$$h\left(x_n\right) = \sin(2n\pi) = 0 \quad \text{und} \quad h\left(y_n\right) = \sin\left(\frac{4n+1}{2}\,\pi\right) = 1$$

und

$$y_n - x_n = \frac{\pi/2}{2n\pi(2n+1/2)\pi} = \frac{1}{2n(4n+1)\pi} \to 0 \ \text{für} \ n \to \infty.$$

Dies verwenden wir wie folgt:

Sei nun $0 < \varepsilon < 1$ vorgegeben, dann existiert zu jedem $\delta > 0$ ein $n \in \mathbb{N}$ mit

$$|y_n - x_n| < \delta,$$

aber

$$h\left(y_n\right) - h\left(x_n\right) \equiv 1 > \varepsilon.$$

Somit ist h nicht gleichmäßig stetig. Daraus folgt, dass h auch nicht LIPSCHITZ-stetig sein kann.

Anmerkung Ist dagegen eine Funktion $f : D_f \to \mathbb{R}$ auf D_f LIPSCHITZ-stetig, dann ist f auf D_f auch gleichmäßig stetig.

Sei also f LIPSCHITZ-stetig mit LIPSCHITZ-Konstante $L > 0$. Wir wählen $\varepsilon > 0$ beliebig und setzen $\delta := \varepsilon/L$. Dann gilt für alle $x, y \in D_f$ der Zusammenhang

$$|f(x) - f(y)| \leq L|x - y| < L\delta = \varepsilon.$$

Demnach ist f wie behauptet gleichmäßig stetig.

Obige Folgerung

„h ist nicht gleichmäßig stetig $\Longrightarrow$ h ist nicht LIPSCHITZ-stetig"

ist gerade die Kontraposition der eben bewiesenen Implikation.

Alternative Um zu zeigen, dass $h(t) = \sin\frac{1}{t}$ auf $D_h = (0,1]$ nicht LIPSCHITZ-stetig ist, bilden wir die Ableitung

$$h'(t) = -\frac{1}{t^2}\cos\frac{1}{t}.$$

Damit ergibt sich

$$\left|h'\left(\frac{1}{2\pi k}\right)\right|_{k \in \mathbb{Z}} = (2\pi k)^2 \cdot 1 = 4\pi^2 k^2 \to \infty \ \text{für} \ k \to \infty.$$

Daran erkennen Sie, dass $|h'(\cdot)|$ auf D_h unbeschränkt ist und h somit nach dem Mittelwertsatz der Differentialrechnung nicht LIPSCHITZ-stetig sein kann.

Lösung 6.35

Wegen $f(-x) = -f(x)$ ist f eine ungerade Funktion, eine Eigenschaft, die wir in den nachfolgenden Teilaufgaben verwenden werden.

a) Die Funktion f ist auf ganz $\mathbb{R}$ als Quotient stetiger Funktionen ebenfalls stetig. Die gesuchten Grenzwerte sind

$$\lim_{x \to +\infty} f(x) = \frac{1}{\frac{1}{x} + \frac{1}{\sqrt{x}}} = +\infty,$$

und wegen der Symmetrie gilt $\lim_{x \to -\infty} f(x) = -\infty$.

b) Für $x > 0$ gilt $f(x) = \frac{x}{1+\sqrt{x}}$ und f ist als Quotient differenzierbarer Funktionen selbst differenzierbar. Aus Symmetriegründen gilt für $x < 0$, dass

$$f'(-x) = -f'(x).$$

Im Nullpunkt gilt

$$\lim_{h \to 0} \frac{f(h) - f(0)}{h} = \lim_{h \to 0} \frac{h}{h(1 + \sqrt{h})} = \lim_{h \to 0} \frac{1}{1 + \sqrt{h}} = 1.$$

Damit ist f auf ganz $\mathbb{R}$ differenzierbar.

c) Für $x > 0$ gilt

$$f'(x) = \frac{1 + \frac{\sqrt{x}}{2}}{(1 + \sqrt{x})^2} > 0,$$

also ist f umkehrbar. Die Umkehrfunktion berechnen wir wie folgt:

$$y = \frac{x}{1 + \sqrt{x}} \implies x - y\sqrt{x} - y = 0.$$

Die Mitternachtsformel angewandt auf $\left(\sqrt{x}\right)^2 - y\sqrt{x} - y = 0$ liefert zunächst

$$\sqrt{x} = \frac{y \pm \sqrt{y^2 + 4y}}{2}.$$

Da $\sqrt{x} \overset{!}{>} 0$ gelten muss, ergibt sich als eindeutige Lösung

$$x = \frac{y^2 + 2y + y\sqrt{y^2 + 4y}}{2}.$$

Wir vertauschen x und y und erhalten schließlich

$$f^{-1}(x) := y = \frac{x^2 + 2x + x\sqrt{x^2 + 4x}}{2}.$$

Zusätzliche Information Zu Aufgabe 6.35 ist bei der Online-Version dieses Kapitels (doi:10.1007/978-3-642-29980-3_6) ein Video enthalten.

Lösung 6.36

Wir benötigen eine Funktion T, welche die Zeit in Abhängigkeit der Abbiegestelle $a \in [0, 30]$ repräsentiert. Seien dazu

$$v_1 = 50\,\mathrm{km\,h^{-1}}, \quad v_2 = 20\,\mathrm{km\,h^{-1}}.$$

Die Wegstrecken L_1 auf der x-Achse bis zum Punkt a und L_2 von a nach $(30\,\mathrm{km}, 10\,\mathrm{km})$ lauten

$$L_1(a) = a, \quad L_2(a) = \sqrt{10^2 + (30 - a)^2}.$$

Damit sind wir nun in der Lage, eine Funktion mit der physikalischen Einheit „Zeit" zu formulieren:

$$T(a) = \frac{L_1(a)}{v_1} + \frac{L_2(a)}{v_2} \left[\frac{\mathrm{km}}{\mathrm{km\,h^{-1}}} \right] = [h].$$

Nun gilt

$$T'(a) = \frac{1}{v_1} + \frac{a - 30}{\sqrt{10^2 + (30 - a)^2} \cdot v_2} = \frac{v_1(a - 30) + v_2\sqrt{10^2 + (30 - a)^2}}{v_2\sqrt{10^2 + (30 - a)^2}}.$$

Eine kurze Rechnung ergibt

$$T'(a) = 0 \iff -21a^2 + 1260a - 18\,500 = 0.$$

Die beiden Nullstellen lauten

$$a_1 = 30 + \frac{20}{21}\sqrt{21} > 30,$$

$$a_2 = 30 - \frac{20}{21}\sqrt{21} \approx 25{,}6356.$$

Demnach muss das Auto die Straße nach 25,6356 km verlassen und nach einer äußerst scharfen Linkskurve geradlinig durch das Gelände auf den gewünschten Punkt zusteuern. Die Fahrzeit dazu beträgt $T(25{,}6356) \approx 1{,}0582$ Stunden.

Zusatzaufgabe Bestimmen Sie den Winkel zwischen der x-Achse und der Geraden durch das Gelände, die auf den Zielpunkt führt.

Lösung 6.37

Wir schreiben f in der Form

$$f(x) = (x-3)(x-4)\ln(x^2+1) \cdot \sqrt{\sin\frac{(x+1)\pi}{8}}$$

und erkennen daran sofort

$$f(x) = 0 \iff x = 3 \vee x = 4 \vee x = 0 \vee x = -1 \vee x = 7.$$

Damit hat f diese 5 Nullstellen im vorgelegten Intervall $[-1, 7]$. Auf den 4 daraus entstandenen Intervallen

$$I_1 = (-1, 0), \quad I_2 = (0, 3), \quad I_3 = (3, 4), \quad I_4 = (4, 7)$$

nimmt die Funktion f jeweils auf den Randpunkten denselben Wert (hier überall den Wert 0) an, und f ist auf dem Intervall $(-1, 7)$ stetig differenzierbar. Damit folgt aus dem Satz von ROLLE, dass die Ableitung f' in jedem dieser 4 Intervalle mindestens eine Nullstelle hat.

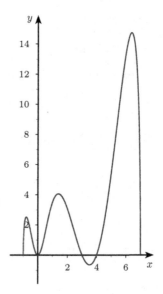

Graph von $f(x) = (x^2 - 7x + 12)\ln(x^2+1) \cdot \sqrt{\sin\frac{(x+1)\pi}{8}}$

6.8 Die Regeln von L'Hospital

Aufgabe 6.38
Bestimmen Sie folgende Grenzwerte mit der Regel von L'HOSPITAL:

a) $\lim\limits_{x \to 0} \dfrac{\sin x}{x^3 + 7x}$, b) $\lim\limits_{x \to \infty} \dfrac{\sqrt{x}}{\ln x}$, c) $\lim\limits_{x \to 0} \sqrt{x} \ln x$, d) $\lim\limits_{x \to 0} \dfrac{\sin(e^{x^2} - 1)}{e^{\cos x} - e}$.

Aufgabe 6.39
Bestimmen Sie folgende Grenzwerte mit der Regel von L'HOSPITAL:

a) $\lim\limits_{x \to \pm\infty} x^n \exp(x)$, für $n \in \mathbb{Z}$, b) $\lim\limits_{x \to \infty} (x + 3)(e^{\frac{2}{x}} - 1)$, c) $\lim\limits_{x \to 0} \dfrac{\cos(7x) - 1}{x^3 + 2x^2}$.

Aufgabe 6.40
Bestimmen Sie folgende Grenzwerte mit der Regel von L'HOSPITAL:

a) $\lim\limits_{x \to \infty} (1 + e^{-x})^{\frac{1}{\tan\frac{1}{x}}}$, b) $\lim\limits_{x \to 0} \dfrac{(\ln(x + 1))^2}{1 - e^{-x^2}}$, c) $\lim\limits_{x \to 0+} \left(\dfrac{1}{x}\right)^{\sin x}$.

Aufgabe 6.41
Bestimmen Sie folgende Grenzwerte mit der Regel von L'HOSPITAL:

a) $\lim\limits_{x \to \pi} (\tan nx) \cdot (\cot mx)$, $m, n \in \mathbb{N}$, b) $\lim\limits_{x \to 1} \left(\dfrac{1}{1 - e^{x-1}} - \dfrac{\pi}{\sin \pi x}\right)$,

c) $\lim\limits_{x \to 0+} (\ln x) \cdot \ln(1 - x)$, d) $\lim\limits_{x \to 1} \left(\dfrac{1}{x \ln x} - \dfrac{1}{x - 1}\right)$.

Aufgabe 6.42
Warum versagt bei der Bestimmung von $\lim\limits_{x \to \infty} \dfrac{x}{\sqrt{1 + x^2}}$ die Regel von L'HOSPITAL? Wie lautet der Grenzwert?

Lösungsvorschläge

Lösung 6.38

a) Es gilt $\lim\limits_{x \to 0} \sin(x) = 0 = \lim\limits_{x \to 0} (x^3 + 7x)$.

Damit ist die Regel von L'HOSPITAL anwendbar, falls $\lim_{x \to 0} \frac{f'(x)}{g'(x)}$ existiert. Dieser Grenzwert existiert, und wir erhalten

$$\lim_{x \to 0} \frac{\sin x}{x^3 + 7x} = \lim_{x \to 0} \frac{\cos x}{3x^2 + 7} = \frac{1}{7}.$$

b) Es gilt $\lim\limits_{x\to\infty} \sqrt{x} = \infty = \lim\limits_{x\to\infty} \ln x$.

Damit ist die Regel von L'HOSPITAL anwendbar, falls $\lim_{x\to\infty} \frac{f'(x)}{g'(x)}$ existiert. Dieser Grenzwert existiert (uneigentlich), und wir erhalten

$$\lim_{x\to\infty} \frac{\sqrt{x}}{\ln x} = \lim_{x\to\infty} \frac{\frac{1}{2\sqrt{x}}}{\frac{1}{x}} = \lim_{x\to\infty} \frac{1}{2}\sqrt{x} = \infty.$$

c) Wir haben es hier mit dem unbestimmten Fall $0 \cdot \infty$ zu tun und schreiben deswegen

$$\lim_{x\to 0} \sqrt{x}\ln x = \lim_{x\to 0} \frac{\ln x}{\frac{1}{\sqrt{x}}},$$

um die typische Situation $\lim_{x\to 0} \ln x = -\infty$ und $\lim_{x\to 0} \frac{1}{\sqrt{x}} = \infty$ zu erlangen.

Damit ist die Regel von L'HOSPITAL anwendbar, falls $\lim_{x\to 0} \frac{f'(x)}{g'(x)}$ existiert. Dieser Grenzwert existiert, und wir erhalten

$$\lim_{x\to 0} \sqrt{x}\ln x = -\lim_{x\to 0} \frac{\frac{1}{x}}{\frac{1}{2}x^{-\frac{3}{2}}} = -\lim_{x\to 0} 2\sqrt{x} = 0.$$

d) Es gilt $\lim\limits_{x\to 0} \sin\left(e^{x^2}-1\right) = 0 = \lim\limits_{x\to 0}\left(e^{\cos x}-e\right)$. Die Kettenregel liefert

$$f'(x) := \sin'\left(e^{x^2}-1\right) = \cos\left(e^{x^2}-1\right)\cdot e^{x^2}\cdot 2x$$

und $f'(0) = 0$. Weiter gelten

$$g'(x) := \left(e^{\cos x}-e\right)'(x) = -e^{\cos x}\cdot\sin x,$$

und $g'(0) = 0$. Damit ergibt sich

$$\lim_{x\to 0} \frac{f(x)}{g(x)} = \lim_{x\to 0} \frac{f'(x)}{g'(x)} = \frac{0}{0},$$

womit eine weitere Anwendung der Regel von L'HOSPITAL angesagt ist, falls $\lim_{x\to 0} \frac{f''(x)}{g''(x)}$ existiert. Dieser Grenzwert existiert, und wir erhalten nach einer kurzen Rechnung

$$\lim_{x\to 0} \frac{f(x)}{g(x)} = \lim_{x\to 0} \frac{f'(x)}{g'(x)} = \lim_{x\to 0} \frac{f''(x)}{g''(x)}$$

$$= \lim_{x\to 0} \frac{2e^{x^2}\left[\cos\left(e^{x^2}-1\right)(2x^2+1) - \sin\left(e^{x^2}-1\right)e^{x^2}2x^2\right]}{e^{\cos x}\left(\sin^2 x - \cos x\right)}$$

$$= -\frac{2}{e}.$$

Lösung 6.39

a) Wir berechnen die Grenzwertübergänge für $x \to \pm\infty$ der Reihe nach und unterscheiden zwischen den Fällen $n \geq 0$ und $n < 0$.

  a. Sei $n \geq 0$: Hier entsteht kein unbestimmter Ausdruck, es gilt ganz einfach

$$\lim_{x \to +\infty} x^n e^x = +\infty.$$

Sei $n < 0$: Wir schreiben

$$\lim_{x \to +\infty} x^n e^x = \lim_{x \to +\infty} \frac{e^x}{x^{|n|}} = \frac{+\infty}{+\infty}.$$

Wir wenden jetzt $|n|$-mal die Regel von L'HOSPITAL an und erhalten

$$\lim_{x \to +\infty} x^n e^x = \lim_{x \to +\infty} \frac{e^x}{|n| \, x^{|n|-1}} = \lim_{x \to +\infty} \frac{e^x}{|n| \, (|n|-1) \, x^{|n|-2}}$$

$$= \ldots = \lim_{x \to +\infty} \frac{e^x}{|n|! \, x^0} = +\infty.$$

  b. Sei $n > 0$: Wir schreiben

$$\lim_{x \to -\infty} x^n e^x = \lim_{x \to -\infty} \frac{x^n}{e^{-x}} = \frac{+\infty}{+\infty}.$$

Wir wenden n-mal die Regel vonL'HOSPITAL an und erhalten

$$\lim_{x \to -\infty} x^n e^x = \lim_{x \to -\infty} \frac{x^n}{e^{-x}} = \ldots = \lim_{x \to -\infty} \frac{n! \, x^0}{(-1)^n e^{-x}} = 0.$$

Sei $n \leq 0$: Hier siegt die Exponentialfunktion, es gilt also

$$\lim_{x \to -\infty} x^n e^x = 0.$$

b) Hier liegt der unbestimmte Fall $\infty \cdot 0$ vor. Wir schreiben den gegebenen Ausdruck in der Form

$$(x+3)\left(e^{\frac{2}{x}-1}\right) = \frac{e^{\frac{2}{x}} - 1}{\frac{1}{x+3}} =: \frac{f(x)}{g(x)}$$

und erkennen jetzt den für L'HOSPITAL typischen unbestimmten Fall

$$\lim_{x \to \infty} f(x) = 0 = \lim_{x \to \infty} g(x),$$

aber auch

$$\lim_{x \to \infty} \frac{f'(x)}{g'(x)} = \lim_{x \to \infty} \frac{2e^{\frac{2}{x}}(x+3)^2}{x^2} = \frac{0}{0}.$$

Hier gilt jedoch mit konventionellen Mitteln

$$\lim_{x \to \infty} \frac{2e^{\frac{2}{x}}(x+3)^2}{x^2} = \lim_{x \to \infty} 2e^{\frac{2}{x}} \lim_{x \to \infty} \frac{(x+3)^2}{x^2} = 2,$$

da nach Division mit x^2 im Zähler und Nenner

$$\lim_{x \to \infty} \frac{(x+3)^2}{x^2} = \lim_{x \to \infty} \frac{1 + \frac{6}{x} + \frac{9}{x^2}}{1} = 1$$

resultiert.

c) Hier liegt der unbestimmte Fall $\frac{0}{0}$ vor. Eine zweimalige Anwendung der Regel von L'HOSPITAL führt auf das gewünschte Ergebnis

$$\lim_{x \to 0} \frac{\cos(7x) - 1}{x^3 + 2x^2} = \underbrace{\lim_{x \to 0} \frac{-7\sin(7x)}{3x^2 + 4x}}_{= \frac{0}{0}} = \lim_{x \to 0} \frac{-49\cos x}{6x + 4} = -\frac{49}{4}.$$

Lösung 6.40

a) Nach dieser Umformung

$$\lim_{x \to \infty} \left(1 + e^{-x}\right)^{\frac{1}{\tan \frac{1}{x}}} = \lim_{x \to \infty} \left(1 + e^{-x}\right)^{\cot \frac{1}{x}} = \lim_{x \to \infty} \left(1 + e^{-x}\right)^{\frac{\cos \frac{1}{x}}{\sin \frac{1}{x}}}$$

erkennen Sie den Fall 1^∞. Sei $G := \lim\limits_{x \to \infty} \left(1 + e^{-x}\right)^{\frac{\cos \frac{1}{x}}{\sin \frac{1}{x}}}$. Die Regel von L'HOSPITAL kombiniert mit kleinen Umformungen ergibt

$$\ln G = \lim_{x \to \infty} \frac{\ln\left(1 + e^{-x}\right) \cdot \overbrace{\cos \frac{1}{x}}^{\to 1}}{\sin \frac{1}{x}} \overset{L'H}{=} \lim_{x \to \infty} \frac{-e^{-x}}{\underbrace{\left(1 + e^{-x}\right)}_{\to 1} \underbrace{\cos \frac{1}{x}}_{\to 1} \cdot \frac{-1}{x^2}}$$

$$= \lim_{x \to \infty} \frac{x^2}{e^x} = 0.$$

Damit resultiert $G = e^0 = 1$.

b) Sie erkennen den unbestimmten Fall $\frac{0}{0}$. Die Regel von L'HOSPITAL kombiniert mit kleinen Umformungen ergibt

$$\lim_{x \to 0} \frac{(\ln(x+1))^2}{1 - e^{-x^2}} \overset{\text{L'H}}{=} \lim_{x \to 0} \frac{2\ln(x+1) \cdot \overbrace{\frac{1}{x+1}}^{\to 1}}{\underbrace{e^{-x^2}}_{\to 1} \cdot 2x}$$

$$= \lim_{x \to 0} \frac{\ln(x+1)}{x} = \lim_{x \to 0} \frac{1}{1+x} = 1.$$

c) Wir haben hier den Fall $0 \cdot \infty$. Sei $G := \lim\limits_{x \to 0+} \left(\frac{1}{x}\right)^{\sin x}$, dann

$$\ln G = \lim_{x \to 0+} \left(\sin x \ln \frac{1}{x}\right) = -\lim_{x \to 0+} \frac{\ln x}{\frac{1}{\sin x}}$$

$$\overset{\text{L'H}}{=} -\lim_{x \to 0+} \frac{-\sin^2 x}{\underbrace{x \cos x}_{\to 1}}$$

$$= \lim_{x \to 0+} \frac{\sin^2 x}{x} = \lim_{x \to 0} x \underbrace{\left(\frac{\sin x}{x}\right)^2}_{\to 1} = 0.$$

Daraus resultiert $G = e^0 = 1$.

Zusätzliche Information Zu Aufgabe 6.40 ist bei der Online-Version dieses Kapitels (doi:10.1007/978-3-642-29980-3_6) ein Video enthalten.

Lösung 6.41

a) Hier liegt der Fall $0 \cdot \infty$ vor. Eine Umformung und einmalige Anwendung der Regel von L'HOSPITAL führen auf

$$\lim_{x \to \pi} (\tan nx \cdot \cot mx) = \lim_{x \to \pi} \frac{\tan nx}{\tan mx} = \lim_{x \to \pi} \left(\frac{n}{\cos^2 nx} \cdot \frac{\cos^2 mx}{m}\right) = \frac{n}{m}.$$

b) An der nachfolgenden Umformung erkennen Sie

$$\lim_{x \to 1} \left(\frac{1}{1 - e^{x-1}} - \frac{\pi}{\sin \pi x}\right) = \lim_{x \to 1} \frac{\sin \pi x - \pi \left(1 - e^{x-1}\right)}{\left(1 - e^{x-1}\right) \sin \pi x} = \frac{0}{0}.$$

Die zweimalige Anwendung der Regel von L'Hospital führt ans Ziel. Es gilt

$$\lim_{x \to 1} \frac{\sin \pi x - \pi \left(1 - e^{x-1}\right)}{(1 - e^{x-1}) \sin \pi x} = \lim_{x \to 1} \frac{\pi \cos \pi x + \pi e^{x-1}}{-e^{x-1} \sin \pi x + \pi \left(1 - e^{x-1}\right) \cos \pi x}$$

$$= \lim_{x \to 1} \frac{-\pi^2 \sin \pi x + \pi e^{x-1}}{-2\pi e^{x-1} \cos \pi x - e^{x-1} \sin \pi x - \pi^2 \left(1 - e^{x-1}\right) \sin \pi x}$$

$$= \frac{\pi}{2\pi} = \frac{1}{2}.$$

c) Hier liegt der Fall $-\infty \cdot 0$ vor. Eine kleine Umformung und zweimalige Anwendung der Regel von L'Hospital führen ans Ziel. Es gilt

$$\lim_{x \to 0+} (\ln x) \cdot \ln(1 - x) = \lim_{x \to 0+} \frac{\ln(1 - x)}{\frac{1}{\ln x}} \overset{\text{L'H}}{=} \lim_{x \to 0+} \frac{\frac{1}{1-x}}{\frac{1}{x} \left(\frac{1}{\ln x}\right)^2}$$

$$= \lim_{x \to 0+} \frac{x \ln^2 x}{1 - x} = \lim_{x \to 0+} \left(x \ln^2 x\right)$$

$$= \lim_{x \to 0+} \left(\sqrt{x} \ln x\right)^2 = \lim_{x \to 0+} \left(\frac{\ln x}{\frac{1}{\sqrt{x}}}\right)^2$$

$$= \left(\lim_{x \to 0+} \frac{\ln x}{\frac{1}{\sqrt{x}}}\right)^2 \overset{\text{L'H}}{=} \left(\lim_{x \to 0+} \frac{\frac{1}{x}}{-\frac{1}{2} x^{-3/2}}\right)^2$$

$$= \left(- \lim_{x \to 0+} 2\sqrt{x}\right)^2 = 0.$$

Anmerkung Schauen Sie sich Aufgabe 6.38c) nochmals an.
In den obigen Ausführungen wurde die Beziehung

$$\lim_{x \to 0+} (f(x))^2 = \lim_{x \to 0+} f(x) \cdot \lim_{x \to 0+} f(x) = \left(\lim_{x \to 0+} f(x)\right)^2$$

verwendet.

d) An der nachfolgenden Umformung erkennen Sie

$$\lim_{x \to 1} \left(\frac{1}{x \ln x} - \frac{1}{x - 1}\right) = \lim_{x \to 1} \frac{x - 1 - x \ln x}{(x^2 - x) \ln x} = \frac{0}{0}.$$

Die zweimalige Anwendung der Regel von L'Hospital ergibt

$$\lim_{x \to 1} \frac{x - 1 - x \ln x}{(x^2 - x) \ln x} = \lim_{x \to 1} \frac{-\ln x}{(2x - 1) \ln x + (x - 1)}$$

$$= -\lim_{x \to 1} \frac{\frac{1}{x}}{2 \ln x + \left(2 - \frac{1}{x}\right) + 1} = -\frac{1}{2}.$$

Lösung 6.42

Wir haben die vielversprechende Situation

$$\lim_{x \to \infty} \frac{f(x)}{g(x)} = \frac{\infty}{\infty}.$$

Dummerweise drehen wir uns im Kreis, denn

$$\frac{f'(x)}{g'(x)} = \frac{(1 + x^2)^{1/2}}{x} = \frac{g(x)}{f(x)},$$

$$\frac{f''(x)}{g''(x)} = \frac{x}{(1 + x^2)^{1/2}} = \frac{f(x)}{g(x)},$$

$$\vdots$$

Tatsächlich bekommen wir auf konventionelle Art und Weise

$$\lim_{x \to \infty} \frac{f(x)}{g(x)} = \lim_{x \to \infty} \frac{x \cdot \frac{1}{x}}{\sqrt{1 + x^2} \cdot \frac{1}{x}} = \lim_{x \to \infty} \frac{1}{\sqrt{\frac{1}{x^2} + 1}} = 1.$$

6.9   Der Satz von Taylor

Aufgabe 6.43

Wie lautet das Taylor-Polynom n-ten Grades von $f(x) = \sqrt{1 + x}$ um den Entwicklungspunkt $x_0 = 3$?

Aufgabe 6.44

a) Entwickeln Sie mit und ohne Horner-Schema $P(x) = x^4 + 3x^2 + 2x + 2$ in ein Taylor-Polynom um $x_0 = 1$.

b) Wie lautet das Taylor-Polynom 4. Grades von $f(x) = \ln \frac{1+x}{1-x}$ um den Entwicklungspunkt $x_0 = 0$?

Aufgabe 6.45

Es sei $f : [-1, \infty) \to \mathbb{R}$ mit $f(x) = \sqrt{1+x}$ gegeben.

a) Bestimmen Sie mittels TAYLOR-Formel das Polynom 2. Grades p_2 (auch den Entwicklungspunkt x_0), für das gilt

$$\lim_{x \to 0} \frac{1}{x^2} (f(x) - p_2(x)) = 0.$$

b) Zeigen Sie für alle $x \in [0, \infty)$ die Abschätzung

$$|f(x) - p_2(x)| \le \frac{1}{16} x^3.$$

Aufgabe 6.46

Wir betrachten die Funktion

$$g : (-1, \infty) \to \mathbb{R}, \quad x \mapsto 2x - (x+1) \ln(x+1).$$

Zeigen Sie: Für alle $x > 0$ gilt

$$x - \frac{x^2}{2} + \frac{x^3}{6(1+x)^2} < g(x) < \min\left(x - \frac{1}{1+x} \cdot \frac{x^2}{2}, x - \frac{x^2}{2} + \frac{x^3}{6} \right).$$

Aufgabe 6.47

Gegeben sei die Funktion $f(x) = \dfrac{\ln(1+x)}{1+x}$, $x > -1$. Bestimmen Sie für $|x| < 1$ die zu f gehörige TAYLOR-Reihe um den Entwicklungspunkt $x_0 = 0$.

Aufgabe 6.48

Gegeben sei $f(x) = \mathrm{Ar}\tanh(\sin x)$:

a) Bestimmen Sie das TAYLOR-Polynom T_2 2. Grades um den Entwicklungspunkt $x_0 = 0$, das zugehörige Restglied und eine Abschätzung des Restgliedes für $|x| \le \dfrac{\pi}{6}$.

b) Bestimmen Sie $\lim\limits_{x \to 0} \dfrac{x^2 f(x)}{f(x^3)}$.

Aufgabe 6.49

Berechnen Sie das TAYLOR-Polynom T_6 6. Grades für die Funktion $f(x) = \cosh x$. Berechnen Sie mithilfe von T_6 den Wert $\cosh 1$ näherungsweise, und zeigen Sie, dass diese Näherung bis auf 3 Stellen hinter dem Komma genau ist.

Aufgabe 6.50

Berechnen Sie folgende Grenzwerte

$$i)\ \lim_{x\to 0}\frac{x\cos x - \sin x}{x^3},\quad ii)\ \lim_{x\to 0}\frac{\cos x + \cosh x - 2 - \frac{1}{12}x^4}{2x^8}$$

a) mithilfe der Regel von L'HOSPITAL,
b) mithilfe der TAYLOR-Formel.

Lösungsvorschläge

Lösung 6.43

Wir bilden zunächst die Ableitungen

$$f(x) = \quad (1+x)^{\frac{1}{2}} \quad \Longrightarrow \quad f(3) = 2,$$

$$f'(x) = \quad \frac{1}{2}(1+x)^{-\frac{1}{2}} \quad \Longrightarrow \quad f'(3) = \frac{1}{4},$$

$$f''(x) = \quad -\frac{1}{4}(1+x)^{-\frac{3}{2}} \quad \Longrightarrow \quad f''(3) = -\frac{1}{32},$$

$$f^{(3)}(x) = \quad \frac{3}{8}(1+x)^{-\frac{5}{2}} \quad \Longrightarrow \quad f^{(3)}(3) = \frac{3}{256},$$

$$f^{(4)}(x) = -\frac{15}{16}(1+x)^{-\frac{7}{2}} \quad \Longrightarrow \quad f^{(4)}(3) = -\frac{15}{2048}$$

und entnehmen daraus eine Regelmäßigkeit für die k-te Ableitung

$$f^{(k)}(x) = (-1)^{k+1}\frac{1\cdot 3\cdot 5\cdot\ldots\cdot(2k-3)}{2^k}(1+x)^{-\frac{2k-1}{2}} \Longrightarrow$$

$$f^{(k)}(3) = (-1)^{k+1}\frac{1\cdot 3\cdot 5\cdot\ldots\cdot(2k-3)}{2^k}4^{-\frac{2k-1}{2}}$$

$$= (-1)^{k+1}\frac{1\cdot 3\cdot 5\cdot\ldots\cdot(2k-3)}{2^{3k-1}}.$$

Der Faktor $(2k-3)$ legt uns nahe, die ersten beiden Glieder vor die Summe zu schreiben. Wir erhalten damit die endgültige Darstellung

$$T_n(x) = 2 + \frac{1}{4}(x-3) + \sum_{k=2}^{n}(-1)^{k+1}\frac{1\cdot 3\cdot 5\cdot\ldots\cdot(2k-3)}{k!\,2^{3k-1}}(x-3)^k.$$

Lösung 6.44

a) Mit dem HORNER-Schema ergibt sich

$$
\begin{array}{c|ccccc}
 & 1 & 0 & 3 & 2 & 2 \\
x_0 = 1 & - & 1 & 1 & 4 & 6 \\
\hline
 & 1 & 1 & 4 & 6 & 8 \quad = P(1)
\end{array}
\qquad \Longrightarrow \qquad
\begin{array}{c|cccc}
 & 1 & 1 & 4 & 6 \\
x_0 = 1 & - & 1 & 2 & 6 \\
\hline
 & 1 & 2 & 6 & 12 \quad = \frac{P'(1)}{1!}
\end{array}
$$

$$
\Longrightarrow \qquad
\begin{array}{c|ccc}
 & 1 & 2 & 6 \\
x_0 = 1 & - & 1 & 3 \\
\hline
 & 1 & 3 & 9 \quad = \frac{P''(1)}{2!}
\end{array}
\qquad \Longrightarrow \qquad
\begin{array}{c|cc}
 & 1 & 3 \\
x_0 = 1 & - & 1 \\
\hline
 & 1 & 4 \quad = \frac{P'''(1)}{3!}
\end{array}
$$

$$
\Longrightarrow \qquad
\begin{array}{c|c}
 & 1 \\
1 & - \\
\hline
 & 1 \quad = \frac{P''''(1)}{4!}.
\end{array}
$$

Damit kreieren wir das TAYLOR-Polynom

$$T_4(x) = 8 + 12(x-1) + 9(x-1)^2 + 4(x-1)^3 + (x-1)^4.$$

Ohne Verwendung der HORNER-Methode sind nachfolgende Ableitungen zu bestimmen:

$$
\begin{aligned}
P(x) &= x^4 + 3x^2 + 2x + 2 & \Longrightarrow \quad P(1) &= 8, \\
P'(x) &= 4x^3 + 6x + 2 & \Longrightarrow \quad P'(1) &= 12, \\
P''(x) &= 12x^2 + 6 & \Longrightarrow \quad P''(x) &= 18, \\
P^{(3)}(x) &= 24x & \Longrightarrow \quad P^{(3)}(1) &= 24, \\
P^{(4)}(x) &= 24 & \Longrightarrow \quad P^{(4)}(1) &= 24.
\end{aligned}
$$

Daraus entnehmen wir wieder

$$T_4(x) = 8 + 12(x-1) + \frac{18}{2!}(x-1)^2 + \frac{24}{3!}(x-1)^3 + \frac{24}{4!}(x-1)^4.$$

b) Es gilt

$$\ln \frac{1+x}{1-x} = \ln(1+x) - \ln(1-x).$$

Wir entwickeln nun beide Summanden allgemein bis n:

$$
\begin{aligned}
f(x) &= \ln(1+x) & \Longrightarrow \quad f(0) &= 0, \\
f'(x) &= \frac{1}{1+x} & \Longrightarrow \quad f'(0) &= 1,
\end{aligned}
$$

$$f''(x) = -\frac{1}{(1+x)^2} \implies f''(0) = -1,$$

$$f^{(3)}(x) = \frac{1 \cdot 2}{(1+x)^3} \implies f^{(3)}(0) = 2,$$

$$f^{(4)}(x) = \frac{-1 \cdot 2 \cdot 3}{(1+x)^3} \implies f^{(4)}(0) = -6.$$

Die n-te Ableitung (überprüfen Sie das mit vollständiger Induktion) lautet

$$\ln^{(n)}(1+x) = (-1)^{n+1}\frac{1 \cdot 2 \cdot \ldots \cdot (n-1)}{(1+x)^n}$$

$$\implies \ln^{(n)}(1+0) = (-1)^{n+1}1 \cdot 2 \cdot 3 \cdot \ldots \cdot (n-1).$$

Damit sehen Sie sofort, dass

$$\ln(1+x) \approx x - \frac{x^2}{2} + \frac{x^3}{3} \mp \ldots \pm \frac{x^n}{n}.$$

Entsprechend erhalten Sie um $x_0 = 0$ die Reihenentwicklung

$$\ln(1-x) \approx -x - \frac{x^2}{2} - \frac{x^3}{3} - \ldots - \frac{x^n}{n}.$$

Subtraktion liefert schließlich die endgültige Reihenentwicklung

$$\ln\frac{1+x}{1-x} \approx 2x + \frac{2x^3}{3} + \frac{2x^5}{5} + \ldots + \begin{cases} \dfrac{2x^{n-1}}{n-1} & : \quad n \text{ gerade,} \\[2mm] \dfrac{2x^n}{n} & : \quad n \text{ ungerade.} \end{cases}$$

Das Taylor-Polynom 4. Ordnung ist damit das Polynom 3. Grades

$$\ln\frac{1+x}{1-x} \approx 2x + \frac{2x^3}{3}.$$

Lösung 6.45

Für die gegebene Funktion gelten:

a) Die Funktion f ist im Intervall $(-1, \infty)$ dreimal stetig differenzierbar. Das gesuchte Polynom p_2 ergibt sich mit Entwicklungspunkt $x = 0$, d. h.

$$p_2(x) = f(0) + f'(0)\,x + \frac{1}{2}f''(0)\,x^2.$$

Dass dies die gesuchten Eigenschaften hat, folgt aus der Restgliedformel, denn

$$f(x) - p_2(x) = \frac{1}{6}f'''(\xi) \cdot x^3 \iff \frac{1}{x^2}\left(f(x) - p_2(x)\right) = \frac{1}{6}f'''(\xi) \cdot x$$

mit einem $\xi \in (0, x)$. Damit gilt nämlich

$$\lim_{x \to 0} \frac{1}{6}f'''(\xi) \cdot x = 0.$$

Die Ableitungen lauten

$$f'(x) = \frac{1}{2}(1+x)^{-1/2}, \ \ f''(x) = -\frac{1}{4}(1+x)^{-3/2}, \ \ f'''(x) = \frac{3}{8}(1+x)^{-5/2},$$

also

$$p_2(x) = 1 + \frac{1}{2}x - \frac{1}{8}x^2.$$

b) Die behauptete Abschätzung ist klar für $x = 0$. Im Falle $x \neq 0$ verwenden wir wieder die Restgliedformel

$$f(x) - p_2(x) = \frac{1}{6}f'''(\xi) \cdot x^3, \ \ x \in [-1, \infty).$$

Wir erhalten

$$f(x) - p_2(x) = \frac{1}{6}x^3 \cdot \frac{3}{8}(1+\xi)^{-5/2},$$

wobei $(1+\xi)^{-5/2} \le 1$, da $\xi \in (0, x)$ gilt. Also ist $f(x) - p_2(x) > 0$, und das bedeutet

$$|f(x) - p_2(x)| = f(x) - p_2(x) = \frac{1}{16}(1+\xi)^{-5/2} x^3 \le \frac{1}{16}x^3.$$

Anmerkung Es geht hier im Wesentlichen darum, den Betrag dazuzunehmen, der ja in der Restglieddarstellung überhaupt nicht vorkommt.

Lösung 6.46

Wir bestimmen zuerst einige Ableitungen:

$$
\begin{array}{rclcl}
g(x) & = 2x - (x+1)\ln(x+1) & \implies & g(0) & = 0, \\
g'(x) & = 1 - \ln(x+1) & \implies & g'(0) & = 1, \\
g''(x) & = -\dfrac{1}{x+1} & \implies & g''(0) & = -1
\end{array}
$$

und $g'''(x) = \frac{1}{(x+1)^2}$.

Das TAYLOR-Polynom 1. Ordnung (mit Restglied) lautet somit

$$g(x) = g(0) + g'(0) \cdot x + \frac{g''(\xi)}{2}x^2 = x - \frac{x^2}{2(1+\xi)},$$

wobei $\xi \in (0, x)$.

Daraus ergibt sich sofort die Ungleichung

$$x - \frac{x^2}{2} < g(x) < x - \frac{1}{1+x} \cdot \frac{x^2}{2}.$$

Das TAYLOR-Polynom 2. Ordnung (mit Restglied) lautet

$$g(x) = g(0) + g'(0) \cdot x + \frac{g''(0)}{2}x^2 + \frac{g'''(\xi)}{6}x^3 = x - \frac{x^2}{2} + \frac{x^3}{6(1+\xi)^2},$$

wobei $\xi \in (0, x)$.

Daraus ergibt sich sofort die Ungleichung

$$x - \frac{x^2}{2} + \frac{x^3}{6(1+x)^2} < g(x) < x - \frac{x^2}{2} + \frac{x^3}{6}.$$

Insgesamt gilt damit die „optimale" Abschätzung

$$\max\left(x - \frac{x^2}{2}, x - \frac{x^2}{2} + \frac{x^3}{6(1+x)^2}\right)$$

$$< g(x) < \min\left(x - \frac{1}{1+x} \cdot \frac{x^2}{2}, x - \frac{x^2}{2} + \frac{x^3}{6}\right).$$

Die größere der beiden Funktionen auf der linken Seite lässt sich leicht ermitteln. Für alle $x > 0$ gilt

$$\max\left(x - \frac{x^2}{2}, x - \frac{x^2}{2} + \frac{x^3}{6(1+x)^2}\right) = x - \frac{x^2}{2} + \frac{x^3}{6(1+x)^2}.$$

Daraus resultiert die gewünschte Ungleichungskette.

Anmerkung Auf der rechten Seite der Ungleichungskette ist keine der beiden Funktionen für alle $x > 0$ die kleinere von beiden.

Lösung 6.47

Wir bilden zunächst wieder einige Ableitungen:

$$f(x) = \frac{\ln(1+x)}{1+x} \implies f(0) = 0,$$

$$f'(x) = \frac{1}{(1+x)^2}[1 - \ln(1+x)] \implies f'(0) = 1,$$

$$f''(x) = \frac{1}{(1+x)^3}[-3 + 2\ln(1+x)] \implies f''(0) = -3.$$

Dies legt die Vermutung nahe, dass

$$f^{(n)}(x) = \frac{(-1)^{n+1}n!}{(1+x)^{n+1}}\left[\sum_{i=1}^{n}\frac{1}{i} - \ln(1+x)\right] \text{ für } n \geq 1.$$

Wir bestätigen dies mithilfe der vollständigen Induktion.

Der Induktionsanfang für $n = 1$ ist richtig, denn

$$f'(x) = \frac{1}{(1+x)^2}[1 + \ln(1+x)] = \frac{(-1)^2 1!}{(1+x)^2}\left[\frac{1}{1} + \ln(1+x)\right].$$

Der Induktionsschritt $n \implies n+1$ funktioniert auch, denn

$$f^{(n+1)} = \frac{d}{dx}f^{(n)}$$

$$= (-1)^{(n+1)}n! \frac{-\dfrac{(1+x)^{n+1}}{1+x} - \left[\sum_{i=1}^{n}\frac{1}{i} - \ln(1+x)\right](n+1)(1+x)^n}{(1+x)^{2(n+1)}}$$

$$= (-1)^{(n+1)}n!\frac{1}{(1+x)^{n+2}}\left\{-1 - (n+1)\left[\sum_{i=1}^{n}\frac{1}{i} - \ln(1+x)\right]\right\}$$

$$= \frac{(-1)^{(n+1)}(n+1)!}{(1+x)^{n+2}}\left\{-\frac{1}{n+1} - \left[\sum_{i=1}^{n}\frac{1}{i} - \ln(1+x)\right]\right\}$$

$$= \frac{(-1)^{n+2}(n+1)!}{(1+x)^{n+2}}\left[\sum_{i=1}^{n+1}\frac{1}{i} - \ln(1+x)\right].$$

Damit haben wir die TAYLOR-Reihe gefunden, denn

$$f^{(n)}(0) = (-1)^{n+1}n!\sum_{i=1}^{n}\frac{1}{i}$$

und damit

$$T(x) = \sum_{n=1}^{\infty} \frac{f^{(n)}(0)}{n!} x^n = \sum_{n=1}^{\infty} (-1)^{n+1} \left(\sum_{i=1}^{n} \frac{1}{i} \right) x^n$$

$$= x - \left(1 + \tfrac{1}{2}\right) x^2 + \left(1 + \tfrac{1}{2} + \tfrac{1}{3}\right) x^3 - \left(1 + \tfrac{1}{2} + \tfrac{1}{3} + \tfrac{1}{4}\right) x^4 \pm \cdots.$$

Lösung 6.48

a) *Erinnerung* Wir hatten im Lehrbuch in Abschn. 5.10 die analytische Darstellung

$$\operatorname{Ar} \tanh x = \frac{1}{2} \ln \frac{1+x}{1-x} \quad \text{für alle } x \in (-1,1)$$

formuliert. Damit fällt es Ihnen jetzt leicht, die nachfolgenden Ableitungen zu verifizieren:

$$f(x) = \operatorname{Ar} \tanh(\sin x) \quad \Longrightarrow \quad f(0) = 0,$$

$$f'(x) = \frac{1}{\cos x} \quad \Longrightarrow \quad f'(0) = 1,$$

$$f''(x) = \frac{\sin x}{\cos^2 x} \quad \Longrightarrow \quad f''(0) = 0$$

und für das Restglied

$$f^{(3)}(x) = \frac{\cos^3 x + 2\sin^2 x \cos x}{\cos^4 x} = \frac{1 + \sin^2 x}{\cos^3 x}.$$

Damit lautet das TAYLOR-Polynom mit Restglied

$$T_2(x) = x \quad \text{mit } R_2(x;0) = f^{(3)}(\xi) \cdot \frac{x^3}{3!} = \frac{1 + \sin^2 \xi}{\cos^3 \xi} \cdot \frac{x^3}{6}$$

für ein $\xi := \theta x,\, \theta \in (0,1)$.
Für $|x| \leq \pi/6$ gilt

$$|R_2(x;0)| \leq \frac{1 + \frac{1}{4}}{\left(\frac{1}{2}\sqrt{3}\right)^3} \left(\frac{\pi}{6}\right)^3 \frac{1}{6} = 5\sqrt{3} \left(\frac{\pi}{18}\right)^3 \approx 0{,}08397.$$

b) Nach Teilschritt a) ist $f(x) = x + f^{(3)}(\xi) \cdot \frac{x^3}{6}$ für ein $\xi := \theta x,\, \theta \in (0,1)$. Damit bekommen wir

$$\lim_{x\to 0} \frac{x^2 f(x)}{f(x^3)} = \lim_{x\to 0} \frac{x^3 + f^{(3)}(\xi) \cdot \frac{x^5}{6}}{x^3 + f^{(3)}(\xi) \cdot \frac{x^9}{6}} = \lim_{x\to 0} \frac{1 + f^{(3)}(\xi) \cdot \frac{x^2}{6}}{1 + f^{(3)}(\xi) \cdot \frac{x^6}{6}} = 1,$$

da $\left|f^{(3)}(\xi)\right|$ für $x \to 0$ beschränkt bleibt.

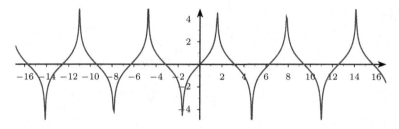

Graph von $f(x) = \operatorname{Ar} \tanh(\sin x)$

Vorschlag Versuchen Sie, den Grenzwert mithilfe der oben angegebenen analytischen Darstellung zu berechnen.

Lösung 6.49

Für $f(x) = \cosh x$ gilt bekanntlich

$$f^{(n)}(x) = \begin{cases} \sinh x & : \quad n \text{ ungerade}, \\ \cosh x & : \quad n \text{ gerade} \end{cases}$$

und damit

$$f^{(n)}(0) = \begin{cases} 0 & : \quad n \text{ ungerade}, \\ 1 & : \quad n \text{ gerade}. \end{cases}$$

Das TAYLOR-Polynom 6. Grades ist also

$$P_6(x) = \sum_{n=1}^{6} \frac{f^{(n)}(0)}{n!}\, x^n = 1 + \frac{x^2}{2!} + \frac{x^4}{4!} + \frac{x^6}{6!}.$$

Mit $\xi := \theta x, \theta \in (0,1)$ gilt

$$\left|\cosh x - P_6(x)\right| = \left|R_6(x;0\right| = \left|f^{(7)}(\xi)\,\frac{x^7}{7!}\right| = \left|\sinh \xi\, \frac{x^7}{7!}\right|,$$

und das liefert die Abschätzung

$$\left|\cosh 1 - P_6(1)\right| = \left|\frac{\sinh \xi}{7!}\right| \leq \frac{\sinh 1}{7!} = 2{,}33 \cdot 10^{-4},$$

weil $0 < \xi < 1$ für $x = 1$.

Lösung 6.50

Diese Aufgabe zeigt, dass die Grenzwertbestimmung mithilfe der TAYLOR-Entwicklung kürzer sein kann. Denn ein Blick genügt, um zu sehen, dass die Grenzwertberechnung von ii) eine 8-fache Anwendung der Regel von L'HOSPITAL erfordert.

a) i) Es gilt

$$\lim_{x \to 0} \frac{x \cos x - \sin x}{x^3} \overset{\text{L'H}}{=} \lim_{x \to 0} \frac{-x \sin x}{3x^2} = -\lim_{x \to 0} \frac{\sin x}{3x}$$

$$= -\frac{1}{3} \underbrace{\lim_{x \to 0} \frac{\sin x}{x}}_{= 1} \overset{(*)}{=} -\frac{1}{3}.$$

Anmerkung Anstatt den bereits bekannten Grenzwert $\lim_{x \to 0} \dfrac{\sin x}{x} = 1$ an der mit $(*)$ markierten Stelle zu verwenden, wäre auch eine weitere Anwendung der Regel von L'HOSPITAL möglich gewesen.

ii) Wie eingangs angekündigt, ist hier eine 8-fache Anwendung der Regel von L'HOSPI-TAL erforderlich. Wir setzen

$$f_1(x) := \cos x + \cosh x - 2 - \tfrac{1}{12} x^4,$$
$$f_2(x) := 2x^8.$$

Zunächst gilt $f_2^{(8)}(x) = 2 \cdot 8!$. Für f_1 erhalten wir

$$f_1(x) \quad = \cos x + \cosh x - \tfrac{1}{12} x^4 \quad \Longrightarrow \quad f(0) \quad = 0,$$
$$f_1'(x) \quad = -\sin x + \sinh x - \tfrac{1}{3} x^3 \quad \Longrightarrow \quad f_1'(0) \quad = 0,$$
$$f_1''(x) \quad = -\cos x + \cosh x - x^2 \quad \Longrightarrow \quad f_1''(0) \quad = 0,$$
$$f_1^{(3)}(x) = \sin x + \sinh x - 2x \quad \Longrightarrow \quad f_1^{(3)}(0) = 0,$$
$$f_1^{(4)}(x) = \cos x + \cosh x - 2 \quad \Longrightarrow \quad f_1^{(4)}(0) = 0,$$
$$f_1^{(5)}(x) = -\sin x + \sinh x \quad \Longrightarrow \quad f_1^{(5)}(0) = 0,$$
$$f_1^{(6)}(x) = -\cos x + \cosh x \quad \Longrightarrow \quad f_1^{(6)}(0) = 0,$$
$$f_1^{(7)}(x) = \sin x + \sinh x \quad \Longrightarrow \quad f_1^{(7)}(0) = 0,$$
$$f_1^{(8)}(x) = \cos x + \cosh x \quad \Longrightarrow \quad f_1^{(8)}(0) = 2.$$

Damit haben wir endlich

$$\lim_{x \to 0} \frac{\cos x + \cosh x - 2 - \tfrac{1}{12} x^4}{2x^8} = \lim_{x \to 0} \frac{f_1^{(8)}(x)}{f_2^{(8)}(x)} = \frac{1}{8!}.$$

b) i) Sei $|x| < 1$. Dann erhalten wir aus den bekannten Reihendarstellungen mit deren Restgliedern

$$\cos x = \sum_{n=0}^{\infty} (-1)^n \frac{x^{2n}}{(2n)!} = 1 - \frac{x^2}{2!} + \frac{x^4}{4!} \cos \theta_1, \quad |\theta_1| < 1,$$

$$\sin x = \sum_{n=0}^{\infty} (-1)^n \frac{x^{2n+1}}{(2n+1)!} = x - \frac{x^3}{3!} + \frac{x^5}{5!} \sin \theta_2, \quad |\theta_2| < 1$$

die TAYLOR-Reihe

$$\frac{x \cos x - \sin x}{x^3} = \left(-\frac{1}{2!} + \frac{1}{3!}\right) + \left(\frac{\cos \theta_1}{4!} - \frac{\sin \theta_2}{5!}\right) x^2.$$

Damit ergibt sich sofort

$$\lim_{x \to 0} \frac{x \cos x - \sin x}{x^3} = -\frac{1}{2} + \frac{1}{6} = -\frac{1}{3}.$$

ii) Sei $|x| < 1$. Dann erhalten wir aus den bekannten Reihendarstellungen mit deren Restgliedern

$$\cos x = \sum_{n=0}^{\infty} (-1)^n \frac{x^{2n}}{(2n)!} = 1 - \frac{x^2}{2!} + \frac{x^4}{4!} - \frac{x^6}{6!} + \frac{x^8}{8!} + \frac{x^{10}}{10!} \cos \theta_1,$$

$$\cosh x = \sum_{n=0}^{\infty} \frac{x^{2n}}{(2n)!} = 1 + \frac{x^2}{2!} + \frac{x^4}{4!} + + \frac{x^6}{6!} + \frac{x^8}{8!} + \frac{x^{10}}{10!} \cos \theta_2,$$

wobei $|\theta_1|, |\theta_2| < 1$, die TAYLOR-Reihe

$$\cos x + \cosh x - 2 - \frac{1}{12} x^4 = 2 \frac{x^8}{8!} + (\cosh \theta_2 - \cos \theta_1) \frac{x^{10}}{10!}.$$

Division mit $2x^8$ ergibt sofort

$$\lim_{x \to 0} \frac{\cos x + \cosh x - 2 - \frac{1}{12} x^4}{2x^8} = \frac{1}{8!}.$$

Anmerkung Die Potenzen im Nenner der vorgelegten Ausdrücke geben den Grad der TAY-LOR-Entwicklung vor.

6.10   Extremwerte, Kurvendiskussion

Aufgabe 6.51

Gegeben sei $f(x) = x^3 - 4x^2 - 3x + 6$. Bestimmen Sie die Extremwerte sowie die Sattel- und Wendepunkte.

Aufgabe 6.52

Berechnen Sie die globalen Extremstellen und die globalen Extrema der Funktionen

a) $f : \left[\frac{1}{2}, 2\right] \to \mathbb{R}, \quad f(x) = \ln x - x.$ (Dabei gilt $\ln 2 \in [0{,}6,\ 0{,}7]$.)
b) $g : \left[-\frac{\pi}{2}, \frac{\pi}{2}\right] \to \mathbb{R}, \quad g(x) = \sin x + \cos x.$
c) $h : [-\pi, \pi] \to \mathbb{R}, \quad h(x) = \sin x + \cos x.$

Aufgabe 6.53

Bestimmen Sie den Definitionsbereich, die Nullstellen, die Unendlichkeitsstellen, die relativen und absoluten Extremwerte, die Wendepunkte und die Gleichungen der dortigen Tangenten sowie das asymptotische Verhalten von

$$f(x) = \frac{x^3}{(x-1)^2}.$$

Aufgabe 6.54

Gegeben sei $f(x) = x^2 \cdot e^{-\frac{x}{2}}$. Bestimmen Sie den Definitions- und den Wertebereich, die Nullstellen, $\lim_{x \to \pm\infty} f(x)$, die Extremwerte, die Sattel- und die Wendepunkte.

Aufgabe 6.55

Wir betrachten die Funktion $f(x) = \left|\frac{1}{x} \ln \frac{1}{x} - e\right| + e$.

a) Bestimmen Sie den Definitionsbereich D und die Nullstellen.
b) Untersuchen Sie das Verhalten an den Grenzen von D.
c) Bestimmen Sie die lokalen und die globalen Extrema sowie die Wendepunkte.
d) Skizzieren Sie den Verlauf der Funktion.

Aufgabe 6.56

Gegeben sei die Funktion $F(x) = \dfrac{1}{x^5 \left(e^{1/x} - 1\right)}, \ x > 0.$

a) Berechnen Sie $\lim\limits_{x \to \infty} F(x)$ und $\lim\limits_{x \to 0} F(x)$.
b) Zeigen Sie, dass F auf $\mathbb{R}_+$ genau ein lokales Maximum besitzt und dieses mit dem globalen Maximum übereinstimmt.

Aufgabe 6.57

Gegeben sei die Funktion $f(x) = \sqrt[3]{(x+1)^2} - \sqrt[3]{(x-1)^2}$. Diskutieren Sie f. Denken Sie dabei auch an die Symmetrieeigenschaften und an die Monotoniebereiche.

Aufgabe 6.58

Gegeben sei die Ellipse

$$E = \left\{(x, y) \in \mathbb{R}^2 : \frac{x^2}{a^2} + \frac{y^2}{b^2} = 1, \ a, b > 0\right\}.$$

Das Rechteck R sei derart in E eingebaut, dass R einen maximalen Flächeninhalt besitzt. Berechnen Sie dazu die Seitenlängen von R.

Lösungsvorschläge

Lösung 6.51

Wir benötigen die Ableitungen

$$f'(x) = 3x^2 - 8x - 3,$$
$$f''(x) = 6x - 8,$$
$$f'''(x) = 6.$$

Die Flachpunkte, also mögliche Kandidaten für lokale Extremwerte, resultieren aus

$$f'(x) = 0 \iff x_1 = 3, \, x_2 = -\frac{1}{3}.$$

Da $f''(3) = 10$, liegt bei $x_1 = 3$ ein Minimum vor. Wegen $f''(-\frac{1}{3}) = -10$ liegt bei $x_2 = -\frac{1}{3}$ ein Maximum vor.

Mögliche Wendepunkte resultieren aus

$$f''(x) = 0 \iff x_3 = \frac{4}{3}.$$

Da $f'''(\frac{4}{3}) = 6$ gilt, liegt tatsächlich ein Wendepunkt vor.

Dieser Wendepunkt ist kein Sattelpunkt, denn $f'(x_3) = -\frac{25}{3} \neq 0$. Für einen Sattelpunkt müsste gelten

$$f'(x) = f''(x) = 0, \, f'''(x) \neq 0.$$

Es gibt keine weiteren Wendepunkte und damit auch keine weiteren Kandidaten für mögliche Sattelpunkte.

Lösung 6.52

In dieser Aufgabe geht es nicht darum, nur die lokalen Extremwerte im offenen Intervall mithilfe der 1. und 2. Ableitung, sondern im vorgegebenen abgeschlossenen Intervall den maximalen bzw. minimalen Funktionswert zu finden. Somit müssen auch die beiden Intervallgrenzen mit in Betracht gezogen werden, um die globalen Extremwerte zu lokalisieren.

a) Die notwendige Bedingung für lokale Extremstellen im offenen Intervall $\left(\frac{1}{2}, 2\right)$ liefert

$$f'(x) = \frac{1}{x} - 1 \overset{!}{=} 0 \iff x = 1.$$

Kandidaten für weitere (globale) Extremstellen sind die Randpunkte $x = \frac{1}{2}$ und $x = 2$. Die Funktionsauswertungen ergeben

$$
\begin{aligned}
f\left(\tfrac{1}{2}\right) &= -\ln 2 - \tfrac{1}{2} \in [-1{,}2, -1{,}1], \\
f(1) &= -1, \\
f(2) &= \ln 2 - 2 \in [-1{,}4, -1{,}3].
\end{aligned}
$$

Anhand dieser Auswertungen erkennen Sie, dass bei $x = 1$ eine Maximal-, bei $x = 2$ eine Minimalstelle vorliegt.

b) Die notwendige Bedingung für lokale Extremstellen im offenen Intervall $\left(-\frac{\pi}{2}, \frac{\pi}{2}\right)$ liefert

$$
g'(x) = \cos x - \sin x \overset{!}{=} 0 \iff \cos x = \sin x \iff x = \frac{\pi}{4}.
$$

Kandidaten für weitere (globale) Extremstellen sind die Randpunkte $x = -\frac{\pi}{2}$ und $x = \frac{\pi}{2}$. Die Funktionsauswertungen ergeben

$$
\begin{aligned}
g\left(-\tfrac{\pi}{2}\right) &= -1, \\
g\left(\tfrac{\pi}{4}\right) &= \sqrt{2}, \\
g\left(\tfrac{\pi}{2}\right) &= 1.
\end{aligned}
$$

Anhand dieser Auswertungen erkennen Sie, dass bei $x = -\frac{\pi}{2}$ eine Minimal-, bei $x = \frac{\pi}{4}$ eine Maximalstelle vorliegt.

c) Die notwendige Bedingung für lokale Extremstellen im offenen Intervall $(-\pi, \pi)$ liefert

$$
h'(x) = \cos x - \sin x \overset{!}{=} 0 \iff \cos x = \sin x \iff x \in \left\{\frac{\pi}{4}, -\frac{3\pi}{4}\right\}.
$$

Kandidaten für weitere (globale) Extremstellen sind die Randpunkte $x = -\pi$ und $x = \pi$. Die Funktionsauswertungen ergeben

$$
\begin{aligned}
h(-\pi) &= -1, \\
h\left(-\tfrac{3\pi}{4}\right) &= -\sqrt{2}, \\
h\left(\tfrac{\pi}{4}\right) &= \sqrt{2}, \\
h(\pi) &= -1.
\end{aligned}
$$

Anhand dieser Auswertungen erkennen Sie, dass bei $x = -\frac{3\pi}{4}$ eine Minimal-, bei $x = \frac{\pi}{4}$ eine Maximalstelle vorliegt.

Lösung 6.53

Die Funktion $f(x) = \dfrac{x^3}{(x-1)^2}$ hat folgende Eigenschaften:

i) Definitionsbereich: Der Nenner schließt $x_1 = 1$ aus, also ist $D_f = \mathbb{R} \setminus \{1\}$.

ii) Nullstellen: Der Zähler legt die Nullstelle fest. Demnach ist $x_{2,3,4} = 0$ 3-fache Nullstelle von f.

iii) Unendlichkeitsstellen: Die Funktion hat an der Stelle $x_5 = 1$ eine Polstelle mit $\lim_{x\to 1\pm} f(x) = +\infty$. Es handelt sich dabei um einen Pol 2. Ordnung, denn

$$\lim_{x\to 1\pm} f(x) = (x-1)^2 f(x) = \lim_{x\to 1\pm} x^3 = 1 \neq 0.$$

iv) Extremwerte: Die Flachpunkte, also mögliche Kandidaten für lokale Extremwerte, resultieren aus der notwendigen Bedingung

$$f'(x) = \frac{x^2(x-3)}{(x-1)^2} = 0 \iff x_6 = 0,\ x_7 = 3.$$

Da $f''(x) = \frac{6x}{(x-1)^4} > 0$ für $x_7 = 3$ und $f''(x_6) = 0$, liegt bei $x_7 = 3$ ein lokales Minimum vor. Weitere lokale Extremstellen gibt es nicht mehr.

v) Wendepunkte: Aus der Bedingung

$$f''(x) = \frac{6x}{(x-1)^4} = 0 \iff x_6 = 0$$

folgt, dass hier ein Wendepunkt vorliegt.

Nun ist $f'''(x) = \frac{18x+6}{(x-1)^5}$, also $f'''(x_6) \neq 0$. Zudem wissen wir bereits, dass $f'(x_6) = f''(x_6) = 0$, d. h., bei $x_6 = 0$ liegt auch ein Sattelpunkt vor. Damit ist die Tangente in diesem Punkt parallel zur x-Achse, genauer gesagt

$$T(x) = f'(x_6)(x - x_6) + f(x_6) \equiv 0.$$

vi) Asymptotisches Verhalten: Zweimalige Anwendung der Regel von L'Hospital zeigt, dass

$$\lim_{x\to\pm\infty} f(x) = \pm\infty.$$

Wir führen jetzt die Polynomdivision

$$f(x) = x^3 : (x^2 - 2x + 1) = x + 2 + \frac{3}{x} + \frac{4}{x^2} + \frac{5}{x^3} + \mathcal{O}\left(\frac{1}{x^4}\right)$$

durch, welche hier nach fünf Schritten abgebrochen wurde (Sie dürfen auch früher oder später abbrechen) mit dem Rest $\mathcal{O}\left(1/x^4\right)$.

Die Funktion f verhält sich also asymptotisch wie

$$f(x) = x + 2 + \frac{3}{x} + \frac{4}{x^2} + \frac{5}{x^3} + \mathcal{O}\left(\frac{1}{x^4}\right),$$

d. h.

$$f(x) - \left(x + 2 + \frac{3}{x} + \frac{4}{x^2} + \frac{5}{x^3}\right) = \mathcal{O}\left(\frac{1}{x^4}\right).$$

Allgemein gilt für dieses sog. LANDAU-Symbol

$$g(x) = \mathcal{O}\left(h(x)\right) \iff \limsup_{x \to a} \left|\frac{g(x)}{h(x)}\right| < \infty,$$

das bedeutet einfach, dass g nicht schneller wächst als h für $x \to a$, wobei $a \in \mathbb{R}$ und auch $a = \pm\infty$ zulässig sind.

Die Sprechweise lautet: g ist von der Ordnung „groß-O-von-h".

Lösung 6.54

Die Funktion $f(x) = x^2 \cdot e^{-\frac{x}{2}}$ hat folgende Eigenschaften:

i) Definitions- und Wertebereich: Sowohl $y = x^2$ als auch $y = e^{-\frac{x}{2}}$ sind auf ganz $\mathbb{R}$ definiert, damit ist $D_f = \mathbb{R}$.

Da $x^2 \geq 0$ und $e^{-\frac{x}{2}} > 0$, resultiert daraus insgesamt der Wertebereich $W_f = [0, \infty)$.

ii) Nullstellen: Da $e^{-\frac{x}{2}} > 0$, kommt nur $y = x^2$ in Betracht. Damit ist $x_{1,2} = 0$ doppelte Nullstelle von f.

iii) Grenzwerte: Wir schreiben

$$\lim_{x \to +\infty} x^2 e^{-\frac{x}{2}} = \lim_{x \to +\infty} \left(\frac{e^{\frac{x}{2}}}{x^2}\right)^{-1} = \left(\lim_{x \to +\infty} \frac{e^{\frac{x}{2}}}{x^2}\right)^{-1} = \left(\frac{+\infty}{+\infty}\right)^{-1}.$$

Die zweimalige Anwendung der Regel von L'HOSPITAL ergibt

$$\lim_{x \to +\infty} \frac{e^{\frac{x}{2}}}{x^2} = \lim_{x \to +\infty} \frac{\frac{1}{2}e^{\frac{x}{2}}}{2x} = \lim_{x \to +\infty} \frac{\frac{1}{4}e^{\frac{x}{2}}}{2} = +\infty$$

und damit

$$\lim_{x \to +\infty} \left(\frac{e^{\frac{x}{2}}}{x^2}\right)^{-1} = 0.$$

Entsprechend erhalten Sie $\lim_{x \to -\infty} f(x) = +\infty$. Womit wieder einmal klar wird, dass die Exponentialfunktion das Geschehen dominiert.

iv) Extremwerte: Wir leiten zunächst einige Male ab

$$f'(x) = \left(2x - \frac{1}{2}x^2\right)e^{-\frac{x}{2}},$$

$$f''(x) = \frac{1}{4}(x^2 - 2x + 2)e^{-\frac{x}{2}},$$

$$f'''(x) = \left(-\frac{1}{8}x^2 + \frac{3}{2}x - 3\right)e^{-\frac{x}{2}}$$

und stellen fest, dass

$$f'(x) = 0 \iff 2x - \frac{1}{2}x^2 = 0 \iff x_3 = 0, \; x_4 = 4.$$

Da $f''(x_3) > 0$, liegt bei $x_3 = 0$ ein Minimum liegt vor, und wegen $f''(x_4) < 0$ haben wir bei $x_4 = 4$ ein Maximum.

v) Wende- und Sattelpunkte: Die notwendige Bedingung $f''(x) \stackrel{!}{=} 0$ ist erfüllt für

$$\frac{1}{4}x^2 - 2x + 2 = 0 \iff x_{5,6} = 4 \pm \sqrt{8}.$$

Da $f'''(x_5) \neq 0$ und $f'''(x_6) \neq 0$, liegen in beiden Punkten Wendepunkte vor. Da zudem $f'(x_5) \neq 0$ und $f'(x_6) \neq 0$ gilt, sind diese keine Sattelpunkte. Für einen Sattelpunkt müsste gelten

$$f'(x) = f''(x) = 0, \; f'''(x) \neq 0.$$

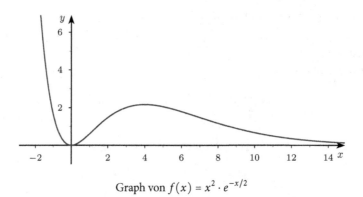

Graph von $f(x) = x^2 \cdot e^{-x/2}$

Lösung 6.55

a) $D_f = \{x \in \mathbb{R} : x > 0\}$. Wir lösen jetzt den Betrag wie folgt auf:

$$\frac{1}{x}\ln\frac{1}{x} - e > 0 \iff \frac{1}{x}\ln\frac{1}{x} > e \overset{z:=\frac{1}{x}}{\iff} z\ln z > e$$

$$\overset{(*)}{\iff} z > e \iff x < \frac{1}{e}.$$

Die mit $(*)$ markierte Äquivalenz sehen Sie so:
Sei $h(z) = z\ln z$, dann gilt

$$h'(z) = \ln z + 1 > 0 \iff z > e^{-1}.$$

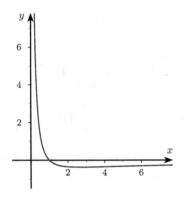

Graph von $f(x) = \frac{1}{x}\ln\frac{1}{x}$

Demnach ist h für $z > e^{-1}$ streng monoton steigend, und erst bei $z = e$ ist $h(e) = e$, also $h(z) > e$ für $z > e$.

Damit bekommen wir die betragsfreie Darstellung

$$f(x) = \begin{cases} \dfrac{1}{x}\ln\dfrac{1}{x} & : \quad x < \dfrac{1}{e}, \\[2ex] 2e - \dfrac{1}{x}\ln\dfrac{1}{x} & : \quad x \geq \dfrac{1}{e}. \end{cases}$$

An dieser Darstellung ist zu sehen, dass f für $x > 0$ stetig ist, denn

$$\lim_{x \to e^{-1}-} \left(\frac{1}{x}\ln\frac{1}{x}\right) = e = 2e - \frac{1}{x}\ln\frac{1}{x}\Big|_{x=\frac{1}{e}}.$$

Es gibt keine Nullstellen, da $f(x) \geq e$ für alle $x > 0$. Ist f bei $x = 1/e$ differenzierbar?

b) Wir berechnen die beiden Grenzwerte

$$\lim_{x \to 0+} f(x) = \lim_{x \to 0+} \left(\frac{1}{x}\ln\frac{1}{x}\right) = \lim_{z \to +\infty} (z \ln z) = +\infty,$$

$$\lim_{x \to +\infty} f(x) = \lim_{x \to +\infty} \left(2e - \frac{1}{x}\ln\frac{1}{x}\right) = 2e - \lim_{z \to 0+} (z \ln z)$$

$$= 2e + \lim_{z \to 0+} \frac{-\ln z}{\frac{1}{z}} \overset{\text{L'H}}{=} 2e + \lim_{z \to 0+} z = 2e.$$

c) Wir berechnen die erste Ableitung. Die Produkt- kombiniert mit der Kettenregel liefert

$$f'(x) = \begin{cases} -\dfrac{1}{x^2}\left(\ln\dfrac{1}{x} + 1\right) & : \quad x < \dfrac{1}{e}, \\[2ex] \dfrac{1}{x^2}\left(\ln\dfrac{1}{x} + 1\right) & : \quad x \geq \dfrac{1}{e}. \end{cases}$$

Daran erkennen Sie, dass f auf $(0, 1/e)$ streng monoton fallend ist, da $f'(x) < 0$ für $0 < x < 1/e$. Wegen

$$\lim_{x \to e^{-1}-} f(x) = \lim_{x \to e^{-1}-} \left[-\frac{1}{x^2} \left(\ln \frac{1}{x} + 1 \right) \right] = -2e^2,$$

$$\lim_{x \to e^{-1}+} f(x) = \lim_{x \to e^{-1}+} \left[\frac{1}{x^2} \left(\ln \frac{1}{x} + 1 \right) \right] = 2e^2$$

ist f in $x = 1/e$ nicht differenzierbar, womit die oben gestellte Frage beantwortet ist. Die notwendige Optimalitätsbedingung liefert

$$f'(x) = 0 \quad \Longleftrightarrow \quad \pm \frac{1}{x^2} \left(\ln \frac{1}{x} + 1 \right) = 0 \quad \Longleftrightarrow \quad x = e.$$

Somit liefert nur der zweite Ast von f für $x \geq 1/e$ einen Flachpunkt und damit einen Kandidaten für einen lokalen Extremwert. Die zweite Ableitung lautet nach einer kurzen Rechnung

$$f''(x) = \begin{cases} \dfrac{1}{x^3} (3 - 2 \ln x) & : \quad x < \dfrac{1}{e}, \\[3mm] \dfrac{1}{x^3} (2 \ln x - 3) & : \quad x \geq \dfrac{1}{e}. \end{cases}$$

Wir stellen fest, dass $f''(e) = -1/e^3$ gilt, also bei $x = e$ ein relatives Maximum vorliegt. Daran erkennen wir auch, dass f in $(1/e, e)$ streng monoton steigend, für $x > e$ streng monoton fallend ist.

Um einen möglichen Wendepunkt zu lokalisieren, untersuchen wir die zweite Ableitung. Es ist

$$f''(x) = 0 \quad \Longleftrightarrow \quad 2 \ln x - 3 = 0 \quad \Longleftrightarrow \quad x = e^{3/2} \approx 4{,}5.$$

Weiter gelten $f''(x) < 0$ für $e^{-1} < x < e^{3/2}$ und $f''(x) > 0$ für $x > e^{3/2}$. Damit liegt ein Vorzeichenwechsel von f'' vor, also hat f bei $x = e^{3/2}$ einen Wendepunkt.

Aus Teilaufgabe a) wissen wir bereits, dass $f(x) \geq e$ für alle $x > 0$ und $f\left(e^{-1}\right) = e$. Wir fassen weitere, bereits bekannte Eigenschaften zusammen:

$$\left. \begin{array}{l} f'(x) < 0 \text{ für } (0, 1/e), \\ f'(x) > 0 \text{ für } (1/e, e), \\ f'(x) < 0 \text{ für } (e, \infty), \\ \lim\limits_{x \to \infty} f(x) = 2e, \end{array} \right\} \quad \Longrightarrow \quad f(1/e) = e \text{ ist globales Minimum.}$$

d) Das ist der Graph der eben diskutierten Funktion:

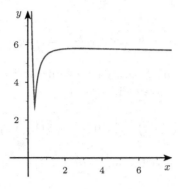

Graph von $f(x) = \left| \frac{1}{x} \ln \frac{1}{x} - e \right| + e$

Lösung 6.56

a) Wir betrachten zunächst

$$\lim_{x \to 0+} \left[x^5 (e^{1/x} - 1) \right] = \lim_{x \to 0+} \left[x^5 \left(\sum_{n=0}^{\infty} \frac{x^{-n}}{n!} - 1 \right) \right] = \lim_{x \to 0+} \left[x^5 \sum_{n=1}^{\infty} \frac{x^{-n}}{n!} \right]$$

$$= \lim_{x \to 0+} \left[x^4 + \frac{x^3}{2!} + \frac{x^2}{3!} + \frac{x}{4!} + \frac{1}{5!} + \frac{1}{6!x} + \cdots \right] = \infty.$$

Damit ergibt sich

$$\lim_{x \to 0+} F(x) = 0.$$

Entsprechend gilt

$$\lim_{x \to \infty} \left[x^5 (e^{1/x} - 1) \right] = \lim_{x \to 0+} \left[x^4 + \frac{x^3}{2!} + \frac{x^2}{3!} + \frac{x}{4!} + \frac{1}{5!} + \frac{1}{6!x} + \cdots \right] = \infty,$$

also auch hier

$$\lim_{x \to \infty} F(x) = 0.$$

Anmerkung Da $x > 0$ vorausgesetzt ist, gilt $1/x > 0$ und damit $e^{1/x} > 1$. Damit ist $x^5(e^{1/x} - 1) > 0$, und daraus resultiert schließlich $F(x) > 0$ für alle $x > 0$.

b) Die Quotienten- kombiniert mit der Produktregel ergibt

$$F'(x) = \frac{-5x^4(e^{1/x} - 1) - x^5 \left(-\frac{1}{x^2} \right) e^{1/x}}{x^{10}(e^{1/x} - 1)^2} = -\frac{5x^4(e^{1/x} - 1) - x^3 e^{1/x}}{x^{10}(e^{1/x} - 1)^2}$$

$$= -\frac{5x(e^{1/x} - 1) - e^{1/x}}{x^7(e^{1/x} - 1)^2}.$$

Die notwendige Optimalitätsbedingung verbirgt sich im Zähler der Ableitung, d. h., es gilt

$$F'(x) = 0 \iff 5x(e^{1/x} - 1) - e^{1/x} = 0.$$

Diese Gleichung lässt sich nicht nach x auflösen, deswegen ist hier Kreativität verlangt. Die Substitution $t := 1/x$ führt auf die Darstellung

$$\frac{5}{t}(e^t - 1) - e^t = 0 \iff 5(1 - e^{-t}) = t.$$

Mit $f(t) := 5(1 - e^{-t})$ ist die Gleichung

$$f(t) = t, \ t > 0,$$

zu lösen. Wir zeigen jetzt, dass diese Gleichung für $t > 0$ genau eine Lösung $t^* \in [4, 5]$ hat:
Sei dazu $g(t) := f(t) - t$. Dann ist $g'(t) = f'(t) - 1 = 5e^{-t} - 1$ und damit

$$g'(t) < 0 \iff 5e^{-t} < 1 \iff -t < \ln\tfrac{1}{5} \iff t > \ln 5.$$

Entsprechend ist

$$g'(t) > 0 \iff 0 < t < \ln 5.$$

Zusammenfassend heißt dies, dass g in $(0, \ln 5)$ streng monoton steigend, in $(\ln 5, \infty)$ streng monoton fallend ist.
Kombiniert mit den Eigenschaften

$$\lim_{x \to 0+} g(t) = 0, \ g(\ln 5) = 4 - \ln 5 \approx 2{,}39, \ \lim_{x \to +\infty} g(t) = -\infty$$

folgt daraus, dass g auf $\mathbb{R}^+$ genau eine Nullstelle $t^* > 2{,}39$ hat. Dass diese im behaupteten Intervall liegt, zeigt folgende Auswertung:

$$\left. \begin{array}{l} g(4) = 5\left((1 - e^{-4}) - 4\right) \approx 0{,}908, \\ g(5) = 5\left((1 - e^{-5}) - 5\right) \approx -0{,}034 \end{array} \right\} \implies t^* \in [4, 5].$$

Wir machen jetzt die Substitution rückgängig und erhalten die Lösung $x^* > 0$ von $F(x^*) = 0$ im Intervall $[1/5, 1/4]$. Damit ist $F'(x) > 0$ für $x < x^*$ und $F'(x) < 0$ für $x > x^*$, womit F in $x^* \in [1/5, 1/4]$ ein lokales Maximum hat. Dass es sich dabei auch um ein globales Maximum handelt, belegen folgende weitere Eigenschaften:
Das $x^* \in [1/5, 1/4]$ ist die einzige Nullstelle von F', $\lim_{x \to 0+} F(x) = \lim_{x \to +\infty} F(x) = 0$ und $F(x) > 0$ für alle $x > 0$.

Hinter dieser soeben aufwändig diskutierten Funktion verbirgt sich der folgende schlichte Graph:

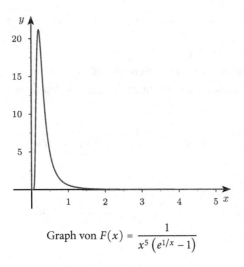

$$\text{Graph von } F(x) = \frac{1}{x^5 \left(e^{1/x} - 1\right)}$$

Lösung 6.57

Bei dieser Aufgabe präsentieren wir Ihnen das volle Programm einer Kurvendiskussion.

Da $(x+1)^2 \geq 0$ für alle $x \in \mathbb{R}$ und $(x-1)^2 \geq 0$ für alle $x \in \mathbb{R}$, gilt insgesamt $D_f = \mathbb{R}$. Weiter ist

$$f(-x) = \sqrt[3]{(-x+1)^2} - \sqrt[3]{(-x-1)^2} = -\sqrt[3]{(x+1)^2} + \sqrt[3]{(x-1)^2} = -f(x),$$

d. h., f ist *ungerade*.

Die Ableitungen lauten

$$f'(x) = \frac{2}{3}(x+1)^{-1/3} - \frac{2}{3}(x-1)^{-1/3} \text{ für } x \neq \pm 1,$$

$$f''(x) = \frac{2}{9}(x-1)^{-4/3} - \frac{2}{9}(x+1)^{-4/3} \text{ für } x \neq \pm 1.$$

In den beiden Punkten $x \neq \pm 1$ ist f nicht differenzierbar, denn die Grenzwertbetrachtungen liefern

$$\lim_{x \to -1-} f'(x) = -\infty \neq +\infty = \lim_{x \to -1+} f'(x),$$

$$\lim_{x \to 1-} f'(x) = +\infty \neq -\infty = \lim_{x \to 1+} f'(x).$$

Die Funktion hat die einzige Nullstelle bei $x_0 = 0$, denn

$$f(x) = 0 \quad \Longleftrightarrow \quad (x+1)^{2/3} = (x-1)^{2/3} \quad \Longleftrightarrow \quad x+1 = \pm(x-1).$$

Flachpunkte, also Kandidaten für lokale Extremstellen, lassen sich mithilfe der ersten Ableitung *nicht* ermitteln, da

$$f'(x) = 0 \iff (x+1)^{-1/3} = (x-1)^{-1/3} \iff (x+1)^{1/3} = (x-1)^{1/3}$$

keine Nullstellen in $\mathbb{R} \setminus \{\pm 1\}$ hat.

Bei der Bestimmung der Monotoniebereiche dürfen wir uns wegen der zu Beginn erwähnten Symmetrieeigenschaft (f ist ungerade) auf den Abschnitt $x > 0$ beschränken. Es gilt

$$f'(x) > 0 \overset{(*)}{\iff} (x+1)^{-1/3} > (x-1)^{-1/3}.$$

Im Intervall $0 < x < 1$ gilt:

$$\left. \begin{array}{l} x+1 > 0, \\ x-1 < 0 \end{array} \right\} \implies \left\{ \begin{array}{l} \sqrt[3]{x+1} > 0, \\ \sqrt[3]{x-1} < 0. \end{array} \right.$$

Damit ist $(*)$ erfüllt.

Im Intervall $x > 1$ gilt:

$$\left. \begin{array}{l} x+1 > 0, \\ x-1 > 0 \end{array} \right\} \implies \left. \begin{array}{l} \sqrt[3]{x+1} > 0, \\ \sqrt[3]{x-1} > 0 \end{array} \right\} \text{ und } \sqrt[3]{x+1} > \sqrt[3]{x-1}.$$

Damit ist $(*)$ nicht erfüllt.

Daran erkennen Sie nun folgende Monotoniebereiche in D_f:

$$f'(x) > 0 \text{ für } |x| < 1, \text{ d. h., } f \text{ ist streng monoton steigend,}$$
$$f'(x) < 0 \text{ für } |x| > 1, \text{ d. h., } f \text{ ist streng monoton fallend.}$$

Bei $x = 0$ befindet sich ein Wendepunkt, denn

$$f''(x) = 0 \iff (x+1)^{-4/3} = (x-1)^{4/3} \iff x+1 = \pm(x-1),$$

und an $f'''(x) = \frac{8}{27} \left[(x-1)^{-7/3} - (x+1)^{-7/3} \right]$ erkennen Sie, dass $f'''(0) \neq 0$.

Ein Sattelpunkt ist dies nicht, denn $f'(0) \neq 0$.

Mithilfe des Monotonieverhaltens lassen sich jedoch lokale Extrema ermitteln. Lokales Maximum und lokales Minimum befinden sich an den beiden (nicht differenzierbaren) Stellen $x_{1,2} = \pm 1$ mit den Auswertungen

$$f(x_1) = f(1) = \sqrt[3]{4} \text{ und } f(x_2) = f(-1) = -\sqrt[3]{4}.$$

Wir untersuchen abschließend das asymptotische Verhalten für $x \to \pm\infty$. Zunächst führen wir Ihnen den Fall $x \to +\infty$ vor:

Dazu erweitern wir f mit dem Term

$$h(x) := (x+1)^{4/3} + \underbrace{(x+1)^{2/3}(x-1)^{2/3}}_{= (x^2-1)^{2/3}} + (x-1)^{4/3}$$

(vergleichen Sie dies mit den Aufgaben 1.35 und 5.22) und erhalten nach einer kurzen Rechnung die Darstellung

$$f(x) = \frac{\left[(x+1)^{2/3} - (x-1)^{2/3}\right] \cdot h(x)}{h(x)} = \frac{(x+1)^2 - (x-1)^2}{h(x)} = \frac{4x}{h(x)}$$

$$= \frac{4x}{(x+1)^{4/3} + (x^2-1)^{2/3} + (x-1)^{4/3}}.$$

Bei dieser Darstellung bietet sich die Regel von L'HOSPITAL an. Es gilt

$$\lim_{x \to +\infty} f(x) \overset{\text{L'H}}{=} \lim_{x \to +\infty} \frac{4}{\frac{4}{3}(x+1)^{1/3} + \frac{4}{3}\frac{x}{(x^2-1)^{1/3}} + \frac{4}{3}(x-1)^{1/3}}.$$

Wie Sie erkennen, hat uns das nicht wirklich weitergebracht, denn der Term $\frac{x}{(x^2-1)^{1/3}}$ im Nenner ist weiterhin unbestimmt. Jede erneute Anwendung der Regel von L'HOSPITAL auf eben diesen Term führt stets wieder auf einen unbestimmten Ausdruck (probieren Sie es aus). Wir entrinnen diesem Dilemma durch folgende kleine Umformung:

$$\frac{x}{(x^2-1)^{1/3}} = \frac{1}{(\frac{1}{x} - \frac{1}{x^3})^{1/3}} \to +\infty \text{ für } x \to +\infty,$$

da

$$\lim_{x \to +\infty} \frac{1}{x} = \lim_{x \to +\infty} \frac{1}{x^3} = 0^+.$$

Insgesamt gilt also

$$\lim_{x \to +\infty} f(x) = 0^+.$$

Alternativ stellen wir Ihnen folgende Vorgehensweise ohne Anwendung der Regel von L'HOSPITAL vor:

$$f(x) = \frac{4x}{(x+1)^{4/3} + (x^2-1)^{2/3} + (x-1)^{4/3}}$$

$$= \frac{4}{\frac{\sqrt[3]{(x+1)^4}}{x} + \frac{\sqrt[3]{(x^2-1)^2}}{x} + \frac{\sqrt[3]{(x-1)^4}}{x}}$$

$$= \frac{4}{\sqrt[3]{\frac{(x+1)^4}{x^3}} + \sqrt[3]{\frac{(x^2-1)^2}{x^3}} + \sqrt[3]{\frac{(x-1)^4}{x^3}}} \to 0^+ \text{ für } x \to +\infty.$$

Die eben gezeigten Vorgehensweisen versagen im Falle $x \to -\infty$ Wissen Sie warum? Natürlich wissen Sie es. Die Terme unter den 3. Wurzeln sind negativ für $x < -1$, und dies widerspricht den Rechenregeln für *ungerade* Wurzeln (s. Folgerung 1.48 aus dem Lehrbuch). Da die Funktion glücklicherweise ungerade ist, folgt daraus sofort

$$\lim_{x \to -\infty} f(x) = 0^-.$$

Der Graph sieht schlicht und einfach so aus:

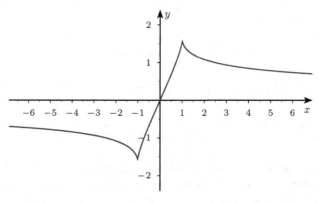

Graph von $f(x) = \sqrt[3]{(x+1)^2} - \sqrt[3]{(x-1)^2}$

Lösung 6.58

Das in der Ellipse einbeschriebene Rechteck R hat die Seitenlängen $x > 0$ und $y > 0$. Damit lautet der Flächeninhalt

$$F = 2x \cdot 2y = 4xy.$$

Aus $\frac{x^2}{a^2} + \frac{y^2}{b^2} = 1$ folgt

$$y = b\sqrt{1 - \frac{x^2}{a^2}} > 0$$

und damit die Darstellung

$$F = F(x) = 4xb\sqrt{1 - \frac{x^2}{a^2}}.$$

Die ersten beiden Ableitungen von F lauten

$$F'(x) = 4b\sqrt{1 - \frac{x^2}{a^2}} + 4bx \cdot \frac{-\frac{2x}{a^2}}{2\sqrt{1 - \frac{x^2}{a^2}}} = 4b\left(\sqrt{1 - \frac{x^2}{a^2}} - \frac{x^2}{a^2\sqrt{1 - \frac{x^2}{a^2}}}\right)$$

$$= 4b \cdot \frac{a^2\left(1 - \frac{x^2}{a^2}\right) - x^2}{a^2\sqrt{1 - \frac{x^2}{a^2}}} = 4b \cdot \frac{a^2 - 2x^2}{a^2\sqrt{1 - \frac{x^2}{a^2}}}$$

und

$$F''(x) = \frac{4b}{a^2} \cdot \frac{-4x\sqrt{1 - \frac{x^2}{a^2}} - (a^2 - 2x^2)\frac{1}{2\sqrt{1 - \frac{x^2}{a^2}}}\left(-\frac{2x}{a^2}\right)}{1 - \frac{x^2}{a^2}}$$

$$= \frac{4b}{a^2} \cdot \frac{-4x\left(1 - \frac{x^2}{a^2}\right)a^2 + (a^2 - 2x^2)x}{a^2\left(1 - \frac{x^2}{a^2}\right)^{3/2}}$$

$$= \frac{4b}{a^4} \cdot \frac{-4a^2x + 4x^3 + a^2x - 2x^3}{\left(1 - \frac{x^2}{a^2}\right)^{3/2}} = \frac{4b}{a^4} \cdot \frac{2x^3 - 3a^2x}{\left(1 - \frac{x^2}{a^2}\right)^{3/2}}.$$

Die Kandidaten für Flachpunkte ergeben sich aus

$$F'(x) = 0 \iff a^2 = 2x^2 \iff x = \frac{a}{\sqrt{2}} > 0.$$

Damit ist

$$y = b\sqrt{1 - \frac{x^2}{a^2}} > 0 = \frac{b}{\sqrt{2}} > 0.$$

Aus

$$F''\left(\frac{a}{\sqrt{2}}\right) = \frac{4b}{a^4} \cdot \frac{2a^3 2^{-3/2} - 3a^3 2^{-1/2}}{2^{-3/2}} = -16 \cdot \frac{b}{a} < 0$$

folgt, dass tatsächlich ein Maximum an den ermittelten Stellen $x = a/\sqrt{2}$ und $y = b/\sqrt{2}$ vorliegt. Die optimalen Seitenlängen sind demnach

$$L_1 := 2x = a\sqrt{2} \quad \text{und} \quad L_2 := 2y = b\sqrt{2}.$$

6.11   Nullstellen und Fixpunkte

Aufgabe 6.59
Gegeben sei die Funktion $F(x) = \dfrac{1}{x^5(e^{1/x}-1)}$, $x > 0$. Berechnen Sie den Wert x^* mit der Eigenschaft $F(x^*) = \max\limits_{x>0} F(x)$ mithilfe einer geeigneten Fixpunkt-Iteration mit einer Genauigkeit von 10^{-6}. Weisen Sie die Konvergenzeigenschaften nach.

Aufgabe 6.60
Lösen Sie die Gleichung $x = e^{x^2-2}$.

Aufgabe 6.61
Gegeben sei die Funktion $f(x) = x - \cos x$ für $x \in \mathbb{R}$.

a) Zeigen Sie, dass f genau eine Nullstelle $\xi \in \mathbb{R}$ besitzt. Geben Sie ein Intervall $I_n = [n, n+1]$, $n \in \mathbb{N}_0$, an mit $\xi \in I_n$.

b) Geben Sie eine Fixpunkt-Iteration $x_{i+1} = G(x_i)$ an mit $\lim_{i\to\infty} x_i = \xi$. Aus welchem Intervall I_n darf der Startwert x_0 gewählt werden? Weisen Sie nach, dass die Iteration in diesem Intervall dann auch konvergiert. Berechnen Sie die ersten 5 Iterationen und die zugehörigen Funktionswerte $f(x_i)$ bei günstiger Wahl des Startwertes.

c) Berechnen Sie die ersten 3 Newton-Iterationen und die zugehörigen Funktionswerte. Wählen Sie dazu als Startwerte $x_0 = 0{,}9$ und $x_0 = 4{,}7$.

Aufgabe 6.62
Berechnen Sie alle reellen Nullstellen des Polynoms $P(x) = x^5 - x - \frac{1}{5}$ mit einer Genauigkeit von 10^{-6}.

Aufgabe 6.63
Sei $n \in \mathbb{N}$. Zeigen Sie, dass die Gleichung $x = \tan x$ im Intervall $\left((n-\frac{1}{2})\pi, (n+\frac{1}{2})\pi\right)$ genau eine Nullstelle ξ besitzt und dass die Folge

$$\begin{aligned} x_0 &= (n+\tfrac{1}{2})\pi, \\ x_{k+1} &= n\pi + \arctan x_k \end{aligned}$$

gegen ξ konvergiert. Berechnen Sie ξ mit einer Genauigkeit von 10^{-6} für die Fälle $n = 1, 2, 3$.

Aufgabe 6.64
Bestimmen Sie mit dem Newton-Verfahren die Zahl π auf 6 Stellen genau aus der Gleichung

$$\tan\frac{x}{4} - \cot\frac{x}{4} = 0.$$

Aufgabe 6.65

Wir betrachten $f(x) = x^3 + x^2 + 2x + 1$.

a) Verifizieren Sie, dass f im Intervall $[-1, 0]$ genau eine Nullstelle hat.

b) Berechnen Sie mit der NEWTON-Iteration in 4-stelliger Rechnung mit Startwert $x_0 = -0,5$ eine Näherung dieser Nullstelle für $n = 0, 1, 2, 3$.

c) Berechnen Sie damit eine Approximation der restlichen beiden Nullstellen (HORNER-Schema).

d) Führen Sie mit demselben Startwert für $n = 0, 1, 2, 3$ Fixpunkt-Iterationen durch und interpretieren Sie das Ergebnis.

Aufgabe 6.66

Wir suchen einen Fixpunkt von $f(x) = \ln(x + 2)$ in $I = [1, 2]$. Begründen Sie, warum die Fixpunkt-Iteration hier funktioniert. Wie viele Iterations-Schritte sind notwendig, um eine Genauigkeit von $\varepsilon = 10^{-5}$ mit dem Startwert $x_0 = 1,5$ zu bekommen.

Lösungsvorschläge

Lösung 6.59

Die Quotienten- kombiniert mit der Produktregel ergibt

$$F'(x) = \frac{-5x^4(e^{1/x} - 1) - x^5\left(-\frac{1}{x^2}\right)e^{1/x}}{x^{10}(e^{1/x} - 1)^2} = -\frac{5x^4(e^{1/x} - 1) - x^3 e^{1/x}}{x^{10}(e^{1/x} - 1)^2}$$

$$= -\frac{5x(e^{1/x} - 1) - e^{1/x}}{x^7(e^{1/x} - 1)^2}.$$

Die notwendige Optimalitätsbedingung zur Bestimmung des Maximums verbirgt sich im Zähler der Ableitung, d. h., es gilt

$$F'(x) = 0 \iff 5x(e^{1/x} - 1) - e^{1/x} = 0.$$

Diese Gleichung lässt sich nicht nach x auflösen, weshalb wir sie in eine Fixpunkt-Iteration umschreiben. Dazu substituieren wir $t := 1/x$ und erhalten die Darstellung

$$\frac{5}{t}(e^t - 1) - e^t = 0 \iff 5(1 - e^{-t}) = t.$$

Mit $f(t) := 5(1 - e^{-t})$ ist die Iteration

$$f(t) = t, \quad t > 0,$$

zu lösen. In Aufgabe 6.56 wurde gezeigt, dass diese Gleichung für $t > 0$ genau eine Lösung in $t^* \in [4,5]$ hat. Wir führen also eine Fixpunkt-Iteration auf diesem Intervall durch.

Es gilt $f'(x) = 5e^{-t}$, also ist

$$\sup_{t \in [4,5]} |f'(t)| = f'(4) = 0,09157\cdots =: q < 1.$$

Weiter ist f monoton wachsend, $f(4) = 4,908$ und $f(5) = 4,966$. Daraus resultiert $f([4,5]) \subset [4,5]$. Damit sind alle Voraussetzungen für die Konvergenz der Fixpunkt-Iteration $t_{n+1} = f(t_n)$ erfüllt.

Um die angestrebte Genauigkeit des gesuchten Fixpunktes $t^* \in [4,5]$ zu erreichen, verwenden wir die A-posteriori-Abschätzung

$$|t^* - t_n| \le \frac{q}{1-q} |t_n - t_{n+1}| =: \varepsilon_n, \quad n \in \mathbb{N}_0,$$

wobei $\frac{q}{1-q} = 0,1008$. Die Iteration liefert die Werte

n	t_n	ε_n
0	5,000 000	
1	4,966 310	$3,30 \cdot 10^{-3}$
2	4,965 156	$1,16 \cdot 10^{-4}$
3	4,965 116	$4,06 \cdot 10^{-6}$
4	4,965 114	$1,42 \cdot 10^{-7}$
5	4,965 114	$5,04 \cdot 10^{-9}$

Daran erkennen Sie, dass $t^* = 4,965\,114 \pm 10^{-6}$, also

$$x^* = \frac{1}{t^*} = 0,201\,405 \pm 10^{-7}.$$

Lösung 6.60

Wir zeigen, dass die gegebene Funktion $f(x) = e^{x^2 - 2}$ die Voraussetzungen des Fixpunktsatzes im Intervall $[a,b] = \left[0, \frac{1}{2}\right]$ erfüllt.

1. $f(I) \subseteq I$: Die Abbildung f ist stetig auf I und streng monoton steigend, da $f'(x) = 2xe^{x^2-2} > 0$ für $x > 0$. Damit gilt

$$0 < \frac{1}{e^2} = f(0) = \min_{x \in I} f(x) \le f(x) \le \max_{x \in I} f(x) = f\left(\tfrac{1}{2}\right) = e^{-7/4} < \frac{1}{e} < \frac{1}{2}.$$

2. $f : I \to I$ ist kontrahierend: Die Abbildung f' ist stetig auf I und streng monoton steigend, da $f''(x) = (4x^2 + 2)e^{x^2-2} > 0$ für $x > 0$. Damit gilt

$$|f'(x)| \le f'\left(\tfrac{1}{2}\right) = e^{-7/4} < 0,175 := q < 1.$$

Damit folgt

$$|f(x) - f(y)| \leq \max_{\xi \in I} |f'(\xi)| \cdot |x - y| \leq q |x - y|$$

für alle $x, y \in I$.

Für die numerische Berechnung des Fixpunktes $x^* \in I$ wählen wir als Startwert beispielsweise $x_0 = 0{,}25 \in I$, und streben eine Genauigkeit von höchstens $\varepsilon = 10^{-6}$ an. Die A-priori-Abschätzung

$$|x^* - x_n| \leq \frac{q^n}{1 - q} |x_1 - x_0| \leq \varepsilon$$

liefert damit und mit $x_1 = f(x_0) = e^{-31/16} \approx 7{,}79 \cdot 10^{-6}$ die Anzahl der notwendigen Iterationen

$$n \geq \frac{\ln(7{,}79 \cdot 10^{-6})}{\ln q} \approx 6{,}75.$$

Die Iterierte $x_7 \in I$ erfüllt also das geforderte Kriterium $|x^* - x_n| < \varepsilon$. Die nachstehenden Berechnungen wurden mit einem Taschenrechner durchgeführt:

i	x_i	$x_{i+1} = f(x_i)$
0	0,250 000 000	0,144 063 659
1	0,144 063 659	0,138 173 427
2	0,138 173 427	0,137 943 913
3	0,137 943 913	0,137 935 171
4	0,137 935 171	0,137 934 838
5	0,137 934 838	0,137 934 826
6	0,137 934 826	0,137 934 825
7	0,137 934 825	

Die A-posteriori-Fehlerabschätzung lautet

$$|x^* - x_7| \leq \frac{q}{1 - q} |x_7 - x_6| \leq \frac{0{,}175}{0{,}825} \cdot 1{,}0 \cdot 10^{-9} \approx 2{,}12 \cdot 10^{-10}.$$

Damit ergibt sich schließlich

$$x^* = 0{,}137\,934\,825 \pm 2{,}12 \cdot 10^{-10}.$$

Lösung 6.61

Sei $f(x) = x - \cos x$ für $x \in \mathbb{R}$ gegeben.

a) Da $f'(x) = 1 + \sin x > 0$ für $x \in \mathbb{R} \setminus \{x = \frac{\pi}{2}(4k - 1),\ k \in \mathbb{Z}\}$, ist f auf den daraus resultierenden Teilintervallen streng monoton wachsend. Aus $f(0) = -1$, $f(1) = 1 - \cos 1 \approx 0{,}4597$ und der Stetigkeit von f folgt mit dem Zwischenwertsatz die Existenz der Nullstelle im Intervall $\xi \in I_0 = [0, 1]$. Dies ist auch die einzige Nullstelle, da die Funktion f im gesamten Intervall I_0 streng monoton steigend ist.

b) Es gilt

$$f(x) = 0 \iff x = \cos x.$$

Wir wählen die Fixpunkt-Iteration

$$x_{i+1} = \cos x_i =: G(x_i),\ i \in \mathbb{N}_0.$$

Aus $G'(x) = -\sin x$ folgt, dass für $x \in [0, 1]$ die Beziehung $|G'(x)| = \sin x$ gilt und damit $|G'(x)| < 1$. Weiterhin ist $G(0) = \cos 0 = 1$ und $G(1) = \cos 1 \in [0, 1]$. Da $G'(x) \le 0$ in $[0, 1]$ ist, folgt

$$G([0, 1]) \subset [0, 1].$$

Damit ist die angegebene Fixpunkt-Iteration anwendbar und für Startwerte $x_0 \in I_0 = [0, 1]$ konvergent. Die Iteration liefert die Werte

i	x_i	$f(x_i)$
0	0,2	−0,780
1	0,98	0,432
2	0,557	−0,292
3	0,849	0,188
4	0,661	−0,129
5	0,789	0,085

Die Konvergenz gegen 0 ist erkennbar und typischerweise langsam.

c) Die NEWTON-Iteration lautet

$$x_{i+1} = x_i - \frac{f(x_i)}{f'(x_i)} = x_i - \frac{x_i - \cos x_i}{1 + \sin x_i} = \frac{x_i \sin x_i + \cos x_i}{1 + \sin x_i},\ i \in \mathbb{N}_0.$$

Die Iterationen mit den jeweiligen Startwerten liefern

i	x_i	$f(x_i)$
0	$\boxed{0,9}$	0,2784
1	0,7439	0,0081
2	0,7391	0,0000
3	0,7391	0,0000

i	x_i	$f(x_i)$
0	$\boxed{4,7}$	4,712
1	$-6,140 \cdot 10^4$	$-1,140 \cdot 10^4$
2	$1,236 \cdot 10^6$	$1,236 \cdot 10^6$
3	$5,898 \cdot 10^5$	$5,898 \cdot 10^5$

Im Falle $x_0 = 4,7$ schlägt die Iteration völlig fehl. Dies liegt daran, dass $f'(x_0) \approx 0,0$ ist, der Startwert also nicht geeignet ist. Der gute Startwert $x_0 = 0,9$ bewirkt dagegen eine blitzschnelle Konvergenz, zumindest sind bei 4 Ziffern nach dem Komma keine Unterschiede mehr zu sehen.

Anmerkung Eine Zusammenfassung der Unterschiede zwischen der Fixpunkt- und der NEWTON-Iteration hinsichtlich der Konvergenzgeschwindigkeit finden Sie im Lehrbuch auf S. 575.

Lösung 6.62
Wir führen zunächst eine Kurvendiskussion durch, um die Anzahl und die ungefähre Lage der Nullstellen von $P(x) = x^5 - x - \frac{1}{5}$ zu ermitteln, mit der Absicht, „gute" Startwerte für das NEWTON-Verfahren zu gewinnen.

Nullstellen von Polynomen vom Grade $n \geq 5$ lassen sich formelmäßig nicht mehr erfassen, weswegen numerische Verfahren zur approximativen Bestimmung dieser Stellen angesagt sind.

Die Ableitung von P lautet $P'(x) = 5x^4 - 1$ mit den beiden Nullstellen

$$x_1 = -\sqrt[4]{\frac{1}{5}} \approx -0,669 \text{ und } x_2 = \sqrt[4]{\frac{1}{5}} \approx 0,669.$$

Damit ergibt sich

$$P'(x) > 0 \text{ für } x < x_1,$$
$$P'(x) < 0 \text{ für } x_1 < x < x_2,$$
$$P'(x) > 0 \text{ für } x > x_2.$$

Bei x_1 liegt also ein lokales Maximum und bei x_2 ein lokales Minimum vor, was auch durch $P''(x_1) < 0$ und $P''(x_2) > 0$ bestätigt wird. Demnach hat P genau drei Nullstellen $\xi_1 < \xi_2 < \xi_3$, und durch Berechnung einiger Funktionswerte von P lassen sich so beispielsweise die Intervalle

$$\xi_1 \in (-1, x_1), \quad \xi_2 \in (x_1, 0) \text{ und } \xi_3 \in (x_2, 3/2)$$

ermitteln. In den Intervallen $[-1, \xi_1]$ und $[\xi_2, 0]$ ist P'' negativ, damit ist P in diesen Intervallen konkav, entsprechend ist P im Intervall $[\xi_3, 3/2]$ konvex. Demnach konvergiert in diesen drei Intervallen das NEWTON-Verfahren

$$x_{n+1} = x_n - \frac{P(x_n)}{P'(x_n)}, \quad n \in \mathbb{N}_0$$

mit den jeweiligen Startwerten $x_{0,1} = -1$, $x_{0,2} = 0$ und $x_{0,3} = 3/2$. Die Iteration liefert folgende Werte:

	$x_{0,1} = -1$	$x_{0,2} = 0$	$x_{0,3} = 3/2$
x_1	−0,950 000 0	−0,200 000 0	1,257 583 5
x_2	−0,942 260 1	−0,200 322 5	1,110 887 7
x_3	−0,942 086 9	−0,200 322 5	1,053 300 6
x_4	−0,942 086 8		1,044 925 6
x_5	−0,942 086 8		1,044 761 7
x_6			1,044 761 7

Damit lauten die drei Nullstellen

$$\xi_1 = -0,942\,087 \pm 10^{-6} =: \bar{\xi}_1 \pm 10^{-6},$$
$$\xi_2 = -0,200\,323 \pm 10^{-6} =: \bar{\xi}_2 \pm 10^{-6},$$
$$\xi_3 = 1,044\,762 \pm 10^{-6} =: \bar{\xi}_3 \pm 10^{-6}.$$

Wenn Sie jetzt die Werte $P(\bar{\xi}_1 - 10^{-6})$ und $P(\bar{\xi}_1 + 10^{-6})$ berechnen, erhalten Sie verschiedene Vorzeichen, was die Richtigkeit der Fehlerschranken für die 6-stellige Näherung bekräftigt.

Lösung 6.63

Seien $n > 0$ fest, $a := (n - 1/2)\pi$, $b := (n + 1/2)\pi$ und $m := n\pi$ der Mittelpunkt des offenen Intervalls (a, b).

Die Gleichung $\tan x = x$ hat in (a, b) genau eine Nullstelle, denn für

$$g : (a, b) \to \mathbb{R}, \quad g(x) = \tan x - x$$

gelten die Eigenschaften

$$g(x) < 0 \ \text{für} \ x \in (a, m] \ \text{und} \ \lim_{x \to b} g(x) = +\infty.$$

Damit hat g in (m, b) mindestens eine Nullstelle. Da weiter

$$g'(x) > 0 \ \text{für alle} \ x \in (m, b)$$

gilt, hat g genau eine Nullstelle ξ im Intervall (a, b).

Für $x \in (a, b)$ ist die Gleichung $\tan x = x$ gleichbedeutend mit

$$x = n\pi + \arctan x =: f(x).$$

Die Funktion f hat die Eigenschaften $f([a, b]) \subset (a, b)$ und

$$|f'(x)| = \frac{1}{1 + x^2} \leq \frac{1}{1 + a^2} =: q \leq \frac{1}{2} \text{ für alle } x \in [a, b],$$

da $a > 1$. Damit sind die Eigenschaften des Fixpunktsatzes erfüllt, und die Folge

$$x_{k+1} = f(x_k) \text{ mit } x_0 = \left(n + \frac{1}{2}\right)$$

konvergiert für $k \in \mathbb{N}$ gegen die eindeutig bestimmte Lösung $\xi \in (a, b)$ der Gleichung $\tan x = x$.

Es ergeben sich die Werte

	$n = 1$	$n = 2$	$n = 3$
x_0	4,712 388 9	7,853 981 3	10,995 574 2
x_1	4,503 284 3	7,727 339 0	10,904 878 1
x_2	4,938 744	7,725 286 2	10,904 127 9
x_3	4,934 314	7,725 252 4	10,904 121 7
x_4	4,934 104	7,725 251 8	10,904 121 6
x_5	4,934 095	7,725 251 8	
x_6	4,934 094		
ξ_n	$4,93409 \pm 10^{-6}$	$7,725251 \pm 10^{-6}$	$10,904121 \pm 10^{-6}$

Lösung 6.64

Bekanntlich gilt

$$1 = \tan x = \cot x \iff x = \frac{\pi}{4}.$$

Somit ist

$$\tan \frac{x}{4} = \cot \frac{x}{4} \iff x = \pi.$$

Wir führen das Newton-Verfahren für $f(x) := \tan \frac{x}{4} - \cot \frac{x}{4}$ im Intervall $I := (0, 2\pi)$ durch.

Die Ableitungen lauten

$$f'(x) = \frac{1}{4}\left(\frac{1}{\cos^2 \frac{x}{4}} + \frac{1}{\sin^2 \frac{x}{4}}\right) \overset{(*)}{=} \frac{-2}{\cos x - 1},$$

$$f''(x) = \frac{-2 \sin x}{(\cos x - 1)^2}.$$

Nachdem Sie als Übungsaufgabe die mit $(*)$ markierte Gleichung nachvollzogen haben, erkennen Sie, dass $f'(x) > 0$ für $x \in I$ gilt, also f streng monoton steigend ist, und

$$f''(x) < 0 \quad \text{für} \ x \in (0, \pi), \quad \text{d. h.,} \ f \ \text{ist konkav,}$$
$$f''(x) > 0 \quad \text{für} \ x \in (\pi, 2\pi), \quad \text{d. h.,} \ f \ \text{ist konvex.}$$

Demnach konvergiert das NEWTON-Verfahren

$$x_{n+1} = x_n - \frac{f(x_n)}{f'(x_n)}, \quad n \in \mathbb{N}_0,$$

für jeden beliebigen Startwert aus I. Wir wählen beispielsweise $x_{0,1} = 1$, $x_{0,2} = 0{,}1$ und $x_{0,3} = 6$. Aus der nachfolgenden Tabelle entnehmen Sie, ab welchem Iterationsschritt für den jeweiligen Startwert eine Übereinstimmung bis auf 6 Stellen vorliegt:

	$x_{0,1} = 1$	$x_{0,2} = 0{,}1$	$x_{0,3} = 6$
x_1	1,841 470 984	0,199 833 416	5,720 584 501
x_2	2,805 061 709	0,398 339 481	5,187 196 557
x_3	3,135 276 332	0,786 227 849	4,297 815 849
x_4	3,141 592 611	1,493 921 064	3,382 527 503
x_5	3,141 592 653	2,490 967 616	3,143 916 925
x_6	3,141 592 653	3,096 651 485	3,141 592 655
x_7	3,141 592 653	3,141 577 527	3,141 592 653
x_8	3,141 592 653	3,141 592 653	3,141 592 653
x_9	3,141 592 653	3,141 592 653	3,141 592 653

Lösung 6.65

a) Die Funktion f ist stetig, daraus folgt mit den Funktionsauswertungen $f(-1) = -1$ und $f(0) = 1$, dass mindestens eine Nullstelle in $[-1, 0]$ existiert. Die erste Ableitung erfüllt

$$f'(x) = 3x^2 + 2x + 2 > 0 \quad \text{in} \ [-1, 0].$$

Damit ist f streng monoton steigend und besitzt genau eine Nullstelle.

b) Das NEWTON-Verfahren lautet

$$x_{n+1} = x_n - \frac{f(x_n)}{f'(x_n)} = x_n - \frac{x_n^3 + x_n^2 + 2x_n + 1}{3x_n^2 + 2x_n + 2}.$$

Mit dem Startwert $x_0 = -0{,}5$ ergeben sich folgende Näherungswerte:

$$x_0 = -\frac{1}{2},$$

$$x_1 = -\frac{1}{2} - \frac{-\frac{1}{8} + \frac{1}{4}}{\frac{3}{4} + 1} = -\frac{7}{14} - \frac{1}{14} = \frac{-8}{14} = -0{,}5714,$$

$$x_2 = -0{,}5714 - \frac{(-0{,}5714)^3 + (-0{,}5714)^2 - 1{,}1428 + 1}{3 \cdot 0{,}3264 - 1{,}1428 + 2}$$

$$= -0{,}5698,$$

$$x_3 = -0{,}5698.$$

Damit gilt bei 4-stelliger Rechnung $f(x^*) = 0$ für $x^* \approx x_3$.

c) Wir werten jetzt mithilfe des HORNER-Schemas f an der Stelle $x_0 = -0{,}5698$ aus

	1	1	2	1	
$x_0 = -0{,}5698$	0	$-0{,}5698$	$-0{,}2451$	$0{,}9999$	
	1	$0{,}4302$	$1{,}7548$	**0**	$= f(x_0)$

Das Restpolynom $g(x) := x^2 + 0{,}4302\,x + 1{,}7548$ liefert die beiden fehlenden (komplexen) Nullstellen. Es gilt

$$g(x) = 0 \iff x_{1,2} = -0{,}2150 \pm i \cdot 1{,}3071.$$

d) Wir schreiben

$$f(x) = 0 \iff \underbrace{f(x) + x}_{=:\ \varphi(x)} = x,$$

wobei

$$\phi(x) = x^3 + x^2 + 3x + 1.$$

Die Iteration $x_{n+1} = \phi(x_n)$, $n = 0, 1, 2, 3$, liefert die falschen Werte

$$x_0 = -\frac{1}{2},$$

$$x_1 = -\frac{1}{8} + \frac{1}{4} - \frac{3}{2} + 1 = -0{,}375,$$

$$x_2 = (-0{,}375)^3 + (-0{,}375)^2 - 3 \cdot 0{,}375 + 1$$

$$= -0{,}371,$$

$$x_3 = 0{,}89.$$

Die Fixpunkt-Iteration scheitert, weil φ nicht alle Voraussetzungen des Fixpunktsatzes 6.101 aus dem Lehrbuch erfüllt. Die Abbildung ist nicht kontrahierend, denn aus

$$\varphi'(x) = 3x^2 + 2x + 3$$

ergibt sich

$$\max_{x \in [-1,0]} \varphi'(x) = 4 > 1.$$

Damit existiert kein $q \in [0, 1)$ mit der Eigenschaft

$$|\varphi(x) - \varphi(y)| \le q|x - y| \text{ für alle } x, y \in [-1, 0],$$

und das bedeutet

$$\varphi([-1, 0]) \not\subseteq [-1, 0].$$

Lösung 6.66
Die Fixpunktgleichung lautet

$$x = \ln(x + 2), \quad x \in [1, 2].$$

Die Funktion $f(x) = \ln(x + 2)$ erfüllt alle Voraussetzungen des Fixpunktsatzes 6.101 aus dem Lehrbuch.

a) $f([1, 2]) \subset [1, 2]$, da $\ln 3 > 1$, $\ln 4 < 2$ und f streng monoton steigend ist.
b) $f'(x) = \frac{1}{x+2} \implies |f'(x)| \le \frac{1}{3} =: q < 1$.

Damit steht einer erfolgreichen Iteration mit beliebigem Startwert $x_0 \in [1, 2]$ nichts mehr im Wege. Für $x_0 = 1{,}5$ ergibt sich $x_1 = \ln 3{,}5 = 1{,}2527\ldots$.

Die A-priori-Abschätzung

$$|x_n - x^*| \leq \frac{q^n}{1-q}|x_1 - x_0|,$$

mit gesuchtem Fixpunkt $x^* \in [1,2]$ ergibt

$$|x_n - x^*| \leq \frac{\left(\frac{1}{3}\right)^n}{\frac{2}{3}} \cdot 0{,}26 = \frac{1}{2 \cdot 3^{n-1}} \cdot 0{,}26 < \varepsilon$$

$$\iff 3^{n-1} > \frac{1}{2\varepsilon} \cdot 0{,}26$$

$$\iff (\ln 3)(n-1) > \ln 0{,}26 + \ln \frac{1}{2\varepsilon}$$

$$\iff n > 1 + \frac{\ln 0{,}26 - \ln(2\varepsilon)}{\ln 3} = 9{,}6\dots$$

Wir setzen wie gefordert $\varepsilon = 10^{-5}$ und erhalten bei $n = 10$ Iterationen den Wert

$$x_{10} = 1{,}146196\dots.$$

6.12 Numerische Differentiation

Aufgabe 6.67
Differenzieren Sie mit Ihrem Taschenrechner die folgenden Funktionen numerisch an einer beliebigen Stelle $x_0 \in \mathbb{R}$:

$$a)\ f(x) = 5, \quad b)\ f(x) = x^2, \quad c)\ f(x) = e^{-x}.$$

Verwenden Sie dazu die Schrittweiten $h = 10^{-k}$, $k = 1, \cdots, 6$. Wenn Sie die Möglichkeit haben, führen Sie diese Aufgabe mit verschiedenen Taschenrechnern durch.

Aufgabe 6.68
Sei $h > 0$. Die n-te Ableitung einer reellwertigen Funktion $y = f(x)$ wird durch den n-ten Differenzenquotienten gemäß

$$f^{(n)}(x) \approx \frac{1}{h^n} \cdot \sum_{j=0}^{n} (-1)^{n-j} \binom{n}{j} y_j$$

mit den Stützwerten $y_j := f(x_j)$, $j = 0, 1, \dots, n$, approximiert. Formulieren Sie damit den 4. und 5. Differenzenquotienten.

Aufgabe 6.69

Sei $I := [x - h, x + h] \subset [a, b]$ mit $h > 0$. Zeigen Sie:

a) Ist f zweimal stetig differenzierbar auf I, dann gilt

$$f'(x) = \frac{f(x + h) - f(x)}{h} + hR,$$

wobei R eine von f'' abhängige und von h unabhängige Konstante ist.

b) Ist f viermal stetig differenzierbar auf I, dann gilt

$$f''(x) = \frac{f(x + h) - 2f(x) + f(x - h)}{h^2} + h^2 R,$$

wobei R eine von $f^{(4)}$ abhängige und von h unabhängige Konstante ist.

Hinweis Führen Sie eine Taylor-Entwicklung von $f(x + h)$ bei x bzw. auch von $f(x - h)$ bis zur 1. (für a)) bzw. 3. Ordnung (für b)) durch.

Lösungsvorschläge

Lösung 6.67

Für alle Beispiele wählen wir $x_0 = 1$. Die 1. vorwärts- bzw. rückwärtsgenommenen Differenzenquotienten lauten

$$\Delta_1^+ := \frac{f(x_0 + h) - f(x_0)}{h},$$
$$\Delta_1^- := \frac{f(x_0) - f(x_0 - h)}{h}.$$

Die zweite Ableitung einer Funktion wird in den nachfolgenden Ausführungen durch

$$f''(x_0) \approx \frac{f(x_0 + h) - 2f(x_0) + f(x_0 - h)}{h^2} =: \Delta_2$$

approximiert. Damit berechnet sich dann der entstandene Fehler F gemäß

$$F = \frac{f(x_0 + h) - 2f(x_0) + f(x_0 - h)}{h^2} - f''(x_0).$$

Wir betrachten hier absichtlich nicht den absoluten Fehler $|F|$, um die auftretenden Oszillationen (s. nachfolgende Tabellen) zu erkennen.

a) Wir differenzieren $f(x) = 5$ mit MATLAB und fassen in der folgenden Tabelle für $h = 10^{-k}$, $k = 1, \cdots, 6$, die Werte zusammen:

h	$f'(x_0) \approx \Delta_1^+$	$f'(x_0) \approx \Delta_1^-$	$f''(x_0) \approx \Delta_2$	Fehler F
0,1	0,000 000	0,000 000	0,000 000	0,000 000
0,01	0,000 000	0,000 000	0,000 000	0,000 000
0,001	0,000 000	0,000 000	0,000 000	0,000 000
0,0001	0,000 000	0,000 000	0,000 000	0,000 000
0,00001	0,000 000	0,000 000	0,000 000	0,000 000
0,000001	0,000 000	0,000 000	0,000 000	0,000 000

Erklärung Bei exakter Rechnung sind alle Differenzenquotienten exakt. Die Funktionswerte $f(x_0)$ und $f(x_0 \pm h)$ sind nicht rundungsfehlerbehaftet, sodass keine Auslöschung entsteht.

b) Wir differenzieren $f(x) = x^2$ mit MATLAB und fassen in der folgenden Tabelle für $h = 10^{-k}$, $k = 1, \cdots, 6$, die Werte zusammen:

h	$f'(x_0) \approx \Delta_1^+$	$f'(x_0) \approx \Delta_1^-$	$f''(x_0) \approx \Delta_2$	Fehler F
0,1	2,100 000	1,900 000	2,000 000	$2{,}353\,673 \cdot 10^{-14}$
0,01	2,010 000	1,990 000	2,000 000	$-2{,}202\,683 \cdot 10^{-13}$
0,001	2,001 000	1,999 000	2,000 000	$-2{,}755\,556 \cdot 10^{-10}$
0,0001	2,000 100	1,999 900	2,000 000	$-1{,}052\,712 \cdot 10^{-9}$
0,00001	2,000 010	1,999 990	2,000 002	$2{,}385\,927 \cdot 10^{-6}$
0,000001	2,000 001	1,999 999	1,999 845	$-1{,}552\,657 \cdot 10^{-4}$

Erklärung Bei diesem Beispiel gilt bei exakter Rechnung

$$\Delta_1^+ = \frac{f(1+h) - f(1)}{h} = 2 + h = f'(1) + h,$$

$$\Delta_1^- = \frac{f(1) - f(1-h)}{h} = 2 - h = f'(1) - h,$$

$$\Delta_2 = \frac{f(1+h) - 2f(1) + f(1-h)}{h^2} = 2 = f''(1).$$

Für Δ_2 beobachten wir also nur die Verstärkung des Rundungsfehlers für $h \to 0$. Für die $\Delta_1^\pm$ beobachten wir jeweils den TAYLOR-Rest $\pm h$, und der Rundungsfehler scheint sich aufzuheben und nicht verstärkt zu werden.

c) Wir differenzieren $f(x) = e^{-x}$ mit MATLAB und fassen in der folgenden Tabelle für $h = 10^{-k}$, $k = 1, \cdots, 6$, die Werte zusammen:

h	$f'(x_0) \approx \Delta_1^+$	$f'(x_0) \approx \Delta_1^-$	$f''(x_0) \approx \Delta_2$	Fehler F
0,1	$-0{,}350\,084$	$-0{,}386\,902$	$0{,}368\,186$	$3{,}066\,684 \cdot 10^{-4}$
0,01	$-0{,}366\,046$	$-0{,}369\,725$	$0{,}367\,883$	$3{,}065\,672 \cdot 10^{-6}$
0,001	$-0{,}367\,696$	$-0{,}368\,063$	$0{,}367\,880$	$3{,}071\,388 \cdot 10^{-8}$
0,0001	$-0{,}367\,861$	$-0{,}367\,898$	$0{,}367\,879$	$2{,}403\,195 \cdot 10^{-9}$
0,00001	$-0{,}367\,878$	$-0{,}367\,881$	$0{,}367\,879$	$-3{,}806\,238 \cdot 10^{-7}$
0,000001	$-0{,}367\,880$	$-0{,}367\,880$	$0{,}367\,872$	$-7{,}041\,962 \cdot 10^{-6}$

Erklärung Der wahren Werte lauten $f'(1) = -0{,}367\,879$ und $f''(1) = 0{,}367\,879$. Es gilt

$$\Delta_1^+ = \frac{f(1+h) - f(1)}{h} = e^{-1}\left(-1 + \frac{h}{2} - \frac{h^2}{6} + \frac{h^3}{24} + O(h^4)\right),$$

$$\Delta_1^- = \frac{f(1) - f(1-h)}{h} = e^{-1}\left(-1 - \frac{h}{2} - \frac{h^2}{6} - \frac{h^3}{24} + O(h^4)\right),$$

$$\Delta_2 = e^{-1}\left(1 + \frac{h^2}{12} + O(h^4)\right).$$

Die relative Maschinengenauigkeit nach MATLAB lautet $\epsilon = 2{,}2204 \cdot 10^{-16}$ und aus der Darstellung von Δ_2 entnehmen wir $Rh^2 = \frac{h^2}{12e}$, also gilt

$$h_{opt} = \left(\frac{4\epsilon}{R}\right)^{1/4} \approx 4{,}126 \cdot 10^{-4}.$$

Dieser Wert ist konsistent mit den Ergebnissen aus der obigen Tabelle, er liegt zwischen der 4. und 5. Zeile.

Lösung 6.68

Der 4. Differenzenquotient lautet gemäß der in der Aufgabenstellung angegebenen Formel

$$f^{(4)}(x) \approx \frac{1}{h^4}\left((-1)^4 \frac{4!}{0!\,4!} y_0 + (-1)^3 \frac{4!}{1!\,3!} y_1 + (-1)^2 \frac{4!}{2!\,2!} y_2 + (-1)^1 \frac{4!}{3!\,1!} y_3\right.$$

$$\left. + (-1)^0 \frac{4!}{4!\,0!} y_4\right)$$

$$\approx \frac{1}{h^4}\left(y_0 - 4y_1 + 6y_2 - 4y_3 + y_4\right)$$

bzw.

$$\Delta_4 = \frac{y_4 - 4y_3 + 6y_2 - 4y_1 + y_0}{h^4}.$$

Entsprechend lautet der 5. Differenzenquotient

$$f^{(5)}(x) \approx \frac{1}{h^5}\left((-1)^5\frac{5!}{0!\,5!}y_0 + (-1)^4\frac{5!}{1!\,4!}y_1 + (-1)^3\frac{5!}{2!\,3!}y_2 + (-1)^2\frac{5!}{3!\,2!}y_3 \right.$$
$$\left. + (-1)^1\frac{5!}{4!\,1!}y_4 + (-1)^0\frac{5!}{5!\,0!}y_5\right)$$
$$\approx \frac{1}{h^4}\left(-y_0 + 5y_1 - 10y_2 + 10y_3 - 5y_4 + y_5\right)$$

bzw.

$$\Delta_5 = \frac{y_5 - 5y_4 + 10y_3 - 10y_2 + 5y_1 - y_0}{h^5}.$$

Lösung 6.69

Sei $I = [x - h, x + h] \subset [a, b]$ mit $h > 0$.

a) Ist f zweimal stetig differenzierbar auf $[a, b]$, dann lautet die TAYLOR-Entwicklung 1. Ordnung

$$f(x + h) = f(x) + hf'(x) + \frac{h^2}{2}f''(\xi),$$

wobei $\xi \in [x, x + h] \subset [a, b]$, also gilt

$$f'(x) = \frac{f(x + h) - f(x)}{h} + hR_{x,h}$$

mit

$$R_{x,h} = -\frac{f''(\xi)}{2}.$$

Da f'' auf dem geschlossenen Intervall $[a, b]$ stetig ist, ist die 2. Ableitung beschränkt. Somit existiert ein $R > 0$ derart, dass

$$|R_{x,h}| \leq R$$

mit $R = \frac{1}{2}\max_{[a,b]}|f''(x)|$ unabhängig von h gilt.

b) Ist f viermal stetig differenzierbar auf $[a, b]$, dann lauten die TAYLOR-Entwicklungen 3. Ordnung

$$f(x + h) = f(x) + hf'(x) + \frac{h^2}{2}f''(x) + \frac{h^3}{6}f'''(x) + \frac{h^4}{24}f^{(4)}(\xi_1)$$

und

$$f(x - h) = f(x) - hf'(x) + \frac{h^2}{2}f''(x) - \frac{h^3}{6}f'''(x) + \frac{h^4}{24}f^{(4)}(\xi_2),$$

wobei $\xi_1 \in [x, x + h] \subset [a, b]$ und $\xi_2 \in [x - h, x] \subset [a, b]$. Also gilt

$$f''(x) = \frac{f(x + h) - 2f(x) + f(x - h)}{h^2} - \frac{h^2}{24}f^{(4)}(\xi_1) - \frac{h^2}{24}f^{(4)}(\xi_2)$$

$$= \frac{f(x + h) - 2f(x) + f(x - h)}{h^2} + h^2 R_{x,h}$$

mit

$$R_{x,h} = -\frac{f^{(4)}(\xi_1)}{24} - \frac{f^{(4)}(\xi_2)}{24}.$$

Da $f^{(4)}$ auf dem geschlossenen Intervall $[a, b]$ stetig ist, ist die 4. Ableitung beschränkt. Somit existiert ein $R > 0$ derart, dass

$$|R_{x,h}| \le R$$

mit $R = \frac{1}{12} \max_{[a,b]} |f^{(4)}(x)|$ unabhängig von h gilt.

Anmerkung Ist f nur dreimal stetig differenzierbar auf $[a, b]$, dann gilt die etwas **schlechtere** Approximation

$$f''(x) = \frac{f(x + h) - 2f(x) + f(x - h)}{h^2} + \boxed{h} R_{x,h} \quad \text{mit} \quad |R_{x,h}| < R,$$

wobei R eine von f''' abhängige und von h unabhängige Konstante ist.

Integration von Funktionen in $\mathbb{R}$

7

7.1 Stammfunktionen und Integration

Aufgabe 7.1
Finden Sie Stammfunktionen für folgende Integrale:

$$\text{a) } \int x^{-\frac{3}{2}}\, dx, \qquad \text{b) } \int \frac{1}{\cos^2 x \tan x}\, dx, \qquad \text{c) } \int \frac{1}{\sinh^2 x \coth x}\, dx.$$

Aufgabe 7.2
Berechnen Sie die Integrale

$$\text{a) } I = \int_{-\frac{\pi}{2}}^{\frac{\pi}{2}} \frac{x^3 \ln(\cos x + 5)}{e^{\cosh x}}\, dx,$$

$$\text{b) } I = \int_{-\frac{\pi}{2}}^{\frac{\pi}{2}} \frac{\sin x}{3 + \sin^2 x}\, dx.$$

Aufgabe 7.3
Berechnen Sie die Ableitung der folgenden Integrale:

$$\text{a) } I_1(x) = \int_0^x t^2\, dt \quad \text{und} \quad I_2(x) = \int_0^{\sin x} t^2\, dt,$$

$$\text{b) } I_1(x) = \int_0^x \sin t\, dt \quad \text{und} \quad I_2(x) = \int_0^{x^2} \sin t\, dt.$$

Aufgabe 7.4
Sei $G(x) = \int_{x^2}^1 \frac{\sin\sqrt{t}}{\sqrt{t}}\, dt$ für $x > 0$. Bestimmen Sie eine Konstante $C \in \mathbb{R}$, sodass für $x > 0$ die Gleichung $G(x) = 2\cos x + C$ gilt.

Hinweis Berechnen Sie G'.

W. Merz, P. Knabner, *Endlich gelöst! Aufgaben zur Mathematik für Ingenieure und Naturwissenschaftler*, Springer-Lehrbuch, DOI 10.1007/978-3-642-54529-0_7,
© Springer-Verlag Berlin Heidelberg 2014

Aufgabe 7.5

Bestimmen Sie mithilfe der Regeln von L'HOSPITAL die folgenden Grenzwerte ohne vorherige Berechnung der Integrale

a) $\lim\limits_{x \to 0} \dfrac{1}{x^3} \displaystyle\int_0^x (\cosh t - \cos t)\, dt,$

b) $\lim\limits_{x \to 0} \dfrac{1}{\sqrt{x^3}} \displaystyle\int_x^0 \left(1 - \sqrt[3]{1 + \sqrt{t}}\right) dt.$

Aufgabe 7.6

Sei $f(x) = e^{(x^2)}$ und $F(x) = \int_0^x f(t)\, dt$. Warum existiert eine Umkehrfunktion $G := F^{-1}$?

Lösungsvorschläge

Lösung 7.1

Nach einigen Umformungen sind die nachstehenden Integrale aus den Tabellen des Abschn. 7.1 im Lehrbuch zu entnehmen.

a) $\displaystyle\int x^{-\frac{3}{2}}\, dx = -2x^{-\frac{1}{2}} + C,\, C \in \mathbb{R}$, denn $\left(-2x^{-\frac{1}{2}} + C\right)' = x^{-\frac{3}{2}}$.

b) Eine kleine Umformung ergibt

$$\frac{1}{\cos^2 x \tan x} = \frac{1}{\cos^2 x \frac{\sin x}{\cos x}} = \frac{1}{\cos x \sin x} = \frac{\cos^2 x + \sin^2 x}{\cos x \sin x}$$

$$= \frac{\cos x}{\sin x} + \frac{\sin x}{\cos x} = \cot x + \tan x.$$

Damit ergibt sich nun

$$\int \cot x\, dx = \ln|\sin x| + C, \quad C \in \mathbb{R},\ x \neq k\pi,\ k \in \mathbb{Z},$$
$$\int \tan x\, dx = \ln|\cos x| + C, \quad C \in \mathbb{R},\ x \neq \left(k + \tfrac{1}{2}\right)\pi,\ k \in \mathbb{Z}.$$

Insgesamt ist dann

$$\int \frac{1}{\cos^2 x \tan x} = \ln|\sin x| + \ln|\cos x| + C, \quad C \in \mathbb{R},$$

mit oben genanntem Definitionsbereich.

c) Eine kleine Umformung ergibt auch hier

$$\frac{1}{\sinh^2 x \coth x} = \frac{1}{\sinh^2 x \frac{\cosh x}{\sinh x}} = \frac{1}{\sinh x \cosh x} = \frac{\cosh^2 x - \sinh^2 x}{\sinh x \coth x}$$

$$= \frac{\cosh x}{\sinh x} - \frac{\sinh x}{\cosh x} = \coth x - \tanh x.$$

Damit ergibt sich nun

$$\int \coth x \, dx = \ln|\sinh x| + C, \quad C \in \mathbb{R}, \ x \neq 0,$$
$$\int \tanh x \, dx = \ln \cosh x + C, \quad C \in \mathbb{R}, \ x \in \mathbb{R}.$$

Insgesamt ist dann

$$\int \frac{1}{\sinh^2 x \coth x} = \ln|\sinh x| - \ln \cosh x + C, \quad C \in \mathbb{R},$$

mit oben genanntem Definitionsbereich.

Lösung 7.2
Für beide Integrale gilt

a) der Integrand ist eine ungerade Funktion in x, also gilt $I = 0$,
b) der Integrand ist eine ungerade Funktion in x, also gilt $I = 0$.

Lösung 7.3
Allgemein gilt

$$\frac{d}{dx} \int_a^{g(x)} f(\tau) \, \tau = f(g(x))g'(x)$$

mit dem Spezialfall

$$\frac{d}{dx} \int_a^x f(\tau) \, \tau = f(x).$$

Somit ergibt sich

a) $I_1' = x^2$ und $I_2'(x) = \sin^2 x \cdot \cos x$.
b) $I_1' = \sin x$ und $I_2'(x) = \sin x^2 \cdot 2x$.

Lösung 7.4

Die Ableitung von $G(x) = \int_{x^2}^{1} \frac{\sin\sqrt{t}}{\sqrt{t}}\, dt$ lautet

$$G'(x) = -\frac{\sin x}{x} \cdot 2x = -2\sin x.$$

Das bedeutet wiederum

$$G(x) = 2\cos x + C, \quad C \in \mathbb{R}.$$

Da $G(1) = \int_{1}^{1} \frac{\sin\sqrt{t}}{\sqrt{t}}\, dt = 0$, folgt $C = -2\cos 1$, insgesamt also

$$G(x) = 2(\cos x - \cos 1).$$

Lösung 7.5

Bei beiden Ausdrücken liegt der unbestimmte Fall „$\frac{0}{0}$" vor, und es ist jeweils eine mehrfache Anwendung der Regel von L'HOSPITAL nötig:

a)

$$\lim_{x\to 0} \frac{1}{x^3} \int_{0}^{x} (\cosh t - \cos t)\, dt \stackrel{\text{L'H}}{=} \lim_{x\to 0} \frac{\cosh x - \cos x}{3x^2} \stackrel{\text{L'H}}{=} \lim_{x\to 0} \frac{\sinh x + \sin x}{6x}$$

$$\stackrel{\text{L'H}}{=} \frac{1}{6} \lim_{x\to 0} (\cosh x + \cos x) = \frac{1}{3}.$$

b)

$$\lim_{x\to 0} \frac{1}{\sqrt{x^3}} \int_{x}^{0} \left(1 - \sqrt[3]{1+\sqrt{t}}\right) dt \stackrel{\text{L'H}}{=} \frac{2}{3} \lim_{x\to 0} \frac{\sqrt[3]{1+\sqrt{x}} - 1}{\sqrt{x}}$$

$$=: \frac{2}{3} \lim_{u\to 0} \frac{\sqrt[3]{1+u} - 1}{u}$$

$$\stackrel{\text{L'H}}{=} \frac{2}{9} \lim_{u\to 0} \frac{1}{\sqrt[3]{(1+u)^2}} = \frac{2}{9}.$$

Lösung 7.6

Aus $F(x) = \int_{0}^{x} e^{(t^2)}\, dt$ ergibt sich, dass $F'(x) = e^{(x^2)} > 0$ für alle $x \in \mathbb{R}$. Damit ist F streng monoton steigend, und somit existiert eine Umkehrfunktion $G := F^{-1}$.

7.2 Integrationsregeln

Aufgabe 7.7
Berechnen Sie folgende Integrale:

a) $\int \dfrac{x \cos \sqrt{x^2+1}}{\sqrt{x^2+1}}\, dx,$

b) $\int \dfrac{\arcsin x}{\sqrt{x+1}}\, dx, \quad x \in (-1,1),$

c) $\int \dfrac{1}{\sqrt{x}\,(x+1)}\, dx, \quad x > 0.$

Aufgabe 7.8
Gegeben sei das Integral

$$I_n := \int \tan^n x \, dx, \quad n \in \mathbb{N}, \ n \geq 2, \ x \in \left(-\frac{\pi}{2}, \frac{\pi}{2}\right).$$

Zeigen Sie, dass

$$I_n = \frac{1}{n-1}\tan^{n-1} x - I_{n-2}$$

gilt. Bestimmen Sie damit $\int_0^{\pi/4} \tan^5 x \, dx$.

Aufgabe 7.9
Finden Sie eine Rekursionsformel für das Intergral

$$I_m := \int \sin^m x \, dx.$$

Aufgabe 7.10
Berechnen Sie folgende Integrale:

a) $I = \displaystyle\int_0^{\frac{\pi}{4}} \dfrac{\arctan x \, e^{(\arctan x)^2}}{(x^2+1)\left(e^{(\arctan x)^2}+1\right)}\, dx,$

b) $I = \displaystyle\int_0^{\frac{\pi}{2}} \dfrac{\sin x}{3+\sin^2 x}\, dx,$

c) $I = \displaystyle\int_1^{e^2} \dfrac{\arcsin^2(\ln \sqrt{x})}{2x}\, dx.$

Aufgabe 7.11

Gegeben seien die Funktionen

$$f_1(x) = x\, e^{x^2}, \quad x \in I_1 := \mathbb{R} \quad \text{und} \quad f_2(x) = \sin x + x, \quad x \in I_2 := \left[0, \frac{\pi}{2}\right].$$

a) Warum sind die Funktionen f_i auf den jeweiligen Intervallen I_i, $i = 1, 2$, umkehrbar?

b) Berechnen Sie

$$\text{a.} \quad \int_{-2\sqrt{\ln 2}}^{2\sqrt{\ln 2}} f_1^{-1}(y)\, dy, \qquad \text{b.} \quad \int_{f_2(0)}^{f_2(\pi/4)} f_2^{-1}(y)\, dy.$$

Aufgabe 7.12

Berechnen Sie folgende Integrale:

a) $I = \displaystyle\int_{\sqrt{e}}^{e} \frac{1}{x\sqrt{\ln x(1 - \ln x)}}\, dx.$

b) $I = \displaystyle\int_{\frac{1}{4}}^{\frac{3}{4}} \frac{1}{x\sqrt{1 - x^2}}\, dx.$

Aufgabe 7.13

Berechnen Sie die Integrale I_1, I_2:

a) $I_1 = \displaystyle\int_{e}^{e^e} \frac{\ln(\ln x)}{\ln(x^x)}\, dx.$

b) $I_2 = \displaystyle\int_{2}^{3} \frac{P(x)}{Q(x)}\, dx$, wobei

$$P(x) = 3(x^2 + 1)^2 - x(x - 1) \quad \text{und} \quad Q(x) = x^5 - x^4 + 2x^3 - 2x^2 + x - 1.$$

Hinweis $Q(\pm i) = Q'(\pm i) = 0.$

Aufgabe 7.14

Berechnen Sie die unbestimmten Integrale

a) $I_1 = \displaystyle\int \frac{1}{x^3 + x}\, dx,$

b) $I_2 = \displaystyle\int \frac{x^3 - 3x^2 + 2x + 7}{x^2 - 4x + 3}\, dx,$

c) $I_3 = \displaystyle\int \frac{x^2}{(x^2 - 2x + 10)^2}\, dx,$

d) $I_4 = \displaystyle\int \frac{8x^2 - 2x - 43}{(x + 2)^2(x - 5)}\, dx.$

Aufgabe 7.15

Berechnen Sie

$$I(x) = \int_0^x (F(x) - F(t))\, dt,$$

wobei $F(x) = \int_0^x \frac{e^\tau - 1}{\tau}\, d\tau$. ($F(x)$ nicht berechnen!)

Aufgabe 7.16

Sei $f(x) = e^{(x^2)}$, $F(x) = \int_0^x f(t)\, dt$ und $G := F^{-1}$.

a) Bestimmen Sie $I_1 = \displaystyle\int_0^{G(1)} \frac{f(t)}{1 + F^2(t)}\, dt$.

b) Bestimmen Sie $I_2 = \displaystyle\int_0^{F(1)} F^{-1}(t)\, dt$.

c) Bestimmen Sie $I_3 = \displaystyle\int_0^4 \frac{x - 2}{1 + \sqrt{|x - 2|}}\, dt$.

Aufgabe 7.17

Berechnen Sie die unbestimmten Integrale

a) $I_1 = \displaystyle\int \frac{1}{(x^2 + 1)^2}\, dx$ \qquad (Substitution : $z := \arctan x$),

b) $I_2 = \displaystyle\int \frac{2\cosh x}{3 + \cosh^2 x}\, dx$.

Aufgabe 7.18

Berechnen Sie

a) $I_1 = \displaystyle\int \frac{1}{\sin x - \tan x}\, dx$,

b) $I_2 = \displaystyle\int \frac{1}{2\sin x - \cos x + 5}\, dx$,

c) $I_3 = \displaystyle\int \sqrt{1 - 4x^2}\, dx$,

d) $I_4 = \displaystyle\int \sqrt{x^2 + 6x + 10}\, dx$.

Lösungsvorschläge

Lösung 7.7

a) Die Substitution $z := x^2 + 1$ und damit $dx = \frac{dz}{2x}$ führt auf

$$\int \frac{x \cos \sqrt{x^2 + 1}}{\sqrt{x^2 + 1}} \, dx = \int \frac{\cos \sqrt{z}}{2z} \, dz = \sin \sqrt{z} + C = \sin \sqrt{x^2 + 1} + C,$$

   wobei $C \in \mathbb{R}$.

b) Dieses Integral erfordert neben drei Substitutionen auch eine partielle Integration. Die erste Substitution $z := \sqrt{x + 1}$, d. h. $x = z^2 - 1$, führt mit $dx = 2\sqrt{x + 1} \, dz$ und anschließender partieller Integration auf

$$\int \frac{\arcsin x}{\sqrt{x + 1}} \, dx = 2 \int \arcsin(z^2 - 1) \, dz = -2 \int \arcsin(1 - z^2) \, dz$$

$$\stackrel{p.I.}{=} -2z \arcsin(1 - z^2) + 2 \int \frac{-2z \cdot z}{\sqrt{1 - (1 - z^2)^2}} \, dz$$

$$= -2z \arcsin(1 - z^2) - 4 \underbrace{\int \frac{z^2}{\sqrt{2z^2 - z^4}} \, dz}_{=: I} .$$

Zwei weitere Substitutionen (erst $s := z^2$, dann $u := 2 - s$) ergeben

$$I = -4 \int \frac{s}{2\sqrt{s} \sqrt{2s - s^2}} \, ds = -2 \int \frac{1}{\sqrt{2 - s}} \, ds$$

$$= 2 \int \frac{1}{\sqrt{u}} \, du = 4\sqrt{u}.$$

Ingesamt also

$$\int \frac{\arcsin x}{\sqrt{x + 1}} \, dx = -2z \arcsin(1 - z^2) + 4\sqrt{u} + C, \quad C \in \mathbb{R}.$$

Jetzt werden die Substitutionen der Reihe nach wieder rückgängig gemacht ($u \to s \to z \to x$), und nach einer kurzen Rechnung erhalten wir das endgültige Resultat

$$\int \frac{\arcsin x}{\sqrt{x + 1}} \, dx = 2\sqrt{x + 1} \arcsin x + 4\sqrt{1 - x} + C, \quad C \in \mathbb{R}.$$

Sie stimmen zu, dass sich hier eine Probe lohnt! Wir kürzen mit

$$g(x) := 2\sqrt{x + 1} \arcsin x + 4\sqrt{1 - x} + C$$

ab. Die Produktregel liefert

$$g'(x) = \frac{\arcsin x}{\sqrt{x+1}} + \frac{2\sqrt{x+1}}{\sqrt{1-x^2}} - \frac{2}{\sqrt{1-x}}$$

$$= \frac{\arcsin x}{\sqrt{x+1}} + \frac{2\sqrt{x+1}}{\sqrt{1-x^2}} - \frac{2\sqrt{x+1}}{\sqrt{1-x^2}} = \frac{\arcsin x}{\sqrt{x+1}}.$$

Anmerkung Dieses Beispiel ist ein Beleg für die schon fast sprichwörtliche Erkenntnis: „Differenzieren ist Arbeit, Integrieren ist Kunst."

c) Die Substitution $z := \sqrt{x}$ und damit $dx = 2\sqrt{x}\, dz$ führt auf

$$\int \frac{1}{\sqrt{x}\,(x+1)}\, dx = \int \frac{1}{\sqrt{x}\left((\sqrt{x})^2 + 1\right)}\, dx = 2 \int \frac{1}{z^2 + 1}\, dz$$

$$= 2 \arctan z + C = 2 \arctan \sqrt{x} + C, \quad C \in \mathbb{R}.$$

Lösung 7.8

Wir berechnen die linke Seite von

$$I_n + I_{n-2} = \frac{1}{n-1} \tan^{n-1} x.$$

Partielle Integration ergibt

$$I_n + I_{n-2} = \int \left(\tan^n x + \tan^{n-2} x\right) dx = \int \tan^{n-2} x \left(\tan^2 x + 1\right) dx$$

$$\overset{p.I.}{=} \left(\tan^{n-2} x\right)(\tan x) - \int (n-2)\tan^{n-3} x \left(1 + \tan^2 x\right) \tan x\, dx$$

$$= \tan^{n-1} x - (n-2) \underbrace{\int \tan^{n-2} x \left(1 + \tan^2 x\right) dx}_{= I_n - I_{n-2}}.$$

Ein Vergleich von linker und rechter Seite

$$I_n + I_{n-2} = \tan^{n-1} x - (n-2)(I_n - I_{n-2})$$

$$\iff (n-1)(I_n + I_{n-2}) = \tan^{n-1} x$$

$$\iff I_n + I_{n-2} = \frac{1}{n-1} \tan^{n-1} x$$

ergibt die gewünschte Darstellung

$$I_n = \frac{1}{n-1} \tan^{n-1} x - I_{n-2}.$$

Als konkrete Anwendung berechnen wir

$$\int_0^{\pi/4} \tan^5 x\, dx = \frac{1}{4}\tan^4 x\Big|_0^{\pi/4} - \int_0^{\pi/4} \tan^3 x\, dx$$

$$= \frac{1}{4}\tan^4 x\Big|_0^{\pi/4} - \frac{1}{2}\tan^2 x\Big|_0^{\pi/4} + \int_0^{\pi/4} \tan x\, dx$$

$$= \frac{1}{4}\tan^4 x\Big|_0^{\pi/4} - \frac{1}{2}\tan^2 x\Big|_0^{\pi/4} - \ln\cos x\Big|_0^{\pi/4}$$

$$= \left(\frac{1}{4}\cdot 1 - \frac{1}{4}\cdot 0\right) - \left(\frac{1}{2}\cdot 1 - \frac{1}{2}\cdot 0\right) - \left(-\ln\frac{\sqrt{2}}{2} + \ln 1\right)$$

$$= -\frac{1}{4} + \frac{1}{2}\ln 2.$$

Lösung 7.9

Zunächst gilt mit $C \in \mathbb{R}$, dass

$$I_0 = \int dx = x + C,$$

$$I_1 = \int \sin x\, dx = -\cos x + C.$$

Allgemein ergibt sich mit partieller Integration

$$I_m = \int \sin x\, \sin^{m-1} x\, dx$$

$$= -\cos x\, \sin^{m-1} x + (m-1)\int \cos^2 \sin^{m-2} x\, dx$$

$$= -\cos x\, \sin^{m-1} x + (m-1)\int (1 - \sin^2 x)\sin^{m-2} x\, dx$$

$$= -\cos x\, \sin^{m-1} x + (m-1)\int \sin^{m-2} x\, dx - (m-1)\int \sin^m x\, dx$$

$$= -\cos x\, \sin^{m-1} x + (m-1)I_{m-2} - (m-1)I_m.$$

Damit bekommen Sie für $m \geq 2$ die Rekursionsformel

$$I_m = -\frac{1}{m}\cos x\, \sin^{m-1} x + \frac{m-1}{m}I_{m-2}.$$

Lösung 7.10

a) Wir substituieren $u := \arctan x$. Daraus resultiert

$$\frac{du}{dx} = \frac{1}{x^2+1} \implies dx = (x^2+1)du.$$

Schließlich läuft u von $\arctan 0 = 0$ bis $\arctan \frac{\pi}{4} = 1$. Insgesamt ergibt sich damit

$$I = \int_0^1 \frac{z e^{(z^2)}}{e^{(z^2)}+1} dz = \frac{1}{2} \int_0^1 \frac{2z e^{(z^2)}}{e^{(z^2)}+1} dz \stackrel{(*)}{=} \frac{1}{2} \ln\left(e^{(z^2)}+1\right)\Big|_0^1$$

$$= \frac{1}{2}\ln(e+1) - \frac{1}{2}\ln 2.$$

Bei der mit $(*)$ markierten Gleichung wurde die Regel $\int \frac{f'(x)}{f(x)} dx = \ln|f(x)|+C, C \in \mathbb{R}$, verwendet. Doch das haben Sie schon längst erkannt.

b) Das angegebene Integral hat den Wert 0, da der Integrand punktsymmetrisch ist. Wir wählen übungshalber andere Grenzen, dann ergibt sich beispielsweise

$$\int_0^{\frac{\pi}{2}} \frac{\sin x}{3+\sin^2 x} dx = \int_0^{\frac{\pi}{2}} \frac{\sin x}{4-\cos^2 x} dx.$$

Wir substituieren $u := \cos x$ und bekommen mit $dx = -\frac{du}{\sin x}$ das Integral

$$I = -\int_1^0 \frac{du}{4-u^2} = \int_0^1 \frac{du}{4-u^2} = \operatorname{arctanh}\frac{x}{2}\Big|_0^1 = \frac{1}{4}\ln 3.$$

c) Jetzt wird es etwas spannender. Zunächst eine kleine Umformung:

$$\int_1^{e^2} \frac{\arcsin^2\left(\ln \sqrt{x}\right)}{2x} dx = \int_1^{e^2} \frac{\arcsin^2\left(\frac{1}{2}\ln x\right)}{2x} dx.$$

Wir setzen $z := \frac{1}{2}\ln x$ und erhalten mit $dx = 2x\, du$ das Integral

$$I = \int_0^1 \arcsin^2 z\, dz.$$

Wir substituieren weiter $z := \sin y$, also $dz = \cos y\, dy$, und mithilfe partieller Integration (mit p.I. markiert) ergibt sich

$$\int_0^1 \arcsin^2 z\, dz = \int_0^{\frac{\pi}{2}} \arcsin^2(\sin y)\cos y\, dy$$

$$= \int_0^{\frac{\pi}{2}} y^2 \cos y\, dy$$

$$\stackrel{p.I.}{=} y^2 \sin y\Big|_0^{\frac{\pi}{2}} - \int_0^{\frac{\pi}{2}} 2y \sin y\, dy$$

$$\stackrel{p.I.}{=} y^2 \sin y\Big|_0^{\frac{\pi}{2}} - 2y(-\cos y)\Big|_0^{\frac{\pi}{2}} - 2\int_0^{\frac{\pi}{2}} \cos y\, dy$$

$$= \left[y^2 \sin y + 2y \cos y - 2\sin y\right]_0^{\frac{\pi}{2}}$$

$$= \frac{\pi^2}{4} - 2.$$

Lösung 7.11

a) Die Ableitungen beider Funktionen zeigen, dass

$$f_1'(x) = (2x^2 + 1)e^{(x^2)} > 0 \text{ in } I_1,$$
$$f_2'(x) = \cos x + 1 > 0 \text{ in } I_2.$$

Damit sind beide Funktionen streng monoton steigend, und es existieren die Umkehrfunktionen. Explizit aufschreiben können wir diese leider nicht.

b) Die allgemeine Formel für ein bestimmtes Integral der (unbekannten) Umkehrfunktion lautet

$$\int_{f(a)}^{f(b)} f^{-1}(x)\, dx = tf(t)\big|_a^b - \int_a^b f(t)\, dt.$$

Im Einzelnen gilt nun:

a. Nachstehende Auswertungen werden für die Integralgrenzen benötigt:

$$f_1(-\sqrt{\ln 2}) = -2\sqrt{\ln 2},$$
$$f_1(\sqrt{\ln 2}) = 2\sqrt{\ln 2}.$$

Damit ergibt sich jetzt

$$\int_{-2\sqrt{\ln 2}}^{2\sqrt{\ln 2}} f_1^{-1}(x)\, dx = tf_1(t)\Big|_{-\sqrt{\ln 2}}^{\sqrt{\ln 2}} - \int_{-\sqrt{\ln 2}}^{\sqrt{\ln 2}} f_1(t)\, dt$$

$$= \sqrt{\ln 2} \cdot 2\sqrt{\ln 2} - \left(-\sqrt{\ln 2}\right) 2\left(-\sqrt{\ln 2}\right)$$

$$- \frac{1}{2} \int_{-\sqrt{\ln 2}}^{\sqrt{\ln 2}} 2te^{t^2}\, dt = -\frac{1}{2} \int_{-\sqrt{\ln 2}}^{\sqrt{\ln 2}} 2te^{t^2}\, dt$$

$$= -\frac{1}{2} \int_{+\ln 2}^{+\ln 2} e^z\, dz = 0.$$

Beim Übergang zur letzten Zeile wurde die Substitution $z := t^2$ durchgeführt.

b. Entsprechend erhalten wir hier

$$\int_{f_2(0)}^{f_2(\frac{\pi}{4})} f_2^{-1}(x)\, dx = \frac{\pi}{4} \cdot f_2\left(\frac{\pi}{4}\right) - 0 \cdot f_2(0) - \int_0^{\frac{\pi}{4}} (\sin t + t)\, dt$$

$$= \frac{\pi}{4}\left(\frac{\pi}{4} + \frac{\sqrt{2}}{2}\right) - \left(\frac{t^2}{2} - \cos t\right)\Big|_0^{\frac{\pi}{4}}$$

$$= \frac{\pi}{4}\left(\frac{\pi}{4} + \frac{\sqrt{2}}{2}\right) - \left(\frac{\pi^2}{32} - \frac{\sqrt{2}}{2} + 1\right).$$

Anmerkung Bei unbestimmten Integralen ist die Kenntnis der Umkehrfunktion erforderlich! Die Frage nach dem Warum erübrigt sich, Sie wissen es.

Zusätzliche Information Zu Aufgabe 7.11 ist bei der Online-Version dieses Kapitels (doi:10.1007/978-3-642-29980-3_7) ein Video enthalten.

Lösung 7.12

a) Wir substituieren zuerst $z := \ln x$ und erhalten mit $dx = x\,dz$ zunächst das Integral

$$I = \int_{\ln \sqrt{e}}^{\ln e} \frac{dz}{\sqrt{z(1-z)}} = \int_{\frac{1}{2}}^{1} \frac{dz}{\sqrt{z(1-z)}}.$$

Weiter ergibt sich mit $z =: \sin^2 u$ und $dz = 2\sin u \cos u$ die Darstellung

$$I = \int_{\frac{\pi}{4}}^{\frac{\pi}{2}} \frac{2\sin u \cos u}{\sqrt{\sin^2 u\,(1 - \sin^2 u)}}\,du = \int_{\frac{\pi}{4}}^{\frac{\pi}{2}} \frac{2\sin u \cos u}{\sin u \cos u}\,du$$

$$= 2\left(\frac{\pi}{2} - \frac{\pi}{4}\right) = \frac{\pi}{2}.$$

Die Integrationsgrenzen bei der letzten Substitution ergeben sich aus den Beziehungen

$$\sin^2 \pi/4 = \left(\tfrac{1}{2}\sqrt{2}\right)^2 = \frac{1}{2} \quad \text{und} \quad \sin^2 \pi/2 = 1^2 = 1.$$

b) Wir substituieren

$$u := \sqrt{1-x^2}, \quad \text{und damit} \quad dx = -\frac{\sqrt{1-x^2}}{x}\,du = \frac{-u}{x}\,du.$$

Wegen

$$\sqrt{1 - \left(\tfrac{1}{4}\right)^2} = \frac{1}{4}\sqrt{15} \quad \text{und} \quad \sqrt{1 - \left(\tfrac{3}{4}\right)^2} = \frac{1}{4}\sqrt{7}$$

gilt

$$I = \int_{\frac{1}{4}}^{\frac{3}{4}} \frac{x\,dx}{x^2\sqrt{1-x^2}} = \int_{\frac{1}{4}\sqrt{15}}^{\frac{1}{4}\sqrt{7}} \frac{-u\,du}{(1-u^2)u} = \int_{\frac{1}{4}\sqrt{15}}^{\frac{1}{4}\sqrt{7}} \frac{du}{u^2 - 1}$$

$$= \frac{1}{2}\ln \frac{1+u}{1-u}\bigg|_{\frac{1}{4}\sqrt{15}}^{\frac{1}{4}\sqrt{7}} = \frac{1}{2}\ln \frac{\left(1 + \frac{1}{4}\sqrt{15}\right)\left(1 - \frac{1}{4}\sqrt{7}\right)}{\left(1 - \frac{1}{4}\sqrt{15}\right)\left(1 + \frac{1}{4}\sqrt{7}\right)}.$$

Lösung 7.13

a) Mit $t := \ln x$ und $dx = x\, dt$ gilt

$$I_1 = \int_e^{e^e} \frac{\ln(\ln x)}{x \ln(x)}\, dx = \int_{\ln e}^{e \ln e} \frac{\ln t}{t}\, dt = \int_1^e \frac{\ln t}{t}\, dt = \int_{\ln 1}^{\ln e} u\, du = \frac{1}{2}$$

mit der zweiten Substitution $u := \ln t$ und damit $dt = t\, du$.

b) Der Hinweis besagt, dass $x_{1,2} = \pm i$ jeweils doppelte Nullstellen sind, sich das Polynom Q also sofort in der nachfolgenden Faktorisierung schreiben lässt:

$$I_2 = \int_2^3 \frac{3(x^2+1)^2 - x(x-1)}{(1+x^2)^2(x-1)}\, dx = \int_2^3 \left(\frac{3}{x-1} - \frac{x}{(1+x^2)^2} \right) dx$$

$$= 3\ln|x-1| \Big|_2^3 - \frac{1}{2} \int_{1+2^2}^{1+3^2} \frac{du}{u^2} = 3\ln 2 - \frac{1}{20},$$

wobei $u := 1 + x^2$ substituiert wurde.

Anmerkung Wenn Sie mithilfe der Partialbruchzerlegung den Ansatz

$$\frac{P(x)}{Q(x)} = \frac{3(x^2+1)^2 - x(x-1)}{(1+x^2)^2(x-1)}$$

$$\overset{!}{=} \frac{Ax+B}{1+x^2} + \frac{Cx+D}{(1+x^2)^2} + \frac{E}{x-1}$$

durchführen, kommen Sie natürlich zum selben Ergebnis. Probieren Sie es aus!

Lösung 7.14

a) Der Nenner lautet $x^3 + x = x(x^2+1)$, somit führen wir den Ansatz

$$\frac{1}{x^3+x} = \frac{A}{x} + \frac{Bx+C}{x^2+1} = \frac{A(x^2+1) + (Bx+C)x}{x(x^2+1)}$$

$$\overset{!}{=} \frac{(A+B)x^2 + Cx + A}{x(x^2+1)}$$

durch. Ein Koeffizientenvergleich liefert auf den ersten Blick

$$A = 1,\ \ B = -1,\ \ C = 0.$$

Wir lösen also

$$I_1 = \int \frac{1}{x}\, dx - \int \frac{x}{x^2+1}\, dx = \ln|x| - \frac{1}{2}\ln(x^2+1) + C,\ \ C \in \mathbb{R}.$$

b) Der Grad des Zählers ist größer als der des Nenners. Deswegen wird eine Polynomdivision durchgeführt. Wie Sie leicht nachrechnen, ergibt sich

$$\frac{P(x)}{Q(x)} = (x+1) + \frac{3x+4}{x^2 - 4x + 3}.$$

Die Nullstellen von $Q(x) = x^2 - 4x + 3$ lauten $x_1 = 1$ und $x_2 = 3$, d. h., Q hat die Faktorisierung $Q(x) = (x-1)(x-3)$. Demnach bietet sich der Ansatz

$$\frac{3x+4}{(x-1)(x-3)} = \frac{A}{x-1} + \frac{B}{x-3} = \frac{(A+B)x - (3A+B)}{(x-1)(x-3)}$$

an. Ein Koeffizientenvergleich liefert das lineare Gleichungssystem

$$A + B = 3,$$
$$-3A - B = 4$$

mit den Lösungen $A = -\frac{7}{2}$ und $B = \frac{13}{2}$. Wir lösen also

$$\int \frac{P(x)}{Q(x)}\, dx = \int (x+1)\, dx - \frac{7}{2} \int \frac{1}{x-1}\, dx + \frac{13}{2} \int \frac{1}{x-3}\, dx$$

$$= \frac{1}{2}x^2 + x - \frac{7}{2} \ln|x-1| + \frac{13}{2} \ln|x-3| + +C, \quad C \in \mathbb{R}.$$

c) Die doppelten Nennernullstellen des Integranden von $\int \frac{x^2}{(x^2-2x+10)^2}\, dx$ sind $x_{1,2} = 1+3i$ und $x_{3,4} = 1 - 3i$. Daraus resultiert der Ansatz

$$\frac{x^2}{(x^2 - 2x + 10)^2} = \frac{Ax+B}{x^2 - 2x + 10} + \frac{Cx+D}{(x^2 - 2x + 10)^2}$$

$$= \frac{(Ax+B)(x^2 - 2x + 10) + Cx + D}{(x^2 - 2x + 10)^2}$$

$$\overset{!}{=} \frac{Ax^3 + (B - 2A)x^2 + (10A - 2B + C)x + (10B + D)}{(x^2 - 2x + 10)^2}.$$

Für den Koeffizientenvergleich ergibt sich das lineare Gleichungssystem

$$
\begin{aligned}
A &&&&&= 0, \\
-2A +\ & B &&&&= 1, \\
10A -\ & 2B + C &&&= 0, \\
& 10B && + D &= 0
\end{aligned}
$$

mit den Lösungen $A = 0$, $B = 1$, $C = 2$, $D = -10$. Damit integrieren wir

$$I_3 = \int \frac{1}{x^2 - 2x + 10}\, dx - \int \frac{2x + 10}{(x^2 - 2x + 10)^2}\, dx =: M - K + C, \quad C \in \mathbb{R},$$

und entnehmen der Tabelle aus dem Lehrbuch in Abschn. 7.2 die Resultate

$$M = \frac{1}{3} \arctan \frac{1}{3}(x - 1),$$

$$K = \frac{2}{2(x^2 - 2x + 10)} + \left(10 + \frac{2 \cdot 2}{2}\right) \cdot \left(\frac{2x - 2}{36(x^2 - 2x + 10)}\right.$$

$$\left. + \frac{1}{18} \cdot \frac{1}{3} \arctan \frac{1}{3}(x - 1)\right).$$

d) Die Nennernullstellen des Integranden von $I_4 = \int \dfrac{8x^2 - 2x - 43}{(x + 2)^2(x - 5)}\, dx$ sind $x_{1,2} = -2$, $x_3 = 5$. Damit ergibt sich der Ansatz

$$\frac{8x^2 - 2x - 43}{(x + 2)^2(x - 5)} = \frac{A}{x + 2} + \frac{B}{(x + 2)^2} + \frac{C}{x - 5}$$

und wir erhalten durch Koeffizientenvergleich sofort

$$A = 5, \quad B = 1, \quad C = 3.$$

Demnach gilt

$$I_4 = \int \frac{5}{x + 2}\, dx + \int \frac{1}{(x + 2)^2}\, dx + \int \frac{3}{x - 5}\, dx$$

$$= 5 \ln |x + 2| - \frac{1}{x + 2} + 3 \ln |x - 5| + C, \quad C \in \mathbb{R}.$$

Lösung 7.15

Partielle Integration ergibt sofort

$$I(x) = t\,(F(x) - F(t))\big|_0^x + \int_0^x t \frac{e^t - 1}{t}\, dt$$

$$= \int_0^x (e^t - 1)\, dt$$

$$= e^x - x - 1.$$

Anmerkung Bei der partiellen Integration ist zu beachten, dass

$$\frac{d}{dt}(F(x) - F(t)) = -F'(t) = -\frac{e^t - 1}{t}.$$

Lösung 7.16

Es gelten $F(x) = \int_0^x e^{(t^2)}\, dt$ und $G := F^{-1}$.

a) Die Substitution: $x := F(t)$ und damit $dt = dx/f(t)$ führen auf

$$I_1 = \int_0^{G(1)} \frac{f(t)}{1 + F^2(t)}\, dt = \int_0^1 \frac{dx}{1 + x^2} = \arctan 1 = \frac{\pi}{4}.$$

Anmerkung Der Wert $G(1)$ ist völlig uninteressant, denn nach der Substitution ergeben sich die neuen Grenzen $F(0) = 0$ und $F(G(1)) = 1$.

b) Die Substitution $t = F(x)$ und damit $dt = f'(x)\, dx = e^{(x^2)}\, dx$ ergeben

$$I_2 = \int_0^{F(1)} F^{-1}(t)\, dt = \int_0^1 x f(x)\, dx = \left.\frac{1}{2} e^{(x^2)}\right|_0^1 = \frac{1}{2}(e - 1).$$

c) Hier gibt es nichts zu tun, denn

$$I_3 = \int_0^4 \frac{x - 2}{1 + \sqrt{|x - 2|}}\, dt = \frac{x - 2}{1 + \sqrt{|x - 2|}} \int_0^4 dt = \frac{4x - 8}{1 + \sqrt{|x - 2|}}.$$

Ohne Tippfehler wird die Teilaufgabe etwas interessanter, denn mit der Substitution $t := x - 2$ resultiert

$$I_3 = \int_0^4 \frac{x - 2}{1 + \sqrt{|x - 2|}}\, \boxed{dx} = \int_{-2}^2 \frac{t}{1 + \sqrt{|t|}}\, dt = 0.$$

Wie Sie bereits erkannt haben, ist der Integrand des zweiten Integrals punktsymmetrisch, damit ist $I_3 = 0$.

Lösung 7.17

a) Aus der vorgeschlagenen Substitution ergibt sich mit $x = \tan z$ der Ausdruck

$$\frac{dx}{dz} = \frac{1}{\cos^2 z}.$$

Damit gilt

$$I_1 = \int \frac{1}{(1 + \tan^2 z)^2} \frac{dz}{\cos^2 z} = \int (\cos^2 z)^2 \frac{dz}{\cos^2 z}$$

$$= \int \cos^2 z\, dz = \int dz - \int \sin^2 z\, dz$$

$$= z - \left(-\frac{1}{2} \sin z \cos z + \frac{1}{2} z\right) + C$$

$$= \frac{1}{2} z + \frac{1}{2} \sin z \cos z + C, \quad C \in \mathbb{R}.$$

Dabei haben wir

$$1 + \tan^2 z = \frac{1}{\cos^2 z}$$

und die Rekursionsformel für

$$I_n = \int \sin^n z \, dz$$

verwendet.

Die Rücksubstitution des unbestimmten Integrals mit $z = \arctan x$ verläuft wie folgt:

$$\frac{1}{2} z + \frac{1}{2} \sin z \cos z = \frac{1}{2} z + \frac{1}{2} \tan z \cdot \cos^2 z$$

$$= \frac{1}{2} z + \frac{1}{2} \tan z \cdot \frac{1}{1 + \tan^2 z}$$

$$= \frac{1}{2} \arctan x + \frac{1}{2} x \cdot \frac{1}{1 + x^2}.$$

b) Aus der Formel $\cosh^2 x - \sinh^2 x = 1$ ergibt sich zunächst die Darstellung

$$I_2 = \int \frac{2 \cosh x}{3 + \cosh^2 x} \, dx = \int \frac{2 \cosh x}{4 + \sinh^2 x} \, dx.$$

Jetzt substituieren wir $2z := \sinh x$. Daraus resultiert

$$x = \operatorname{arcsinh}(2z) \quad \text{und} \quad dx = \frac{2 \, dz}{\cosh x}.$$

Damit ist dann

$$I_2 = \int \frac{2 \cosh x}{4 + \sinh^2 x} \, dx = \int \frac{dz}{1 + z^2} = \arctan z + C$$

$$= \arctan \left(\tfrac{1}{2} \sinh x \right) + C, \quad C \in \mathbb{R},$$

nach Rücksubstitution.

Vorschlag Berechnen Sie jetzt das Integral I_2 alternativ mit der in Abschn. 7.2 des Lehrbuches vorgeschlagenen Methode für „rationale Funktionen von e^x ".

Lösung 7.18

Die Integration nachstehender Funktionen werden im Lehrbuch am Schluss des Abschn. 7.2 unter den Kategorien „rationale Funktionen in $\sin x$ und $\cos x$ " sowie „rationale Funktionen von x und Wurzelfunktionen" besprochen.

a) Die Substitution $z = \tan \frac{x}{2}$, also $x = 2 \arctan z$, führt mit

$$\frac{dx}{dz} = \frac{2}{1+z^2}, \quad \sin x = \frac{2z}{1+z^2} \quad \text{und} \quad \frac{\sin x}{\cos x} = \tan x = \frac{2z}{1-z^2}$$

auf

$$I_1 = \int \frac{2\,dz}{(1+z^2)\left[\frac{2z}{1+z^2} - \frac{2z}{1-z^2}\right]} = \int \frac{1-z^2}{-2z^3}\,dz$$

$$= -\frac{1}{2}\left(\int \frac{1}{z^3}\,dz - \int \frac{1}{z}\,dz\right) = -\frac{1}{2}\left(-\frac{1}{2}z^{-2} - \ln|z|\right) + C$$

$$= \frac{1}{4z^2} + \frac{1}{2}\ln|z| + C, \quad C \in \mathbb{R}.$$

Die Rücksubstitution $z = \tan \frac{x}{2}$ liefert

$$I_1 = \frac{1}{4}\cot^2 x + \frac{1}{2}\ln\left|\tan\frac{x}{2}\right| + C.$$

b) Die Substitution $z = \tan \frac{x}{2}$, also $x = 2 \arctan z$, führt mit

$$\frac{dx}{dz} = \frac{2}{1+z^2}, \quad \sin x = \frac{2z}{1+z^2} \quad \text{und} \quad \cos x = \frac{1-z^2}{1+z^2}$$

auf

$$I_2 = \int \frac{dz}{3z^2 + 2z + 2} = \frac{3}{5}\int \frac{dz}{\left(\frac{1}{\sqrt{5}}(3z+1)\right)^2 + 1}$$

$$= \frac{3}{5}\frac{1}{\sqrt{5}}\arctan\left(\frac{1}{\sqrt{5}}(3z+1)\right)$$

$$= \frac{3}{5\sqrt{5}}\arctan\left(\frac{1}{\sqrt{5}}\left(3\tan\frac{x}{2}+1\right)\right) + C, \quad C \in \mathbb{R},$$

nach der Rücksubstitution von $z = \tan \frac{x}{2}$.

c) Die Substitution $x =: \frac{1}{2}\sin t$, und damit $dx = \frac{1}{2}\cos t\,dt$, liefert

$$I_3 = 2\int \sqrt{\left(\frac{1}{2}\right)^2 - x^2}\,dx = 2\int \sqrt{\frac{1}{4} - \frac{1}{4}\sin^2 t}\,\frac{1}{2}\cos t\,dt$$

$$= \frac{1}{2}\int \sqrt{1 - \sin^2 t}\,\cos t\,dt = \frac{1}{2}\int \cos^2 t\,dt$$

$$= \frac{1}{4}t + \frac{1}{4}\sin t\cos t + C$$

$$= \frac{1}{4}\arcsin 2x + \frac{1}{2}x \cdot \sqrt{1 - 4x^2} + C,\quad C \in \mathbb{R},$$

nach der Rücksubstitution von $t = \arcsin 2x$.

d) Eine kleine Umformung mit der anschließenden Substitution $z := x + 3$, also auch $dx = dz$, liefert die Darstellung

$$I_4 = \int \sqrt{(x + 3)^2 + 1}\,dx = \int \sqrt{z^2 + 1}\,dz.$$

Wir substituieren weiter $z =: \sinh t$ und erhalten mit $dz = \cosh t\,dt$ die Darstellung

$$I_2 = \int \sqrt{\sinh^2 t + 1}\,\cosh t\,dt = \int \cosh^2 t\,dt$$

$$= \frac{1}{2}t + \frac{1}{2}\sinh t\,\cosh t + C = \frac{1}{2}\text{arcsinh}z + \frac{1}{2}z\sqrt{1 + z^2} + C$$

$$= \frac{1}{2}\text{arcsinh}(x + 3) + \frac{1}{2}(x + 3)\sqrt{x^2 + 6x + 10} + C,\quad C \in \mathbb{R},$$

mit der zweimaligen Rücksubstituion $t = \text{arcsinh}z$ und $z = x + 3$.

7.3   Das Riemann-Integral

Aufgabe 7.19
Berechnen Sie $\int_3^5 (2x^2 + x - 3)\,dx$ mittels der RIEMANN-Summen.

Aufgabe 7.20
Sei $I := \int_a^b (Ax^2 + Bx + C)\,dx$ gegeben.

a) Berechnen Sie I.

b) Zeigen Sie, dass I in der Form $I = \frac{b-a}{6}(y_0 + 4y_1 + y_2)$ dargestellt werden kann, wobei y_0, y_1, y_2 die zu $x_0 = a, x_1 = \frac{a+b}{2}, x_2 = b$ gehörigen Funktionswerte sind.

Aufgabe 7.21

Verwenden Sie den Mittelwertsatz der Integralrechnung, um eine Abschätzung für

$$I = \int\limits_0^{100} \frac{e^{-x}}{x + 100}\, dx$$

anzugeben. Verbessern Sie die obige Abschätzung, indem Sie das Integrationsintervall in $[0, 10]$ und $[10, 100]$ aufteilen.

Aufgabe 7.22

Der Wert der nachfolgenden bestimmten Integrale ist durch gute Schranken nach unten und oben abzuschätzen, indem Sie zuerst die Integranden durch einfach zu integrierende Funktionen einschließen:

a) $I = \int\limits_0^1 \frac{dx}{\sqrt{4 - x^2 + x^3}}$,   b) $I = \int\limits_0^1 \frac{dx}{\sqrt{4 - 3x + x^3}}$,   c) $I = \int\limits_0^1 \frac{1 + x^{30}}{1 + x^{60}}\, dx.$

Aufgabe 7.23

Seien $f, g : \mathbb{R} \to \mathbb{R}$ zwei T-periodische Funktionen, welche den Beziehungen

$$f'(x)/f(x) = \alpha - \beta g(x),$$
$$g'(x)/g(x) = -\gamma + \delta f(x)$$

genügen, wobei $\alpha, \beta, \gamma, \delta > 0$. Berechnen Sie die Mittelwerte

$$\bar{f} = \frac{1}{T} \int\limits_0^T f(x)\, dx \quad \text{und} \quad \bar{g} = \frac{1}{T} \int\limits_0^T g(x)\, dx.$$

Aufgabe 7.24

Die Fehlerfunktion erf lautet $\operatorname{erf}(x) := \frac{2}{\sqrt{\pi}} \int_0^x e^{-t^2}\, dt$, wobei $\lim_{x \to \infty} \operatorname{erf}(x) = 1$. Berechnen Sie mithilfe partieller Integration

$$F(x) := \int_0^x t^2 \operatorname{erf}(t)\, dt - \frac{1}{3} x^3 \operatorname{erf}(x).$$

Aufgabe 7.25

Was haben die Autoren bei den nachfolgenden bestimmten Integralen übersehen?

a) $\displaystyle\int_{-1}^2 2x^{-3}\, dx = -x^{-2}\Big|_{-1}^2 = \frac{3}{4}.$

b) $\displaystyle\int_{-1}^1 x^{-1}\, dx = \ln|x|\Big|_{-1}^1 = 0.$

Aufgabe 7.26

Sei $f : [a, b] \to \mathbb{R}$ eine RIEMANN-integrierbare Funktion. Für diese gelte $f(x) \geq 0$ im Intervall $[a, b]$ sowie $f(x_0) > 0$ in einem Stetigkeitspunkt $x_0 \in [a, b]$. Zeigen Sie, dass dann $\int_a^b f(x)\, dx > 0$ gilt.

Lösungsvorschläge

Lösung 7.19

Der Integrand $f(x) := 2x^2 + x - 3$ ist stetig, damit existiert das Integral. Wir bilden eine äquidistante Zerlegung des Intervalls $I = [3, 5]$ durch

$$x_k^{(n)} := 3 + \frac{k}{n}(5 - 3), \quad k = 0, 1, \ldots, n.$$

Als Stützstellen wählen wir $\xi_k^{(n)} = x_k^{(n)}$, $k = 1, \ldots, n$. Damit ergibt sich die RIEMANN-Summe

$$S_n = \sum_{k=1}^n \left(2\left(3 + \frac{2k}{n}\right)^2 + \left(3 + \frac{2k}{n}\right) - 3 \right) \frac{5 - 3}{n}$$

$$= \frac{2}{n}\left(2\sum_{k=1}^n \left(9 + 2 \cdot 2 \cdot 3 \cdot \frac{k}{n} + \left(\frac{2k}{n}\right)^2\right) + \sum_{k=1}^n \left(3 + \frac{2k}{n}\right) - \sum_{k=1}^n 3 \right)$$

$$= \frac{2}{n}\left(2 \cdot 9 \cdot n + 4 \cdot \frac{6}{n}\sum_{k=1}^n k + 2 \cdot \frac{4}{n^2}\sum_{k=1}^n k^2 + 3n + \frac{2}{n}\sum_{k=1}^n k - 3n \right).$$

Da $\sum_{k=1}^n k = \frac{n(n+1)}{2}$ und $\sum_{k=1}^n k^2 = \frac{n(n+1)(2n+1)}{6}$, ergibt sich nach einer kurzen Rechnung

$$S_n = 2\left(18 + 12\left(1 + \frac{1}{n}\right) + \frac{4}{3}\left(1 + \frac{1}{n}\right)\left(2 + \frac{1}{n}\right) + 3 + \left(1 + \frac{1}{n}\right) - 3 \right)$$

mit

$$\lim_{n \to \infty} S_n = 2(18 + 12 + 8/3 + 3 + 1 - 3) = 67 + 1/3.$$

Anmerkung Die Stützstellen $\xi_k^{(n)}$ wurden gleich $x_k^{(n)}$, $k = 1, \ldots, n$, gewählt. Da f im vorgegebenen Intervall streng monoton steigend ist, gilt

$$f\left(\xi_k^{(n)}\right) = \max_{x \in [x_{k-1}^{(n)}, x_k^{(n)}]} f(x),$$

womit wir die sog. Obersumme berechnet haben. Probieren Sie als Stützwert den jeweiligen Intervallmittelpunkt aus.

Lösung 7.20

a) Der Integralwert lautet

$$I = A\left(\frac{b^3 - a^3}{3}\right) + B\left(\frac{b^2 - a^2}{2}\right) + C(b - a).$$

b) Mit den Auswertungen

$$y_0 = Aa^2 + Ba + C,$$

$$y_1 = A\left(\frac{b + a}{2}\right)^2 + B\left(\frac{b + a}{2}\right) + C,$$

$$y_2 = Ab^2 + Bb + C$$

ergibt sich

$$I = \frac{b - a}{6}\left[Aa^2 + Ba + C + 4A\left(\frac{b + a}{2}\right)^2 + 4B\left(\frac{b + a}{2}\right) + 4C \right.$$

$$\left. + Ab^2 + Bb + C\right]$$

$$= \frac{b - a}{6}\left[A\left(a^2 + 4\frac{(a + b)^2}{4} + b^2\right) + B\left(a + \frac{4(a + b)}{2} + b\right) + 6C\right]$$

$$= (b - a)\left[A\left(\frac{a^2}{3} + \frac{ab}{3} + \frac{b^2}{3}\right) + B\left(\frac{a}{2} + \frac{b}{2}\right) + C\right]$$

$$= A\left(\frac{b^3 - a^3}{3}\right) + B\left(\frac{b^2 - a^2}{2}\right) + C(b - a).$$

Dies stimmt mit dem Integralwert aus Teilaufgabe a) überein.

Anmerkung Sie haben soeben die SIMPSON-Regel zur numerischen Berechnung von Integralen kennengelernt. Allgemein formuliert lautet diese:

$$\int_a^b f(x)\,dx = \frac{b - a}{6}\left(f(a) + 4f\left(\frac{a + b}{2}\right) + f(b)\right).$$

Anmerkung Eine bessere Annäherung an den wirklichen Wert des Integrals wird erzielt, wenn das Intervall $[a, b]$ in gleich große Teilintervalle zerlegt, auf jedem dieser Teilintervalle die SIMPSON-Regel angewendet wird und die einzelnen Werte anschließend addiert werden.

Lösung 7.21

Der maschinell berechnete Integralwert lautet

$$I = \int_{0}^{100} \frac{e^{-x}}{x + 100}\,dx \approx 0,009\,901 \approx 0,01.$$

Wir suchen jetzt Abschätzungen für den oben berechneten Wert gemäß

$$m(b - a) \le \int_{a}^{b} f(x)\,dx \le M(b - a),$$

wobei $m, M \in \mathbb{R}$ mit $m \le f(x) \le M$ für alle $x \in [a, b]$ gilt.

Der Integrand $f(x) = \dfrac{e^{-x}}{x + 100}$ ist streng monoton fallend im vorgelegten Intervall, da

$$f'(x) = -\frac{e^{-x}(x + 200)}{(x + 100)^2} < 0.$$

Demnach liegen die globalen Extremwerte (lokale Extremwerte gibt es nicht!) auf den Randpunkten. Es gilt also

$$M := \max_{x \in [0,100]} f(x) = f(0) = \frac{1}{100},$$

$$m := \min_{x \in [0,100]} f(x) = f(100) = \frac{e^{-100}}{200}.$$

Damit ergeben sich die Schranken

$$1,860\,038 \cdot 10^{-44} \approx \frac{1}{2}e^{-100} \le I \le 1.$$

Die (hoffentlich) verbesserten Abschätzungen ergeben sich wie folgt:

$$I = \int_{0}^{10} \frac{e^{-x}}{x + 100}\,dx + \int_{10}^{100} \frac{e^{-x}}{x + 100}\,dx =: I_1 + I_2.$$

Die numerisch berechneten Werte lauten hier

$$I_1 \approx 0,009\,902 \quad \text{und} \quad I_2 \approx 4,090 \cdot 10^{-7}.$$

In Analogie zu oben (die Extremwerte der „beiden" Integranden liegen wieder auf den jeweiligen Intervallgrenzen) ergeben sich für die beiden Integrale die Abschätzungen

$$\tfrac{1}{11}e^{-10} \le I_1 \le \tfrac{1}{10},$$

$$\tfrac{9}{20}e^{-100} \le I_2 \le \tfrac{9}{11}e^{-10}.$$

Insgesamt haben wir damit

$$4{,}127\,266 \cdot 10^{-6} \approx \frac{1}{11}e^{-10} + \frac{9}{20}e^{-100} \le I \le \frac{1}{10} + \frac{9}{11}e^{-10} \approx 0{,}1.$$

Anmerkung Insgesamt gesehen sind die aus der Theorie ermittelten Schranken sehr grob, eine deutliche Verbesserung im Vergleich der beiden Teilaufgaben ist jedoch schon zu erkennen (s. dazu die Anmerkung zur vorherigen Aufgabe).

Lösung 7.22

a) Der maschinell berechnete Wert des Integrals lautet $I = 0{,}505\,323$. Um den Integranden abzuschätzen, verwenden wir das bekannte Integral

$$\int \frac{dx}{\sqrt{a^2 - x^2}} = \arctan \frac{x}{a} + C, \quad C \in \mathbb{R}.$$

Es gilt die Abschätzung

$$0 \le x^3 \le x^2 \quad \text{für } x \in [0,1].$$

Damit erhalten wir

$$I_1 := \int_0^1 \frac{dx}{\sqrt{4 - x^2 + 0}} = \arctan \frac{x}{2} \Big|_0^1 = \frac{\pi}{6} \approx 0{,}523\,598,$$

$$I_1 := \int_0^1 \frac{dx}{\sqrt{4 - x^2 + x^2}} = \int_0^1 \frac{1}{2}\,dx = 0{,}5.$$

Insgesamt haben wir damit die Ungleichung

$$\frac{1}{2} \le I \le \frac{\pi}{6}.$$

b) Der maschinell berechnete Wert des Integrals lautet $I = 0{,}614\,143$. Um den Integranden abzuschätzen, verwenden wir das bekannte Integral

$$\int \frac{dx}{\sqrt{a + bx}} = \frac{2}{b}\sqrt{a + bx} + C, \quad C \in \mathbb{R}.$$

Es gilt die Abschätzung

$$0 \le x^3 \le x \quad \text{für } x \in [0,1].$$

Damit bekommen wir

$$I_1 := \int_0^1 \frac{dx}{\sqrt{4-3x+0}} = -\frac{2}{3}\sqrt{4-3x}\Big|_0^1 = \frac{2}{3} \approx 0{,}666\,667,$$

$$I_1 := \int_0^1 \frac{dx}{\sqrt{4-3x+x}} = -\frac{2}{2}\sqrt{4-2x}\Big|_0^1 = 2-\sqrt{2} \approx 0{,}585\,786.$$

Insgesamt haben wir damit die Ungleichung

$$2-\sqrt{2} \le I \le \frac{2}{3}.$$

c) Der maschinell berechnete Wert des Integrals lautet $I = 1{,}013\,870$. Um den Integranden abzuschätzen, verwenden wir hier

$$0 \le x^{60} \le x^{30} \quad \text{für } x \in [0,1].$$

Damit erhalten wir

$$I_1 := \int_0^1 \frac{1+x^{30}}{1+0}\,dx = x + \frac{x^{31}}{31}\Big|_0^1 = \frac{32}{31} \approx 1{,}032\,258,$$

$$I_1 := \int_0^1 \frac{1+x^{30}}{1+x^{30}}\,dx = \int_0^1 dx = 1.$$

Insgesamt haben wir damit die Ungleichung

$$1 \le I \le \frac{32}{31}.$$

Anmerkung In allen Teilaufgaben dürfen auch die schwächeren Abschätzungen $0 \le x^n \le 1$, $n \in \mathbb{N}$, verwendet werden. Die Ergebnisse werden damit allerdings etwas schlechter.

Lösung 7.23
Aus der Darstellung

$$\frac{f'(x)}{f(x)} = \alpha - \beta g(x)$$

ergibt sich durch Integration auf beiden Seiten

$$\frac{1}{T}\int_0^T \frac{f'(x)}{f(x)}\,dx = \frac{1}{T}\int_0^T (\alpha - \beta g(x))\,dx.$$

Aufgrund der Periodizität $T > 0$ gilt $f(T) = f(0)$ und somit

$$\int_0^T \frac{f'(x)}{f(x)}\, dx = \ln\left(f(T)\right) - \ln\left(f(0)\right) = 0.$$

Also ist

$$\frac{1}{T}\int_0^T \beta g(x)\, dx = \alpha,$$

bzw.

$$\bar{g} = \frac{1}{T}\int_0^T g(x)\, dx = \frac{\alpha}{\beta}$$

das gewünschte Resultat. Entsprechend ergibt sich

$$\bar{f} = \frac{1}{T}\int_0^T f(x)\, dx = \frac{\gamma}{\delta}.$$

Anmerkung Wir konnten also die Mittelwerte ohne Kenntnis von f, g und T berechnen.

Zusätzliche Information Zu Aufgabe 7.23 ist bei der Online-Version dieses Kapitels (doi:10.1007/978-3-642-29980-3_7) ein Video enthalten.

Lösung 7.24
Es gilt zunächst

$$F'(x) = x^2 \operatorname{erf}(x) - x^2 \operatorname{erf}(x) - \frac{x^3}{3}\cdot\frac{2}{\sqrt{\pi}}e^{-x^2} = -\frac{x^3}{3}\cdot\frac{2}{\sqrt{\pi}}e^{-x^2}$$

und damit

$$F(x) = F(0) + \int_0^x F'(t)\, dt = -\frac{2}{3\sqrt{\pi}}\int_0^x t^3 e^{-t^2}\, dt$$

$$= -\frac{1}{3\sqrt{\pi}}\int_0^{x^2} u e^{-u}\, du = \frac{1}{3\sqrt{\pi}}e^{-u}(u+1)\Big|_0^{x^2}$$

$$= \frac{1}{3\sqrt{\pi}}\left[e^{-x^2}(x^2+1) - 1\right],$$

mit der Substitution $u := t^2$.

Mit partieller Integration erhalten Sie entsprechend

$$F(x) = \frac{1}{3}t^3 \operatorname{erf}(t)\Big|_0^x - \frac{1}{3}\int_0^x t^3 \frac{2}{\sqrt{\pi}}e^{-t^2}\,dt - \frac{1}{3}x^3 \operatorname{erf}(x)$$

$$= -\frac{1}{3}\frac{2}{\sqrt{\pi}}\int_0^x t^3 e^{-t^2}\,dt = \frac{1}{3\sqrt{\pi}}\left[e^{-x^2}(x^2+1) - 1\right].$$

Lösung 7.25

Sie wissen es. In beiden Teilaufgaben ist der Integrand für $x = 0$ nicht definiert.

Lösung 7.26

Gilt für eine stetige Funktion $f(x_0) > 0$ für ein $x_0 \in (a,b)$, dann existieren $\varepsilon_0 > 0$ und $[\alpha, \beta] \subset [a, b]$ mit $x_0 \in [\alpha, \beta]$ und $f(x_0) \geq \varepsilon_0$ für alle $x \in [\alpha, \beta]$.

Für jede Folge $Z_n := \{I_1, \ldots, I_n\}$ von Zerlegungen des Intervalls $[a, b]$ mit $\lim_{n\to\infty}|Z_n| = 0$, und der Eigenschaft, dass α, β stets Endpunkte von Teilintervallen I_j, $j \in \{1, \ldots, n\}$, sind, folgt für $\xi_j \in I_j$ die Beziehung

$$\int_a^b f(x)\,dx = \lim_{|Z_n|\to 0} \sum_{j=1}^n f(\xi_j)|I_j| \geq \varepsilon_0(\beta - \alpha) > 0.$$

7.4   Uneigentliche Integrale

Aufgabe 7.27

Untersuchen Sie die nachfolgenden uneigentlichen Integrale auf ihre Existenz:

a) $\displaystyle\int_2^\infty \frac{1}{x(1+\ln^2 x)}\,dx,$ b) $\displaystyle\int_2^\infty \frac{x^2}{x^4 - x^2 + 2}\,dx,$ c) $\displaystyle\int_0^4 \frac{1}{\sinh(2x)}\,dx,$

d) $\displaystyle\int_1^\infty \frac{\ln x}{\left(1 + \sqrt[3]{x^2}\right)^2}\,dx,$ e) $\displaystyle\int_0^1 \frac{\ln(1/x)}{\sqrt{x - \sqrt{x^3}}}\,dx,$ f) $\displaystyle\int_1^\infty \frac{\arctan x}{\sqrt{x^3}}\,dx.$

Aufgabe 7.28

Stellen Sie fest, ob die folgenden uneigentlichen Integrale existieren:

a) $\displaystyle\int_1^2 \frac{1}{\ln x}\,dx,$ b) $\displaystyle\int_0^\infty \frac{x^2}{x^3 + x + 1}\,dx,$ c) $\displaystyle\int_{-1}^1 \frac{1 - \sqrt{1 - x^2}}{\sqrt{1 - x^2}}\,dx,$

d) $\displaystyle\int_0^1 \frac{1}{(x^2 + 1)\sin\sqrt{x}}\,dx,$ e) $\displaystyle\int_0^1 \cos(\ln x)\,dx,$ f) $\displaystyle\int_0^\infty x^x e^{-x^2}\,dx.$

Aufgabe 7.29

Untersuchen Sie die folgenden uneigentlichen Integrale auf Konvergenz, indem für die Integranden geeignete obere und untere Schranken gefunden werden:

$$\text{a) } \int_0^{\pi/2} \frac{\sin x}{x^2}\, dx, \quad \text{b) } \int_0^\infty \frac{\sin x}{(x+1)(x+2)}\, dx, \quad \text{c) } \int_0^\infty \frac{dx}{\sqrt{x}\, \ln(1+x)}.$$

Aufgabe 7.30

Berechnen Sie das uneigentliche Integral

$$I = \int_0^1 \frac{dx}{\sqrt{-\ln x}}.$$

Lösungsvorschläge

Lösung 7.27

In dieser Aufgabe verwenden wir bei mehreren Teilaufgaben das Vergleichskriterium für uneigentliche Integrale.

a) Die Substitution $z := \ln x$ mit $dx = x\, dz$ liefert

$$I = \lim_{R\to\infty} \int_2^R \frac{dx}{x(1+\ln^2 x)} = \lim_{R\to\infty} \int_{\ln 2}^{\ln R} \frac{dz}{x(1+z^2)}$$

$$= \lim_{R\to\infty} \left[\arctan(\ln R) - \arctan(\ln 2) \right] = \frac{\pi}{2} - \arctan(\ln 2).$$

b) Wir wenden das Vergleichskriterium für uneigentliche Integrale an. Bezeichne $f : [a, b] \to \mathbb{R}$, $a \in \mathbb{R}$ und $b \le \infty$, den stetigen Integranden, dann gilt die Implikation:

$$x^p |f(x)| \le C < \infty \quad \text{für alle} \quad x \ge \mathbb{R} > a \quad \text{mit} \quad p > 1 \implies$$

$$\int_a^\infty f(x)\, dx \quad \text{ist absolut konvergent.}$$

Der vorgegebene Integrand erfüllt diese Voraussetzungen, denn

$$x^4 - x^2 + 2 = \left(x^2 - \tfrac{1}{2}\right)^2 + \tfrac{7}{4} > 0$$

und

$$\lim_{x\to\infty} x^{3/2} \cdot \frac{x^2}{x^4 - x^2 + 2} = 0,$$

d. h. also, wir dürfen den Integranden mit x^p, $p > 1$, multiplizieren und der Grenzwert ist immer noch null, womit für große $x \in \mathbb{R}$ dieser Ausdruck auch beschränkt ist. Das Integral konvergiert somit.

Vorschlag Berechnen Sie $I = \lim_{R \to \infty} \int_0^R \frac{x^2}{x^4 - x^2 + 2}\, dx$ mithilfe der Partialbruchzerlegung.

c) Hier kommt das Vergleichskriterium für uneigentliche Integrale in der folgenden Form zum Tragen: Bezeichne $f : [a, b] \to \mathbb{R}$, $a, b \in \mathbb{R}$, den stetigen Integranden, dann gilt die Implikation:

$$(x - a)^p |f(x)| \geq C > 0 \quad \text{für alle} \quad x \in [a, b] \quad \text{mit} \quad p \geq 1 \implies$$

$$\int_a^b f(x)\, dx \quad \text{ist divergent.}$$

Mit

$$\lim_{x \to 0} x \cdot \frac{1}{\sinh(2x)} = \frac{1}{2}$$

ist klar, dass das vorgegebene Integral divergiert.

d) Analog zu Teilaufgabe b) ergeben sich hier

$$0 \leq \frac{\ln x}{\left(1 + \sqrt[3]{x^2}\right)^2} \leq \frac{\ln x}{x^{4/3}}$$

und

$$\lim_{x \to \infty} x^{7/6} \cdot \frac{\ln x}{x^{4/3}} = \lim_{x \to \infty} x^{-1/6} \ln x = 0.$$

Damit gilt $\int_1^\infty \frac{\ln x}{x^{4/3}}\, dx < \infty$, und somit existiert das vorgelegte Integral als Minorante ebenfalls.

e) Hier sind beide Grenzen kritisch. Deswegen teilen wir das vorgegebene Integral auf in

$$I := \int_0^1 f(x)\, dx = \int_0^{1/2} f(x)\, dx + \int_{1/2}^1 f(x)\, dx =: I_1 + I_2.$$

Wir benutzen das Vergleichskriterium für uneigentliche Integrale in der folgenden Form: Bezeichne $f : [a, b] \to \mathbb{R}$, $a, b \in \mathbb{R}$, den stetigen Integranden, dann gilt die Implikation:

$$(x - a)^p |f(x)| \leq C < \infty \text{ bzw. } (b - x)^p |f(x)| \leq C < \infty \text{ für alle } x \in [a, b] \text{ mit } p < 1 \implies$$

$$\int_a^b f(x)\, dx \quad \text{ist absolut konvergent.}$$

Bei $x = 0$ gilt:

$$\lim_{x \to 0} x^{3/4} \cdot \frac{\ln(1/x)}{\sqrt{x - \sqrt{x^3}}} = \lim_{x \to 0} \frac{\sqrt{x}}{\sqrt{x - \sqrt{x^3}}} \cdot x^{1/4} \ln x$$

$$= \lim_{x \to 0} \frac{1}{\sqrt{1 - \sqrt{x}}} \cdot x^{1/4} \ln x = 0.$$

Damit existiert das Integral $I_1 = \int\limits_0^{1/2} \frac{\ln(1/x)}{\sqrt{x - \sqrt{x^3}}} \, dx.$

Bei $x = 1$ gilt:

$$\lim_{x \to 1} (1 - x)^{1/2} \cdot \frac{\ln(1/x)}{\sqrt{x - \sqrt{x^3}}} = \lim_{x \to 1} \frac{\sqrt{1 - x}}{\sqrt{x - \sqrt{x^3}}} \cdot \ln \frac{1}{x},$$

wobei

$$\lim_{x \to 1} \frac{\sqrt{1 - x}}{\sqrt{x - \sqrt{x^3}}} = \lim_{x \to 1} \frac{\sqrt{1 - x}}{\sqrt{x \left(x - \sqrt{x} \right)}}$$

$$= \lim_{x \to 1} \frac{\sqrt{1 - x}}{\sqrt{x \frac{1 - x}{1 + \sqrt{x}}}} = \lim_{x \to 1} \sqrt{\frac{1 + \sqrt{x}}{x}} = \sqrt{2}$$

und

$$\lim_{x \to 1} \ln \frac{1}{x} = 0.$$

Damit gilt

$$\lim_{x \to 1} (1 - x)^{1/2} \cdot \frac{\ln(1/x)}{\sqrt{x - \sqrt{x^3}}} = 0,$$

also existiert auch das Integral $I_2 = \int\limits_{1/2}^{1} \frac{\ln(1/x)}{\sqrt{x - \sqrt{x^3}}} \, dx.$

Insgesamt ist das vorgegebene Integral $I = I_1 + I_2$ konvergent.

f) Analog zu Teilaufgabe b) ergibt sich hier

$$\lim_{x \to \infty} x^{5/4} \cdot \frac{\arctan x}{\sqrt{x^3}} = \lim_{x \to \infty} x^{-1/4} \cdot \arctan x = 0,$$

da $|\arctan x| \le \frac{\pi}{4}$ für alle $x \in \mathbb{R}$. Somit existiert das Integral.

Lösung 7.28

Auch bei dieser Aufgabe verwenden wir wieder bei mehreren Teilaufgaben das Vergleichs-kriterium für uneigentliche Integrale.

a) Wir benutzen das Vergleichskriterium für uneigentliche Integrale in der folgenden Form: Bezeichne $f : [a, b] \to \mathbb{R}$, $a, b \in \mathbb{R}$, den stetigen Integranden, dann gilt die Implikation:

$$(x - a)^p |f(x)| \geq C > 0 \quad \text{für alle} \quad x \in [a, b] \quad \text{mit} \quad p \geq 1 \implies$$
$$\int_a^b f(x)\, dx \text{ ist divergent.}$$

Mit der Regel von L'Hospital ergibt sich

$$\lim_{x \to 1} (x - 1) \cdot \frac{1}{\ln x} = \lim_{x \to 1} \frac{1}{1/x} = 1.$$

Damit erfüllt der Integrand die erforderlichen Eigenschaften, womit das Integral divergent ist.

b) Wir wenden das Vergleichskriterium für uneigentliche Integrale an. Bezeichne $f : [a, b] \to \mathbb{R}$, $a \in \mathbb{R}$ und $b \leq \infty$, den stetigen Integranden, dann gilt die Implikation:

$$x^p |f(x)| \geq C > 0 \quad \text{für alle} \quad x \geq \mathbb{R} > a \quad \text{mit} \quad p \leq 1 \implies$$
$$\int_a^\infty f(x)\, dx \text{ ist divergent.}$$

Wegen $x^2 + x + 1 > 0$ für alle $x \geq 1$ und

$$\lim_{x \to \infty} x \cdot \frac{x^2}{x^3 + x + 1} = 1$$

sind die oben formulierten Eigenschaften erfüllt, woraus die Divergenz folgt.

Alternative Mithilfe der Vergleichsfunktion

$$\frac{1}{x + 2} \leq \frac{x^2}{x^3 + x + 1} \quad \text{für alle} \quad x \geq 1$$

ist die Divergenz des Integrals sofort ersichtlich.

c) Zur Abwechslung führen wir hier eine direkte Berechnung durch. Der Integrand

$$\frac{1 - \sqrt{1 - x^2}}{\sqrt{1 - x^2}} = \frac{1}{\sqrt{1 - x^2}} - 1$$

ist eine gerade Funktion, also gilt

$$I = \lim_{a \to -1} \int_{a}^{0} \left(\frac{1}{\sqrt{1-x^2}} - 1 \right) dx + \lim_{b \to 1} \int_{0}^{b} \left(\frac{1}{\sqrt{1-x^2}} - 1 \right) dx$$

$$= 2 \lim_{b \to 1} \int_{0}^{b} \left(\frac{1}{\sqrt{1-x^2}} - 1 \right) dx = 2 \lim_{b \to 1} \left(\arcsin x \big|_{0}^{b} - b \right)$$

$$= 2 \lim_{b \to 1} \left(\arcsin b - b \right) = \pi - 2.$$

d) Es gilt

$$\lim_{x \to 0} \sqrt{x} \cdot \frac{1}{(x^2 + 1) \sin \sqrt{x}} = \lim_{z \to 0} \frac{z}{(z^4 + 1) \sin z} = 1.$$

Daraus lässt sich für kleine $x \geq 0$ die Vergleichsfunktion

$$\frac{1}{(x^2 + 1) \sin \sqrt{x}} \leq \frac{2}{\sqrt{x}}$$

ermitteln. Da $\int_{0}^{\delta} 2/\sqrt{x}\, dx$ für $\delta > 0$ existiert, trifft dies auch für das gegebene Integral zu.

e) Da $|\cos \ln x| \leq 1$ und $\int_{0}^{1} 1\, dx = 1$, existiert das gegebene Integral.

f) Wir nehmen hier beide Grenzen unter die Lupe und beginnen mit der unteren Grenze: Es gilt

$$\lim_{x \to 0} x^x e^{-x^2} = \lim_{x \to 0} e^{x \ln x} e^{-x^2} = \lim_{x \to 0} e^{x(\ln x - x)} = e^{\lim_{x \to 0} x(\ln x - x)} = e^0 = 1.$$

Daraus ergibt sich für kleine $x \geq 0$ die Abschätzung

$$0 \leq x^x e^{-x^2} \leq 2.$$

Da $\int_{0}^{\delta} 2\, dx$ für $\delta > 0$ existiert, konvergiert auch $\int_{0}^{\delta} x^x e^{-x^2}\, dx$.
Wir kommen zur oberen Grenze:
Es gilt

$$\lim_{x \to \infty} \left(x(\ln x - x) - x \right) = \lim_{x \to \infty} x^2 \left(\frac{\ln x}{x} - 1 + \frac{1}{x} \right) = -\infty,$$

also

$$\lim_{x \to \infty} e^x \left(x^x e^{-x^2} \right) = 0.$$

Daher ist für großes $x \in \mathbb{R}$ stets

$$x^x e^{-x^2} < e^{-x}$$

erfüllt. Aus $\int_\delta^\infty e^{-x}\, dx = e^{-\delta} < 1$ für alle $\delta > 0$ folgt die Konvergenz von $\int_\delta^\infty x^x e^{-x^2}\, dx$ und somit insgesamt für das gegebene Integral.

Lösung 7.29

a) Die kritische Stelle lautet $x = 0$. Mit $\lim_{x \to 0} \frac{\sin x}{x} = 1$ gelten die Abschätzungen

$$\frac{\sin x}{x^2} > 0 \quad \text{und} \quad \frac{\sin x}{x} \cdot \frac{1}{x} > \frac{\frac{1}{2}}{x} = \frac{1}{2x}.$$

Da $\int_0^{\pi/2} \frac{1}{2x}\, dx$ nicht existiert, existiert auch das vorgegebene Integral nicht.

b) Nur die Grenze $x = \infty$ ist interessant. Es gilt die Abschätzung

$$\left| \frac{\sin x}{(x+1)(x+2)} \right| \le \frac{1}{(x+1)^2}.$$

Da $\int_0^\infty \frac{1}{(x+1)^2}\, dx$ existiert, trifft dies auch für das vorgegebene Integral zu. Es gilt

$$\int_0^\infty \left| \frac{\sin x}{(x+1)(x+2)} \right| dx \le \int_0^\infty \frac{dx}{(x+1)^2} = -\lim_{R \to \infty} \left. \frac{1}{x+1} \right|_0^R = 1.$$

c) Wir wissen, dass

$$\lim_{x \to 0} \frac{\ln(1+x)}{x} = 1.$$

Also gilt nahe bei $x = 0$ die Abschätzung

$$\frac{1}{\sqrt{x \ln(1+x)}} = \frac{1}{x \sqrt{\frac{\ln(1+x)}{x}}} > \frac{1}{2x}.$$

Da $\int_0^\infty \frac{1}{2x}\, dx$ nicht existiert, gilt dies auch für das vorgelegte Integral.

Lösung 7.30

Das Integral ist an beiden Grenzen kritisch. Mit der Substitution $u^2 := -\ln x$, und somit $dx = -2ux\,du$, ergibt sich

$$I = \lim_{\substack{\varepsilon \to 1- \\ \delta \to 0+}} \int_{\delta}^{\varepsilon} \frac{dx}{\sqrt{-\ln x}} = \lim_{\substack{\varepsilon \to 1- \\ \delta \to 0+}} \int_{\sqrt{-\ln\delta}}^{\sqrt{-\ln\varepsilon}} \frac{-2ue^{-u^2}}{u}\,du$$

$$= \lim_{\substack{\varepsilon \to 1- \\ \delta \to 0+}} \int_{\sqrt{-\ln\delta}}^{\sqrt{-\ln\varepsilon}} \left(-2e^{-u^2}\right) du = \lim_{\substack{\varepsilon \to 1- \\ \delta \to 0+}} 2 \int_{\sqrt{-\ln\varepsilon}}^{\sqrt{-\ln\delta}} e^{-u^2}\,du$$

$$= \sqrt{\pi}\, \underbrace{\frac{2}{\sqrt{\pi}} \int_{0}^{\infty} e^{-u^2}\,du}_{= \operatorname{erf}(\infty)} = \sqrt{\pi}\,\operatorname{erf}(\infty) = \sqrt{\pi}.$$

7.5 Das Integralvergleichskriterium von Cauchy

Aufgabe 7.31

Bestimmen Sie die Zahl $R > 0$ derart, dass

$$\int_{R}^{\infty} \frac{\arctan x}{x^3 + 1}\,dx \le 10^{-6}$$

gilt.

Aufgabe 7.32

Untersuchen Sie, ob die Reihe $\sum_{k=1}^{\infty} \frac{\ln k}{k}$ konvergiert.

Aufgabe 7.33

Die Reihe $\sum_{n=1}^{\infty} \frac{1}{n^2}$ konvergiert. Wo darf die Reihe abgebrochen werden, sodass der Fehler kleiner als 10^{-4} ist.

Aufgabe 7.34

Untersuchen Sie die unendliche Reihe $\sum_{n=1}^{\infty} \frac{1}{\sqrt{n}} \sin\left(\frac{1}{n^p}\right)$, $p > 0$, auf Konvergenz. Bestimmen Sie für $p = 2$ eine Zahl $N \in \mathbb{N}$, sodass die angegebene Reihe durch ihre N-te Partialsumme mit einem Fehler kleiner als 10^{-4} approximiert wird.

Lösungsvorschläge

Lösung 7.31

Wir schätzen das Integral durch ein leichter integrierbares wie folgt ab:

$$0 \leq \int\limits_R^\infty \frac{\arctan x}{x^3 + 1}\, dx \leq \frac{\pi}{2} \int\limits_R^\infty \frac{1}{x^3 + 1}\, dx \leq \frac{\pi}{2} \int\limits_R^\infty \frac{1}{x^3}\, dx = \frac{\pi}{4R^2}.$$

Damit gilt

$$\frac{\pi}{4R^2} \leq 10^{-6} \iff \frac{\pi}{4} \cdot 10^6 \leq R^2 \iff \underbrace{500\sqrt{\pi}}_{\approx 886} \leq R.$$

Lösung 7.32

Ab $k = 3$ gilt $\ln k > 1$, also ist $\ln k / k > 1/k$. Damit existiert eine divergente Minorante, also

$$\sum_{k=1}^\infty \frac{\ln k}{k} > \sum_{k=1}^\infty \frac{1}{k} = \infty.$$

Somit ist die vorgegebene Reihe divergent.

Mit dem Integralvergleichskriterium ergibt sich natürlich dasselbe Resultat. Es gilt

$$\int_1^\infty \frac{\ln x}{x}\, dx = \int_1^\infty y\, dy = \infty,$$

wobei die Substitution $y = \ln x$ und damit $dx = x\, dy$ verwendet wurde.

Lösung 7.33

Der Abbruchfehler ist

$$F_N := \sum_{n=N+1}^\infty \frac{1}{n^2}.$$

Es gilt die Abschätzung

$$\frac{1}{n^2} < \frac{1}{n(n-1)} = \frac{1}{n-1} - \frac{1}{n}.$$

Für diese Teleskop-Reihe gilt

$$\sum_{n=N+1}^\infty \frac{1}{n^2} < \sum_{n=N+1}^\infty \left(\frac{1}{n-1} - \frac{1}{n} \right)$$

$$= \left(\frac{1}{N} - \frac{1}{N+1} \right) + \left(\frac{1}{N+1} - \frac{1}{N+2} \right) + \ldots = \frac{1}{N}.$$

Damit folgt dann

$$F_N < \frac{1}{N} \overset{!}{<} 10^{-4} \iff N > 10^4.$$

Lösung 7.34

Wir setzen $f(x) := \frac{1}{\sqrt{x}} \sin \frac{1}{x^p}$ für $1/x^p \leq \pi/2$, also $x \geq \left(\frac{2}{\pi}\right)^{1/p} > 0$. Dann gelten $f(x) \geq 0$ und

$$f'(x) = \frac{-\frac{p\sqrt{x}}{x^{p+1}} \cos \frac{1}{x^p} - \frac{1}{2\sqrt{x}} \sin \frac{1}{x^p}}{x} = -\frac{1}{x^{3/2}} \left(\frac{p}{x^p} \cos \frac{1}{x^p} + \frac{1}{2} \sin \frac{1}{x^p}\right) \leq 0.$$

Damit ist f auf dem Intervall $\left[\left(\frac{2}{\pi}\right)^{1/p}, \infty\right]$ nicht negativ und monoton fallend. Um jetzt das Integralvergleichskriterium zu verwenden, betrachten wir das Integral

$$I(p) := \int\limits_{\left(\frac{2}{\pi}\right)^{1/p}}^{\infty} \frac{1}{\sqrt{x}} \sin\left(\frac{1}{x^p}\right) dx.$$

Das Integral entscheidet nun über Konvergenz oder Divergenz der gegebenen unendlichen Reihe. Wir teilen wie folgt auf:

$$I(p) = \int\limits_{\left(\frac{2}{\pi}\right)^{1/p}}^{1} \frac{1}{\sqrt{x}} \sin\left(\frac{1}{x^p}\right) dx + \int\limits_{1}^{\infty} \frac{1}{\sqrt{x}} \sin\left(\frac{1}{x^p}\right) dx =: I_1(p) + I_2(p).$$

Von Interesse ist nur das Integral $I_2(p)$!? Sei $p > 0$, dann führt die Substitution

$$u := \frac{1}{x^p}, \text{ also } x = \frac{1}{u^{1/p}} \text{ und } dx = -\frac{1}{pu^{1/p+1}} du$$

auf das Integral

$$I_2(p) = \frac{1}{p} \int\limits_{0}^{1} \frac{\sin u}{u^{1/p+1-1/2p}} du = \frac{1}{p} \int\limits_{0}^{1} \frac{\sin u}{u^{1+1/2p}} du = \frac{1}{p} \int\limits_{0}^{1} \frac{\sin u}{u} \cdot \frac{1}{u^{1/2p}} du,$$

also auf die untere kritische Grenze. Da bekanntlich

$$\lim_{u \to 0} \frac{\sin u}{u} = 1,$$

existiert das Integral I_2 genau dann, wenn das Integral

$$I_3(p) = \int\limits_0^1 \frac{1}{u^{1/2p}}\, du$$

existiert. Dies ist der Fall für $0 < 1/2p < 1$ bzw. $1/2 < p$. Divergenz liegt somit für $0 < p \le 1/2$ vor.

Wir kommen zur Fehlerabschätzung für $p = 2$:

$$F := \sum_{n=N+1}^\infty \frac{1}{\sqrt{n}} \sin \frac{1}{n^2}$$

mit

$$\int\limits_{N+1}^\infty \frac{1}{\sqrt{x}} \sin \frac{1}{x^2}\, dx \le F \le \frac{1}{\sqrt{N+1}} \sin \frac{1}{(N+1)^2} + \int\limits_{N+1}^\infty \frac{1}{\sqrt{x}} \sin \frac{1}{x^2}\, dx.$$

Für große $x \ge N + 1 \ge 1$ gilt $\sin 1/x^2 \approx 1/x^2$. Nach dem LEIBNIZ-Kriterium für Reihen ist der entstehende Fehler von der Größe $-\frac{1}{3! x^6}$. Folglich gilt

$$0 \le F \le \frac{1}{(N+1)^{5/2}} + \int\limits_{N+1}^\infty \frac{dx}{x^{5/2}} = \frac{2}{3} \cdot \frac{1}{(N+1)^{3/2}} \left(1 + \frac{3}{2} \cdot \frac{1}{N+1}\right) \overset{!}{\le} 10^{-4}.$$

Das ist der Fall für $N \ge 355$.

7.6 Integral-Restglied der Taylor-Formel

Aufgabe 7.35
Gegeben sei die Funktion

$$f(x) = x \cdot \arctan x - \frac{1}{2} \ln(1 + x^2).$$

Berechnen Sie das TAYLOR-Polynom T_2 2. Grades im Entwicklungspunkt $x_0 = 1$, das zugehörige Restglied und eine Abschätzung des Fehlers $|f(x) - T_2(x)|$ für $|x - 1| \le 0{,}1$.

Aufgabe 7.36
Es sei $f(x) = x^{(x^2)}$ für $x \ge 0$ gegeben.

a) Bestimmen Sie ein größtmögliches Intervall $[a, \infty)$ auf dem f streng monoton wächst.
b) Beweisen Sie, dass $f : [a, \infty) \to \mathbb{R}$ eine stetige Umkehrfunktion $g(y) = f^{-1}(y)$ besitzt und bestimmen Sie deren Definitionsbereich D_g.

c) Berechnen Sie mittels partieller Integration

$$I := \int_1^{e^{(e^2)}} y g''(y)\, dy.$$

d) Berechnen Sie das Taylor-Polynom T_3 3. Grades von g im Entwicklungspunkt $y_0 = 1$.

Lösungsvorschläge

Lösung 7.35

Das Taylor-Polynom lautet

$$T_2(x) = f(1) + f'(1) \cdot (x-1) + \frac{1}{2} \cdot f''(1) \cdot (x-1)^2$$

mit den Ableitungen

$$f'(x) = \arctan x + \frac{x}{1+x^2} - \frac{1}{2} \cdot \frac{2x}{1+x^2} = \arctan x,$$

$$f''(x) = \frac{1}{1+x^2},$$

$$f''(x) = \frac{-2x}{(1+x^2)^2}$$

und den konkreten Werten

$$f(1) = \frac{\pi}{4} - \frac{1}{2}\ln(2), \quad f'(1) = \frac{\pi}{4} \quad \text{und} \quad f''(1) = \frac{1}{2},$$

insgesamt also

$$T_2(x) = \left(\frac{\pi}{4} - \frac{1}{2}\ln(2)\right) + \frac{\pi}{4}(x-1) + \frac{1}{4}(x-1)^2.$$

Das Restglied hat die Darstellung

$$R_2(x;1) = \frac{(x-1)^3}{3!} \cdot f'''(\xi) = \frac{(x-1)^3}{3} \cdot \frac{\xi}{(1+\xi^2)^2},$$

wobei $\xi = 1 + \theta(x-1)$, $\theta \in (0,1)$. Aus $|x-1| \le 0{,}1$ resultiert $0{,}9 < \xi < 1{,}1$ und somit

$$|f(x) - T_2(x)| = |R_2(x;1)| \le \frac{(0{,}1)^3}{3} \cdot \frac{1{,}1}{(1+(0{,}9)^2)^2} \approx 1{,}119 \cdot 10^{-4}.$$

Lösung 7.36

1. Es gilt $f(x) = x^{(x^2)} = \exp\left(x^2 \ln x\right)$ und damit

$$f'(x) = \underbrace{(2\ln x + 1)}_{=:\, h(x)} \cdot \underbrace{x}_{>0} \cdot \underbrace{\exp\left(x^2 \ln x\right)}_{>0}.$$

Somit bleibt zu untersuchen, auf welchem Bereich h strikt positiv ist:

$$h(x) = 2\ln x + 1 = 0 \text{ für } x = 1/\sqrt{e} \text{ und } h(x) > 0 \text{ für } x > 1/\sqrt{e}.$$

Also ist insgesamt f auf dem Intervall $[1/\sqrt{e}, +\infty)$ streng monoton steigend.

b) Da f auf dem Intervall $[1/\sqrt{e}, +\infty)$ streng monoton steigend und stetig ist, gilt dies auch für die Umkehrfunktion g. Aus $f(1/\sqrt{e}) = \exp(-1/2e)$ und $\lim_{x \to +\infty} = +\infty$ folgt, dass

$$D(g) = [\exp(-1/2e), +\infty).$$

c) Mit $y = f(x)$ und der Ableitung der Umkehrfunktion gemäß $g'(y) = 1/f'(x)$ (s. Abschn. 6.3) ergibt sich mithilfe partieller Integration

$$I = \int_{f(1)}^{f(e)} y g''(y)\, dy = y g'(y)\Big|_{f(1)}^{f(e)} - \int_{f(1)}^{f(e)} g'(y)\, dy$$

$$= y g'(y)\Big|_{f(1)}^{f(e)} - g(y)\Big|_{f(1)}^{f(e)} = \frac{f(e)}{f'(e)} - \frac{f(1)}{f'(1)} - e + 1$$

$$= \frac{1}{3e} - e.$$

d) Nach den Regeln zur Ableitung der Umkehrfunktion und der Kettenregel (beides aus Abschn. 6.3) ergibt sich

$$g'(y_0) = \frac{1}{f'(g(y_0))},$$

$$g''(y_0) = \frac{-f''(g(y_0))}{(f'(g(y_0)))^3},$$

$$g'''(y_0) = \frac{3\left(f''(g(y_0))\right)^2 - f'(g(y_0)) f'''(g(y_0))}{(f'(g(y_0)))^5}.$$

(Vergleichen Sie diese Ableitungen auch mit der Lösung zu Aufgabe 6.26.)

Nun gilt weiter

$$f''(x) = \left(2 + (2\ln x + 1) + x^2(2\ln x + 1)^2\right)\exp\left(x^2\ln x\right),$$

$$f'''(x) = \left(\frac{2}{x} + 6x(2\ln x + 1) + 3x(2\ln x + 1)^2\right.$$
$$\left. + x^3(2\ln x + 1)^3\right)\exp\left(x^2\ln x\right).$$

Mit $y_0 = 1$ und $g(1) = 1$ (da $f(1) = 1$) resultiert mit

$$f'(1) = 1, \quad f''(1) = 4 \quad \text{und} \quad f'''(1) = 12$$

die TAYLOR-Reihe 3. Grades

$$T_3(y) = \sum_{k=0}^{3}\frac{1}{k!}g^{(k)}(y_0)(y-1)^k$$
$$= 1 + (y-1) - 2(y-1)^2 + 6(y-1)^3.$$

7.7 Anwendungen der Integralrechnung

Aufgabe 7.37
Gegeben sei $f : [-a, a] \to \mathbb{R}$ mit $f(x) = \dfrac{1 + |x|}{1 + x^2}$.

a) Berechnen Sie den Inhalt der Fläche zwischen dem Graphen von f und der x-Achse.
b) Berechnen Sie das Rotationsvolumen um die x-Achse.
c) Bestimmen Sie den Flächeninhalt und das Rotationsvolumen für $a \to \infty$.

Aufgabe 7.38
Sei $F = \{(x, y) \mid 0 \le x \le \pi, \ x \le y \le f(x) = x + \sin x\}$. Berechnen Sie

a) den Flächeninhalt A von F,
b) das Volumen V_x bzw. V_y der Rotationskörper, d. h. bei Rotation von F um die x- bzw. y-Achse,
c) den Schwerpunkt $S = (x_S, y_S)$ von F,
d) das Volumen V_a des Rotationskörpers bei Rotation um $y = 2x$,
e) das Trägheitsmoment Θ_x bzw. Θ_y der Rotationskörper aus b) bezüglich ihrer Rotationsachsen bei konstanter Dichte ρ.

Aufgabe 7.39

Gegeben sei die Funktion $f(x) = 3\ln\left(\frac{x}{2}\right)$, $x \in [2,4]$.

a) Berechnen Sie den Flächeninhalt F zwischen $G(f)$ und der x-Achse.

b) Berechnen Sie die Volumina V_x und V_y derjenigen Körper, welche durch Rotation um die x-Achse und die y-Achse entstehen.

c) Bestimmen Sie die Trägheitsmomente Θ_x bzw. Θ_y bei Rotation um die x-Achse und die y-Achse, wenn die Fläche zwischen $G(f)$ und der x-Achse die Dichteverteilung $\rho(x) = 1/x$, $x \in [2,4]$, besitzt.

d) Gegeben sei die Funktion $g(x) = x$, $x \in [2,4]$. Bestimmen Sie die Flächenmomente M_x und M_y der zwischen f und g liegenden Fläche B und die Schwerpunktkoordinaten (x_S, y_S) von B.

Aufgabe 7.40

Die Fläche F sei von den ebenen Kurven $f(x) := \sin x$ und $g(x) := 0$ mit $0 \le x \le \pi$ begrenzt. Berechnen Sie

a) den Flächeninhalt A, die Flächenmomente M_x, M_y und den Schwerpunkt S,

b) die Volumina V_x und V_y der Rotation von F um die x-Achse und die y-Achse,

c) die Schwerpunkte S und die Trägheitsmomente Θ der unter b) betrachteten Rotationskörper bei konstanter Dichte $\rho(x) \equiv 1$.

Aufgabe 7.41

Die Kurven $y = \frac{2}{x-1}$ für $x > 1$, $y = 2e^{x-2}$ und die Geraden $x = -1$, $x = 3$, $y = 0$ begrenzen ein Flächenstück.

a) Welche Koordinaten hat der Schwerpunkt von F?

b) Ermitteln Sie mit der GULDIN'schen Regel das Volumen des Körpers bei Rotation von F um die x-Achse.

Aufgabe 7.42

Ein Bereich wird durch die Gerade $y = -\frac{2}{3}x + 2r$, $r > 0$, den Kreisbogen $x^2 + y^2 = r^2$ und die Strecken $r \le x \le 3r$ sowie $r \le y \le 2r$ begrenzt. Berechnen Sie den Schwerpunkt mit der GULDIN'schen Regel.

Lösungsvorschläge

Lösung 7.37

a) Es gilt

$$F = \int_{-a}^{a} \frac{1 + |x|}{1 + x^2}\, dx = 2 \int_{0}^{a} \frac{1 + |x|}{1 + x^2}\, dx = 2\left[\arctan a + \frac{1}{2}\ln\left(1 + a^2\right)\right].$$

Beachten Sie, dass der Betrag im Integranden hier und in der nächsten Teilaufgabe weggelassen werden kann. Warum?

b) Das Rotationsvolumen berechnet sich gemäß

$$V_x = \pi \int\limits_{-a}^{a} \left(\frac{1 + |x|}{1 + x^2} \right)^2 dx = 2\pi \int\limits_{0}^{a} \frac{x^2 + 2x + 1}{(1 + x^2)^2} dx$$

$$= 2\pi \int\limits_{0}^{a} \left(\frac{1}{1 + x^2} + \frac{2x}{(x^2 + 1)^2} \right) dx = 2\pi \left[\arctan a - \frac{1}{1 + a^2} + 1 \right].$$

Dabei wurde eine Partialbruchzerlegung durchgeführt mit dem Ansatz

$$\frac{x^2 + 2x + 1}{(1 + x^2)^2} = \frac{Ax + B}{1 + x^2} + \frac{Cx + D}{(1 + x^2)^2},$$

da komplexe Nennernullstellen vorliegen.

c) $\lim_{a \to \infty} F = \infty$ und $\lim_{a \to \infty} V_x = 2\pi(\frac{\pi}{2} + 1) = \pi^2 + 2\pi$. Was bedeutet das denn?

Lösung 7.38

Folgender Sachverhalt liegt vor:

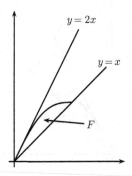

a) Der Flächeninhalt A von F lautet

$$A = \int\limits_{0}^{\pi} (x + \sin x - x)\, dx = -\cos x \Big|_{0}^{\pi} = 2.$$

b) Die Volumina der Rotationskörper sind

$$V_x = \pi \int\limits_0^\pi \left((\sin x + x)^2 - x^2 \right) dx$$

$$= \pi \int\limits_0^\pi \left(\sin^2 x + 2x \sin x \right) dx$$

$$= \frac{5}{2}\pi^2,$$

$$V_y = 2\pi \int\limits_0^\pi x(\sin x + x - x)\, dx = 2\pi^2.$$

c) Für den Schwerpunkt $S = (x_s, y_s)$ gilt

$$x_s = \frac{\sqrt{x}}{2\pi A} = \frac{\pi}{2}, \quad y_s = \frac{\sqrt{x}}{2\pi A} = \frac{5}{8}\pi.$$

d) Die GULDIN-Regel besagt:

„Das Volumen des Rotationskörpers ist gleich der Fläche mal der Schwerpunktbewegung."

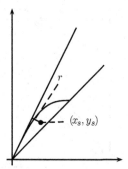

Also ist

$$V_a = 2\pi r A = 4\pi r.$$

Wir bestimmen r:

$$r = \left| \begin{pmatrix} x_s \\ y_s \end{pmatrix} - \underbrace{\frac{1}{\sqrt{5}} \begin{pmatrix} 1 \\ 2 \end{pmatrix}}_{:=\, n} \underbrace{\left\{ \left(\frac{1}{\sqrt{5}} \begin{pmatrix} x_s \\ y_s \end{pmatrix} \right) \cdot \begin{pmatrix} 1 \\ 2 \end{pmatrix} \right\}}_{:=\, p} \right|,$$

wobei n der Einheitsvektor auf der Drehgeraden und p die Projektion des „Schwerpunktvektors" auf die Drehgerade ist.

e) Die Trägheitsmomente sind

$$\Theta_x = \frac{\pi}{2}\varepsilon \int_0^\pi \left((\sin x + x)^4 - x^4\right) dx = \frac{1}{2}\pi\varepsilon \left(5\pi^3 - \frac{539}{24}\pi\right),$$

$$\Theta_y = 2\pi\varepsilon \int_0^\pi x^3 (\sin x + x - x) \, dx = 2\pi(\pi^3 - 6\pi)\varepsilon.$$

Lösung 7.39

Sei zunächst $g(x) = 0$ für $x \in [2,4]$. Bei den nachfolgenden Integralen wird die Substitution $z := x/2$ durchgeführt.

a) Der Flächeninhalt A von F lautet

$$A = \int_2^4 (f(x) - g(x)) \, dx = 3 \int_2^4 \ln \frac{x}{2} \, dx = 6 \int_1^2 \ln z \, dz = 6 \cdot \left[z \ln z - z\right]_1^2$$
$$= 6 \cdot (2\ln 2 - 1).$$

b) Das Volumen des Rotationskörpers um die x-Achse ist

$$V_x = \pi \int_2^4 \left(f^2(x) - g^2(x)\right) dx = 9\pi \int_2^4 \ln^2 \frac{x}{2} \, dx = 18\pi \int_1^2 \ln^2 z \, dz$$

$$= 18\pi \cdot \left[z \ln^2 z - 2z \ln z + 2z\right]_1^2 = 36\pi \cdot (\ln^2 2 - 2\ln 2 + 1).$$

Weiter ist das Volumen des Rotationskörpers um die y-Achse

$$V_y = 2\pi \int_2^4 x \left(f(x) - g(x)\right) dx = 6\pi \int_2^4 x \ln \frac{x}{2} \, dx = 24\pi \int_1^2 z \ln z \, dz$$

$$= 24\pi \cdot \left[z^2 \left(\ln \frac{z}{2} - \frac{1}{4}\right)\right]_1^2 = 24\pi \cdot \left(2\ln 2 - \frac{3}{4}\right).$$

c) Das Trägheitsmoment bei Rotation um die y-Achse ist

$$\Theta_y = 2\pi \int_2^4 \rho(x)x^3 \left(f(x) - g(x)\right) dx = 2\pi \int_2^4 \frac{1}{x} \cdot x^3 \cdot 3\ln \frac{x}{2} \, dx$$

$$= 48\pi \int_1^2 z^2 \ln z \, dz = 48\pi \cdot \left[z^3 \left(\frac{\ln z}{3} - \frac{1}{9}\right)\right]_1^2$$

$$= 48\pi \cdot \left(\frac{8}{3}\ln 2 - \frac{7}{9}\right).$$

Bei Rotation um die x-Achse gilt

$$\Theta_x = \frac{\pi}{2} \int\limits_2^4 \rho(x)\left(f^4(x) - g^4(x)\right) dx = \frac{\pi}{2} \int\limits_2^4 \frac{1}{x}\left(3\ln\frac{x}{2}\right)^4 dx$$

$$= \frac{81}{2}\pi \int\limits_1^2 \frac{\ln^4 z}{z} dz = \frac{81}{2}\pi \left[\frac{\ln^5 z}{5}\right]_1^2 = \frac{81}{10}\pi\ln^5 2.$$

d) Sei jetzt $g(x) = x$, dann gilt für $x \in [2,4]$, dass $g(x) > f(x)$. Damit gilt für die Flächenmomente

$$M_x = \int\limits_2^4 x(g(x) - f(x))\, dx = \int\limits_2^4 x^2 dx - \int\limits_2^4 3x\ln\frac{x}{2}\, dx$$

$$= \left[\frac{x^3}{3}\right]_2^4 - \frac{V_y}{2\pi} = \frac{83}{3} - 24\ln 2$$

und

$$M_y = \int\limits_2^4 \frac{1}{2}\left(g^2(x) - f^2(x)\right) dx = \frac{1}{2}\int\limits_2^4 x^2 dx - \frac{1}{2}\int\limits_2^4 f^2(x)\, dx$$

$$= \frac{1}{2}\left[\frac{x^3}{3}\right]_2^4 - \frac{1}{2}\cdot\frac{V_x}{\pi} = 18\cdot\left(2\ln 2 - \ln^2 2\right) - \frac{26}{3}.$$

Wir benötigen schließlich noch den Flächeninhalt $\tilde{A}$ von B. Dieser ist

$$\tilde{A} = \int\limits_2^4 x\, dx - A = 12\cdot(1 - \ln 2),$$

wobei A der aus Teilaufgabe a) berechnete Flächeninhalt ist.
Die Koordinaten für den Schwerpunkt lauten damit

$$x_S = \frac{M_x}{\tilde{A}} = \frac{83 - 72\ln 2}{36 - 36\ln 2} \quad\text{und}\quad y_S = \frac{M_y}{\tilde{A}} = \frac{54\cdot\left(2\ln 2 - \ln^2 2\right) - 26}{36 - 36\ln 2}.$$

Lösung 7.40

a) Der Flächeninhalt zwischen f und g lautet

$$A = \int\limits_0^\pi (f(x) - g(x))\, dx = \int\limits_0^\pi \sin x\, dx = -\cos x\big|_0^\pi = 2.$$

Die Flächenmomente sind

$$M_x = \int_0^\pi x(f(x) - g(x))\, dx = \int_0^\pi x \sin x\, dx = -x \cos x \Big|_0^\pi + \underbrace{\int_0^\pi \cos x\, dx}_{= 0}$$

$$= -\pi \cos \pi = \pi$$

sowie mithilfe der Beziehung $2 \sin^2 x = 1 - \cos(2x)$ die Darstellung

$$M_y = \int_0^\pi \frac{1}{2} \left(f^2(x) - g^2(x) \right) dx = \frac{1}{2} \int_0^\pi \sin^2 x\, dx$$

$$= \frac{1}{2} \int_0^\pi \frac{1}{2} (1 - \cos(2x))\, dx = \frac{1}{2} \left(\frac{x}{2} - \frac{1}{4} \sin(2x) \right) \Big|_0^\pi = \frac{\pi}{4}.$$

Die Koordinaten für den Schwerpunkt lauten damit

$$x_S = \frac{M_x}{A} = \frac{\pi}{2} \quad \text{und} \quad y_S = \frac{M_y}{A} = \frac{\pi}{8}.$$

b) Bei den nachfolgenden Berechnungen greifen wir auf Teilaufgabe a) zurück. Das Volumen des Rotationskörpers um die x-Achse ist

$$V_x = \pi \int_0^\pi \left(f^2(x) - g^2(x) \right) dx = \pi \int_0^\pi \sin^2 x\, dx$$

$$= \pi \left(\frac{x}{2} - \frac{1}{4} \sin(2x) \right) \Big|_0^\pi = \frac{\pi^2}{2}.$$

Das Volumen des Rotationskörpers um die y-Achse ist

$$V_y = 2\pi \int_0^\pi x \left(f(x) - g(x) \right) dx = 2\pi \int_0^\pi x \sin x\, dx = 2\pi \cdot \pi = 2\pi^2.$$

c) Bei Rotationskörpern liegt der Schwerpunkt aus Symmetriegründen stets auf der entsprechenden Rotationsachse, also im vorliegenden Fall die x- und y-Achse. Demnach benötigen wir die Volumenmomente $\tilde{M}_x$ und $\tilde{M}_y$. Die Volumenmomente sind

$$\tilde{M}_x = \pi \int_0^\pi x \left(f^2(x) - g^2(x) \right) dx = \pi \int_0^\pi x \sin^2 x \, dx$$

$$= \frac{\pi}{2} \int_0^\pi x \left(1 - \cos(2x) \right) dx + \frac{\pi}{2} \int_0^\pi x \, dx - \frac{\pi}{2} \int_0^\pi x \cos(2x) \, dx$$

$$= \frac{\pi}{4} \left(x^2 - x \sin(2x) - \frac{1}{2} \cos(2x) \right) \Big|_0^\pi = \frac{\pi^3}{4}$$

nach einer partiellen Integration beim letzten Integral.
Damit ergibt sich bei einer Rotation um die x-Achse mit den Berechnungen der vorherigen Teilaufgabe wie erwartet

$$x_S = \frac{\tilde{M}_x}{V_x} = \frac{\pi}{2}, \quad y_S = 0, \quad z_S = 0.$$

Weiter ist

$$\tilde{M}_y = 2\pi \int_0^\pi \frac{1}{2} \left(f(x) + g(x) \right) \cdot x \cdot \left(f(x) - g(x) \right) dx = \pi \int_0^\pi x \sin^2 x \, dx.$$

Damit ergibt sich bei einer Rotation um die y-Achse

$$x_S = 0, \quad y_S = \frac{\tilde{M}_y}{V_y} = \frac{\pi}{8}, \quad z_S = 0,$$

und auch diese Werte entsprechen den Erwartungen (vgl. Teilaufgabe a)).
Das Trägheitsmoment bei Rotation um die y-Achse ist

$$\Theta_y = 2\pi \int_0^\pi \rho(x) x^3 \left(f(x) - g(x) \right) dx = 2\pi \int_0^\pi 1 \cdot x^3 \sin x \, dx$$

$$= 2\pi \left(-x^3 \cos x + 3x^2 \sin x + 6x \cos x - 6 \sin x \right) \Big|_0^\pi$$

$$= 2\pi \left(3x^2 - 6 \right) \sin x \Big|_0^\pi + 2\pi \left(x^3 - 6x \right) \cos x \Big|_0^\pi$$

$$= 2\pi \left(\pi^3 - 6\pi \right),$$

nach dreimaliger partieller Integration. Bei Rotation um die x-Achse gilt

$$\Theta_x = \frac{\pi}{2} \int_0^\pi \rho(x) \left(f^4(x) - g^4(x) \right) dx = \frac{\pi}{2} \int_0^\pi 1 \cdot \sin^4 x \, dx.$$

Zur Berechnung des Integrals bietet sich die Rekursionsformel

$$\int \sin^m x \, dx = -\frac{1}{m}\cos x \sin^{m-1} x + \frac{m-1}{m}\int \sin^{m-2} x \, dx$$

an (s. Aufgaben zu Abschn. 7.2). Die Berechnung von M_y aus Teil a) lässt sich auch damit bewerkstelligen. Es ergibt sich also

$$\int_0^\pi \sin^4 x \, dx = -\frac{1}{4}\cos x \sin^3 x \Big|_0^\pi + \frac{3}{4}\int_0^\pi \sin^2 x \, dx$$

$$= \left(-\frac{1}{4}\cos x \sin^3 x + \frac{3}{8}x - \frac{3}{16}\sin(2x)\right)\Big|_0^\pi = \frac{3\pi}{8}.$$

Insgesamt ist damit

$$\Theta_x = \frac{3\pi^2}{16}.$$

Lösung 7.41

a) Zunächt gilt

$$2e^{x-2} = \frac{2}{x-1} \iff x = 2.$$

Sei nun

$$f(x) = \begin{cases} 2e^{x-2} & : \quad -1 < x \leq 2, \\ \dfrac{2}{x-1} & : \quad 2 < x \leq 3 \end{cases}$$

und $g(x) \equiv 0$, dann ist der Flächeninhalt A von F

$$A = \int_{-1}^3 (f(x) - g(x))\, dx = \int_{-1}^2 2e^{x-2}\, dx + \int_2^3 \frac{2}{x-1}\, dx$$
$$= 2 - 2e^{-3} + 2\ln 2.$$

Die beiden Flächenmomente berechnen sich gemäß

$$M_x = \int_0^{3r} x\,(f(x) - g(x))\, dx$$

$$= 2\int_{-1}^2 x e^{x-2}\, dx + 2\int_2^3 \frac{x}{x-1}\, dx$$

$$= \left(2 + 4e^{-3}\right) + \left(2 + 2\ln 2\right) = 4 + 4e^{-3} + 2\ln 2,$$

wobei beim ersten Integral partielle Integration, beim zweiten die Zerlegung $\frac{x}{x-1} = 1 + \frac{1}{x-1}$ verwendet wurde. Weiter ist

$$M_y = \int_0^{3r} \frac{1}{2}\left(f(x) + g(x)\right)\left(f(x) - g(x)\right) dx = \int_0^{3r} \frac{1}{2}\left(f^2(x) - g^2(x)\right) dx$$

$$= \int_{-1}^{2} \frac{1}{2}\left(2e^{x-2}\right)^2 dx + \int_2^3 \frac{1}{2}\left(\frac{2}{x-1}\right)^2 dx$$

$$= 2\int_{-1}^{2} e^{2x-4} dx + 2\int_2^3 \frac{1}{(x-1)^2} dx$$

$$= \left(1 - e^{-6}\right) + 1 = 2 - e^{-6}.$$

Die Koordinaten für den Schwerpunkt lauten damit

$$x_S = \frac{M_x}{A} = \frac{2 + 2e^{-3} + \ln 2}{1 - e^{-3} + \ln 2} \quad \text{und} \quad y_S = \frac{M_y}{A} = \frac{2 - e^{-6}}{2 - 2e^{-3} + 2\ln 2}.$$

b) Nun ist

$$V_x = 2\pi \int_0^{3r} \frac{1}{2}\left(f^2(x) - g^2(x)\right) dx$$

das Volumen des Rotationskörpers um die x-Achse. Die GULDIN-Regel lautet damit

$$V_x = 2\pi \cdot M_y = 2\pi \cdot F \cdot y_S = 4\pi - 2\pi e^{-6}.$$

Lösung 7.42

Das Gebiet liegt im ersten Quadranten. Es wird von oben berandet durch die Gerade

$$f(x) = -\frac{2}{3}x + 2r \quad \text{für } 0 \le x \le 3r, \quad r > 0,$$

welche die y-Achse bei $y = 2r$ und die x-Achse bei $x = 3r$ schneidet, und von unten durch die Funktion

$$g(x) = \begin{cases} \sqrt{r^2 - x^2} & : \quad 0 \le x \le r, \\ 0 & : \quad r < x \le 3r. \end{cases}$$

Der Flächeninhalt A lautet

$$A = \underbrace{\frac{1}{2} \cdot 2r \cdot 3r}_{\text{Dreieck}} - \underbrace{\frac{1}{4} \cdot r^2\pi}_{\text{Viertelkreis}} = \frac{5}{4}r^3.$$

Die beiden Flächenmomente berechnen sich gemäß

$$M_x = \int_0^{3r} x\,(f(x) - g(x))\,dx$$

$$= \int_0^r x\left(-\frac{2}{3}x + 2r - \sqrt{r^2 - x^2}\right)dx + \int_r^{3r} x\left(-\frac{2}{3}x + 2r\right)dx$$

$$= \int_0^{3r} x\left(-\frac{2}{3}x + 2r\right)dx - \int_0^r x\sqrt{r^2 - x^2}\,dx$$

$$= 3r^3 - \frac{1}{3}r^3 = \frac{8}{3}r^3,$$

wobei beim letzten Integral die Substitution $z := r^2 - x^2$ durchgeführt wurde. Weiter ist

$$M_y = \int_0^{3r} \frac{1}{2}\,(f(x) + g(x))\,(f(x) - g(x))\,dx = \int_0^{3r} \frac{1}{2}\left(f^2(x) - g^2(x)\right)dx$$

$$= \int_0^r \frac{1}{2}\left(\left(-\frac{2}{3}x + 2r\right)^2 - (r^2 - x^2)\right)dx + \int_r^{3r} \frac{1}{2}\left(-\frac{2}{3}x + 2r\right)^2 dx$$

$$= \frac{5}{3}r^3.$$

Die Koordinaten für den Schwerpunkt lauten damit

$$x_S = \frac{M_x}{A} = \frac{32r}{36 - 3\pi} \quad \text{und} \quad y_S = \frac{M_y}{A} = \frac{20r}{36 - 3\pi}.$$

Nun ist

$$V_x = 2\pi \int_0^{3r} \frac{1}{2}\left(f^2(x) - g^2(x)\right)dx$$

das Volumen des Rotationskörpers um die x-Achse und

$$V_y = 2\pi \int_0^{3r} x\,(f(x) - g(x))\,dx$$

das Volumen des Rotationskörpers um die y-Achse. Es gelten also die Zusammenhänge

$$V_x = 2\pi \cdot M_y = 2\pi \cdot A \cdot y_S \quad \text{und} \quad V_y = 2\pi \cdot M_x = 2\pi \cdot A \cdot x_S.$$

Dieses Ergebnis heißt die GULDIN-Regel und steht mit der oben durchgeführten Rechnung im Einklang.

Funktionenfolgen und Funktionenreihen $\qquad$ **8**

8.1 Potenzreihen

Aufgabe 8.1

Bestimmen Sie die Konvergenzradien nachstehender Potenzreihen und damit die offenen Intervalle (a, b), in denen die Reihen konvergieren.

a) $s_1(x) = \sum_{k=1}^{\infty} (-1)^{k+1} \dfrac{(x-1)^k}{k}$.

b) $s_2(x) = \sum_{k=1}^{\infty} \dfrac{x^k}{k^2 \cdot 2^k}$.

c) $s_3(x) = \sum_{k=1}^{\infty} k! \, (x+2)^k$.

Aufgabe 8.2

Seien $a_n = \dfrac{n+1}{n}$ und $b_n = a_n^{n^2}$.

a) Bestimmen Sie den Konvergenzradius von $f(x) = \sum_{n=1}^{\infty} b_n x^n$.

b) Summieren Sie $g(x) = \sum_{n=1}^{\infty} a_n x^n$ für $|x| < 1$.

Aufgabe 8.3

Bestimmen Sie die Konvergenzradien nachstehender Potenzreihen und damit die offenen Bereiche, in denen die Reihen konvergieren.

a) $S(x) = \sum_{n=1}^{\infty} \dfrac{x^n}{\ln n^n}$.

W. Merz, P. Knabner, *Endlich gelöst! Aufgaben zur Mathematik für Ingenieure und Naturwissenschaftler*, Springer-Lehrbuch, DOI 10.1007/978-3-642-54529-0_8, © Springer-Verlag Berlin Heidelberg 2014

b) $K(z) = \sum_{n=1}^{\infty} \dfrac{z^n}{(n+1)^3(1+i)^n}$, $z \in \mathbb{C}$, worin i für die komplexe Einheit steht.

Aufgabe 8.4

Bestimmen Sie die Potenzreihe um $x_0 = 0$ für die Funktion

$$f(x) = 2^{2x^2}.$$

Wie groß ist der Konvergenzradius R?

Aufgabe 8.5

Bestimmen Sie die Potenzreihen um den Entwicklungspunkt $x = 0$ für

a) $f(x) = \dfrac{1}{1-x} \ln(1-x)$,

b) $g(x) = \left[\ln(1-x) \right]^2$.

Aufgabe 8.6

Entwickeln Sie die Potenzreihen für $\sinh x$ und $\cosh x$. Wie lautet der Konvergenzradius?

Aufgabe 8.7

Bestimmen Sie die Potenzreihe um den Entwicklungspunkt $x = 0$ für

$$h(x) = \frac{x}{(1-x)\ln(1-x)}.$$

Lösungsvorschläge

Lösung 8.1

Wir haben es hier mit Potenzreihen der Form

$$s = \sum_{k=1}^{\infty} a_k (x - x_0)^k$$

zu tun und bestimmen mit dem Quotientenkriterium

$$R := \lim_{k \to \infty} \left| \frac{a_k}{a_{k+1}} \right|$$

den Konvergenzradius.

a) Es gilt

$$R = \lim_{k \to \infty} \left| \frac{1/k}{1/(k+1)} \right| = \lim_{k \to \infty} \frac{k+1}{k} = 1.$$

Mit $x_0 = 1$ lautet das offene Intervall

$$(x_0 - R, x_0 + R) = (0, 2),$$

in dem die Reihe sicher konvergiert.

b) Es gilt

$$R = \lim_{k \to \infty} \left| \frac{k^{-2} \cdot 2^{-k}}{(k+1)^{-2} \cdot 2^{-(k+1)}} \right| = 2 \cdot \lim_{k \to \infty} \frac{(k^2 + 2k + 1)}{k^2}$$

$$= 2 \cdot \lim_{k \to \infty} \left(1 + \frac{2k}{k^2} + \frac{1}{k^2} \right) = 2.$$

Mit $x_0 = 0$ ist $(-R, R) = (-2, 2)$.

c) Es gilt

$$R = \lim_{k \to \infty} \left| \frac{k!}{(k+1)!} \right| = \lim_{k \to \infty} \frac{1}{k+1} = 0.$$

Somit gibt es kein „ausgedehntes" Konvergenzintervall. Jedoch im Entwicklungspunkt $x_0 = -2$ konvergiert die Reihe:

$$\sum_{k=1}^{\infty} k!(-2+2)^k = 0.$$

Zusätzliche Information Zu Aufgabe 8.1 ist bei der Online-Version dieses Kapitels (doi:10.1007/978-3-642-29980-3_8) ein Video enthalten.

Lösung 8.2

a) Das Wurzelkriterium $R := \dfrac{1}{\lim_{n \to \infty} \sqrt[n]{|b_n|}}$ liefert hier

$$\frac{1}{R} = \lim_{n \to \infty} \sqrt[n]{|b_n|} = \lim_{n \to \infty} \left(\frac{n+1}{n} \right)^n = \lim_{n \to \infty} \left(1 + \frac{1}{n} \right)^n = e,$$

da $\left(\frac{n+1}{n} \right)^{n^2} = \left(\frac{n+1}{n} \right)^{n \cdot n} > 0$. Damit ist $R = \frac{1}{e}$.

b) Mithilfe der geometrischen Reihe ergibt sich

$$g(x) = \sum_{n=1}^{\infty} \left(1 + \frac{1}{n}\right) x^n = \sum_{n=1}^{\infty} x^n + \sum_{n=1}^{\infty} \frac{x^n}{n} = \left(\sum_{n=0}^{\infty} x^n - 1\right) + \sum_{n=1}^{\infty} \frac{x^n}{n}$$

$$=: \left(\frac{1}{1-x} - 1\right) + h(x).$$

Mit $h(x) = \sum_{n=1}^{\infty} \frac{x^n}{n}$ folgt

$$h'(x) = \sum_{n=1}^{\infty} x^{n-1} = \sum_{n=0}^{\infty} x^n = \frac{1}{1-x}.$$

Nun ist $\int h(x)\, dx = -\ln|1-x| + C$, $C \in \mathbb{R}$, und gemäß obiger Darstellung ist $h(0) = 0$, also $C = 0$. Insgesamt ergibt sich damit für $-1 < x < 1$ die Summation

$$g(x) = \frac{1}{1-x} - 1 - \ln(1-x) = \frac{x}{1-x} - \ln(1-x).$$

Lösung 8.3

a) Das Quotientenkriterium ergibt

$$R := \lim_{n \to \infty} \frac{\ln\left((n+1)^{n+1}\right)}{\ln(n^n)} = \lim_{n \to \infty} \frac{(n+1)\ln(n+1)}{n \ln n}$$

$$= \lim_{n \to \infty} \frac{n+1}{n} \lim_{n \to \infty} \frac{\ln(n+1)}{\ln n} = 1 \cdot 1 = 1.$$

Mit $x_0 = 0$ ist $(x_0 - 1, x_0 + 1) = (-1, 1)$.

b) Der Entwicklungspunkt ist $z_0 = 0$, und die Koeffizienten in dieser Reihe sind $a_n = (n+1)^{-3}(1+i)^{-n}$. Damit ergibt sich

$$r := \lim_{n \to \infty} \left| \frac{(n+1)^{-3}(1+i)^{-n}}{(n+2)^{-3}(1+i)^{-n-1}} \right| = \lim_{n \to \infty} \frac{n^3 + 6n^2 + 12n + 8}{n^3 + 3n^2 + 3n + 1} \cdot |1+i|$$

$$= 1 \cdot |1+i| = \sqrt{2}.$$

Der Konvergenzbereich ist demnach der offene Kreis um $z_0 = 0$ mit Radius $r = \sqrt{2}$, also

$$K_r(z_0) = \{z \in \mathbb{C} : |z| < \sqrt{2}\}.$$

Die Randpunkte $|z| = \sqrt{2}$ wollen wir nicht weiter beachten. Es sei aber bemerkt, dass es mindestens einen Punkt auf der Kreislinie gibt, bei dem die Reihe konvergiert.

Lösung 8.4

Diese auf den ersten Blick so schwierig erscheinende Reihenentwicklung ist denkbar einfach, wie Sie gleich sehen werden. Mit

$$f(x) = 2^{2x^2} = e^{2x^2 \ln 2}$$

erkennen Sie hier die Exponentialreihe in der Form

$$f(x) = \sum_{k=0}^{\infty} \frac{1}{k!} \left(2x^2 \ln 2\right)^k = \sum_{k=0}^{\infty} \frac{(2 \ln 2)^k}{k!} x^{2k}.$$

Der Konvergenzradius ist wie bei der Exponentialfunktion $R = +\infty$. Die Substitution $y := 2x^2 \ln 2$ bestätigt dies.

Lösung 8.5

a) Für $|x| < 1$ gelten

$$\frac{1}{1-x} = \sum_{n=0}^{\infty} x^n$$

und ebenso

$$\ln(1-x) = -\int_0^x \frac{1}{1-t}\, dt = -\int_0^x \sum_{n=0}^{\infty} t^k = -\sum_{n=0}^{\infty} \frac{x^{n+1}}{n+1}.$$

Daraus resultiert mithilfe des CAUCHY-Produktes die Reihe

$$\frac{1}{1-x} \ln(1-x) = \left(\sum_{k=0}^{\infty} x^k\right) \cdot \left(\sum_{n=0}^{\infty} -\frac{x^{n+1}}{n+1}\right)$$

$$= -\sum_{n=0}^{\infty} \sum_{k=0}^{n} x^{n-k} \frac{x^{k+1}}{k+1} = \sum_{n=0}^{\infty} \left(-\sum_{k=0}^{n} \frac{1}{k+1}\right) x^{n+1}$$

$$= \sum_{n=1}^{\infty} \left(-\sum_{k=0}^{n-1} \frac{1}{k+1}\right) x^n = \sum_{n=1}^{\infty} \left(-\sum_{k=1}^{n} \frac{1}{k}\right) x^n.$$

b) In Analogie zur vorherigen Teilaufgabe bekommen wir hier

$$[\ln(1-x)]^2 = \left(\sum_{n=0}^{\infty} \frac{x^{n+1}}{n+1}\right) \cdot \left(\sum_{k=0}^{\infty} \frac{x^{k+1}}{k+1}\right) = \sum_{n=0}^{\infty} \sum_{k=0}^{n} \frac{x^{n-k+1}}{n-k+1} \cdot \frac{x^{k+1}}{k+1}$$

$$= \sum_{n=0}^{\infty} \sum_{k=0}^{n} \frac{1}{(k+1)(n-k-1)} x^{n+2}$$

$$= \sum_{n=2}^{\infty} \left(\sum_{k=0}^{n-2} \frac{1}{(k+1)(n-k-1)}\right) x^n.$$

Lösung 8.6

Beide Teilaufgaben basieren auf der bekannten Reihe der Exponentialfunktion.

a) Es gilt

$$\sinh x = \frac{1}{2}\left(e^x - e^{-x}\right) = \frac{1}{2}\left(\sum_{n=0}^{\infty}\frac{x^n}{n!} - \sum_{n=0}^{\infty}\frac{(-x)^n}{n!}\right) = \frac{1}{2}\sum_{n=0}^{\infty}\frac{x^n - (-x^n)}{n!}.$$

Da für geradzahlige $n \in \mathbb{N}$ der Zähler verschwindet, gilt

$$\sinh x = \frac{1}{2}\sum_{k=0}^{\infty}\frac{2x^{2k+1}}{(2k+1)!} = \sum_{k=0}^{\infty}\frac{x^{2k+1}}{(2k+1)!}.$$

b) Entsprechend ist

$$\cosh x = \frac{1}{2}\left(e^x + e^{-x}\right) = \frac{1}{2}\sum_{n=0}^{\infty}\frac{x^n + (-x)^n}{n!},$$

und da für ungeradzahlige $n \in \mathbb{N}$ der Zähler verschwindet, gilt

$$\cosh x = \sum_{k=0}^{\infty}\frac{x^{2k}}{(2k)!}.$$

Lösung 8.7

Wir setzen

$$h(x) := \frac{x}{1-x} \cdot \frac{1}{\ln(1-x)}$$

und führen den Ansatz

$$h(x) = \sum_{n=0}^{\infty} h_n x^n$$

durch, in dem die Koeffizienten h_n zu bestimmen sind. Für $|x| < 1$ gilt

$$h(x) \cdot \ln(1-x) = \sum_{n=0}^{\infty} h_n x^n \cdot \sum_{k=0}^{\infty}\left(-\frac{x^{k+1}}{k+1}\right)$$

$$= -\sum_{n=0}^{\infty}\sum_{k=0}^{n} h_{n-k}\frac{1}{k+1}x^{n-k} \cdot x^{k+1}$$

$$= \boxed{\sum_{n=0}^{\infty}\left(-\sum_{k=0}^{n} h_{n-k}\frac{1}{k+1}\right)x^{n+1}}$$

$$\overset{!}{=} \frac{x}{1-x} = \boxed{\sum_{n=0}^{\infty} x^{n+1}}.$$

Ein Koeffizientenvergleich zwischen den eingerahmten Reihen führt auf

$$-\sum_{k=0}^{n} h_{n-k} \frac{1}{k+1} = 1.$$

Damit ergibt sich $h_0 = -1$ und für $n \geq 1$ ergeben sich die Werte

$$-h_n - \sum_{k=1}^{n} h_{n-k} \frac{1}{k+1} = 1 \implies h_n = -1 - \sum_{k=1}^{n} h_{n-k} \frac{1}{k+1}.$$

Speziell bedeutet dies

$$h_1 = -1 - \frac{1}{2}h_0 = -\frac{1}{2},$$
$$h_2 = -1 - \left(\frac{1}{2}h_1 + \frac{1}{3}h_0\right) = -1 + \frac{1}{4} + \frac{1}{3} = -\frac{5}{12}.$$

Der Konvergenzradius ist also $R := \{x \in \mathbb{R} : |x| < 1\}$.

8.2 Gleichmäßige Konvergenz

Aufgabe 8.8
Berechnen Sie zu den angegebenen Funktionenfolgen $(f_n)_{n \in \mathbb{N}}$ den punktweisen Limes, und entscheiden Sie, ob die nachstehenden Folgen auf den angegebenen Intervallen I gleichmäßig konvergieren:

a) $f_n(x) = \dfrac{1}{1 + |x|^n}, \quad I = \mathbb{R},$

b) $f_n(x) = \sin\left(\dfrac{x}{n}\right), \quad I = [-1, 1],$

c) $f_n(x) = \dfrac{1}{(1+x)^n}, \quad I = \mathbb{R}.$

Aufgabe 8.9
Die Funktionenfolge $\{f_n\}_{n \in \mathbb{N}}$ sei definiert durch

$$f_n(x) := \frac{x}{1 + nx^2}, \quad x \in \mathbb{R}, \ n \in \mathbb{N}.$$

Zeigen Sie, dass $\{f_n\}_{n \in \mathbb{N}}$ gleichmäßig gegen eine stetige Funktion f konvergiert.

Aufgabe 8.10

Die Funktionenfolge $\{f_n\}_{n\in\mathbb{N}}$ sei auf $\mathbb{R}$ definiert durch

$$f_n(x) := \begin{cases} 0 & : x < \frac{1}{n+1}, \\ \sin^2\frac{\pi}{x} & : \frac{1}{n+1} \le x \le \frac{1}{n}, \\ 0 & : \frac{1}{n} < x. \end{cases}$$

Zeigen Sie, dass $\{f_n\}_{n\in\mathbb{N}}$ punktweise und nicht gleichmäßig gegen eine stetige Funktion konvergiert.

Aufgabe 8.11

Untersuchen Sie die Funktionenreihe

$$\sum_{k=0}^{\infty} x^2 \frac{1}{(1+x^2)^k}, \quad x \in \mathbb{R},$$

auf punktweise und gleichmäßige Konvergenz. Falls eine Grenzfunktion existiert, untersuchen Sie diese auf Stetigkeit.

Aufgabe 8.12

Untersuchen Sie die Funktionenreihen

a) $\sum\limits_{n=0}^{\infty} x(1-x^2)^n, |x| < \sqrt{2},$

b) $\sum\limits_{n=1}^{\infty} \frac{1}{2^{n-1}\sqrt{1+nx}}, x \ge 0$

auf punktweise und gleichmäßige Konvergenz. Falls Grenzfunktionen existieren, untersuchen Sie diese auf Stetigkeit.

Aufgabe 8.13

Sei $F(x) = \sum\limits_{n=1}^{\infty} \frac{a_n}{2^n} \sin\left(\frac{x}{n}\right)$ mit $a_n := \frac{n+1}{n}$. Warum gilt

$$F'(x) = \sum_{n=1}^{\infty} \frac{a_n}{2^n n} \cos\left(\frac{x}{n}\right)?$$

Aufgabe 8.14

Gegeben sei die Potenzreihe

$$P(x) := \sum_{k=1}^{\infty} \frac{1}{\sqrt{k}} \left(\frac{x}{2}\right)^k, \quad x \in \mathbb{R}.$$

Bestimmen Sie alle Punkte $x \in \mathbb{R}$ der Konvergenz und der Divergenz der Reihe.

Aufgabe 8.15

Nun sei

$$F(x) := \sum_{k=1}^{\infty} f_k(x) := \sum_{k=1}^{\infty} \frac{1}{\sqrt{k}} \tanh\left(\frac{x}{2^k}\right).$$

a) Zeigen Sie, dass die Reihe $\sum_{k=1}^{\infty} f_k'(x)$ auf ganz $\mathbb{R}$ gleichmäßig konvergiert.

b) Zeigen Sie, dass F auf ganz $\mathbb{R}$ definiert und dort stetig ist.

c) Begründen Sie den Zusammenhang $P(1) = F'(0)$, wobei P aus der vorherigen Aufgabe stammt.

Aufgabe 8.16

Gegeben sei

$$a_k := \frac{\sqrt{k}}{(2k+1)(2k+3)}, \quad k \in \mathbb{N}.$$

a) Zeigen Sie mit dem Majorantenkriterium die Konvergenz der Reihe $\sum_{k=1}^{\infty} a_k$.

b) Zeigen Sie, dass die Funktion $y = f(x) := \sum_{k=1}^{\infty} a_k \arctan\left(\frac{x}{\sqrt{k}}\right)$ für alle $x \in \mathbb{R}$ stetig und stetig differenzierbar ist (WEIERSTRASS-Kriterium!).

c) Zeigen Sie die Existenz der Umkehrfunktion $x = f^{-1}(y)$.

d) Berechnen Sie die Ableitung von f^{-1} und zeigen Sie $f^{-1}(y_0) = 6$ im Punkt $y_0 := f(0)$.

Hinweis Teleskop-Reihe.

Aufgabe 8.17

$\|{:}$ Mathematik $:\|$.

Lösungsvorschläge

Lösung 8.8

a) Für $|x| < 1$ gilt $|x|^n \xrightarrow{n \to \infty} 0$, also $f_n(x) \xrightarrow{n \to \infty} 1$. Für $|x| = 1$ ist $f_n(x) = \frac{1}{2} \xrightarrow{n \to \infty} \frac{1}{2}$, und für $|x| > 1$ gilt $f_n(x) \xrightarrow{n \to \infty} 0$. Der punktweise Grenzwert ist damit insgesamt

$$f(x) = \begin{cases} 1 & \text{für } |x| < 1, \\ 1/2 & \text{für } |x| = 1, \\ 0 & \text{für } |x| > 1. \end{cases}$$

Der Limes einer gleichmäßig konvergenten Folge stetiger Funktionen ist stetig. Da die f_n alle stetig sind, f jedoch nicht, kann die Konvergenz nicht gleichmäßig sein.

b) Es ist $\left| \sin\left(\dfrac{x}{n} \right) \right| \leq \left| \dfrac{x}{n} \right| \leq \dfrac{1}{n} \overset{n \to \infty}{\to} 0$. Der punktweise Limes ist deshalb $f(x) = 0$. Die Konvergenz ist gleichmäßig, denn

$$\left| \sin\left(\frac{x}{n} \right) - 0 \right| \leq \underbrace{\frac{1}{n}}_{\substack{\text{unabhängig} \\ \text{von } x}} \overset{n \to \infty}{\to} 0.$$

c) Für $x < -2$ und $x > 0$ ist $|1 + x| > 1$, und es gilt $f_n(x) \overset{n \to \infty}{\to} 0$. Für $x = 0$ gilt $f_n(0) = 1 \overset{n \to \infty}{\to}$ 1, für $x = -2$ konvergiert $f_n(x) = (-1)^n$ nicht, für $x \in (-1, 0)$ gilt $f_n(x) \overset{n \to \infty}{\to} +\infty$, und für $x \in (-2, -1)$ konvergiert $f_n(x)$ ebenfalls nicht. Für $x = -1$ ist $f_n(x)$ nicht definiert. Der punktweise Limes existiert also nur für $x \geq 1$ und $x < -2$. Er lautet

$$f(x) = \begin{cases} 0 & \text{für } x < -2 \text{ und } x > 0, \\ 1 & \text{für } x = 0. \end{cases}$$

Die Konvergenz ist nicht gleichmäßig, denn die f_n sind auf $(-\infty, -2) \cup [0, +\infty)$ stetig und die Grenzfunktion nicht.

Lösung 8.9

Sei zunächst ein beliebiges $x \in \mathbb{R}$ fest gewählt. Dann ist

$$\lim_{n \to \infty} f_n(x) = \lim_{n \to \infty} \frac{x}{1 + nx^2} = 0.$$

Damit konvergiert $\{f_n\}_{n \in \mathbb{N}}$ punktweise für $n \to \infty$ gegen die stetige Funktion $f(x) \equiv 0$. Wir zeigen jetzt, dass

$$|f_n(x)| = \frac{|x|}{1 + nx^2} \leq \frac{1}{2\sqrt{n}}$$

für alle $n \in \mathbb{N}$ und alle $x \in \mathbb{R}$ gilt. Dazu verwenden wir die Umformung

$$\frac{|x|}{1 + nx^2} \leq \frac{1}{2\sqrt{n}} \iff 2\sqrt{n}\,|x| \leq 1 + nx^2.$$

Da f eine ungerade Funktion ist, d.h. $f(-x) = -f(x)$, genügt es, die Betrachtungen für $x > 0$ fortzusetzen. Damit gelten folgende Äquivalenzen:

$$\frac{|x|}{1 + nx^2} \leq \frac{1}{2\sqrt{n}} \iff 2\sqrt{n}\,x \leq 1 + nx^2$$
$$\iff 4nx^2 \leq \left(1 + nx^2\right)^2 = 1 + 2nx^2 + \left(nx^2\right)^2$$
$$\iff 0 \leq 1 - 2nx^2 + \left(nx^2\right)^2 = \left(1 - nx^2\right)^2.$$

Aus der gültigen Ungleichung $0 \le \left(1 - nx^2\right)^2$ folgt schließlich die behauptete Abschätzung $|f_n(x)| \le \dfrac{1}{2\sqrt{n}}$. Sei jetzt $\varepsilon > 0$ vorgegeben, dann gilt für alle $n > \left(\frac{1}{2\varepsilon}\right)^2$ die Abschätzung

$$|f_n(x) - 0| \le \frac{1}{2\sqrt{n}} < \varepsilon,$$

also konvergiert die Folge $\{f_n\}_{n\in\mathbb{N}}$ gleichmäßig.

Lösung 8.10

In den Bereichen $x \le 0$ und $x > 1$ gilt stets $\lim\limits_{n\to\infty} f_n(x) = 0$. Von Interesse ist damit lediglich das Intervall $x \in (0,1]$. Wie verläuft jetzt die Konvergenz darin?

Sei also $x \in (0,1]$, dann existiert ein $N_0 \in \mathbb{N}$ mit $x > \frac{1}{n}$ für alle $n > N_0$, also gilt $f_n(x) = 0$ für alle $n > N_0$, und damit $\lim_{n\to\infty} f_n(x) = 0$. Da $f_n(0) = 0$ für jedes beliebige $n \in \mathbb{N}$ gilt (da stets $0 < 1/(n+1)$), folgt $\lim_{n\to\infty} f_n(0) = 0$.

Damit konvergiert $\{f_n\}_{n\in\mathbb{N}}$ punktweise gegen die (stetige) Nullfunktion.

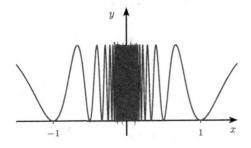

Graph von $f(x) = \sin^2 \frac{\pi}{x}$

Wählen Sie beispielsweise $\varepsilon = \frac{1}{2}$, dann existiert kein $N_1 \in \mathbb{N}$ derart, dass

$$|f_n(x) - 0| = |f_n(x)| < \varepsilon \text{ für alle } x \in \mathbb{R} \text{ und alle } n > N_1,$$

denn $f_n\left(\frac{2}{2n+1}\right) = 1$ für alle $n \in \mathbb{N}$. Da $\frac{1}{n+1} < \frac{2}{2n+1} < \frac{1}{n}$, nimmt die Folge $\{f_n\}_{n\in\mathbb{N}}$ also in jedem nach links wandernden und gleichzeitig schmaler werdenden Intervall $I_n := \left[\frac{1}{n+1}, \frac{1}{n}\right]$ den Wert 1 an (s. Skizze). Demnach liegt keine gleichmäßige Konvergenz vor.

Anmerkung Der Grenzwert $\lim\limits_{x\to 0} \sin^2 \frac{\pi}{x}$ dagegen existiert nicht.

Vor wenigen Jahren hat eine Studentin des Faches Maschinenbau folgende korrekte *Lösungsvariante* abgegeben, welche wir Ihnen (nahezu wortgetreu) nicht vorenthalten wollen:

Sei $x \in \mathbb{R}$. Für $x \le 0$ gilt $f_n(x) = 0$ für alle $n \in \mathbb{N}$. Damit ist

$$\lim_{n\to\infty} f_n(x) = 0.$$

Sei $x > 0$. Für $1/n < x$ gilt $f_n(x) = 0$ für $n > 1/x$, also auch hier

$$\lim_{n \to \infty} f_n(x) = 0.$$

Somit konvergiert die Funktionenfolge $\{f_n\}_{n \to \infty}$ punktweise gegen die stetige Funktion $f : \mathbb{R} \to \mathbb{R}$, gegeben durch $f(x) \equiv 0$. Diese „punktweise Grenzfunktion" ist also der einzig mögliche Kandidat eines gleichmäßigen Grenzwertes. Dies wäre der Fall, falls

$$\lim_{n \to \infty} M_n = 0,$$

wobei $M_n := \sup_{x \in \mathbb{R}} |f_n(x)|$.

Nun gilt aber, dass

$$M_n \geq f_n \left(\frac{1}{n + 1/2} \right) = \sin^2 \left((n + 1/2)\pi \right) = 1.$$

Es liegt also keine gleichmäßige Konvergenz vor.

Lösung 8.11

Sei

$$g_n(x) := \sum_{k=0}^{n} x^2 \frac{1}{(1 + x^2)^k} = x^2 \sum_{k=0}^{n} \frac{1}{(1 + x^2)^k}.$$

Für $x = 0$ gilt $g_n(0) \equiv 0$, also ist $\lim_{n \to \infty} g_n(0) = 0$.

Für $x \neq 0$ gilt $1 + x^2 > 1$, also ist $\dfrac{1}{1 + x^2} < 1$ und damit

$$\sum_{k=0}^{\infty} \frac{1}{(1 + x^2)^k} = \frac{1}{1 - \frac{1}{1+x^2}} = \frac{1 + x^2}{x^2}.$$

Daraus resultiert

$$\lim_{n \to \infty} g_n(x) = x^2 \cdot \frac{1 + x^2}{x^2} = 1 + x^2 \quad \text{für } x \neq 0.$$

Zusammengefasst ist dies der Grenzwert

$$g(x) := \lim_{n \to \infty} g_n(x) = \begin{cases} 0 & : x = 0, \\ 1 + x^2 & : x \neq x. \end{cases}$$

Alle Partialsummen $g_n(x) = \sum_{k=0}^{n} x^2 \dfrac{1}{(1 + x^2)^k}$ sind stetig, die Grenzfunktion g dagegen nicht. Deshalb liegt punktweise, aber keine gleichmäßige Konvergenz vor.

Lösung 8.12

a) Die Funktionenreihe

$$f_k(x) := x \sum_{n=0}^{k} (1 - x^2)^n$$

konvergiert punktweise, falls

$$\underbrace{\left|1 - x^2\right| < 1}_{\text{geometrische Reihe}} \quad \Longleftrightarrow \quad |x| < \sqrt{2}.$$

Damit gilt für $x \neq 0$:

$$\lim_{k \to \infty} f_k(x) = x \lim_{k \to \infty} \sum_{n=0}^{k} (1 - x^2)^n = x \cdot \frac{1}{1 - (1 - x^2)} = \frac{1}{x}.$$

Da $f_k(0) \equiv 0$ für alle $k \in \mathbb{N}$, ergibt sich für $x = 0$:

$$\lim_{k \to \infty} f_k(0) = 0.$$

Zusammengefasst lautet die punktweise Grenzfunktion

$$f(x) = \begin{cases} 0 & : x = 0, \\ \dfrac{1}{x} & : |x| < \sqrt{2}. \end{cases}$$

Alle f_k sind stetig und ungerade, also $f_k(-x) = -f_k(x)$ für alle $|x| < \sqrt{2}$. Die Grenzfunktion f ist unstetig, womit keine gleichmäßige Konvergenz im Intervall $(-\sqrt{2}, \sqrt{2})$ vorliegt.

Anmerkung Die Konvergenz ist gleichmäßig in jedem Intervall $[a, b] \subset (-\sqrt{2}, \sqrt{2})$, welches die 0 nicht enthält.

b) Sei

$$f_n(x) := \frac{1}{2^{n-1}\sqrt{1 + nx}}.$$

Für $x \geq 0$ gilt dann

$$|f_n(x)| = f_n(x) = \frac{1}{2^{n-1}\sqrt{1 + nx}} \leq \frac{1}{2^{n-1}} =: a_n,$$

da $\sqrt{1 + nx} \geq 1$. Zudem gilt

$$\sum_{n=1}^{\infty} a_n = \sum_{n=1}^{\infty} \frac{1}{2^{n-1}} = \sum_{n=0}^{\infty} \frac{1}{2^n} = \frac{1}{1 - \frac{1}{2}} = 2.$$

Nach dem WEIERSTRASS-Majorantenkriterium konvergiert damit die vorgegebene Reihe für $x \geq 0$ gleichmäßig.

Lösung 8.13

Wir müssen zeigen, dass die Funktionenreihe der Ableitungen gleichmäßig und dass die Reihe F mindestens in einem Punkt $x_0 \in \mathbb{R}$ konvergiert. Es gilt

$$\left| \sum_{n=1}^{\infty} \frac{a_n}{2^n n} \cos\left(\frac{x}{n}\right) \right| = \left| \sum_{n=1}^{\infty} \frac{n+1}{n} \cdot \frac{1}{n} \cdot \frac{1}{2^n} \cos\left(\frac{x}{n}\right) \right| \leq \sum_{n=1}^{\infty} \frac{n+1}{n} \cdot \frac{1}{n} \cdot \frac{1}{2^n}$$

$$\leq 2\sum_{n=1}^{\infty} \frac{1}{2^n} = 2\sum_{n=0}^{\infty} \frac{1}{2^{n+1}} = \sum_{n=0}^{\infty} \frac{1}{2^n} = \frac{1}{1 - 1/2} = 2.$$

Damit ist die Reihe der Ableitungen beschränkt und somit nach dem WEIERSTRASS-Kriterium gleichmäßig konvergent. Weiter ist die Funktionenreihe F für $x_0 = 0$ konvergent, womit insgesamt eine gliedweise Differentiation der Reihe F erlaubt ist.

Lösung 8.14

Wir setzen $a_k := 2^{-k}/\sqrt{k}$ und erhalten den Konvergenzradius der Potenzreihe mit dem Wurzelkriterium

$$\rho = \left(\lim_{k \to \infty} \sqrt[k]{|a_k|} \right)^{-1} = 2 \lim_{k \to \infty} k^{\frac{1}{2k}} = 2.$$

Im Randpunkt $x = 2$ ergibt sich aus $P(2) = \sum_{k=1}^{\infty} \frac{1}{\sqrt{k}}$ Divergenz, während bei $x = -2$ für $P(-2) = \sum_{k=1}^{\infty} (-1)^k/\sqrt{k}$ Konvergenz aus dem LEIBNIZ-Kriterium für alternierende Reihen folgt.

Insgesamt erstreckt sich der Konvergenzbereich über das Intervall $[-2, 2)$, der Divergenzbereich über die Vereinigung $(-\infty, -2) \cup [2, +\infty)$.

Lösung 8.15

Wegen $\cosh y \geq 1$, $y \in \mathbb{R}$, erhalten wir mit $a_k := 2^{-k}/\sqrt{k}$ die Abschätzung

$$0 \leq f'_k(x) = \frac{a_k}{\cosh^2\left(2^{-k}x\right)} \leq a_k \text{ für alle } k \in \mathbb{N} \text{ und alle } x \in \mathbb{R}.$$

a) Gemäß der vorherigen Aufgabe konvergiert $P(1) = \sum_{k=1}^{\infty} a_k$. Damit folgt aus dem WEIERSTRASS-Kriterium die gleichmäßige Konvergenz der gegebenen Reihe. Wegen der Stetigkeit der f'_k für $k \geq 1$, ist die Summe $S(x) := \sum_{k=1}^{\infty} f'_k(x)$ eine auf ganz $\mathbb{R}$ stetige Funktion.

b) Die Konvergenz $F(0) = \sum_{k=1}^{\infty} f_k(x) = 0$ liefert nach dem WEIERSTRASS-Kriterium zusammen mit der vorherigen Teilaufgabe die Differenzierbarkeit von F in jedem Punkt $x \in \mathbb{R}$ mit $F'(x) = S(x)$ für alle $x \in \mathbb{R}$. Aus der Differenzierbarkeit folgt die behauptete Stetigkeit.

c) Wegen der eben gezeigten Relation $F'(x) = S(x)$ gilt speziell

$$F'(0) = S(0) = \sum_{k=1}^{\infty} f_k'(0) = \sum_{k=1}^{\infty} a_k = P(1).$$

Lösung 8.16

a) Für $k \geq 1$ gilt die Abschätzung

$$0 < a_k < \frac{\sqrt{k}}{2k \cdot 2k} = \frac{1}{4} \cdot k^{-3/2} =: b_k.$$

Die majorisierende Reihe $\sum_{k=1}^{\infty} b_k$ konvergiert nach dem Integralvergleichskriterium von CAUCHY (Abschn. 7.5 im Lehrbuch), und damit auch die vorgelegte Reihe $\sum_{k=1}^{\infty} a_k$. Denn das korrespondierende uneigentliche Integral

$$\int_1^{\infty} \frac{1}{4} \cdot \frac{dx}{k^{3/2}} = -\frac{1}{2} \cdot \frac{1}{\sqrt{x}} \Big|_1^{\infty} = \frac{1}{2}$$

existiert und damit auch die Summe $\sum_{k=1}^{\infty} b_k$.

b) Die Funktionen $f_k(x) = a_k \arctan\left(x/\sqrt{k}\right)$ sind stetig auf ganz $\mathbb{R}$. Wegen $|\arctan t| \leq \pi/2$ für alle $t \in \mathbb{R}$ gilt

$$|f_k(x)| \leq \frac{\pi}{2} a_k \quad \text{für alle } k \in \mathbb{N} \text{ und alle } x \in \mathbb{R}.$$

Somit konvergiert die Reihe $\sum_{k=1}^{\infty} f_k(x)$ nach dem WEIERSTRASS-Kriterium gleichmäßig, und die Grenzfunktion $f(x) := \sum_{k=1}^{\infty} f_k(x)$ ist stetig auf $\mathbb{R}$. Weiterhin ist

$$|f_k'(x)| \leq \left| \frac{a_k}{\sqrt{k}} \cdot \frac{1}{1 + x^2/k} \right| \leq \frac{a_k}{\sqrt{k}} \leq a_k$$

für alle $k \in \mathbb{N}$ und alle $x \in \mathbb{R}$. Wiederum folgt aus dem WEIERSTRASS-Kriterium die gleichmäßige Konvergenz von $\sum_{k=1}^{\infty} f_k'(x)$ mit der auf $\mathbb{R}$ stetigen Grenzfunktion $f'(x) := \sum_{k=1}^{\infty} f_k'(x)$.

c) Die Grenzfunktion f ist wie eben gezeigt auf ganz $\mathbb{R}$ stetig. Wegen

$$f'(x) = \sum_{k=1}^{\infty} \frac{1}{(2k+1)(2k+3)} \cdot \frac{1}{1 + x^2/k} > 0$$

ist f auch streng monoton (wachsend), und daher existiert die Umkehrfunktion f^{-1} auf Bild$(f) = f(\mathbb{R})$.

d) Es gelten $y_0 = f(0) = 0$ und

$$\left(f^{-1}\right)'(y_0) = \frac{1}{f'(0)} = \left(\sum_{k=1}^{\infty} \frac{1}{(2k+1)(2k+3)}\right)^{-1}.$$

Die Zerlegung

$$\frac{1}{(2k+1)(2k+3)} = \frac{1}{2}\left(\frac{1}{(2k+1)} - \frac{1}{(2k+3)}\right) =: \alpha_k - \alpha_{k+1},$$

mit $\alpha_k = \frac{1}{2(2k+1)}$ zeigt, dass eine Teleskop-Reihe mit dem Summenwert $\alpha_1 = 1/6$ vorliegt ($\alpha_\infty = 0$). Damit ist die Funktionsauswertung

$$\left(f^{-1}\right)'(0) = \frac{1}{1/6} = 6$$

bestätigt.

Lösung 8.17

Diese „Aufgabenstellung" – einschließlich der dazu im Lehrbuch formulierten Fußnote: „Die Musiker(innen) unter Ihnen erkennen hier sofort die Wiederholungszeichen, und wissen, dass jede Wiederholung beser und besser und bessser macht!" – soll kein abschließendes Späßchen sein, wir Autoren meinen es auf unterhaltsame Weise durchaus ernst! Oft wird ja gesagt, dass diejenigen, die ein Musikinstrument spielen, gut in Mathematik sind. Stimmt, wir sprechen aus eigener Erfahrung! Die Lern- bzw. Übungsstrategien in beiden Bereichen haben Vieles gemeinsam.

Wie funktioniert Üben? Nachdem das Instrument – sagen wir eine Konzertgitarre – gestimmt ist, bieten sich einige Tonleitern oder Läufe über das gesamte Griffbrett an, um die Finger geschmeidig zu machen. Danach sorgt das Spielen eines bereits vollständig eingeübten und erlernten Stückes für richtig gute Laune. Dann war da noch das Musikstück mit den zwei holperigen Übergängen. Vielleicht führen jetzt endlich die neu überlegten Fingersätze zu einem sauberen Übergang?! Jetzt wird das neue Stück in Angriff genommen. Kein(e) Musiker(in) auf dieser Welt würde ein neu zu erlernendes Musikstück so lange von Anfang bis Ende durchzuspielen versuchen, bis es sitzt. Das gelingt nicht! Effektiver ist es, das Musikstück in mehrere Passagen einzuteilen, diese gesondert zu üben, bis es schließlich als Ganzes zusammengesetzt erfolgreich zu spielen gelingt.

Verfahren Sie mit der Mathematik genauso!

Literatur

FISCHER, G.: *Lineare Algebra*. 17. Aufl., Vieweg + Teubner, 2009.

FORSTER, O.: *Analysis 1, Differential- und Integralrechnung einer Veränderlichen*. 10. Aufl., Vieweg + Teubner, 2011.

HACKBUSCH, W., SCHWARZ, H.R., ZEIDLER, E.: *Teubner–Taschenbuch der Mathematik*. 2. Aufl., Stuttgart: Teubner, 2003.

HÄMMERLIN, G., HOFFMANN, K.-H.: *Numerische Mathematik*. 4. Aufl., Berlin: Springer, 1994.

KÖNIGSBERGER, K.: *Analysis 1*. 6. Aufl., Berlin Heidelberg: Springer, 2004.

MERZ, W., KNABNER, P.: *Mathematik für Ingenieure und Naturwissenschafter – Lineare Algebra und Analysis in $\mathbb{R}$*. 1. Aufl., Berlin Heidelberg: Springer, 2012.

MEYBERG, K., VACHENAUER, P.: *Höhere Mathematik 1, Differential- und Integralrechnung, Vektor- und Matrizenrechnung*. 6. Aufl., Berlin Heidelberg: Springer, 2001.

WENZEL, H., HEINRICH, G.: *Übungsaufgaben zur Analysis*. 1. Aufl., Wiesbaden: Teubner, 2005.

W. Merz, P. Knabner, *Endlich gelöst! Aufgaben zur Mathematik für Ingenieure und Naturwissenschaftler*, Springer-Lehrbuch, DOI 10.1007/978-3-642-54529-0,
© Springer-Verlag Berlin Heidelberg 2014